W0300549

TILMANN BECHERT

RÖMISCHES GERMANIEN

GERMANIAE
VETERIS,
typus.
DVBIAE
POSITIONIS QVÆDAM.
OCEANVS GERMANICVS
Saxonum insulæ
CIMBRICA
Cherfonesi pars
SIGVLONES.
CAVCI Maiores
GAMBRIVII
Phabiranum
ANGRIVARII
Byrchanis quæ et Fabaria insula
CAVCI Minores
FRANCI.
BVSACTERI Maiores
FRISABONES
BVSACTERI Minores
CHAEMAE.
SAXON
DVLGVBINI
BATAVI.
STVRII.
CHAMAVII.
Rhenus flu.
BATAVORVM Insula
Castra legionum Germaniæ
ANSIBARII.
VSIPETES.
LONGOBARDI, qui et HERVLI.
BRVCTERI.
TENCTERI.
MARSI
BANTES.
Teuderum
CHAVBI.
Idistavus campus
Teutoburgium
Aliso castellum
TINGRI
Luppias flu.
CASVARI, qui et CATTVARII.
MATTIACI
Germania Inferior, vel Secunda.
Mosa flu.
Vetera
Dispargum
Traiana colonia
SVNICI.
Alesium
CATTI.
MENAPII.
Handoverpæ
MORINI.
Bononia
NERVII
EBVRONES.
Scaldis flu.
TVNGRI.
Novesium
Agrippina colonia
VBII AGRIPPINEN.
Bonna
Arduenna silva.
BELGICAE PARS.
Tolbiacum
Antonacum
CATTIMELIBOCI.
INGRIONES.
Taurus mons
Rigodulum
Vincum
Mogontia
VANGIONES.
Borbetomagus
Noemagus
NEMETES.
Saletio
TRIBOCES.
TREVIRI.
Divodurum
Mosella flu.
Germania Superior vel Prima.
RHENI.
CAPELLATIVM.
TECTOSAGES.
OCCIDENS

TILMANN BECHERT

RÖMISCHES GERMANIEN

zwischen Rhein und Maas

Die Provinz Germania Inferior

Edition Antike Welt Hirmer

Dieses Buch erscheint in der Reihe Edition Antike Welt.
Wissenschaftliche Betreuung Rudolf Fellmann

Umschlag: Grundmauern eines römischen Landhauses in der Trasse der Bundesstraße 266 bei Mechernich-Obergartzem (Krs. Euskirchen). Ausgrabung 1979, Blick von Westen.

Titelbild: GERMANIAE VETERIS typus. Kolorierter Kupferstich des »alten Germanien« aus einem Atlas von W. J. Blaeu (1571–1638). Niederrheinisches Museum der Stadt Duisburg.

CIP-Kurztitelaufnahme der Deutschen Bibliothek

Bechert, Tilmann:
Römisches Germanien zwischen Rhein und Maas : d.
Provinz Germania inferior / Tilmann Bechert. –
München : Hirmer, 1982.
(Edition Antike Welt)
ISBN 3-7774-3440-X

© 1982 by Raggi-Verlag, Feldmeilen/Zürich
Hirmer Verlag München GmbH
Lithos: Chemigraphia Gebr. Czech, München (Farbe)
Schwitter AG, Basel (Schwarzweiß)
Papier: Papierfabrik Scheufelen, Lenningen
Satz und Druck: Georg Appl, Wemding
Bindearbeiten: Conzella Verlagsbuchbinderei, München
Schutzumschlagentwurf: Design Team, München
Printed in Germany

ISBN 3-7774-3440-X

Inhalt

Meiner Frau gewidmet
und dem Andenken
an unsere gemeinsame
Freundin Ilse Paar

* 16. 1. 1940 † 5. 3. 1980

Vorwort und Dank

In dem antiquarischen Studium ist es oft mehr Ehre, das Wahrscheinliche gefunden zu haben, als das Wahre. Bei Ausbildung des ersteren war unsere ganze Seele beschäftigt. Bei Erkennung des anderen kam uns vielleicht nur ein glücklicher Zufall zustatten.

Gotthold Ephraim Lessing (1729–1781)

Die Provinzialrömische Archäologie, die sich mit allem beschäftigt, was aus römischer Zeit erhalten geblieben ist oder heute wieder an das Tageslicht gelangt, ist eine Wissenschaft mit sehr speziellen Fragestellungen und einer eigenen Fachsprache, die sich dem Laien oft nur schwer erschließt. Andererseits gehen die Archäologen mit einem Gegenstand von größtem öffentlichen und privaten Interesse um, so daß sie eigentlich nicht darauf verzichten können, das, was sie erforschen und in öffentlichem Auftrag erarbeiten, auch in leicht faßbarer Weise darzustellen und zu veröffentlichen. Die Spezialisierung dieses Faches, das so viel Interesse erregt, äußert sich in einer Fülle von Einzeluntersuchungen und -publikationen, die nur selten in öffentlichen Bibliotheken zu finden sind und es dem Laien schwer machen, den größeren Zusammenhang zu überblicken. Es kann deshalb nützlich sein, von Zeit zu Zeit eine zusammenfassende Darstellung zu wagen, die Rechenschaft darüber ablegt, welche neuen Einsichten die archäologische Forschung gewonnen hat, welche Fragen gelöst werden konnten und welche noch offen sind. Man tut dies in dem Wissen, daß ein solcher Überblick schon morgen durch neue Forschungsergebnisse im Detail überholt sein kann und tröstet sich damit, daß dies in der Natur des Faches liegt und seine Faszination (auch für den Archäologen selbst) gerade darin begründet ist.

Erstmals wird in diesem Buch versucht, einen solchen Überblick für die ehemalige römische Provinz GERMANIA INFERIOR (Niedergermanien) zu geben, ein Grenz- und Randgebiet des Römischen Reiches, das in damaliger Zeit nur selten im Brennpunkt politischen Geschehens gestanden hat, das aber dennoch mit seinen mannigfaltigen archäologischen Zeugnissen, die wir heute in unseren Museen betrachten können, den überragenden Einfluß und die hohe Integrationsfähigkeit der römischen Zivilisation und Kultur zwischen Rhein und Maas widerspiegelt. Es war jene Zeit, in der es politisch gelang, einem Gebiet, das vom Atlantik bis zum Euphrat reichte, Frieden zu geben, äußere Feinde in Schach zu halten und im Zeichen allgemeiner Sicherheit einen bunten Vielvölkerstaat in ein Gemeinwesen (RES PVBLICA) zu verwandeln, von dem es im 2. Jahrhundert hieß, die Bezeichnung ROMANVS (römisch) stehe nicht mehr nur einer Stadt, sondern einer Nation zu, und diese sei nicht eine unter anderen, sondern umfasse alle (Aelius Aristeides).

Diese Zeit, die auch im Grenzland GERMANIA INFERIOR im Zeichen der PAX ROMA- 1
NA, des »römischen Friedens«, stand und – von wenigen Unterbrechungen abgesehen – von der Regierungszeit des Tiberius (14–37) bis weit in das 3. Jahrhundert hinein andauerte, ist Gegenstand dieses Buches. Es ist in engerem Sinne keine historische Darstellung, wenn man damit vor allem den Ablauf politischen oder militärischen Geschehens meint. Im Mittelpunkt steht vielmehr das Leben der Menschen in jener Zeit, soweit wir es heute noch aus den Überresten rekonstruieren können. Die Darstellung betont deshalb auch vor allem den archäologischen Aspekt, d. h. sie will nicht nur fertige Ergebnisse präsentieren, sondern auch Einblick geben, wie sie zustandekommen, wie sich aus zahlreichen Einzeldaten und -fakten, die der Archäologe bei seinen Ausgrabungen

gewinnt, ein Zusammenhang formt und Lösungen gefunden werden, die der historischen Wahrheit sehr nahe kommen.

Dieses Buch enthält Skizzen zu allen Lebensbereichen der damaligen Zeit, die mit Hilfe der Archäologie wieder sichtbar gemacht werden können. Es sind Umrisse und Grundzüge, die hier verdeutlicht werden sollen, Zusammenhänge, Strukturen und Entwicklungen, die aufgezeigt und erläutert werden und anhand des archäologischen Fundgutes nachvollzogen werden können. Es ging dabei nicht so sehr darum, zu neuen Einsichten und Erkenntnissen zu gelangen. Wichtiger erschien, das, was Archäologen und Althistoriker in den Niederlanden, im östlichen Belgien, in Nordrhein-Westfalen und im nördlichen Rheinland-Pfalz in den vergangenen drei Jahrzehnten erarbeitet haben, zu ordnen, verständlich zu machen und in eine Form zu bringen, die es dem Leser möglich macht, Text und Bild als Ganzes in sich aufzunehmen. Dieses Buch ist deshalb auch nicht so sehr für den Fachwissenschaftler geschrieben, sondern für alle diejenigen, für die Archäologie eine herrliche Nebensache ist und die sich einen Überblick verschaffen möchten, was in der römischen Archäologie zwischen Rhein und Maas bisher geleistet und erreicht worden ist.

Ein derartiges Buch kann nicht das Werk eines Einzelnen sein. Ich weiß mich den Forschungen und Veröffentlichungen zahlreicher Kolleginnen und Kollegen im In- und Ausland verpflichtet, die mich darüberhinaus – z. T. in sehr großzügiger Weise – durch ihre Aufgeschlossenheit, ihre guten Ratschläge und die bereitwillige Überlassung von Bildmaterial unterstützt haben. Mein herzlicher Dank gilt W. Binsfeld (Trier), J. H. F. Bloemers (Amsterdam), W. Böcking (Xanten), J. E. Bogaers (Nijmegen), H. Borger (Köln), G. Elzinga (Leeuwarden), W. A. van Es (Amersfoort), H. Fehr (Koblenz), A. Gerhartl-Witteveen (Nijmegen), U. Heimberg (Bonn), H. Hellenkemper (Köln), O. Höckmann (Mainz), H. G. Horn (Bonn), A. Hubrecht (Nijmegen), C. Isings (Utrecht), J. T. J. Jamar (Heerlen), H. E. Joachim (Bonn), A. Jürgens (Bonn), C. A. Kalee (Utrecht), M. Klee (Stuttgart), U. Körber-Grohne (Stuttgart-Hohenheim), E. Künzl (Mainz), J. Mertens (Leuven), St. Neu (Köln), P. Noelke (Köln), H. Oehler (Köln), T. Panhuysen (Maastricht), W. Piepers (Meckenheim), R. Pirling (Krefeld), K. Póczy (Budapest), G. Precht (Xanten), O. Roller (Speyer), H. Roosens (Bruxelles), C. B. Rüger (Bonn), I. Scollar (Bonn), J. Smeesters (Tongeren), W. Sölter (Essen), P. Stuart (Leiden), M. Tauch (Neuss), B. Trier (Münster), G. Tromnau (Duisburg), H. H. Wegner (Koblenz) und W. Willems (Amersfoort).

Dank schulde ich den Herausgebern, die bereit waren, dieses Buch reichhaltig zu bebildern. Dank auch meinem Freunde Dirk Lachmann, der mich ermutigte und mir bei der Bewältigung niederländischer Literatur half. Mein besonderer Dank gilt meiner Frau für ihr kritisches Zuhören und ihre verständnisvolle Geduld, mit der sie manche Einschränkungen getragen hat, die über längere Zeit zwangsläufig mit der Abfassung eines Buchmanuskripts verbunden sind. Ich widme diese Darstellung dem Andenken an Ilse Paar, mit der uns eine enge Freundschaft verband, die das vorliegende Buch in seinen Anfängen noch erlebte und mich bis zuletzt in meinem Vorhaben bestärkt hat.

Duisburg, im Juni 1982 T. B.

Einführung: Geschichte und Archäologie

Nicht zu wissen, was vor Deiner Geburt geschehen ist, heißt immer ein Kind bleiben.
Marcus Tullius Cicero (106–43 v. Chr.)

Wer sich der Geschichte nicht erinnert, ist dazu verdammt, sie zu wiederholen.
George Santayana (1863–1952)

1. PAX ROMANA (»römischer Frieden«). Die Göttin ROMA, auf den Waffen ihrer Gegner sitzend, als Symbol für römisches Friedensverständnis. Rückseite eines Dupondius des Nero, geprägt 64/66 in Rom. Museumszentrum Burg Linn, Krefeld.

Archäologen verstehen sich heutzutage als Historiker. Sie erforschen Geschichte – das, was geschehen ist – was Menschen in der Vergangenheit dachten, planten, was sie taten, bauten, schufen, wie sie lebten, handelten, zu wem sie beteten, wie sie sich selbst verstanden – als Teil ihrer Umwelt und ihrer Gesellschaft. Sie untersuchen all das, was geblieben ist von den Menschen vergangener Tage, was der Boden über Jahrtausende bewahrte, was Bagger und Spaten heute wieder sichtbar machen an materieller Hinterlassenschaft. Archäologen verfolgen das gleiche Ziel wie Historiker: sie wollen Vergangenes zurückgewinnen, Geschichte auf anschauliche Weise sichtbar machen.

Die Quellen des Historikers sind schriftlicher Natur: literarische Werke, Papyrushandschriften, Münzlegenden, Inschriften auf Stein, Bronze oder Ton. Es ist eine Auswahl, die zudem noch zufällig ist. Wir kennen heute annähernd 200000 lateinische Inschriften aus dem Gebiet zwischen der Atlantikküste und dem Kaspischen Meer, und doch stellt diese Zahl sicher nur einen Bruchteil dessen dar, was einmal vorhanden war[1]. Gleiches gilt für die Überlieferung der Werke römischer Schriftsteller und Historiker. Gemessen an den überreichen Beständen öffentlicher Bibliotheken in Rom, Alexandria, Ephesos oder Byzanz – allein die Alexandriner Bibliothek soll laut Gellius[2] vor ihrem Brande im Jahre 47 v. Chr. fast 700000 Papyrusrollen besessen haben – können die überlieferten Schriften eines Caesar, Tacitus, Plinius oder Vitruvius nicht mehr sein als Fragmente einer ehemals reichen Geschichtsliteratur.

Es kommt hinzu, daß wir es hier nicht mit Geschichtsschreibung in unserem Sinne zu tun haben, die alle Bereiche menschlichen Lebens und Handelns umfaßt und berücksichtigt. Längst nicht alles, was uns heute interessiert, war auch für römische Historiker wichtig. Sie wählten aus, reihten Geschehnisse aneinander, wie man einen Kalender oder ein Jahrbuch führt; dagegen war ihr Interesse an der Darstellung historischer Zusammenhänge, Entwicklungen und den sich hieraus ergebenden Wandlungen gering, gering auch ihre Neigung, die eigene Zeit zu reflektieren. Oft genug muß deshalb das schriftliche Quellenmaterial erst »aufgeschlossen«, d. h. eingehend analysiert und interpretiert werden, ehe es für die Darstellung historischen Geschehens nutzbar gemacht werden kann.

Vor dieser Schwierigkeit steht der Ausgräber und Archäologe in der Regel nicht. Zwar muß auch er zusammenfügen, analysieren, deuten, aber er hat es mit originalen, unverfälschten Zeugnissen einer vergangenen Kultur zu tun. Diese Zeugnisse nennt man *Bodendenkmäler* oder *Bodenfunde* und meint damit alles, was – von Menschen gemacht – seit Jahrhunderten oder Jahrtausenden vom Boden schützend überdeckt war und erst in unseren Tagen durch Eingriffe in den Boden mehr oder weniger zufällig wieder zum Vorschein kommt. In übertragenem Sinne gleicht der Boden unter unseren Füßen einem einzigartigen »Bild-Archiv«, das ungezählte »Momentaufnahmen geschichtlichen Lebens« enthält.

Die Bestände eines Archivs müssen gesichtet und registriert werden, um für die Allgemeinheit von Nutzen zu sein. Dies gilt umsomehr für ein Archiv, dessen Bestände der permanenten Gefahr ausgesetzt sind, ohne Sichtung und Registrierung zerstört zu werden. Leider ist das öffentliche Bewußtsein in bezug auf die Bestände des »Bodendenkmal-Archivs« noch kaum geweckt. Nach vorsichtigen Schätzungen fallen allein im Rheinland pro Jahr etwa 100 archäologische Fundstellen Baggern, Planierraupen und Tiefscharpflügen zum Opfer, ohne je registriert zu werden; ungezählte, unschätzbare Werte und Zeugnisse gehen so für immer verloren. Es liegt eine besondere Tragik darin, daß »die Zerstörung von Bodendenkmälern in dem Moment ein bedrohliches Ausmaß und Tempo annimmt, in dem die Archäologie ihre Sprache dank neuer Verfahren besser und genauer lesen lernt« (F. G. Maier)[3].

Die Archäologen haben ihre Arbeit lange in wissenschaftlicher Klausur durchgeführt und sich in ästhetischer Betrachtung geübt – das ist heute anders. Der modernen Zielsetzung der Archäologie entsprechend, kann durchaus der Inhalt einer Abfallgrube wichtiger sein als das Werk eines vollendeten Künstlers. Die Zeiten sind längst vorbei, in denen Archäologie unter dem Aspekt der »Beschaffung von Kunstwerken« betrieben wurde und oft nicht mehr war als »antike Kunstgeschichte«. Heute wird alles geborgen und aufbewahrt: Gegenstände bzw. Fragmente aus Stein, Metall oder Glas genauso wie Pflanzen-, Holz- oder tierische Überreste, dazu Unmengen von Tonscherben, die an den einzelnen Grabungsplätzen oft bis zu 90% des Fundgutes ausmachen. Trotz der Reichhaltigkeit dieser Quellengattung, die zudem – im Gegensatz zu den schriftlichen Quellen – täglich wächst, muß sich der Archäologe ständig vor Augen führen, wie bruchstückhaft und zufällig letztlich die Auswahl jener Zeugnisse ist, die er aus dem Boden holt.

Beide Quellengruppen – die historische wie die archäologische – bestehen aus Fragmenten, zufälligen Ausschnitten eines Ganzen, vergleichbar einem Puzzle, dem mehr als die Hälfte der »Versatzstücke« fehlt; gleichzeitig werden die Grenzen deutlich, die der Erkennbarkeit historischen Geschehens gesetzt sind. Beide Disziplinen verfolgen das Ziel, geschichtliches Leben zu rekonstruieren, aber sie beschreiten – bedingt durch den Charakter ihres Quellenmaterials – verschiedene Wege; im Grunde ergänzen sie sich. Es ist eine Tatsache, daß die schriftlichen Quellen allein nicht ausreichen für das tiefergehende Verständnis einer vergangenen Kultur, daß vielmehr die meisten unserer Erkenntnisse über Zivilisation und Gesellschaft einer Kultur ohne die Hilfe der Archäologie überhaupt nicht denkbar sind und erst durch sie jene Lebendigkeit und Anschaulichkeit erfahren, die heutzutage eine so große Faszination auf viele Menschen ausübt. Im Grunde gilt: Archäologie ist Geschichtswissenschaft, sie dient ihr und macht sie anschaulich.

Es gibt wissenschaftliche Spezialbereiche, in denen sich historische Zielsetzung und archäologische Arbeitsweise in nahezu idealer Art zu einer Einheit verbinden; hierzu gehört die *Provinzialrömische Archäologie.* Ihr Arbeitsfeld ist die umfangreiche Hinterlassenschaft in den ehemaligen römischen Provinzen auf deutschem, niederländischem oder englischem Boden genauso wie in den Ostblockstaaten längs der Donau, den Ländern des Maghreb oder des Vorderen Orients. Denen, die sich mit dieser Materie beschäftigen, kommt zugute, daß sie sich sowohl auf schriftliche Quellen – in der Hauptsache auf Inschriften – wie auf eine reiche archäologische Hinterlassenschaft stützen können, deren stolze Ruinen in vielen Ländern des Mittelmeerraumes noch heute von einstiger Macht und Größe zeugen. Hier ist der Historiker gleichzeitig Archäologe und Epigraphiker.

Die Erforschung der römischen Provinz GERMANIA INFERIOR (Niedergermanien) – dem Land zwischen Rhein und Maas, zwischen dem Vinxtbach nördlich von Andernach und der niederländischen Nordseeküste bei Katwijk – ist für diese Arbeitsweise geradezu ein Musterbeispiel. Diejenigen, die in den Niederlanden und im Rheinland in diesem Fachbereich verantwortlich arbeiten, sind in der Hauptsache Althistoriker, die

gelernt haben, die Methoden der Archäologie anzuwenden und für ihre eigenen histo-
rischen Fragestellungen nutzbar zu machen. Der Grund ist einfach: im Gebiet zwischen
Rhein und Maas sind römische Baureste oberirdisch heute nur noch vereinzelt zu se-
hen. Gleichwohl haben auch in Köln, Bonn, Aachen, Xanten oder Nijmegen (NL) ähn-
liche Monumentalbauten gestanden, wie wir sie in der Provence oder in Nordafrika
heute noch bewundern. In Niedergermanien ist Roms Erbe zumeist vom Erdreich be-
deckt oder es liegt unter den Schuttschichten alter Städte begraben; 6–8 m sind es in 110
Köln, bis man dort auf römische Schichten stößt.

Zwei Gründe sind es hauptsächlich, die für die heutige römische Bausubstanz in Nie-
dergermanien verantwortlich sind: Zum einen ist es die Tatsache, daß während des
1. Jahrhunderts bis weit in das 2. Jahrhundert hinein Holz das bevorzugte Material zur 46

2. Braunkohleabbau bei Bergheim/Erft.

Errichtung von Bauten jeglicher Art gewesen ist und sich hiervon bei Ausgrabungen in der Regel nur die Standspuren von Pfosten und Fundamenten wiedergefunden haben.
122 Zum zweiten war es die Steinarmut, vor allem im nördlichen Teil der Provinz, die im Mittelalter dazu geführt hat, daß Städte und Militärlager systematisch als Steinbrüche genutzt wurden.

Man kann sicher ohne Übertreibung sagen, daß in den vergangenen zwei bis drei Jahrzehnten mehr Zeugnisse der römischen Vergangenheit Niedergermaniens ans Tageslicht geholt worden sind als in der gesamten Zeit zuvor; gleichzeitig hat sich der Fundanfall so enorm vermehrt, daß selbst die großen Museen in Bonn und Köln die Fundmassen kaum mehr bewältigen können. Die Sanierung von Altstadtkernen, Erschließung neuer Wohngebiete und Ausdehnung von Industriegelände, der Bau von Tiefgaragen, Straßentunnels, U-Bahnschächten und Hafenanlagen, die Trassierung

3. BATAVODVRVM/Nijmegen (NL). Fundament- und Ausbruchsspuren von Mannschaftskasernen des flavischen Legionslagers auf dem Hunerberg.

von Autobahnen, das Pflügen mit dem Tiefscharpflug und der Abbau von Sand, Kies, Bims oder Braunkohle im Tagebau sind Schlagworte für eine Entwicklung, die den Archäologen zwar ungeahnte Möglichkeiten eröffnet hat, deren Gefahren jedoch ebenso offenkundig sind[4].

Diese Situation ist typisch für städtische Ballungszentren wie Köln, Bonn, Neuss oder Nijmegen, aber auch für ländliche Bezirke, die von Bebauungsmaßnahmen, Abbaggerungen oder Trassierungen betroffen sind. Beispiele wie das Kastell GELDVBA/ 105
Krefeld-Gellep, das der Erweiterung des Krefelder Rheinhafens weichen mußte, ließen sich beliebig aneinanderreihen. Die außerordentlich starke Gefährdung von Bodendenkmälern wird einem jedoch nirgends so drastisch vor Augen geführt wie im Gebiet des Hambacher Forstes zwischen Bergheim und Düren, wo riesenhafte Braunkohle- 2
bagger mit einer Tagesleistung von 240 000 cbm Erde *wandernde archäologische Suchschnitte* durch die Landschaft ziehen. Die Ausgrabungen der letzten Jahre haben deutlich werden lassen, daß die fruchtbaren Lößböden seit jeher ein begehrtes Siedlungsland gewesen sind und in römischer Zeit von Handwerkersiedlungen, Straßendörfern und einer Vielzahl von Einzelhöfen bedeckt waren.

In den Niederlanden und im belgischen Grenzgebiet westlich von Maastricht ist die Situation der Archäologie nicht so gravierend. Aber auch hier gibt es hinreichende Beispiele für die Gefährdung von Bodendenkmälern, wenn z. B. ganze Siedlungen aus römischer Zeit überbaut werden; das MVNICIPIVM CANNANEFATIVM in *Voorburg-Arentsburg,* östlich von Den Haag[5], oder das Städtchen Valkenburg[6] westlich von Lei- 97
den, sind Beispiele für diese Entwicklung. Am einschneidendsten ist die Situation wahrscheinlich in *Nijmegen*[7], einer Stadt, die in den letzten fünfzig Jahren enorm gewachsen 3
ist. Schon im späten Mittelalter hatte man damit begonnen, den Tuffstein der römischen Bauten auf dem Hunerberg und im Westen der Stadt herauszureißen, um Traß zu gewinnen, der sich – mit Sand und Kalk vermischt – als wasserfester Mörtel eignete; »op den puinhoop« (auf dem Trümmerhaufen) lautete damals die Bezeichnung für das Gebiet des einstigen Lagers der LEGIO X GEMINA. Heute sind die ehemals sehr ausgedehnten römischen Siedlungsgebiete von NOVIOMAGVS – Legionslager und Zivilstadt bedeckten eine Fläche von mehr als 400 ha – fast vollständig von neuen Wohnvierteln und Industrieanlagen überdeckt; nur geringfügige Flächen wie das Kops-Plateau im Osten der Stadt sowie sportlich genutzte Flächen im Gebiet des Hunerberges sind von der allgemeinen Überbauung ausgenommen worden. Wie bedeutsam selbst die archäologische Kontrolle beim Verlegen neuer Leitungen und Kanalisationen sein kann, haben vor wenigen Jahren gerade die Untersuchungen im Stadtgebiet von Nijmegen gezeigt: im Jahre 1978 wurden hier bei solcher Gelegenheit die Grundmauern eines steinernen Amphitheaters gefunden, des einzigen, das bisher in den Niederlanden nachge- 183
wiesen werden konnte.

Schon früh hat man nach Auswegen aus dieser Situation gesucht und damit begonnen, Methoden zu entwickeln, um dem »Raubbau an der Geschichte« wirksam begegnen zu können. Das Mittel, das die Archäologen erfanden und bald mit Erfolg einsetzten, war die *Prospektion* (Vorhersehung, im Sinne von »Vorsorge«). Unter diesem Begriff versteht man die praktische Anwendung aller Methoden und Maßnahmen, die geeignet sind, einen historischen Platz vor Beginn moderner Bebauung zu erkunden und sich – zumindest in Umrissen – ein Bild von dem zu verschaffen, was der Boden an Relikten vergangener Kulturen enthält. Hierzu gehören einmal die intensive Begehung eines bestimmten Gebietes und die gleichzeitige Aufzeichnung und Kartierung aller Fundplätze, die heute noch durch die Beschaffenheit ihrer Oberfläche oder durch Streufunde kenntlich sind, zum anderen naturwissenschaftliche Methoden wie die Erkundung von möglichen Fundplätzen aus der Luft sowie ihre Untersuchung durch Messungen des elektrischen Magnetfeldes der Erde oder des Bodenwiderstandes.

Das Wort vom »Palimpsest einer Landschaft« hat der englische Archäologe O. G. S. Crawford geprägt[8]. Er verglich darin die Erdoberfläche mit einer Pergament- oder Papyrushandschrift des Mittelalters, die »immer wieder abgekratzt« und neu beschrieben wurde. Ähnlich wie dort haben auch in der Erde alle Eingriffe von Menschenhand ihre deutlichen Spuren hinterlassen, die durch geeignete Methoden sichtbar und lesbar werden können. Die inzwischen schon klassische Methode der *Geländebegehung* – in ihrer institutionellen Form auch als »Landesaufnahme« bekannt, d. h. als systematische Begehung und katalogmäßige Erfassung eines Stadtbezirkes oder Kreises – kann hier nur an der Oberfläche bleiben. Aber auch sie führt bei scharfsinniger Kombination aller Gegebenheiten oft zu überraschenden Ergebnissen. Erst kürzlich scheint auf solche Weise auf dem südlichen Rheinufer bei Arnhem (NL) das langgesuchte Limeskastell CASTRA
91 HERCVLIS gefunden worden zu sein[9]. Auf ähnliche Weise ist in der Gegend von Grevenbroich eine Luxusvilla bekannt geworden, für deren Innenausstattung fast sämtliche aus der römischen Antike bekannten Marmorsorten verwendet worden sind[10].

5 Die bisher wirksamste Vorsorge-Maßnahme ist die *Photographie aus der Luft,* ent-
63, 64 standen aus der militärischen Luftaufklärung und durch den Engländer Crawford 1922 als »Hilfswissenschaft der Archäologie« begründet[11]. Er war der erste, der klar erkannte, daß mit Luftaufnahmen mehr zu gewinnen war als ein bloßer Blick aus der Vogelschau. Besonders in Nordrhein-Westfalen – dem Bundesland mit der größten Besiedlungsdichte und damit auch dem höchsten Gefährdungsgrad für seine Bodendenkmäler – sind in den vergangenen zwei Jahrzehnten durch die Arbeit von I. Scollar und W. Sölter mit dieser Methode beachtliche Erfolge erzielt worden. In dieser Zeit ist durch unzählige Befliegungen zwischen Xanten, Koblenz und Aachen eine einzigartige Luftbild-Kartei im Rheinischen Landesmuseum Bonn entstanden, die es den im Rheinland tätigen Archäologen wesentlich erleichtert, den Spaten rechtzeitig und an der richtigen Stelle anzusetzen, wenn ein Bodendenkmal durch Baumaßnahmen gefährdet ist. Allerdings geben nicht alle Böden ihre Geheimnisse in gleicher Weise preis. In Nordrhein-Westfalen sind es vor allem die fruchtbaren Lößböden, die die besten Ergebnisse gebracht haben, weniger die Sandböden des Niederrheins.

4 Mit Erfolg wendet man seit einigen Jahren auch *geophysikalische Methoden* in der Archäologie an, bei denen man sich die elektrischen bzw. magnetischen Eigenschaften der Erde durch Messungen zunutzemacht[12]. Auch diese Techniken gehen von der Grunderkenntnis aus, daß menschliche Eingriffe in den Boden Veränderungen im Bereich der

6. Sog. Trajanskopf. Überlebensgroßes Bronzebildnis aus dem Rhein östlich von Nijmegen (NL). Höhe 42,4 cm. Die Bestimmung als Altersbildnis Trajans ist umstritten. Anfang 2. Jahrhundert. Rijksmuseum G. M. Kam Nijmegen (NL).

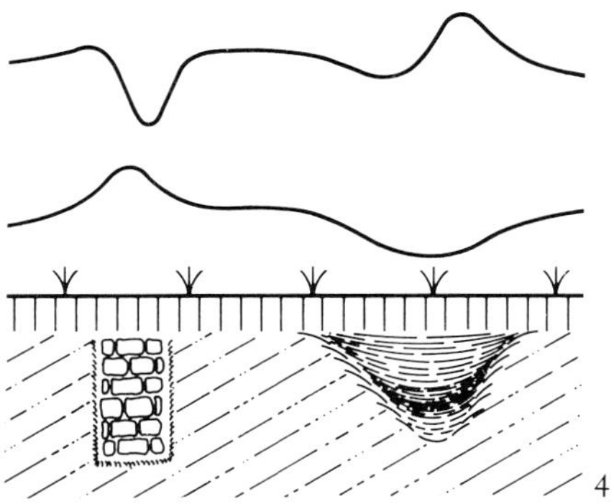
4

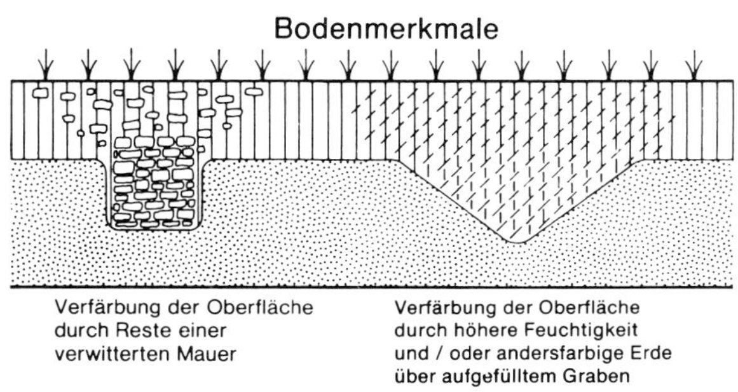

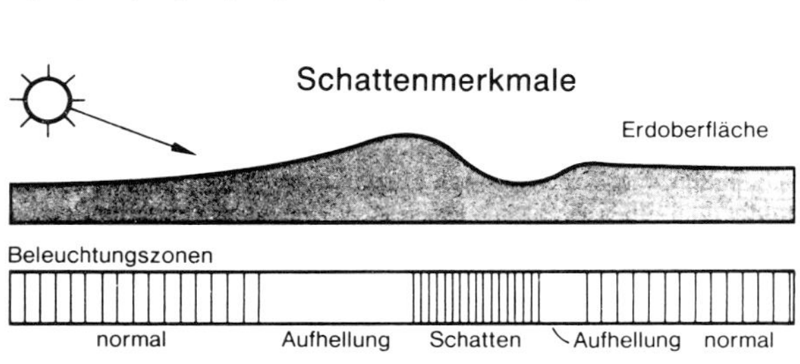

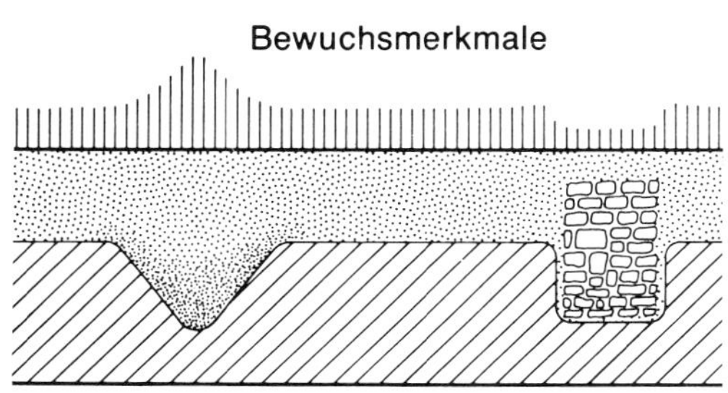

4. Messungen des elektrischen Bodenwiderstandes (unten) und der Stärke des magnetischen Erdfeldes (oben) über einer verschütteten Mauer bzw. einem zugefüllten Graben (nach F. G. Maier).

5. Schatten-, Boden- und Bewuchsmerkmale in der Luftbildarchäologie (nach F. G. Maier).

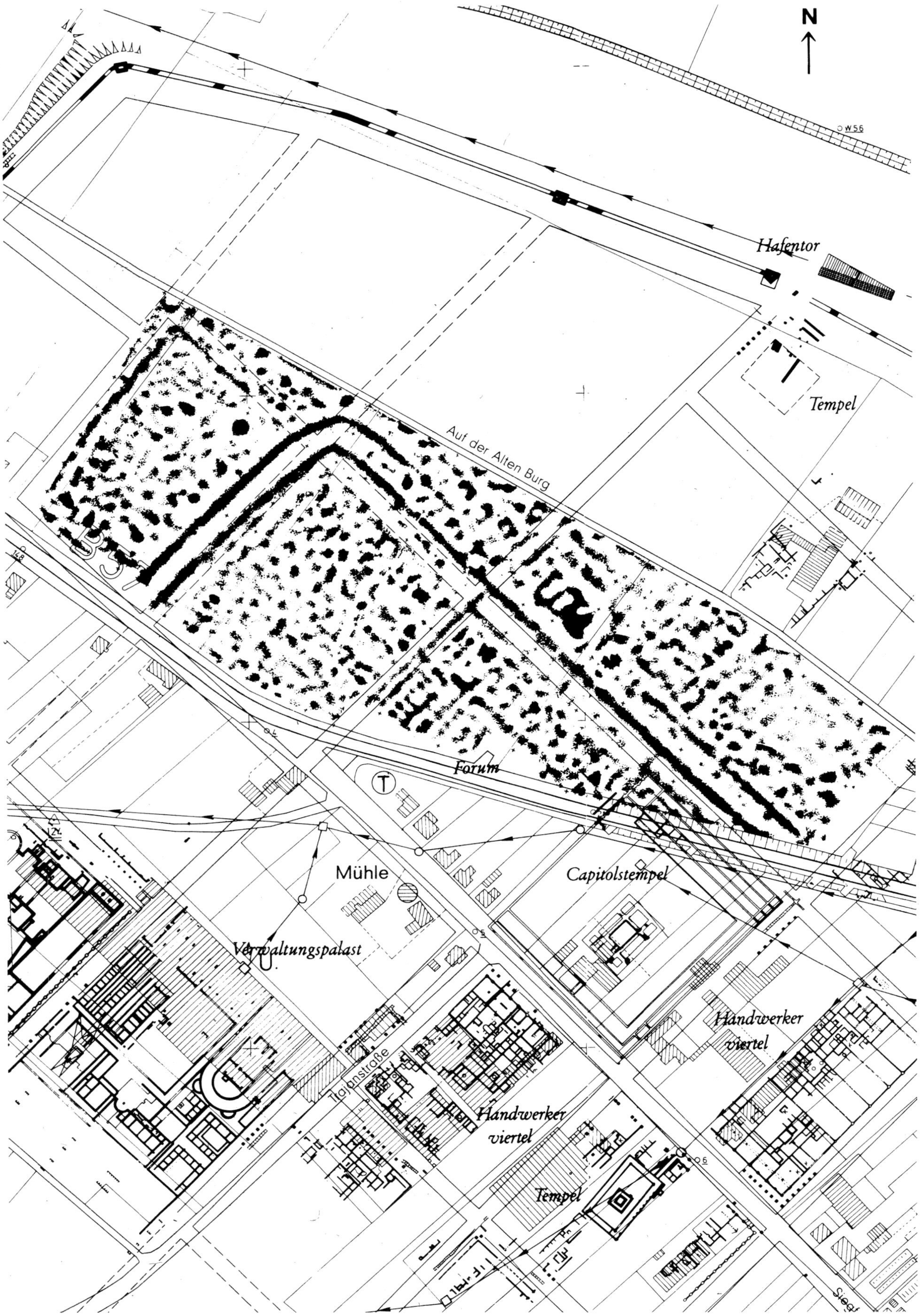
N
Hafentor
Tempel
Auf der Alten Burg
Forum
Mühle
Capitolstempel
Verwaltungspalast
Handwerker
viertel
Talstraße
Handwerker
viertel
Tempel

7. TRAIANA/Xanten. Ein Doppelgrabensystem im Zentrum der römischen Stadt als Ergebnis von Magnetometermessungen (nach C. B. Rüger). Maßstab ca. 1 :4 000. Vgl. Abb. 365.

oberen Erdschichten hervorgerufen haben, die meßbar sind. Zunächst wurde mit der einfacheren Technik der elektrischen Widerstandsmessung experimentiert. Sie beruht auf der Erkenntnis, daß die Meßwerte über einem verborgenen Mauerfundament ansteigen, daß sie dagegen über einem eingefüllten Graben stark abfallen; die hierbei erzielten Daten lassen sich in einer Kurve graphisch darstellen. Bald jedoch zeigte sich, daß diese Methode in unseren Breiten aus verschiedenen Gründen nur beschränkt einsetzbar ist; vor allem erwies sich als hinderlich, daß die Messungen dann die besten Werte aufwiesen, wenn das Getreide noch auf den Feldern stand.

Erfolgreicher dagegen, aber wesentlich komplizierter in der Durchführung sind *Messungen des magnetischen Erdfeldes* über einem heute nicht mehr sichtbaren Bodendenkmal. Zu diesem Zweck wird ein bestimmtes Terrain abgesteckt und systematisch mit einer Sonde abgegangen. Die hierbei ermittelten Magnetfeldwerte werden von einem eigens für diesen Zweck konstruierten Computer aufgenommen und ausgewertet. Das Ergebnis sind »computer-plots«, in denen auf graphische Weise sichtbar gemacht werden kann, welche Erdpartien stärker, welche weniger stark magnetisch reagieren.

Mit der magnetometrischen Meßmethode sind die besten Ergebnisse bisher im Be- 7
reich der römischen Stadt TRAIANA bei Xanten erzielt worden. Hier hat man große Flächen des ehemaligen römischen Stadtgebietes systematisch untersucht und auf der Basis von weit mehr als 100 000 Magnetfeldwerten den vermuteten Verlauf von Straßen, Mauern und Gräben sowie die Lage von Forum und Tempeln bestätigen können. Darüberhinaus gelang mit dieser Technik die überraschende Entdeckung eines breiten Doppelgrabens, der in spätrömischer Zeit die neun inneren Bezirke der Stadt umschloß. Das Computerbild – eingepaßt in den Plan der römischen Stadt, soweit er bis heute bekannt ist – macht mehrere Phasen der Stadtgeschichte deutlich: es zeigt Straßenzüge sowie Teile des Forums im Zentrum der Stadt, die aus dem 2. Jahrhundert n. Chr. stammen. Diese werden »durchschnitten« von zwei Gräben, von denen der äußere wiederum in einer dritten Phase z. T. verfüllt und überbaut worden ist; Grabungen in diesem Bereich, die sich der Entdeckung anschlossen, haben diese Periodenfolge bestätigt 365
(S. 261)[13].

Trotz aller prospektiven Erkenntnismöglichkeiten, die der Archäologie heute zur Verfügung stehen, bleiben *Ausgrabungen* in den allermeisten Fällen unabdingbar. Zwar zeichnen sich Grundrisse von Gutshöfen, Lagergräben oder -innenbauten aus der Luft oft überraschend detailliert und deutlich ab, aber sie sagen nichts aus über Zeitstellung oder Periodisierung; solche Fragen historischer Art sind allein durch Ausgrabungen zu klären.

Schon immer hat die historische Erforschung der römischen Epoche von Augustus (31 v. Chr.–14 n. Chr.) bis Honorius (393–423) im Rheinland einen sehr hohen Stellenwert gehabt; die Zahl der untersuchten Fundplätze und die Höhe der hierfür aufgewendeten öffentlichen Finanzmittel verdeutlichen dies Jahr für Jahr. Dies täuscht jedoch nicht darüber hinweg, daß die Forschungsschwerpunkte nach wie vor ungleich verteilt sind. Seit Jahrzehnten standen militärgeschichtliche Fragen im Brennpunkt des Interesses; sie treten in letzter Zeit zugunsten der Erforschung siedlungsgeschichtlicher Zusammenhänge etwas in den Hintergrund. Dagegen haben wirtschaftsgeschichtliche Fragen, die Auskünfte geben könnten über soziale und ökonomische Aspekte dieser Zeit, längst nicht die Bedeutung, die ihnen zukäme. Untersuchungen wie in den Kalk- 240
brennereien bei Iversheim[14], die wichtige Aufschlüsse gaben über Technologie, Be- 241
triebsorganisation oder Jahreskapazität, bilden nach wie vor eine Ausnahme. Insgesamt besteht jedoch die Tendenz, die Gewichte gleichmäßiger zu verteilen, nachdem man im Bereich des Hambacher Forstes zur flächenmäßigen Untersuchung ganzer ehemaliger Siedlungsgebiete übergegangen ist und z. B. entdeckt hat, daß Glasgefäße in römischer Zeit nicht nur in Köln hergestellt worden sind[15].

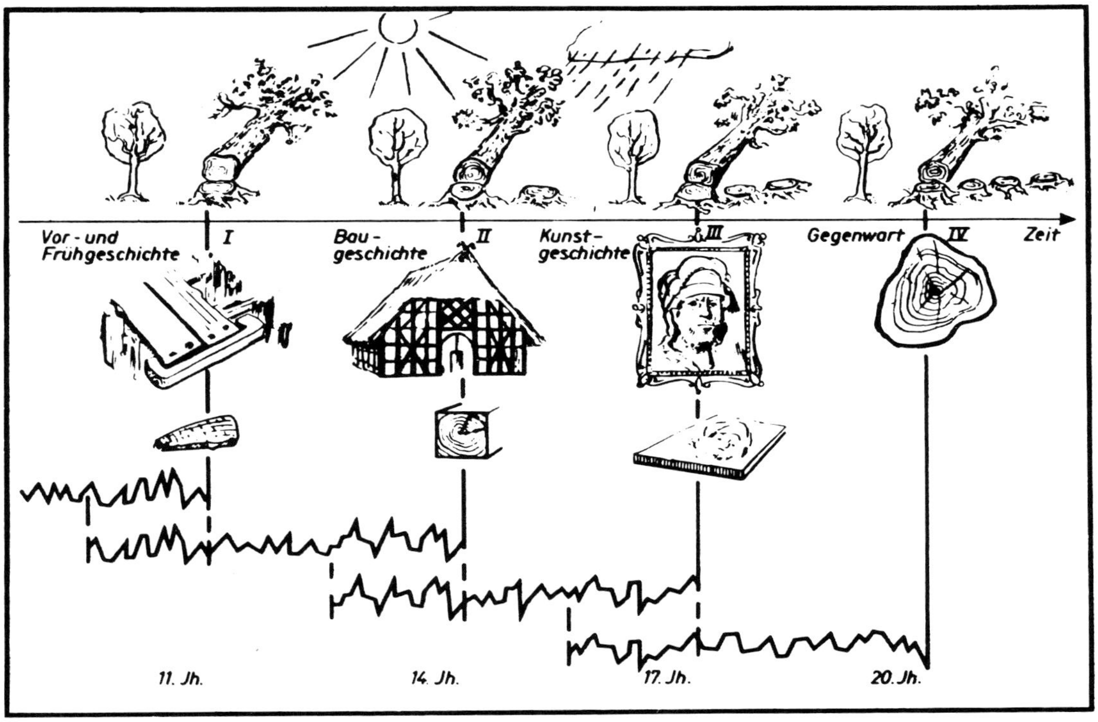

8. Zeitbestimmung durch Dendrochronologie: Wachstumskurven von Eichenstämmen aus verschiedenen Jahrhunderten im Überlappungsverfahren (nach E. Hollstein).

183 Auch in den Niederlanden hat man Forschungsschwerpunkte gebildet, z. B. in *Nijmegen,* wo es darum geht, die siedlungsgeographischen Voraussetzungen von Legionslager und Zivilstadt zu klären. Ein besonderes Augenmerk richtet man dort auf die Untersuchung der CANABAE LEGIONIS, der *Lagervorstadt,* die räumlich wie rechtlich von der eigentlichen *Bürgerstadt* im Westen des heutigen Nijmegen getrennt war[16]. Ein archäologisches Forschungsvorhaben besonderer Art sind die Untersuchungen im nieder-

9. Bergkamen-Oberaden (Krs. Unna). Eichenholzstümpfe als Überreste der Wehrmauer eines römischen Lagers aus dem Jahre 11 v. Chr. Westfälisches Museum für Archäologie Münster.

ländischen Flußgebiet zwischen Maas, Waal und Kromme bzw. Oude Rijn, das seit etwa 15 Jahren von Mitarbeitern des »Rijksdienst voor Oudheidkundig Bodemonderzoek« (ROB) und anderer wissenschaftlicher Institute systematisch erforscht wird[17]. Es geht hier vor allem um *Siedlungsgeschichte*, d.h. die Forschungen haben das Ziel, ein möglichst vollständiges und geschlossenes Bild der menschlichen Besiedlung im Rhein-Maas-Delta zu entwerfen, das zu allen Zeiten aufgrund seiner geopolitischen Lage ein begehrtes Stück Land gewesen ist. Die Siedlungen der römischen Zeit spielen in diesem Zusammenhang eine besondere Rolle – speziell im Gebiet der damaligen Rheingrenze –, weil die Siedlungsspuren aus dieser Zeit besonders zahlreich sind. Im Gegensatz jedoch zu anderen Forschungen dieser Art, bei denen die Untersuchung der militärischen Anlagen im Vordergrund steht, konzentriert man sich im niederländischen Flußgebiet bewußt auf den zivilen Bereich und bemüht sich, Siedlungsstrukturen und Lebensbedingungen der Zivilbevölkerung, die in diesem Grenzgebiet gelebt hat, wieder sichtbar zu machen.

Die heutige umfassende Aufgabenstellung der Archäologie macht die Zusammenarbeit mit vielen *Spezialisten* notwendig. Dazu gehören Anthropologen, die menschliche Knochenreste auf Alter, Geschlecht, Krankheiten oder Unfälle des Verstorbenen hin untersuchen und damit wichtige soziologische Daten liefern, ebenso wie die Zoologen, die Auskunft darüber geben können, welche Haustiere gehalten wurden oder ob die Jagd für die Versorgung einer Bevölkerung mit Fleisch eine Rolle gespielt hat. Von großer Wichtigkeit sind Paläo-Botaniker, die heute in der Lage sind, aus verkohlten Pflanzenresten die Flora einer ganzen Landschaft wiedererstehen zu lassen; hier sind es vor allem die Arbeiten von K.-H. Knörzer, die Beachtung verdienen[18]. Metallurgen und Mineralogen gehören dazu, unentbehrlich sind auch Geologen, Bodenkundler, Chemiker, Ärzte, Architekten und Ingenieure, Spezialisten für den Bergbau, für Kalk- und Steingewinnung oder für die Rekonstruktion römerzeitlicher Hebekräne. Möglicher- 11
weise gibt es keine andere Wissenschaft, für die interdisziplinäre Zusammenarbeit so sehr zum Alltag gehört wie gerade die Archäologie.

Die entscheidenden Fragen, die Historiker und Archäologen immer wieder stellen, sind die nach Zeitstellung und Periodisierung eines Fundplatzes. Von besonderer Bedeutung für die Archäologie sind deshalb vor allem Spezialdisziplinen, die ihr bei der Lösung solcher Fragen behilflich sein können. Hier ist in erster Linie die Methode der *Jahrringchronologie* (Dendrochronologie) zu nennen[19]. Man geht hierbei davon aus, 8
daß Bäume, die unter gleichen klimatischen Bedingungen wachsen, auch gleiche oder sehr ähnliche »Wachstumskurven« aufweisen. Die einzelnen Jahresringe, die ein Stamm bildet, kann man auszählen, die Abstände zueinander messen und die ermittelten Daten in einer Kurve graphisch sichtbar machen; die Übereinstimmungen dieser Wuchskurven – das hat die Erfahrung gelehrt – ist bei Hölzern derselben Zeit und derselben Gegend oft frappierend. Durch zahlreiche Überlappungen – die Dendrochronologen nennen es »Überbrückungsverfahren« – ist es gelungen, sich von Hölzern der Gegenwart über die Balken mittelalterlicher Fackwerkhäuser, über Hölzer der Aachener Pfalz Karls des Großen und römerzeitliche Brückenbalken in Köln und Trier bis in die Hall- 222
stattzeit (um 700 v. Chr.) zurückzutasten.

Die Ergebnisse, die mit dieser Methode erzielt werden, sind erstaunlich präzis, wenn auch methodisch nicht unumstritten[20]. Zweifellos hat die Möglichkeit, auf solche Weise zu exakten Datierungen zu kommen, für Archäologen und Historiker etwas ungemein Verlockendes. Als hieb- und stichfest können die Datierungen natürlich dann gelten, wenn sie auf anderem methodischem Wege kontrolliert und gestützt werden können. Ein gutes Beispiel ist die Datierung des frührömischen Lagers in Bergkamen-Oberaden 9
(Krs. Unna), ein Lager, das die Römer während ihrer germanischen Offensive unter Augustus kurzfristig besetzt hielten[21]. In diesem Fall ist das schon vor mehr als 50 Jah-

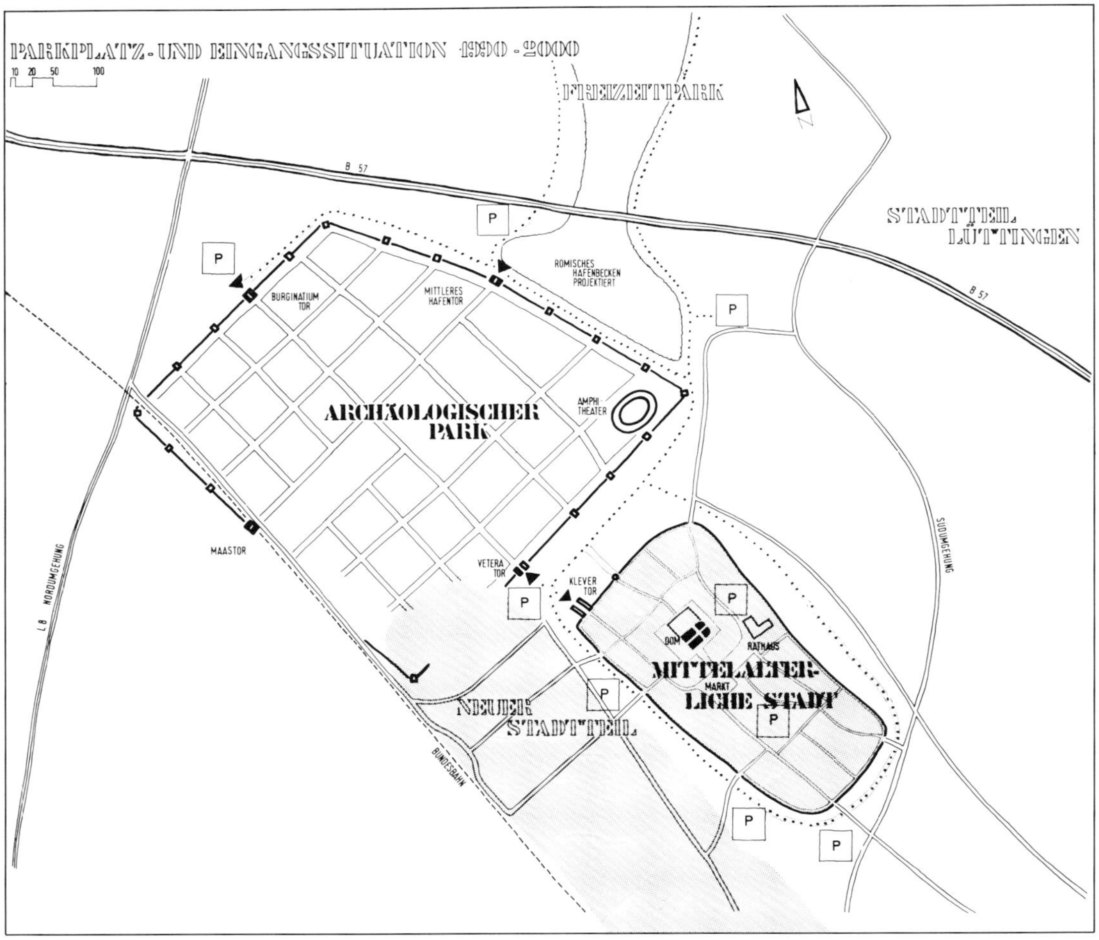

10. Archäologischer Park Xanten – Zielplanung bis zum Jahre 2000.

11. Eröffnung des Archäologischen Parkes in Xanten am 8. Juni 1977. Im Hintergrund ein wiedererrichteter Turm der Stadtbefestigung, ein rekonstruierter römischer Baukran und die Grundmauern des Amphitheaters.

12. CORIOVALLVM/Heerlen (NL). Thermenmuseum mit Blick auf das Heißwasserbad mit Fußbodenheizung (Bildmitte). Vgl. Abb. 180.

ren durch eine Kombination historischer Nachrichten mit der Aussage der im Lager gefundenen Münzen erschlossene Anfangsdatum von 11 v. Chr. durch die dendrochronologische Untersuchung von Pfosten aus den Überresten der Holz-Erde-Mauer aufs beste bestätigt worden. Andere, bisher für absolut gehaltene Daten sind dagegen revidiert worden (vgl. auch S. 85).

Der besondere Reiz der Archäologie liegt in ihrer Anschaulichkeit und ihren Möglichkeiten, Geschichte »gegenständlich« und damit sichtbar zu machen. Diese Eigenschaft zu nutzen, ist für ein Land von besonderer Bedeutung, in dem Roms Erbe heute nicht mehr offen zutagetritt wie im Gebiet zwischen Rhein und Maas. Das aktuellste
und sicher auch anspruchsvollste Projekt dieser Art wird seit 1977 in *Xanten* verwirk- 10, 11
licht, wo Stadtmauer, Türme, Amphitheater und Tempel wieder in die Höhe wachsen 26
und eine »Römerstadt aus der Retorte« entsteht, die in einen modernen Freizeitpark
eingebunden ist[22]. Ein anderes Beispiel bietet die niederländische Stadt *Heerlen,* wo man 12
den Bäderkomplex des römischen CORIOVALLVM, der eine Grundfläche von 2500 qm einnimmt, in einen modernen Museumsbau einbezogen und als »Thermenmuseum« der Öffentlichkeit wieder zugänglich gemacht hat (S. 152). Diese und andere Rekonstruktionsversuche zeigen nicht nur das starke öffentliche Interesse, das die Archäologie heutzutage beanspruchen darf, sondern sie sind gleichzeitig auch ein Maßstab dafür, wie sehr in den letzten Jahren das Bewußtsein für die Erhaltung historischen Denkmalbestandes gewachsen ist.

Landschaft und Grenzen

Der Teil des Landes am Rhein von der See bis zum Flusse OBRINCAS *(= Vinxtbach) heißt Niedergermanien . . .*
Klaudios Ptolemaios (ca. 100–170)

Die Niederländer scheinen heute den Kampf gegen das Meer gewonnen zu haben. Nach furchtbaren Katastrophen, von denen die Chroniken seit dem 4. Jahrhundert berichten, haben sie mit der Abdeichung der Zuidersee und dem Schließen der Flußmündungen in Zeeland – bekannt als »Deltaplan« – die zerstörerischen Kräfte des Wassers besiegt. In römischer Zeit war dies anders. Caius Plinius Secundus (23–79), der unter dem Statthalter Cnaeus Domitius Corbulo einen Teil seines Militärdienstes in Niedergermanien verbrachte und gerade den nördlichen Provinzteil aus eigener Anschauung kannte, hat in seiner »Naturgeschichte« den damaligen Zustand des Landes u. a. folgendermaßen geschildert[23]: ». . . Der Ozean dringt mit zwei Zwischenzeiten am Tage und in der Nacht in gewaltiger Breite und mit unermeßlichen Wellen ins Land ein, so daß man bei diesem ewigen Kampf der Natur zweifelt, ob denn der Boden zur Erde oder zum Wasser gehört. Dort lebt ein unglückliches Volk auf Hügeln, besser gesagt, auf Erhöhungen, die es mit eigener Hand aufgeworfen hat«.

Plinius hat sicherlich nicht übertrieben. Zwar existierten zu seiner Zeit schon die Strandwälle[24], ein breiter Gürtel paralleler Sanddünen, die das flache Hinterland zum größten Teil abriegelten und vor den salzigen Fluten schützten, aber immer wieder drang das Meer durch die Flußmündungen von Rhein, Maas und Schelde ein und verwandelte die moorigen Flächen, die sich in der Zwischenzeit gebildet hatten, in unwegsamen und unfruchtbaren salzigen Morast. Es war ein ödes und kahles, ein menschenunfreundliches Land, und die Geographen sprechen in solchen Fällen mit Recht von »Siedlungsfeindlichkeit«. Vor allem die heutigen Provinzen Zuid- und Noord-Holland glichen damals mehr einer unübersichtlichen Sumpf- und Seenlandschaft als einem zusammenhängenden Landrücken. Ähnlich waren die Verhältnisse in der Provinz Zeeland, heute größtenteils eine Insellandschaft, zu Beginn der römischen Zeit jedoch noch ein geschlossenes Moorland, das hinter mächtigen Sanddünen lag, die nur an einigen Stellen von Flußmündungen und Buchten unterbrochen waren; bewohnbar waren in dieser Zeit lediglich die sandigen Küstenstreifen. Heute sind die »Gatten« – die Zugänge zum Meer – durch starke Deiche gesichert, das Land hinter den Strandwällen ist trockengelegt, es ist fruchtbar und gilt als eines der dichtestbesiedelten Gebiete der Erde.

14 In römischer Zeit bestimmten die weitverzweigten Wasserläufe von Rhein, Maas und Schelde die geographischen Verhältnisse in den heutigen westlichen Niederlanden. Die Flüsse waren nicht eingedeicht und konnten sich frei entfalten. »Sie waren etliche Stunden breit, in allen Niederungen war ihr Bette«, heißt es noch in einem Bericht von 1765[25]. Für den Rhein lassen sich für diese Zeit zumindest drei Mündungsarme nachweisen. Der nördlichste, von Plinius FLEVVM genannt[26], mündete wahrscheinlich nördlich von Velsen und ist entweder mit der Vlie-Mündung, wahrscheinlicher jedoch mit der Ij identisch, die bei Ijmuiden ins Meer fließt. Von der zweiten Mündung heißt es bei Tacitus[27]: »Der (Flußarm) auf der germanischen Seite behält den Namen RHENVS und auch die starke Strömung, bis er sich in den Ozean ergießt . . .«. Dieser Mündungsarm,

der früher sehr viel breiter war, liegt unmittelbar nördlich der heutigen Stadt Katwijk. Er heißt heute »Oude Rijn« (Alter Rhein) und bildete seit der Mitte des 1. Jahrhunderts die Nordgrenze der Provinz. Die größte Mündung war das HELINIVM, wie Plinius das breite Delta nannte, das Waal, Maas und Striene, ein Seitenarm der Schelde, miteinander bildeten[28]. Tacitus spricht vom OS IMMENSVM, der »unermeßlich großen Mündung«, und schreibt dazu: »... der nach Gallien zu gelegene (Flußarm) ist breiter und fließt langsamer; die Anwohner nennen ihn mit verändertem Namen VAHALIS (= Waal), bis er auch diesen Namen verliert und nun gemeinsam mit der MOSA (= Maas) ... in den Ozean fließt«[29]. Gemeint ist die Mündung von Waal und Oude Maas (Alte Maas) westlich von Rotterdam, die bei Hoek van Holland das Meer erreicht. Von Bedeutung ist schließlich die SCALDIS (= Schelde), von der Caesar sagt, sie münde in die Maas[30]. Wahrscheinlich besaß die Schelde über einen ihrer Nebenflüsse auch eine Verbindung zum HELINIVM, der Hauptstrom jedoch verlief weiter südlich und mündete wohl mit zwei Armen ins Meer, von denen der eine etwa dem heutigen Verlauf der Oosterschelde entsprach, während der andere seinen Weg durch Süd-Bevoland nahm.

Alle Mündungsgebiete des Rheindeltas waren AESTVARIA, d.h. sie standen unter starkem Einfluß von Ebbe und Flut. Je weiter man nach Osten kam, um so geringer wurde der Gezeitendruck. Hier lag die INSVLA BATAVORVM, die »Insel der Bataver«, wie Tacitus sie nennt[31], heute weitgehend identisch mit der Landschaft Betuwe, die den alten Namen bewahrt hat. Sie wurde im Norden vom alten Rheinlauf begrenzt, dem heutigen Neder-Rijn, Kromme Rijn und Oude Rijn, im Süden von der Waal und dem Unterlauf der Maas. Auch hier waren die Böden – zumindest im westlichen Teil – noch moorig, aber die Landschaft war abwechslungsreicher und siedlungsfreundlicher. Die Uferbereiche ließen sich dauerhafter befestigen, unbewohnbaren Morasten in den Niederungen entsprachen die Stromrücken – auch Flußstrandwälle genannt –, relativ hochgelegene, größtenteils hochwasserfreie Flächen, die im 1. und 2. Jahrhundert dicht besiedelt waren. Das Gebiet östlich der großen Moore – das Herzland der Betuwe – be-

13. Luftansicht der Bislicher Insel bei Xanten (die Stadt links im Hintergrund) mit mittelalterlichem Rheinarm. Blick von Südosten. Freigegeben Reg. Präs. Düsseldorf So 909.

stand im wesentlichen aus sandigen und lehmigen Ablagerungen der Flüsse Rhein und Waal. An dieser Bodenqualität hat sich bis heute kaum etwas geändert, wohl aber im Bereich der Vegetation. Im Gegensatz zu heute waren in römischer Zeit weite Gebiete von Laubwäldern bedeckt. Vor allem Buchen und Eichen bestimmten das damalige Landschaftsbild. Erst römischer Planungswille hat diesen Zustand verändert, als es darum ging, durch umfangreiche Rodungen neues Siedlungsland zu erschließen.

14 Südlich von Nijmegen weitet sich die Landschaft. Hier beginnt das *Niederrheinische Flachland,* das sich bis zur Erftmündung bei Neuss hinzieht. Es wird heute von einer Grenze durchschnitten, bildete jedoch seit jeher landschaftlich, sprachlich wie kulturell eine Einheit. Auch heute noch sind die Übergänge – trotz neuzeitlicher Grenzziehung – durchaus fließend; wer das Land durchfährt, die Grenze überschreitet, kann dies deut-
13 lich spüren. Jahrhundertelang hat der Rhein Geschichte und Gestalt dieser Landschaft geprägt, sich durch Kiesschotter und Lehmablagerungen hindurchgegraben, willkürlich seinen Lauf verändert und zu beiden Seiten zahlreiche Altwasser zurückgelassen, die heute, nachdem der Strom reguliert ist, zum größten Teil trocken sind. Die Niederrheinische Landschaft ist flach und eben. Gliedernde Akzente setzen sanfte Bodenerhebungen wie die Hees oder der Fürstenberg bei Xanten. Es sind Stauchmoränen, die eiszeitliche Gletscher hier abgelagert haben. In früherer Zeit war das Land – ähnlich wie die Betuwe zwischen Rhein und Waal – stark bewaldet; auch hier ist wohl schon in römischer Zeit stark gerodet worden. Heute bestimmen Land- und Viehwirtschaft das äußere Bild. Aber heute noch gibt der Reichswald bei Kleve, das größte zusammenhängende Waldgebiet am Niederrhein, eine lebendige Vorstellung vom Reichtum der Laubwälder, die einst dieses Gebiet bedeckten.

14 Das Herzland der römischen Provinz Niedergermanien war die *Niederrheinische Bucht,* die fruchtbaren Lößböden zwischen Neuss, Bonn und Aachen, eine Landschaft, die schon die Ackerbauern der Jungsteinzeit angezogen hatte. Geographische Grenzen dieses uralten Siedlungsraumes sind östlich des Rheines das Siebengebirge und das Bergische Land, im Süden die Voreifel, im Westen die Maasniederung. Nach Norden geht die Niederrheinische Bucht fast unmerklich in das Niederrheinische Flachland über; hier wechseln nur die Böden, nicht die landschaftliche Gestalt. Der einzige Höhenzug, der gliedernd wirkt, ist die Ville zwischen Dormagen und Bonn, die das Gebiet der Kölner Bucht von der Jülicher Börde trennt. Als die Römer dieses fruchtbare Gebiet in Besitz nahmen, hatte es bereits seit Jahrtausenden unter dem Pflug gestanden. Hier mußte nicht gerodet oder urbar gemacht werden. Riesige Anbauflächen standen zur Verfügung, es herrschten günstige klimatische Verhältnisse, und der fruchtbare Lößboden brachte reiche Kornernten hervor. Das weite Gebiet zwischen Maas- und Rheintal war seiner ganzen Prägung nach ein reines Agrarland.

Im Süden der Bördenlandschaft beginnen die Höhenzüge der *Eifel.* Für die Menschen in römischer Zeit bildete sie zusammen mit den Ardennen und dem Hohen Venn ein zusammenhängendes Waldgebirge, das sie SILVA ARDVINNA (Ardennenwald) nannten und das zum weitaus größeren Teil zur Provinz GALLIA BELGICA gehörte, die von Reims und Trier aus verwaltet wurde. Nur die nördlichen Randbezirke der Eifel waren Teil der Provinz Niedergermanien. Das Gebiet war unfreundlich, bot rauhes Klima, aber auch reichliche Niederschläge. Es war vor allem für Wald- und Weidewirtschaft geeignet, während die Landwirtschaft nur geringe Erträge brachte. Besondere Bedeutung besaß es seiner Bodenschätze wegen wie Eisenerz, Blei, Kupfer, Galmei (Zinkerz), Tuff oder Kalk, bedeutend auch die reichen Wasservorkommen. Im Grunde jedoch blieb das Eifelgebiet lange Zeit unerschlossen und wurde erst gegen Ende des 1. Jahrhunderts intensiver besiedelt.

Auch ein kleiner Teil des *Mittelrheingebietes* gehörte zur Provinz GERMANIA INFERIOR. Hier hat sich der Rhein in jahrtausendelanger Tätigkeit durch das Schieferge-

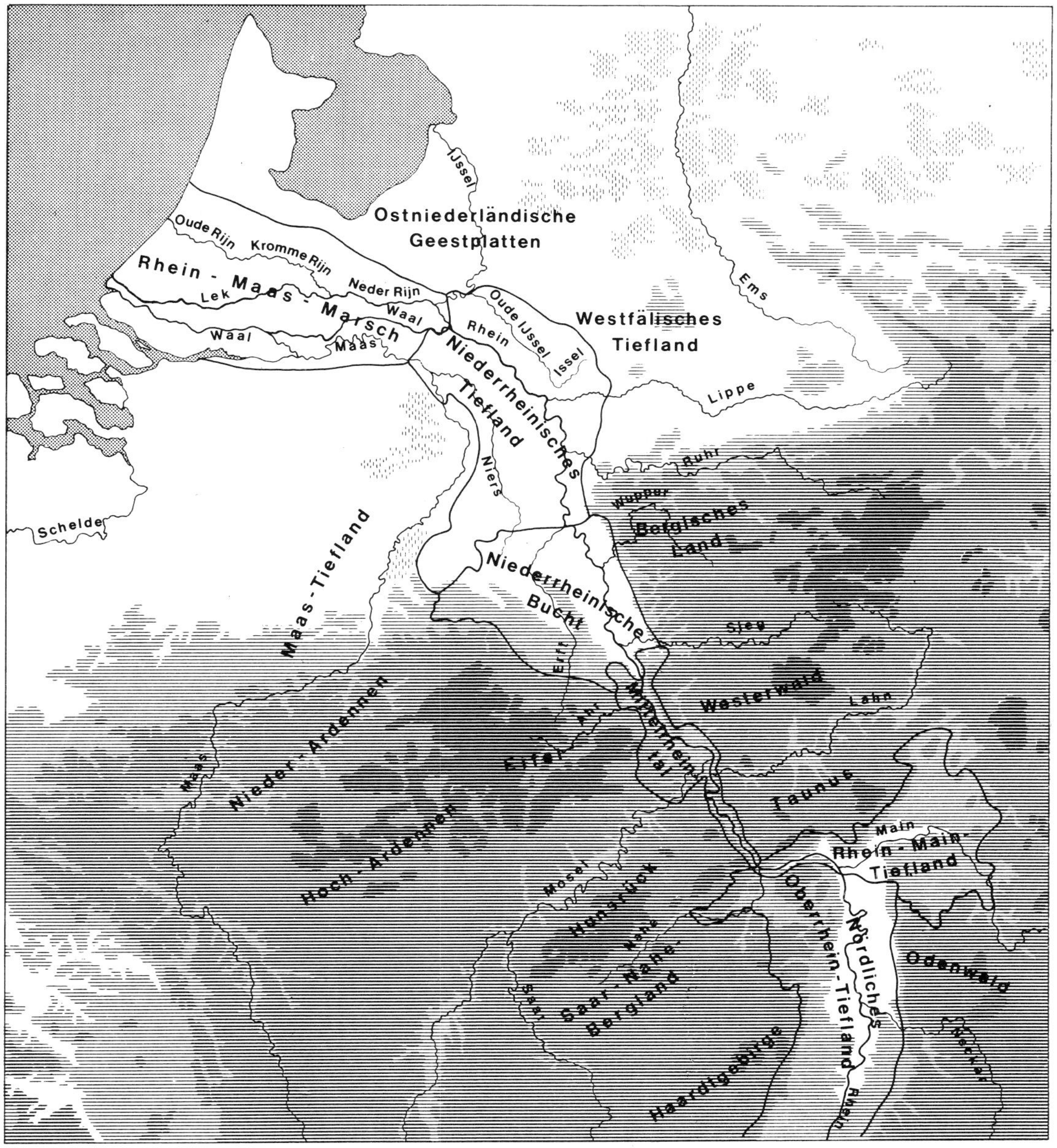

14. Geographische Gliederung des Mittel- und Niederrheingebietes (nach M. Gechter). Maßstab ca. 1:3 500 000.

birge hindurchgearbeitet und die unter dem Schiefer liegenden vulkanischen Gesteine freigelegt, von denen der Trachyt des Drachenfelsens in römischer Zeit als Baumaterial die größte Bedeutung erlangte. Für menschliche Ansiedlungen ließ das enge Rheintal nur wenig Raum; lediglich die Gebiete von Remagen und an der Ahrmündung waren in römischer Zeit stärker besiedelt.

Das landschaftliche Bild der Provinz Niedergermanien war nicht einheitlich. Stark versumpfte, siedlungsunfreundliche Gebiete an den Küsten und in den Niederungen der großen Flüsse Rhein, Maas und Schelde wechselten mit natürlichen Siedlungsräumen wie der Köln-Jülicher Lößbörde und waldreichen Gegenden in der Betuwe zwischen Rhein und Waal oder dem Niederrheinischen Flachland zwischen Nijmegen und Neuss. Die Klammer für alle diese Landschaften und Siedlungsräume bildete der *Rhein.* 25
Zwar war der Strom in römischer Zeit auch Grenze der Provinz und des Reiches, aber er bildete gleichzeitig die Lebensader der Provinz, bot nicht nur äußere Sicherheit gegenüber dem freien Germanien, sondern war Hauptverkehrsader für den Austausch von Gütern aller Art, insbesondere für den Handel mit Britannien.

Die politischen Grenzen der Provinz folgten im wesentlichen den landschaftlichen Gegebenheiten. Im Norden schufen die Küstenlinien in Zuid-Holland und Zeeland sowie der Rheinlauf zwischen Katwijk, Utrecht und Arnhem natürliche Barrieren gegen Chauken und Friesen. Bis sich der niedergermanische Statthalter Cnaeus Domitius Corbulo auf Geheiß des Kaisers Claudius (41–54) auf diese Linie zurückziehen mußte[32], standen auch die Friesen im heutigen Noord-Holland unter römischem Einfluß; doch seit dem Jahre 47 war der Rheinlauf bei Katwijk die Nordgrenze der Provinz GERMANIA INFERIOR und des römischen Weltreiches. Eine ebenso natürliche Grenze bildete der Rhein mit seinen Nebenarmen an der Ostflanke von Reich und Provinz.

Wesentlich schwieriger (und weniger eindeutig) lassen sich die Provinzgrenzen im Süden und im Westen ziehen[33]. Westlich der Scheldemündung bei Antwerpen scheinen die Wohnsitze der Menapier gelegen zu haben, deren Gebiet bereits Teil der Provinz GALLIA BELGICA war. Von dort verlief die Grenzlinie durch die heutige Provinz Noord-Brabant. Eine genauere Festlegung ist heute noch nicht möglich, doch gibt es Hinweise, die darauf deuten, daß die Grenze dort gelegen hat, wo die Flußmarsch der Maas nach Süden in die Geest übergeht. Mit Sicherheit bildete nicht der Fluß die Grenze. Zum einen berichtet Tacitus davon, die Bataver hätten nicht nur auf ihrer INSVLA gesiedelt, sondern auch einen Teil des südlichen Flußufers in Besitz genommen[34]. In die gleiche Richtung weist ein Altarstein aus der Gegend südlich von 's-Hertogenbosch, den ein Mann namens Fla(v)us, Sohn des Vihirmas, als SVMMVS MAGISTRATVS CIVITATIS BATAVORVM (höchster Beamter der Stammesgemeinde der Bataver), im 1. Jahrhundert dem HERCVLES MAGVSANVS geweiht hat[35]. Daraus geht eindeutig hervor, daß ein bestimmter Landstreifen auf dem südlichen Ufer der Maas zur Provinz GERMANIA INFERIOR zu rechnen ist.

In der Gegend südwestlich von Cuijk bog die Grenzlinie nach Süden ab und folgte von hier aus weiter dem Maastal. Hier liegt »de Peel«, ein ausgedehntes, schwer passierbares Moorland, das eine natürliche Barriere zwischen Noord-Brabant und dem Tal der Maas bildet und wohl schon in römischer Zeit die Stämme Niedergermaniens von denen der GALLIA BELGICA trennte. Die Grenze verlief auf dem linken Ufer der Maas, auf dem sich die Fernstraße von VLPIA NOVIOMAGVS/Nijmegen nach TRAIECTVM AD MOSAM/Maastricht entlangzog.

Immer noch strittig und mit den bisher bekannten Fakten und Indizien nicht zweifelsfrei zu entscheiden ist die Frage, ob auch das Land um die belgische Stadt Tongeren – die CIVITAS TVNGRORVM – zur Provinz GERMANIA INFERIOR gehörte[36]. Neben den in der wissenschaftlichen Literatur geäußerten Argumenten, die eine endgültige Entscheidung nicht zulassen, gibt es eine Überlegung, die bislang außer acht gelassen wurde. Wir wissen, daß die TVNGRI seit der Provinzreform des Kaisers Diocletianus im Jahre 294 tatsächlich zu GERMANIA SECVNDA gehörten, wie die Provinz in spätrömischer Zeit genannt wurde (S. 258). Dabei lief eine der wichtigsten Bestrebungen des Kaisers darauf hinaus, die Provinzen jener Zeit nicht zu vergrößern, sondern zu teilen, um kleinere Verwaltungseinheiten zu schaffen. Will man nicht annehmen, GERMANIA SECVNDA sei – entgegen diesem Prinzip – damals als einzige Provinz vergrößert worden, muß man zu dem Schluß kommen, daß die CIVITAS TVNGRORVM auch schon vor dem Jahre 294 zur Provinz GERMANIA INFERIOR gehört hat.

Diesseits der Maas verlief die Grenze wieder in west-östlicher Richtung. Sie umging das Hohe Venn, das zur Provinz GALLIA BELGICA gehörte, und führte in sanftem Bogen quer durch die Eifel nach Süden. Wie weit die Grenze hier nach Süden reichte, ist möglicherweise an einigen Meilensteinen ablesbar, die an der Straße von Köln nach Trier standen[37]. In der Regel, die allerdings auch Ausnahmen kennt, werden römische Meilen (= 1 478 m) oder gallische Leugen (= 2 217 m) jeweils von den Hauptstädten der Provinz oder einer CIVITAS (Stammesgemeinde) aus gezählt. So fand sich der bisher

15. Menden (Rhein-Sieg-Kreis). Grenzstein der LEGIO I MINERVIA aus Bonn von der rechten Rheinseite (nach H. v. Petrikovits). Ende 2./Anfang 3. Jahrhundert. Die Inschrift lautet übersetzt: »Die erste Legion, (genannt) die minervische, fromme und treue, hat das aurelianische Nutz- und Weideland (bis hierher?) erweitert.«

südlichste Meilenstein mit Kölner Zählung im Nordeifelgebiet zwischen Urft/Dalbenden und Nettersheim (A COLonia AGRIPPinensium Milia Passuum XXXIX, d.h. »von Köln 39 römische Meilen«)[38]. Der Fundort des nördlichsten Trierer Meilensteines ist der Ort Neustraßburg zwischen Gerolstein und Bitburg (AVGusta TReverorum Leugas XX, d.h. »(von) Trier 20 Leugen«)[39]. Irgendwo auf dieser Strecke von weniger als 50 km kreuzte die südliche Provinzgrenze die Fernstraße von Köln nach Trier. Es spricht manches dafür, daß die frühmittelalterlichen Grenzen zwischen den Erzbistümern Köln und Trier die römische Grenzziehung widerspiegeln. Der Grenzpunkt lag südlich von ICORIGIVM/Jünkerath bei dem Örtchen Oos, das mit dem römerzeitlichen VICVS AVSAVA gleichgesetzt wird; zumindest reichten bis hierher im 6. Jahrhundert die missionarischen Aktivitäten der Trierer Bischöfe.

Ein sicherer Grenzpunkt ist dagegen der Platz an der Mündung des Vinxtbaches, den Ptolemaios OBRINCAS nannte[40], heute bei Brohl-Lützing südlich von Bad Breisig. Hier gab es beiderseits der Vinxtmündung in den Rhein je einen militärischen Straßenposten, von denen der nördliche dem niedergermanischen Statthalter in Köln, der südliche dagegen dem obergermanischen Statthalter in Mainz unterstand[41]. Außerdem belegen Altäre, die dort den NYMPHAE FINES (Grenznymphen) geweiht wurden, ebenso den Grenzcharakter dieses Platzes wie der Fluß- und Ortsname Vinxt, der sich aus AD FINES (an der Grenze) entwickelt hat[42]. Ein ähnlich klar bestimmbarer Grenzpunkt zwischen Nieder- und Obergermanien wird weiter westlich das Brohltal gewesen sein, dessen Tuffsteinbrüche ausschließlich von niedergermanischen Truppeneinheiten ausgebeutet wurden[43]; allerdings ist nicht ganz sicher, ob diese Steinbrüche noch in Niedergermanien oder schon auf obergermanischem Territorium lagen.

Der Rhein zwischen Vinxtbachmündung und Katwijk bildete spätestens seit dem Jahre 17 die West- und Nordgrenze der Provinz, aber römischer Einfluß machte hier nicht halt. Das Land der Friesen war zumindest bis 47 eine derartige Einflußsphäre, bis sich der Statthalter Corbulo auf die Rheinlinie zurückziehen mußte[44]. Aber Tacitus berichtet auch, daß in der Regierungszeit des Nero (54–68) zunächst die Friesen, später auch die weiter nördlich beheimateten Ampsivarier auf der rechtsrheinischen Seite Land in Besitz nahmen, das unbewohnt und für den Gebrauch der Soldaten ausgesondert war (AGRI VACVI ET MILITVM VSVI SEPOSITI)[45]. Namentlich einer der Führer der Ampsivarier gab seinem Unmut darüber Ausdruck, daß ein großes Stück Land brachliege, nur um gelegentlich einmal Rinder und Zugtiere der Soldaten hinüberzutreiben!

Das Wort, das man damals gebrauchte, hieß PRATA (PRATVM = Weide, Aue) und bezeichnete das militärische Nutz- und Weideland römischer Truppeneinheiten jenseits der Grenze, d.h. wir können davon ausgehen, daß es auf dem rechten Rheinufer von Katwijk bis Remagen einen nicht unbedeutenden Landstreifen gab, der zur Provinz Niedergermanien hinzugerechnet wurde[46]. Daß römische Truppen auch die rechte Rheinseite kontrollierten, ist u.a. daraus abzuleiten, daß es hier in flavisch-trajanischer
Zeit TEGVLARIA TRANSRHENANA gab (Ziegeleien jenseits des Rheines). Auch die 82
Steinbrüche von Drachenfels und Rüdenet, in denen Trachyt für Bauzwecke gebro- 25
chen wurde, lagen in dieser Zone. Eine gewisse Vorstellung von der räumlichen Tiefe
dieses militärischen Nutzlandes gibt ein 1970 am linken Ufer der Sieg gefundener 15
Grenzstein der LEGIO I MINERVIA aus BONNA/Bonn, die das zu ihrem Territorium gehörende Gebiet der PRATA AVRELIANA, d.h. ihr eigenes Nutz- und Weideland, irgendwann während der mittleren Kaiserzeit vergrößerte[47]; der Fundplatz in der Gemeinde Menden liegt heute etwa 3,5 km vom rechten Rheinufer entfernt.

Eroberung und Widerstand

OMNIS GALLIA PACATA – Ganz Gallien ist befriedet. Caius Iulius Caesar (100–44 v. Chr.)

... so lange schon »siegt« man über Germanien! Publius Cornelius Tacitus (ca. 55–120)

Durch diese Niederlage ist es dahin gekommen, daß das Reich, das am Gestade des Ozeans nicht haltgemacht hatte, nunmehr am Ufer des Rheines zum Stehen kam.
Publius Annius Florus (2. Jahrhundert)

GERMANIA INFERIOR (Niedergermanien) war ursprünglich ein Teil Galliens. Es gehör-
16, 17, te zu jener Provinz, die *Caesar* in den Jahren zwischen 58 und 51 v. Chr. mit Geschick,
18 Ausdauer und Glück, aber auch mit beispielloser Härte und Skrupellosigkeit geschaffen hatte – als Basis für seine spätere Machtstellung in Rom. Eine ständige Gefahr bildeten in dieser Zeit suebische Stammesverbände, die auf der Suche nach geeigneten Siedlungsgebieten den Rhein überschritten hatten und das gerade erst »befriedete« Gallien bedrohten. Mehr als einmal sah sich deshalb Caesar gezwungen, mit seinen Truppen bis an den Rhein vorzurücken und die Eindringlinge zurückzuwerfen. Berühmt sind seine beiden Brückenschläge in den Jahren 55 und 53 v. Chr. – irgendwo in der Gegend des Neuwieder Beckens –, die sicherlich mehr waren als militärische und technische Machtdemonstrationen gegenüber den rechtsrheinischen Germanen, wie uns Caesar glauben machen will[48]. Vielmehr spricht alles dafür, daß Caesar beide Male die feste Absicht hatte, die Sueben auf der rechten Rheinseite anzugreifen und entscheidend zu besiegen, daß jedoch beide Feldzüge abgebrochen wurden, weil Caesar seine ganze Aufmerksamkeit auf die Entwicklung der stadtrömischen Politik richten mußte, wollte er nicht seinen dortigen Einfluß gegenüber seinem Widersacher Pompeius und dem Senat unter der Führung Catos aufs Spiel setzen[49].

Caesar verstand es meisterhaft, selbst solche Unternehmungen, die ihr ursprünglich gestecktes Ziel nicht erreichten, in militärische oder politische Erfolge umzumünzen. Es ging ihm nicht um minutiöse Kriegsberichterstattung, er verfolgte handfestere Ziele. Wie gut er es verstand, sich eindrucksvoll in Szene zu setzen, zeigt sich gerade bei der Darstellung der »Germanengefahr«. Getreu dem Motto, den Feind zu verherrlichen, um einen späteren Sieg um so glanzvoller erscheinen zu lassen, werden die Germanen als »ungeheuer groß, unglaublich tapfer und waffengeübt« geschildert[50]. Die Erzählungen gallischer Kaufleute im Lager von VESONTIO/Besançon (F) machen einen solchen Eindruck auf Offiziere und Mannschaften, daß »alle in bedenklicher Weise Kopf und Herz verloren«. Natürlich gelingt es Caesar im anschließenden Kriegsrat, mit Umsicht, Mut und Überzeugungskraft das verzagte Heer wiederaufzurichten, ihm die Furcht vor den Germanen zu nehmen und seine alte Schlagkraft wiederherzustellen[51].

Schon Caesar wußte natürlich, daß es *die* Germanen überhaupt nicht gab[52]. Zu keiner Zeit bildeten sie eine staatliche Einheit oder handelten als gemeinsame politische Kraft in dem Bewußtsein, zu einer »germanischen Nation« zu gehören. Von Anfang an gab es Stämme, die den Römern zuneigten, ebenso wie andere, deren ARROGANTIA – in römischen Augen – nur mit Kampf und Vernichtung zu brechen war. Schon der Name GERMANI macht dies deutlich: Ambiorix war Eburone, Ariovist ein Suebe, Arminius ein Cherusker; niemals wären sie auf den Gedanken gekommen, sich als »Germanen« zu bezeichnen. Ursprünglich der Name eines Einzelstammes, der über den Rhein gekommen war, um sich auf ehemals keltischem Boden anzusiedeln, wurde diese Benennung bald auch auf alle anderen rechtsrheinischen Volksstämme übertragen – so zumindest berichtet Tacitus[53]. Die älteste, uns überlieferte Erwähnung dieses Namens

16. Rückseite eines Denars des Caius Iulius Caesar mit der Darstellung eines Siegesmals, das aus gallischen Waffen besteht. Geprägt 50 v. Chr. in Gallien. Museumszentrum Burg Linn, Krefeld.

17. Rückseite eines Denars des Caius Iulius Caesar, geprägt 48 v. Chr. in Gallien. Dargestellt ist Aeneas, der seinen Vater Anchises und eine Statue der Pallas Athene aus dem brennenden Troja herausträgt. Museumszentrum Burg Linn, Krefeld.

18. Marmorportrait Caesars, gefunden auf dem Hunerberg in Nijmegen (NL). Höhe 27 cm. Entstanden um Christi Geburt. Rijksmuseum van Oudheden Leiden (NL).

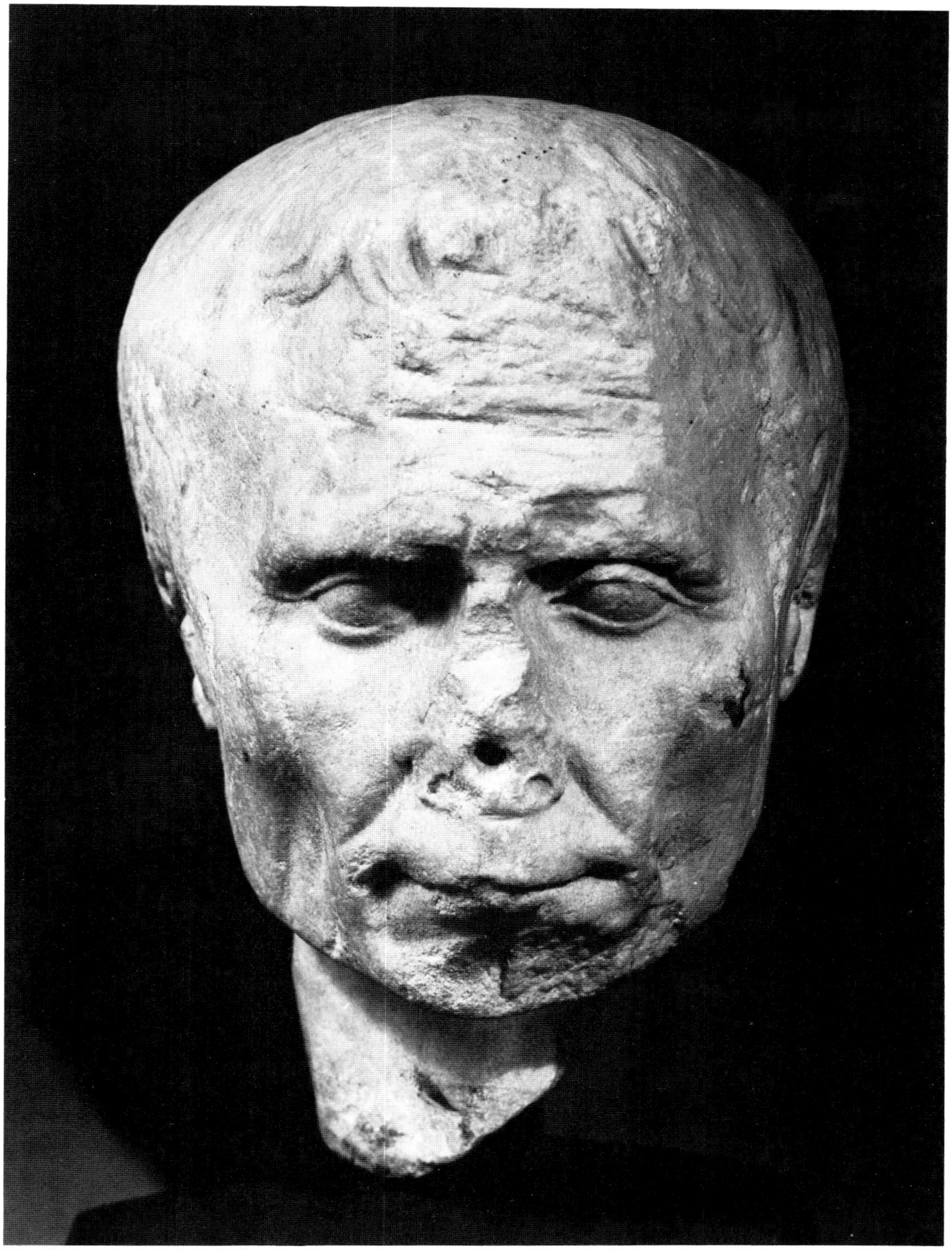

geht auf das Jahr 12 v. Chr. zurück, als Marcus Claudius Marcellus in Rom einen Triumph DE GALLEIS, INSVBRIBVS ET GERM/... (über Gallier, Insubrer und Germanen) feiern konnte[54]. Mit Sicherheit waren es nicht *die* Germanen, über die er siegte, sondern Stämme oder Stammesteile aus dem Mischgebiet zwischen gallischen und germanischen Völkerschaften.

Für Caesar und seine Zeitgenossen bildete der Rhein räumlich wie sprachlich die natürliche Grenze zwischen Galliern (= Kelten) und Germanen; Caesar war auch der erste, der beide Völker nach Sprache, Gebräuchen und Institutionen deutlich unterschied[55]. Aber diese Grenzziehung war ungenau, und Caesar wußte dies. Schon bevor er nach Gallien kam, waren starke germanische Verbände – vor allem die Eburonen –

über den Rhein gekommen und hatten das Land zwischen der Kölner Bucht und dem Niederrhein in Besitz genommen. Caesar kannte und fürchtete diese GERMANI CIS RHENVM (Germanen diesseits des Rheines) als Unruhestifter, denn mehr als einmal bestand die unmittelbare Gefahr, daß sie sich mit gallischen und belgischen Stämmen verbündeten und ihn damit zu einem Zweifrontenkrieg zwangen[56]. Aus Caesars Sicht sind deshalb auch Härte und Grausamkeit verständlich, mit denen er alles daransetzte, Usipeten, Tenkterer und Eburonen als Stammesgemeinschaften auszulöschen und hierbei selbst vor dem Leben von Frauen und Kindern nicht haltzumachen – sicherlich in unseren Augen Akte brutalen Völkermords, von Caesar gegenüber seinen politischen Feinden in Rom nur mangelhaft durch den Hinweis verdeckt, dies sei »zu Ruhm und Nutzen« des römischen Volkes geschehen[57]. Wie heißumstritten in Rom z. B. sein Vorgehen gegen die Usipeten und Tenkterer war, zeigt der Antrag Catos im Senat, Caesar den Germanen auszuliefern, um die Schmach des Meineides vom Staat auf jenen abzuwälzen, der am Untergang dieser Völker allein schuldig sei[58].

Es scheint Caesars erklärter Wille gewesen zu sein, daß die römische Herrschaft bis zum Rhein reichen sollte, und es war sicher mehr als ein stilistisches Mittel, seine eigene politische Absicht gerade von einem Sugambrer – einem Germanen – aussprechen zu lassen[59]. Für den Realpolitiker Caesar bot sich der Rhein als geeignete Grenze des römischen Machtbereiches an, also war sein Ziel darauf gerichtet, diese Linie zu sichern. Es gibt heute nur noch wenige Althistoriker, die glauben, Caesar habe mehr gewollt und wäre am Ende sogar gewillt gewesen, in der Manier eines zweiten Alexander ganz Germanien zu erobern[60]. Heute herrscht unter den Caesar-Forschern die fast einhellige Meinung, daß es ihm in Germanien nicht um neue Eroberungen ging, sondern um die Sicherung der Rheingrenze und damit um den Bestand der neugewonnenen Provinz GALLIA. Alle militärischen Unternehmungen, die über dieses Ziel hinausführten – vor allem die Kämpfe mit den Germanen links und rechts des Rheines – dienten Caesar als zusätzliches Propagandamittel, um Feldherrenruhm zu ernten und seine eigene Machtposition auszubauen – schon um einen Ausgleich zu schaffen zu den beispiellosen und in der damaligen Öffentlichkeit sehr viel höher eingeschätzten militärischen Erfolgen seines politischen Widersachers Pompeius im Osten des Reiches[61].

Mit der Niederschlagung des gallischen Aufstandes unter dem Arvernerfürsten *Vercingetorix* (52/51 v. Chr.), der noch einmal alles in Frage stellte, was Caesar in den vorangegangenen Jahren geschaffen hatte, war auch der letzte politische und militärische Widerstand in Gallien gebrochen. Die gallischen Völker – klug genug, ihre eigene Schwäche zu erkennen – fügten sich den neuen Machtverhältnissen und nahmen die römische Alternative an[62].

Problematisch blieb das germanische Grenzland. Hier gelang es den Römern eigentlich nie, ein politisches Konzept zu entwickeln, das über die bloße militärische Machtdemonstration hinausging. Abgesehen von der Regierungszeit des Augustus befand sich Rom – politisch gesehen – eigentlich fast immer in der Defensive, die verantwortlichen Politiker reagierten statt zu handeln und fanden eigentlich nie das rechte Maß zwischen politischem Machtanspruch und jener Überzeugungskraft, die allein notwendig gewesen wäre, um mehr als ein paar germanische Stämme für die kulturellen Segnungen des Reiches zu interessieren. Es ist nicht so, daß die Germanen grundsätzlich abgeneigt waren, römische Lebensweise anzunehmen, vielmehr ging der Zwiespalt mitten durch die Stämme und Sippen hindurch. Das Verhältnis des Arminius, selbst ursprünglich in römischen Diensten, ehe er den Aufstand begann, zu seinem Schwiegervater Segestes oder auch zu seinem Bruder Flavus, die beide Rom treu ergeben waren, sind sprechende Beispiele für die Konfliktsituation, in der sich viele germanische Familien befanden, die damals im römischen Einflußbereich lebten, aber auch für ihre Bereitschaft, Roms Anspruch anzuerkennen.

19. Büste eines Germanen aus gebranntem Ton (Höhe 11,2 cm). Unbekannter Fundort. Wahrscheinlich 1. Jahrhundert. Rheinisches Landesmuseum Bonn.

Es waren vor allem zivilisatorische und psychologische Gründe, die das Verhältnis zwischen Römern und Germanen so außerordentlich erschwerten. Germanien war nach seiner politischen, wirtschaftlichen und gesellschaftlichen Struktur längst nicht so homogen wie Gallien. Es gab ein deutliches Kulturgefälle, sowohl nach Norden wie nach Osten. Das von Caesar besetzte Gebiet links des Rheines war schon längere Zeit zuvor wenigstens zum Teil »keltisiert« worden, d.h. keltische Kultur und Zivilisation, deren Einflußbereich sich von Hispanien, Gallien und Britannien bis nach Noricum und Pannonien (im heutigen Österreich bzw. Ungarn) im Osten erstreckte, hatten ältere Lebensformen verdrängt und überlagert. Dieser keltische Einfluß reichte von Süden her bis in das Gebiet der Köln-Jülicher-Lößbörde, war jedoch im Niederrheinischen Flachland und im Mündungsgebiet zwischen Rhein und Maas nur noch ganz schwach vertreten. Noch krasser äußerte sich das Zivilisationsgefälle von Westen nach Osten, um so mehr, als der Rhein seit alters her – anders etwa als die Elbe oder die Loire – für die Stämme, die hier zu beiden Seiten siedelten, eine eher bindende als trennende Funktion besaß[63]. Sicher war dieses Gefälle zu Beginn der römischen Kaiserzeit noch kaum spürbar, doch es entwickelte sich rasant in dem Maße, wie der niedergermanische Landesteil römische Lebensformen übernahm, während rechts des Rheines jener »germanische Urzustand« jahrhundertelang erhalten blieb, den Tacitus in seiner GERMANIA schildert.

Noch schwerwiegender waren psychologische Gründe. Ob zu Recht oder nicht – die 19
Germanen waren der Bürgerschreck der damaligen Zeit[64]. Der Schock saß tief. Kimbern und Teutonen waren die ersten, die römisches Selbstbewußtsein erschüttert hatten, Caesar hatte viel dafür getan, es wiederherzustellen – der Suebe Ariovist, der Eburone Ambiorix, Tenkterer, Usipeten und Sugambrer hatten dies zu spüren bekommen. Aber immer wieder hörte man von germanischen Beutezügen, die tief in römisches Gebiet hineinführten. Im Jahre 17 oder 16 v. Chr. erbeuteten die Sugambrer den ersten Legionsadler, eine Schmach, die römisches Selbstwertgefühl – die »Würde des römischen Namens« – tief verletzte und die Fronten verhärten ließ. Den Höhepunkt setzte die CLADES VARIANA, jene katastrophale Niederlage gegen die Cherusker und ihre Verbündeten, die den Statthalter Publius Quinctilius Varus Leben und Heer kosteten – ins- 22
gesamt mehr als 20000 Mann, für die damaligen Verhältnisse ein großes Heer. Alle drei Legionsadler – Symbole römischen Machtanspruchs – gingen verloren! Danach konnte es eigentlich nur noch darum gehen, die erlittene Schmach zu rächen. Kein römischer Kaiser oder Feldherr hätte jetzt noch eine Politik der Mäßigung und des Ausgleichs vertreten können. Diese psychologische Hemmnisschwelle ist auch in der Folgezeit nie überwunden worden.

Der einzige, der je eine längerfristige Germanenpolitik entwerfen ließ, war *Augustus* 20
(31 v. Chr.–14 n. Chr.). Auslösendes Ereignis war sehr wahrscheinlich die Niederlage des Statthalters Lollius im Jahre 17 oder 16 v. Chr. Zwar war zuvor der status quo, den Caesar an der Rheingrenze geschaffen hatte, schon mehrmals von germanischen Stämmen gebrochen worden, doch war seit den beiden Statthalterschaften des *Marcus Vipsa-* 21
nius Agrippa in Gallien (39/38 v. Chr. und 20/19 v. Chr.) und der Ansiedlung der Ubier im ehemaligen Eburonenland eine gewisse Beruhigung eingetreten, die nur noch fallweise durch Beutezüge der Sueben und Sugambrer beeinträchtigt wurde. Die schmachvolle Niederlage einer römischen Legion jedoch, und der Verlust ihres Adlers, setzten offenbar neue Maßstäbe; Augustus selbst begab sich an den Kriegsschauplatz. Schon vorher muß jene Konzeption entwickelt worden sein, die darauf abzielte, die Grenzlinie von Rhein und Donau um ein Drittel zu verkürzen und Germanien bis zur Elbe in den römischen Herrschaftsbereich einzugliedern. Wir gehen wahrscheinlich nicht fehl, wenn wir annehmen, daß dieser Entwurf in der Hauptsache auf Agrippa zurückgeht, der nicht nur ein erfolgreicher Feldherr, sondern auch ein erfahrener Verwaltungsmann war, imstande, eine neugeschaffene Provinz zu organisieren, Straßen anzulegen, Städte

bauen zu lassen und das Land zu erschließen; seine umfassenden Aktivitäten – nicht nur in Gallien und am Rhein – belegen dies in eindrucksvoller Weise.

Um so schwerwiegender war der Verlust für Augustus, als Agrippa im Jahre 12
23 v.Chr. unerwartet – 51jährig – in Kampanien starb; nun trug *Drusus*, der jüngere Bruder des Tiberius und Stiefsohn des Augustus, »die Last des germanischen Krieges«[65]. Der Beginn jener fast 30jährigen Kampagne gegen Germanien – sie dauerte von 12 v.Chr. bis 16 n.Chr. – war eindrucksvoll: in vier Sommerfeldzügen (12–9 v.Chr.) entfaltete die römische Kriegsmaschinerie alle ihre Möglichkeiten. Zu Lande und zu Wasser erreicht Drusus mehrmals Ems, Weser und Elbe. Er durchzieht das Land der Friesen, Chauken und Brukterer, der Usipeten, Sugambrer und Cherusker. Er kämpft und verhandelt, legt überall Befestigungen an – von QVINQVAGINTA CASTELLA (fünfzig Kastellen) ist die Rede[66], er läßt die FOSSA DRVSIANA bauen, einen Kanal zwischen Rhein und Zuidersee und errichtet an der Elbe ein TROPAEVM, ein Siegesdenkmal, aber nirgends gibt es eine Schlacht von entscheidendem Charakter, werden die Germanen zwischen Rhein und Elbe wirklich unterworfen. Es war wohl doch so, wie Cassius Dio[67] schreibt, daß »die Römer nur einzelne Punkte des Landes in ihrer Gewalt hatten, nicht ein zusammenhängendes Gebiet, sondern wie sie gerade hier und da von ihnen unterworfen waren . . .«.

Auch in der Folgezeit stehen die germanischen Unternehmungen des Augustus unter keinem guten Stern. Drusus – erst 29jährig – kommt im September 9 v.Chr. auf tragi-
27 sche Weise in Germanien ums Leben. Sein Bruder *Tiberius*, der spätere Kaiser, wird sein Nachfolger. Er sichert den Bestand, verhandelt und organisiert. Nur in einem Fall wendet er Gewalt an: die Sugambrer, stets dabei, wenn es darum ging, Unruhe zu stiften und Beutezüge ins linksrheinische Ubiergebiet zu unternehmen, werden von ihm unter Bruch des geltenden Völkerrechts so entscheidend dezimiert, daß sie als Stammesgemeinschaft von der politischen Landkarte verschwinden; die Überlebenden führt Tiberius zusammen mit anderen Unterworfenen (es sollen ihrer 40 000 gewesen sein!) über den Rhein und weist ihnen am linken Flußufer neue Wohnsitze an[68].

Zwischen 6 v.Chr. und 4 n.Chr., als die Offensive gegen Germanien neu eröffnet wird, scheint im wesentlichen Ruhe geherrscht zu haben. Nur einmal hören wir in dieser Zeit von einem römischen Vorstoß, der von der Donau bis zur Elbe führt[69]. Im Jahre 4 tritt die Germanenpolitik wieder in eine aktive Phase. Tiberius unterwirft in drei Jahren Cannanefaten, Attuarier und Brukterer, zieht gegen Langobarden und Markomannen. Auch er gelangt wie sein Bruder Drusus bis an die Elbe. Sein Reiterpräfekt und späterer Legionslegat Velleius Paterculus bescheinigt ihm öffentlich, er habe alle Teile Germaniens (OMNES PARTES GERMANIAE) siegreich durchzogen »ohne irgendeinen Schaden für das ihm anvertraute Heer, worauf gerade dieser Feldherr immer besonders achtete«[70]. Seit dem Jahre 6 gilt das rechtsrheinische Germanien im römischen Sinne als »befriedet« und Tiberius als jener, der diesem Land FORMAM PAENE STIPENDIARIAE PROVINCIAE gegeben hat – »den Charakter einer fast schon tributpflichtigen Provinz«[71]. Diese Auffassung ging zwar nach wie vor an der Realität vorbei, denn mehr als Drusus hatte auch Tiberius nicht erreicht, jedoch entsprach sie römischer Vorstellung und Mentalität, daß nämlich Frieden nur durch Krieg und Gewalt herbeizuführen sei.

Nur wenige Jahre genügten, um alles zunichtezumachen. Das militärische und politi-
22 sche Desaster des Jahres 9 ist unlösbar mit der Person des Statthalters *Publius Quinctilius Varus* verbunden, der Tiberius in Germanien ablöste, nachdem die Provinz sicher schien. Varus war ein Verwandter des Kaiserhauses und galt als tüchtiger Administrator. Ganz im Sinne des römischen Machtanspruchs und im Bewußtsein, eine »befriedete Provinz« vor sich zu haben, begann Varus auch sofort nach seiner Ankunft, Zivilverwaltung, Rechtsprechung und Steuerwesen auf eine neue, eine römische Basis zu stellen. Daß er dabei übereifrig vorging und jegliches politische Fingerspitzengefühl ver-

20. Kopf des Augustus auf einem Denar mit der Umschrift CAESAR AVGVSTVS, geprägt 19/16 v.Chr. in COLONIA PATRICIA/Cordoba (SP) oder NEMAVSVS/Nîmes (F). Museumszentrum Burg Linn, Krefeld.

21. Kopf des Agrippa auf einem As mit der Umschrift M(arcus) AGRIPPA L(uci) F(ilius) CO(n)S(ul) III (»Marcus Agrippa, Sohn des Lucius, Konsul zum drittenmal«), geprägt ca. 37 in Rom. Museumszentrum Burg Linn, Krefeld.

22. Bild des Publius Quinctilius Varus auf einer Münze der Zeit des Augustus (vor 9).

23. Kopf des Drusus auf einem Sesterz des Claudius mit der Umschrift NERO CLAVDIVS DRVSVS GERMANICVS IMP(erator), geprägt um 42/44 in Rom. Museumszentrum Burg Linn, Krefeld.

20

21

22

23

24

24. VETERA/Xanten-Birten. Grabmal des Marcus Caelius und seiner beiden Freigelassenen Privatus und Thiaminus vom Fürstenberg bei Xanten. Um 10. Rheinisches Landesmuseum Bonn. Die Übersetzung der Inschrift lautet: »Für Marcus Caelius, Sohn des Titus, Stimmbezirk Lemonia, aus Bologna, Hauptmann der 18. Legion, 53½ Jahre alt. Er fiel im Varus-Krieg. Die Gebeine (seiner) Freigelassenen dürfen (hier ebenfalls) bestattet werden. Publius Caelius, Sohn des Titus, Stimmbezirk Lemonia, (sein) Bruder, hat (das Grabmal) errichtet«.

missen ließ, ist ihm oft bescheinigt worden. Schon Cassius Dio spricht dies aus, wenn er schreibt: »Als aber Quinctilius Varus, die Statthalterschaft in Germanien übernahm und, während er die Verhältnisse bei ihnen kraft seiner Amtsgewalt zu regeln suchte, danach trachtete, sie mit einem Schlag zu anderen Menschen zu machen, und ihnen Vorschriften gab, als ob sie schon geknechtet wären, und nun gar Geldzahlungen von ihnen wie von Untertanen eintreiben wollte, da war ihre Geduld zu Ende.«[72]

Die Niederlage des Jahres 9 und der Verlust des »mit Abstand tapfersten, strammsten und erprobtesten römischen Heeres« waren das Ergebnis einer völlig verfehlten Besatzungspolitik. Es war nicht schwer für den Cheruskerfürsten *Arminius,* der selbst in römischen Diensten gestanden hatte, es bis zum Rang eines Tribunen gebracht hatte und mit der römischen Kampfesweise (auch mit ihren Schwächen) bestens vertraut war, mehrere germanische Stämme zu einem Aufstand zu überreden und Varus, der dem »Kollaborateur« offenbar blindes Vertrauen entgegenbrachte, mit seinen Legionen und Hilfstruppen unter einem Vorwand tief nach Germanien hineinzulocken, um dort das ganze Heer in unwegsamem Gelände zu vernichten. Es war keine offene Feldschlacht, in der die Römer überlegen gewesen wären, sondern ein tage- und nächtelanges Niedermetzeln der Römer, die sich nie formieren konnten, vielmehr, in zahlreiche Gruppen und Haufen aufgesplittert, nach »Volkskriegstaktik« niedergemacht wurden. Es ist deshalb auch müßig, die Frage zu stellen, wo sich all das zugetragen hat. Irgendwo in den Wäldern und Sümpfen zwischen Lippe und Weser hat dieses Morden und Nieder-

24 machen stattgefunden, dem auch Marcus Caelius aus BONONIA/Bologna (I) und seine beiden Freigelassenen Privatus und Thiaminus nicht entrinnen konnten. Dennoch: Trotz der katastrophalen Niederlage, trotz des Scheiterns seiner Germanenpolitik, gab Augustus – zumindest nach außen – die Fiktion eines »befriedeten Germanien« nicht auf. Noch im Jahre 13 – ein Jahr vor seinem Tode – schreibt er in seinen Tatenbericht, er habe Germanien bis zur Elbe befriedet (GERMANIAM . . . AD OSTIVM ALBIS FLVMINIS PACAVI)[73].

Tiberius war Realist, er dachte pragmatisch. In den Jahren nach der Niederlage begnügte er sich damit, das Heer zu reorganisieren und die Verhältnisse an der Rheingrenze stabil zu halten. Zwar unternahm er mehrere Vorstöße nach Germanien, doch dienten sie der Sicherung der Rheinfront, nicht neuen Eroberungen. Dies änderte sich noch einmal, als Augustus im Jahre 13 seinen Enkel *Germanicus*, den 26jährigen Sohn des Drusus, an die Spitze der acht Legionen am Rhein stellte und gleichzeitig Tiberius, dessen Onkel, dazu brachte, ihn an Sohnes Statt anzunehmen[74]. Doch auch diese Unternehmungen – sechs Feldzüge in drei Jahren (14–16) – brachten nicht den gewünschten Erfolg. Widerstand und Selbstbewußtsein waren gewachsen, in Taktik und Kampfkraft waren die germanischen Stämme den Römern ebenbürtig geworden, zumal in einem Gelände, das sie besser kannten als jeder römische Feldherr. Wohl gab es Kämpfe und Schlachten – vor allem gegen Arminius' Cherusker – aber keine war entscheidend. Jedesmal mußten sich die römischen Truppen nach Westen zurückziehen, um nicht von ihren Nachschubbasen abgeschnitten zu werden, mehr als einmal entgingen sie nur durch Glück und Geschick einem erneuten militärischen Desaster. Tacitus charakterisiert die letzte heiße Phase der Germanenkriege treffend, wenn er schreibt[75]: »Kriege gab es damals nirgends mehr außer dem gegen die Germanen, der mehr geführt wurde, um die Schande jenes unter Varus' Kommando verlorenen Heeres wiedergutzumachen, als in dem Wunsche, das Reich noch zu vergrößern oder in der Erwartung eines entsprechend hohen Gewinns«. Immerhin: Germanicus kommt das Verdienst zu, die DIGNITAS NOMINIS ROMANI, die »Würde des römischen Namens«, zumindest teilweise wiederhergestellt zu haben. Es gelingt ihm auf seinen Feldzügen, zwei der verlorengegangenen Legionsadler zurückzuerbeuten, und er besucht den Platz, an dem sich der letzte Kampf des Varus-Heeres vollzogen hat; »sechs Jahre nach dem unglückseligen Ereignis« läßt er die Gebeine der Gefallenen bestatten und von seinen Soldaten einen Grabhügel aufwerfen, auch wenn dies Tiberius – wie es heißt, aus religiösen Motiven – mißbilligte[76].

Man hat Tiberius Mißgunst unterstellt, als er im Jahre 16 seinen Neffen und Adoptivsohn Germanicus von der Rheingrenze abberief[77]. Aber Tiberius kannte Germanien, den geringen Wert seiner Böden, den Mangel an Bodenschätzen, die ungeheuren Schwierigkeiten, das Land als Provinz zu organisieren und zu verwalten. Er verwies darauf, daß ihn Augustus neunmal nach Germanien geschickt habe und daß er dort »durch Klugheit mehr als durch Gewalt« (PLVRA CONSILIO QVAM VI) erreicht habe[78], und er machte deutlich, daß Roms Rachedurst gestillt, die römische Waffenehre wiederhergestellt sei und man künftig getrost die Germanen »ihren eigenen Zwistigkeiten überlassen« sollte.

Tiberius knüpfte als Kaiser mit seiner *Germanenpolitik* dort an, wo er in den Jahren nach der Varus-Katastrophe begonnen hatte. Fortan war seine Politik und die seiner Nachfolger defensiv, im wesentlichen darauf ausgerichtet, germanische Angriffe auf römischen Provinzboden zu unterbinden und jenseits des Rheines eine Art »Niemandsland« zu schaffen, einen breiten Streifen unbesiedelten Landes, der von Rom kontrolliert wurde. Hierzu hatte Tiberius schon als »Kronprinz« notwendige Voraussetzungen geschaffen, als er – dem Beispiel Agrippas folgend – die Überlebenden der Sugambrer und anderer unterworfener Stämme am linken Niederrhein ansiedelte; ein erst kürzlich

25. Der Rhein, die »Lebensader« der römischen Provinz Niedergermanien. Rechts der Drachenfels, an dessen Hängen in römischer Zeit Trachyt abgebaut wurde. Zu seinen Füßen das römische Hafenbecken (links unten). Blick von Süden (im Hintergrund liegt Bonn).

26. Xanten. Gesamtansicht des Archäologischen Parkes mit Mauern, Türmen und Straßen der wieder sichtbar gemachten römischen Stadt. Links oben das Amphitheater, rechts die Stadt Xanten. Blick von Norden.

28 in Nijmegen (NL) aufgedecktes Siegesdenkmal erinnert möglicherweise an diese politische Tat[79]. Nur das Land der Friesen – etwa die heutige Provinz Noord-Holland – blieb bis in die Zeit des Kaisers Claudius (41–54) in römischem Einflußbereich; im übrigen begnügte man sich mit der Rheinlinie.

Eine derartige Politik mag manchem Militär ein Dorn im Auge gewesen sein. *Caligula* (37–41), der Sohn des Germanicus, der sich gern im Ruhme seines Vaters sonnte, schien diese Konzeption wieder ändern zu wollen. Wir wissen von umfangreichen Kriegsvorbereitungen, die gegen Germanien und Britannien gerichtet waren, die jedoch, abgesehen von der Eroberung Britanniens, die Claudius mit dem bereitgestellten Militärpotential im Jahre 43 beginnen ließ, nicht in Kriegshandlungen ausmündeten. In Germanien änderte sich faktisch nichts, auch wenn *Cnaeus Domitius Corbulo* die Friesen, die in der Zwischenzeit ohne römische Besatzung gewesen waren, erneut unterwarf. Als Corbulo jedoch die Chauken provozierte und ein militärischer Konflikt mit ihnen unausweichlich schien, griff *Claudius* ein: er beorderte seinen General zurück und befahl ihm, mit dem Heer auf die linke Rheinseite zurückzugehen. Damit setzte er klug und besonnen die Politik fort, die Tiberius, sein leiblicher Onkel, in Germanien begonnen hatte. Auch Corbulo schien zufrieden – zumindest verhielt er sich loyal –, denn Claudius gestattete ihm das Tragen der Triumphalinsignien (ORNAMENTA TRIVMPHALIA), der höchsten Auszeichnung, die einem Nichtangehörigen des Kaiserhauses zuteil werden konnte[80].

Begrenzte Konflikte gab es an der Rheingrenze in diesen Jahrzehnten immer wieder, und sicher waren es mehr als die, von denen Tacitus und andere Schriftsteller berichten. Schwerer wog, daß der Prozeß der Romanisierung in Gallien und im linksrheinischen Germanien längst nicht so kontinuierlich fortschritt, wie es aus römischer Sicht wünschenswert gewesen wäre. Im Jahre 21 zeigten die Aufstände verschiedener gallischer Stämme – darunter der Haeduer und Treverer –, daß es Roms Verwaltung noch nicht gelernt hatte, Arroganz und Rücksichtslosigkeit gegenüber den unterworfenen Völkern abzulegen und in angemessener Weise mit ihnen umzugehen. Die Aufstände wurden ohne großen militärischen Einsatz niedergeschlagen, aber sie zeigten doch, daß Unzufriedenheit und Mißstände herrschten und das, was die Römer gern als ROMANITAS bezeichneten – römisches Denken und die Übernahme römischer Lebensart – mancherorts noch nicht viel mehr war als bloße Tünche.

Unzufriedenheit mit den bestehenden Verhältnissen mag mitgespielt haben, als sich im Frühjahr 69 erst die Bataver, Cannanefaten und Friesen, wenig später auch Usipeten, Tenkterer, Brukterer und Treverer sowie verschiedene andere gallische und germanische Stämme zu einem Aufstand erhoben, der bald große Teile Galliens und Germaniens erfaßte[81]. Doch diese Bewegung hätte nie so schnell und wirkungsvoll um sich greifen können, wären nicht die damaligen politischen Verhältnisse im Reich derart chaotisch gewesen. Rom war nach dem gewaltsamen Tode Neros (9. Juni 68) zu sehr mit sich selbst beschäftigt, um zu erkennen, was sich am Niederrhein und in Gallien zusammenbraute. Der obergermanische Statthalter *Aulus Vitellius,* von den Rheintruppen Anfang Januar 69 in Köln zum Kaiser ausgerufen (S. 41), setzte alle verfügbaren Truppen nach Oberitalien in Marsch, um damit seinen Anspruch auf den römischen Kaiserthron gegenüber *Titus Flavius Vespasianus* zu bekräftigen, den Anfang Juli 69 zuerst der kaiserliche Praefekt von Ägypten, zwei Tage später unter großem Jubel auch seine eigenen Truppen in CAESAREA (im heutigen Israel) zum Gegenkaiser ausgerufen hatten[82]. Die Gelegenheit zum Losschlagen konnte nicht günstiger sein. Die Führer des Aufstandes, an ihrer Spitze der Bataver *Iulius Civilis* – wie Arminius zuvor in römischen Militärdiensten – erkannten schnell die Gunst der Stunde, die sich ihnen bot. Die Rheingrenze konnte nach dem Abzug von mehr als 60 000 Mann mit den verbleibenden Kräften nicht mehr wirkungsvoll geschützt werden. Römische Truppeneinheiten erga-

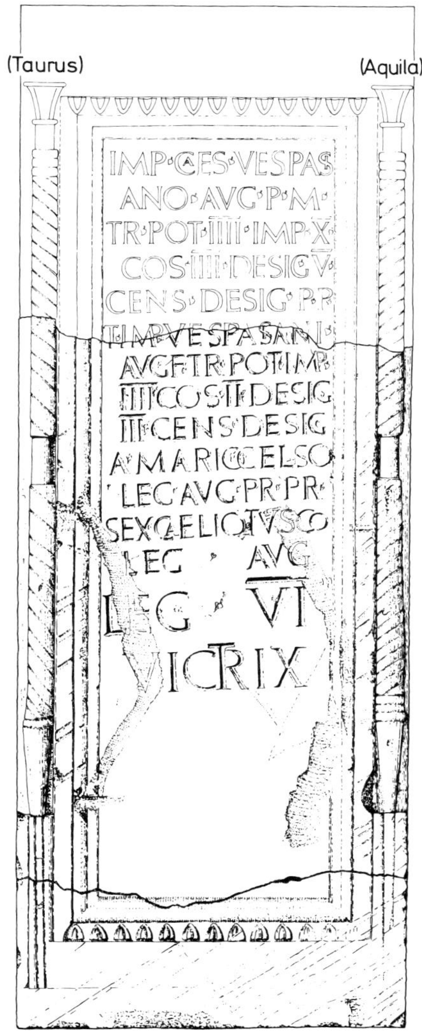

27. Siegesdenkmal der LEGIO VI VICTRIX vom Fürstenberg in Xanten-Birten, errichtet im Jahre 73 zur Erinnerung an die Schlacht bei VETERA gegen Civilis (nach C. B. Rüger). Gefunden 1978 im Rhein bei Xanten-Vynen. Breite 89 cm, erhaltene Höhe 1,76 m. Rheinisches Landesmuseum Bonn. Die Inschrift lautet übersetzt: »Für Kaiser Vespasianus Caesar Augustus, den obersten Priester, im 4. Jahr seiner Regierung, Imperator zum 10. Mal, Konsul zum 4. Mal, designiert zum 5. Mal, designierter Zensor, Vater des Vaterlandes, (und) für Kaiser Titus, den Sohn des Kaisers Vespasianus, im 1. Jahr seiner Regierung, Imperator zum 4. Mal, Konsul zum 2. Mal, designiert zum 3. Mal, designierter Zensor, (hat) unter Aulus Marius Celsus, dem Statthalter des Kaisers, (und) unter Sextus Caelius Tuscus, dem Legionskommandeur, die 6. Legion, (genannt) die siegreiche, (dieses Denkmal errichtet)«.

28. Siegespfeiler aus Nijmegen (NL), gefunden 1980. Darstellung des Tiberius, der von der Siegesgöttin bekränzt wird, dazu die Altarinschrift TIB(e)R(ius) C(ae)SAR. Aus der Zeit des Tiberius (14–37).

ben sich oder wurden niedergemacht, und bald brannten die Militärlager vom Mittelrhein bis zur niederländischen Nordseeküste[83].

Civilis verstand es zunächst geschickt, sich als Parteigänger Vespasians zu tarnen; damit konnte er lange Zeit seine wirklichen Absichten verschleiern. Doch als Vitellius in Rom getötet wurde (20. Dezember 69), ließ Civilis die Maske fallen, »um sich auf das römische Volk zu stürzen« – wie es bei Tacitus heißt[84]. Sein wirkliches politisches Ziel war ein von Rom unabhängiges germanisch-gallisches Fürstentum – ein IMPERIVM GERMANIARVM ET GALLIARVM. Es war eine bunte Gesellschaft, die da zu Beginn des Jahres 70 zu nächtlicher Stunde in AGRIPPINA/Köln zusammenkam, um das weitere Vorgehen zu beraten[85]. Was Gallier und Germanen zusammenhielt, waren gemeinsame Interessen, war der gemeinschaftliche Haß gegen die römische Herrschaft und der Wunsch, die Freiheit wiederzuerlangen. Viele Völkerschaften und Städte – die hinhaltende Taktik der AGRIPPINENSES scheint typisch gewesen zu sein[86] – folgten ihnen, wenn auch eingeschüchtert und widerstrebend; nicht wenige nahmen eine abwartende Haltung ein.

Der Aufstand scheiterte, weil seine Führer – Civilis, die beiden Treverer Classicus und Tutor sowie der Lingone Iulius Sabinus – ihre eigenen Möglichkeiten und Kräfte überschätzten, als sie die römischen Truppen, die noch am Rhein standen, auf die »Herrschaft Galliens« vereidigten[87]. Je stärker die römische Zentralmacht wieder Fuß faßte und es Vespasian und seinen Generälen gelang, die Initiative im Zentrum des Aufstandes am Unterlauf des Rheines an sich zu reißen, desto schneller bröckelte das »gallisch-germanische Reich«, das eigentlich nur in den Köpfen einiger Phantasten Gestalt gewonnen hatte. Die auf Gallien vereidigten römischen Truppen fielen bei der ersten Feindberührung ab, ein Stamm nach dem anderen verließ das Bündnis, und auch die Agrippinenser machten schnell wieder ihren Frieden mit Rom, indem sie Frau und Schwester des Civilis an den römischen Statthalter *Quintus Petillius Cerialis* auslieferten. Civilis war nach der Niederlage bei VETERA/Xanten Realist genug, um zu erkennen, daß sein Traum nicht zu verwirklichen war[88]. Er zog sich ins batavische Kernland, auf die INSVLA BATAVORVM zwischen Rhein und Waal, zurück und bot Cerialis seine Unterwerfung an[89]; er scheint glimpflich davongekommen zu sein – zumindest erfahren wir nichts über sein weiteres Schicksal.

Der Frieden, den man schloß, war maßvoll und entsprach den Grundsätzen, nach denen Tiberius (14–37) die Germanenpolitik neu konzipiert hatte und auf deren Grundlage nun Vespasian (69–79) eine endgültige Ordnung an der Rheingrenze schuf: Ruhe an der Grenze, Kontrolle des »Niemandslandes« jenseits des Stromes, Waffengewalt nur dann, wenn Diplomatie nicht mehr half[90] – im ganzen eine Politik, die der Mentalität des neuen Kaisers und seiner – schon damals – fast sprichwörtlichen Sparsamkeit entsprach[91]. Einziges sichtbares Zeichen kaiserlich-römischen Mißtrauens ge-
100 genüber den Batavern war die erneute Stationierung einer Legion in BATAVODVRVM/Nijmegen (NL), nachdem dieser Platz seit der Zeit des Augustus ohne militärische Besatzung geblieben war. Im übrigen wurde ohne großes Aufsehen fast das gesamte niedergermanische Heer »ausgetauscht«, d. h. diejenigen Truppenteile, die nicht aufgrund ihres schmählichen Verhaltens während des Aufstandes aufgelöst worden waren, versetzte man an entfernte Grenzabschnitte und füllte die so entstandenen Lücken mit loyalen Truppeneinheiten aus den westlichen Provinzen auf. Darunter war auch die LE-
27 GIO VI VICTRIX aus Hispanien, die im Jahre 73 an dem Platz ihres Sieges über Civilis bei VETERA zu Ehren Vespasians ein Denkmal errichtete; Teile des mächtigen Inschriftblocks sind erst vor wenigen Jahren in Vynen bei Xanten ausgebaggert worden[92].

Die Ordnung Vespasians hatte Bestand und bildete die Grundlage für die friedliche Entwicklung der Provinz GERMANIA INFERIOR bis weit in das 3. Jahrhundert hinein. Sie konnte Bestand haben, weil niemand auf der Gegenseite stark genug war oder ein Interesse daran hatte, den von den Römern an der Rheingrenze geschaffenen status quo zu verändern. Germanische Wanderbewegungen vom rechten auf das linke Flußufer hinüber, die Caesar als erster versuchte zu unterbinden, hatten aufgehört, und der große Sturm der Völkerwanderung war noch nicht losgebrochen. Es herrschte Frieden an Mittel- und Niederrhein, unterbrochen nur von gelegentlichen Beutezügen rechtsrheinischer Germanen, namentlich der Chauken, die wohl wiederholt das Küstengebiet der Provinz mit ihren Schiffen unsicher gemacht haben[93]. Zweifellos waren dies Ereignisse, die eine unruhige Zeit ankündigten, doch blieben die politischen Verhältnisse in Niedergermanien bis zum großen Frankensturm unter Kaiser *Valerianus* (253–259) im wesentlichen stabil. Niedergermanien erlebte eine fast 200jährige Friedenszeit, die alle Voraussetzungen bot, daß sich wirtschaftliches und gesellschaftliches Leben frei und kontinuierlich entfalten konnte.

Herrschaft und Verwaltung

Dem Provinzstatthalter ist es eine heilige Pflicht, dafür zu sorgen, daß die Mächtigen den Schwachen nicht zu Unrecht Schaden zufügen . . .
Domitius Ulpianus (ca. 160–223)

Kein Staat ist so töricht, daß er nicht lieber mit Ungerechtigkeit Herr als mit Gerechtigkeit Knecht sein wollte.
Beamte braucht man; ohne ihr Wissen und ihre sorgfältige Umsicht kann eine Gemeinschaft von Bürgern nicht existieren, und auf ihrer Organisation beruht die ganze Ordnung eines Staates.
Marcus Tullius Cicero (106–43 v. Chr.)

GERMANIA INFERIOR ist immer ein Torso geblieben. Nach Agrippas Konzept als Provinz geplant, die von der Rheinzone über die Weser bis an die Elbe reichen sollte, ist die langgestreckte, rumpfartige Gestalt, die das Gebiet schließlich erhielt, unmittelbar auf das Scheitern der offensiven Germanenpolitik unter Augustus zurückzuführen. Was in der ursprünglichen Konzeption als »militärischer Rückhalt und logistische Basis«[94] gedacht war – die »Rheinschiene« mit der Rheintalstraße, die auf dem linken Ufer die einzelnen Militärstützpunkte untereinander verband –, erstarrte nach dem militärischen Desaster des Jahres 9 zur nicht gewollten Frontlinie: die militärische Bereitstellungs- und Aufmarschbasis am Rhein wurde zur Grenze, zum »Niedergermanischen Limes«, kontrolliert und bewacht vom EXERCITVS INFERIOR APVD RIPAM RHENI, wie Tacitus es nennt, – dem »unteren Heer am Ufer des Rheines«[95].

Das Land zwischen Rhein und Maas hieß nicht von Beginn an GERMANIA INFERIOR. Ursprünglich nur ein Teil der von Caesar eroberten Provinz GALLIA, schuf man zu Beginn der Germanenkriege unter Augustus einen selbständigen Kommandobereich für das »untere Rheinheer«. Spätestens im Jahre 13 v. Chr. muß diese Entwicklung abgeschlossen gewesen sein, denn zu diesem Zeitpunkt standen fünf oder sechs römische Legionen an Mittel- und Niederrhein, bereit, die Offensive gegen Germanien zu beginnen[96]. Das spätere Provinzgebiet war damals noch ein rein militärischer Verwaltungsbezirk – eine »Provinz im Okkupationsstadium«[97] –, dem jeweiligen Oberbefehlshaber unterstellt, der seinen Amtssitz entweder in VETERA/Xanten-Birten oder im Legionslager APVD ARAM VBIORVM (beim Altar der Ubier) hatte[98], wie Köln damals noch hieß. Es ist kennzeichnend für die römische Verwaltungspraxis, daß die Männer, denen ein solches Amt übertragen wurde, in ihrer langen Laufbahn gleichermaßen als Militärs wie als Verwaltungsfachleute geschult wurden, auch wenn sie – wie Publius Quinctilius Varus – trotz ihrer Kenntnisse und Erfahrungen an eigener Unzulänglichkeit und der List des Gegners scheiterten.

Auch nach der Neuordnung unter Tiberius – seit dem Jahre 17 – blieb das Land zunächst ein »Militärgrenzbezirk mit halbprovinzieller Ordnung«[99], obwohl nun regelmäßig – etwa alle 3–5 Jahre – ein neuer Statthalter vom Kaiser ernannt wurde. Es waren vorwiegend Männer aus dem Senatorenstand, sie mußten das Konsulat hinter sich haben, das man in der Regel frühestens mit 43 Jahren erreichte, und sie nannten sich mit vollem Amtstitel LEGATI AVGVSTI PRO PRAETORE EXERCITVS GERMANICI INFERIO- 31
RIS, d. h. »Gesandte des Kaisers, anstelle eines Praetors, für das untere germanische Heer«. Dieser Zwischenzustand dauerte bis in die Zeit Domitians (81–96); noch im Jahre 82 sprach man auf offiziellen Dokumenten nur von der Provinz GERMANIA[100]. Kurz darauf tauchen die ersten Inschriften auf, die von DVAE GERMANIAE (zwei Germanien) sprechen[101]. Es darf deshalb angenommen werden, daß »Niedergermanien« etwa in den Jahren 83/84 seine LEX PROVINCIAE erhalten hat, die alle Fragen der Gerichtsbarkeit, Steuergesetzgebung und Verwaltung in der Provinz gesetzlich und end-

29. Name und Titel des Statthalters Lucius Lucceius Martinus, der im Jahre 211 in Köln bezeugt ist. Aus einer Bauinschrift der Söhne des Kaisers Septimius Severus. Römisch-Germanisches Muesum Köln.

29 gültig regelte; die exakte Amtsbezeichnung des Statthalters lautete jetzt LEGATVS AVGVSTI PRO PRAETORE GERMANIAE INFERIORIS.

Der vom Kaiser eingesetzte *Statthalter*, der gleichzeitig oberster Zivilbeamter *und* militärischer Befehlshaber war, residierte in COLONIA CLAVDIA ARA AGRIPPINENSIVM oder CCAA, wie Köln seit dem Jahre 50 im damaligen Verwaltungs-Latein hieß. Der ausgedehnte Komplex des Statthaltersitzes, der zwei INSVLAE der neugegründeten Stadt umschloß (ca. 180 × 180 m) ist 1953 zum größten Teil freigelegt worden; beträchtliche Teile des Gesamtbaues und der östlich angrenzenden Stadtmauer sind heute unter dem Rathausneubau zugänglich[102]. An dieser Stelle – hoch über dem Rhein und der Stadtmauer – lag das PRAETORIVM, das in der Inschrift eines Weihesteines ausdrücklich genannt wird, der bereits 1630 ganz in der Nähe des Rathauses gefunden wurde[103]. Man unterscheidet aufgrund des Ausgrabungsbefundes von O. Doppelfeld insgesamt vier Hauptbauperioden, die zeitlich vom Beginn der römischen Epoche bis an ihr Ende reichen (Anfang des 1. bis Ende des 4. Jahrhunderts). Alle vier Baukomplexe, die hier nacheinander, teilweise unter Verwendung älterer Bauteile, in exponierter Lage oberhalb von Hafen und Rheininsel errichtet wurden, besaßen mit ihren langgestreckten Portiken, mehrschiffigen Hallen, mit säulenumstandenen Innenhöfen, Apsiden, Konchen und tonnengewölbten Gebäudepartien einen ausgesprochen repräsentativen Charakter. Die Bauten des Kölner Praetoriums waren auf Wirkung angelegt – der römische Kaiser selbst stellte sich hier dar –, und die Ansicht dieser Architektur vom Fluß her muß für jeden, der zu Schiff nach Köln kam, beeindruckend gewesen sein.

30. AGRIPPINA/Köln. Ruinen und Modell des Statthalterpalastes unter dem heutigen Rathaus. Blick von Osten auf die Überreste der rheinseitigen Front (das Modell gibt den Zustand des 4. Jahrhunderts wieder). Vgl. Abb. 364.

31. Name und Titel des Statthalters Publius Sulpicius Scribonius Rufus, der um die Mitte des 1. Jahrhunderts in Köln residierte. Aus einer Bauinschrift des Nero (54–68). Römisch-Germanisches Museum Köln.

32. Rekonstruktion des Statthalterpalastes um die Mitte des 1. Jahrhunderts (Periode II,1 nach G. Precht).

P·SVLPICIO·SCRIBONIO·RVFO·LEG·AVG·PR·PR
LEG·XV PRIMIG

Ob schon Germanicus im Jahre 14 hier seinen Wohn- und Amtssitz hatte, ist umstritten[104]. Mit Sicherheit hat im sog. *Konchenbau* (Bauperiode II), der trotz mehrmaliger 32
Veränderung und Erweiterung etwa 100 Jahre bestand, innerhalb einer Generation gleich zweimal eine Erhebung bzw. Ernennung zum römischen Kaiser stattgefunden. Im Januar 69 war es Aulus Vitellius, der hier von den Truppen der Rheinarmee, und zwar von beiden Heeren, zum IMPERATOR ausgerufen wurde[105]. Suetonius berichtet von der ergötzlichen und gar nicht majestätischen Szene, wie man den schwergewichtigen Vitellius an einem Januarabend aus seinem Schlafgemach holt und ihn im Nachthemd, das Schwert Caesars in der Hand, das im Marstempel aufbewahrt wurde, als neuen Kaiser begrüßt und durch die Kölner Straßen trägt. Dagegen verlief die andere Kaiserernennung völlig programmgemäß. Im Januar 98 war Kaiser Nerva in Rom gestorben, und Hadrianus, damals Militärtribun (Stabsoffizier) bei der LEGIO XXII PRIMIGENIA in MOGONTIACVM/Mainz beeilte sich, seinem »Ziehvater« Traianus diese 6, 121
Nachricht persönlich zu überbringen[106]. Traianus hielt sich offenbar damals gerade in Köln auf, um von dort aus im Auftrag Nervas die Rheingrenze zu sichern. Eine Erhebung zum Kaiser konnte entfallen, weil Traianus bereits drei Monate zuvor von Nerva adoptiert und zum Mitregenten ernannt worden war; die Nachricht, die ihm Hadrianus überbrachte, machte ihn auch ohne Bestätigung durch Volk und Heer zum Alleinherrscher des Reiches.

Der *Statthalter* vertrat den Kaiser und erhielt seine Instruktionen direkt von der kaiserlichen Kanzlei in Rom[107]. Er war militärischer Oberbefehlshaber über die in der Provinz stehenden Legionen und Auxilien (Hilfstruppen) und hatte in bestimmten Abständen die Militärlager zu inspizieren; er besaß auch das Weisungsrecht gegenüber den Legionskommandeuren, die sich ebenfalls LEGATI AVGVSTI nannten, allerdings ohne 66
den Zusatz PRO PRAETORE. Im Namen des Kaisers verkörperte der Statthalter auch die *höchste Gerichtsinstanz* für die Bewohner der Provinz, soweit sie nicht römische Bürger waren, die sich – zumindest im Berufungsverfahren – direkt an den Kaiser wenden

konnten. In der Regel beschränkte sich der Statthalter auf schwerwiegende Kriminal- und Zivilprozesse, während er die niedere Gerichtsbarkeit den Magistraten der »Kommunen« überließ. Da die Gerichtstätigkeit einen breiten Raum einnahm, ließ sich der Statthalter von COMITES (Begleitern) unterstützen, Männern seiner Wahl, die auch als ADSESSORES (Beisitzer) und CONSILIARII (Berater) bezeichnet wurden. Außerdem stellte der Statthalter die *höchste Polizeiinstanz* dar. Er war zuständig für die Aufrechterhaltung der *öffentlichen Ordnung,* er sorgte für Sicherheit auf den Fernstraßen, kontrollierte die Verwaltung und überwachte die gewissenhafte Ausführung öffentlicher Bauvorhaben. Als Zeichen seiner Würde und amtlichen Gewalt begleiteten ihn bei seinen öffentlichen Auftritten sechs LICTORES (Amtsdiener), in ihren Händen je fünf Rutenbündel (FASCES), in denen das Richtbeil steckte.

Wichtigstes Element römischer Verwaltung war die *Jurisdiktion* – das IVS DICERE (Recht sprechen) – und die damit verbundene allgemeine Rechtssicherheit[108]. Es empfahl sich als Träger von Amtsgewalt, IVRIS PRVDENS (rechtskundig) zu sein; mehr und mehr wurde die Kenntnis des Rechts zur notwendigen Voraussetzung, ein öffentliches Amt zu bekleiden. Jeder Statthalter, der in AGRIPPINA/Köln sein Amt antrat, war gehalten, ein EDICTVM zu erlassen, eine Verordnung und »Richtschnur«, die jene Grundsätze enthielt, nach denen er als oberster Richter juristisch zu entscheiden gedachte. Damit nahm der Statthalter in seiner Provinz die Funktion des PRAETOR VRBANVS wahr, der obersten Gerichtsinstanz der Stadt Rom; aus diesem Grunde lautete auch
31 sein vollständiger Titel LEGATVS AVGVSTI PRO PRAETORE (Gesandter des Kaisers anstelle eines Prätors), d. h. er stand wie der PRAETOR VRBANVS über dem Gesetz. In der Praxis jener Zeit hat sich jeder Statthalter an die Edikte seiner Vorgänger angelehnt, sie gleichsam fortgeschrieben. Damit war eine kontinuierliche Weiterentwicklung zivilrechtlicher Grundsätze gewährleistet.

Gemessen an den Aufgaben, die der Statthalter einer Provinz wahrzunehmen hatte, war der *Verwaltungsapparat,* den er hierfür benötigte, nach heutigen Maßstäben nicht nur überraschend klein, sondern für den Außenstehenden auch überschaubar gegliedert. Das eigentliche OFFICIVM (Amt) bestand aus nicht viel mehr als 200 Bediensteten. Es waren größtenteils Offiziere und Soldaten des niedergermanischen Heeres, die beim Statthalter Dienst taten. Ebenso wie bei den höheren Chargen beobachten wir auch hier die enge Verknüpfung von militärischen und zivilen Verwaltungsaufgaben; nur wer sich bei seiner Truppe Verwaltungskenntnisse erwarb, konnte damit rechnen, zum Statthalter nach AGRIPPINA/Köln abkommandiert zu werden. An der Spitze dieses Armee-Stabes stand ein Legionshauptmann, dessen Amtsbezeichnung PRINCEPS PRAETORII (erster Mann des Hauptquartiers) war und den ein ADIVTOR PRINCIPIS in der Wahrnehmung seiner Aufgaben unterstützte[109]. Dem PRINCEPS unterstanden die CORNICVLARII, die einzelne Ressorts verwalteten; analog zur Provinz Obergermanien[110] wird es wohl auch in Niedergermanien drei dieser »Stabssekretäre« gegeben haben. Außerdem gab es drei COMMENTARIENSES; von der ursprünglichen Bedeutung des Wortes her eigentlich »Protokollführer«, leiteten sie die Justizabteilung des Statthalters, unterstützt von den SPECVLATORES (eigentlich »Kundschafter«), die u. a. mit Ermittlungsaufgaben betraut waren, und dem FRVMENTARIVS, ursprünglich einer, der für die Truppe FRVMENTVM (Getreide) beschaffte, jedoch im Büro des Statthalters polizeiliche Tätigkeiten wahrnahm. So ist etwa beim Statthalter in Ephesus, der Hauptstadt der Provinz ASIA, ein FRVMENTARIVS für den CARCER (Gefängnis) zuständig gewesen[111].
33 Demgegenüber übten die mehr als 30 BENEFICIARII CONSVLARIS (eigentlich »begünstigte Soldaten des konsularischen Statthalters«) die Funktion einer Markt- und Straßenpolizei aus; vor allem hatten sie das Straßennetz der Provinz zu kontrollieren. Hinzu kamen die unteren Dienstgrade. Hierzu gehörten für den religiösen Bereich HARVSPICES (Eingeweideschauer) und VICTIMARII (Opferdiener), außerdem INTERPRETES

33. B(ene)F(iciarius) CO(n)S(ularis), d. h. »Benefiziarier des Statthalters«. Ausschnitt einer Weihinschrift aus Bonn. 2. Jahrhundert. Rheinisches Landesmuseum Bonn.

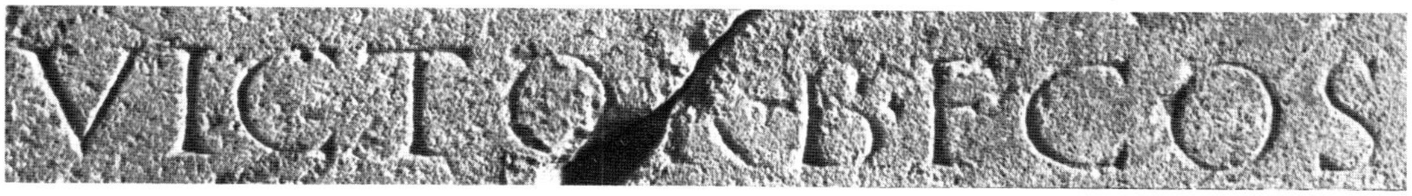

(Dolmetscher) die z. B. bei Verhandlungen mit rechtsrheinischen Germanenstämmen benötigt wurden[112], sowie das große Heer der Stenographen und Schreibkräfte, deren Bezeichnung LIBRARII (eigentlich »Bücherabschreiber«), EXACTI (eigentlich »die genau Schreibenden«) oder EXCEPTORES (Nachschreiber) lauteten. Ein glücklicher Kölner Neufund nennt auch zum erstenmal einen [SERVVS AV]GVSTI, einen »Sklaven des Kaisers«, der beim Statthalter in Köln das wichtige Amt des Schatzmeisters (DISPENSATOR) versah, wahrscheinlich für die ganze Provinz GERMANIA INFERIOR; trotz seines Standes muß er ein reicher Mann gewesen sein, wofür die monumentalen Überreste seines Grabmals sprechen, das er sich in Köln bauen ließ[113]. 34

Vergleichbar den Prätorianern in Rom, der Garde des Kaisers, verfügte auch der Statthalter von Niedergermanien über eine *Leibgarde*, die seinem persönlichen Schutz diente; gleichzeitig war sie Ausdruck seiner hohen Stellung als Vertreter des Kaisers. Man unterscheidet die EQVITES SINGVLARES und PEDITES SINGVLARES (Einzel-Reiter

34. Fragment einer monumentalen Grabinschrift aus Köln, gefunden im Winter 1980/81, die einen kaiserlichen Sklaven (AVGVSTI SERVVS) und DISPENSATOR (Schatzmeister) des Statthalters nennt. 1. Jahrhundert. Römisch-Germanisches Museum Köln.

35. Weihinschrift des Finanzprokurators Titus Iulius Saturninus aus Trier. Zeit des M. Aurelius (161–180). Rheinisches Landesmuseum Trier.

bzw. Einzel-Infanteristen). Es waren zwei Truppenkontingente von je 480 Mann, die einen beritten, die anderen zu Fuß; den höheren militärischen Rang nahm die Reitergarde ein. Sie rekrutierten sich aus den Auxilien des niedergermanischen Heeres, d.h. sie wurden aus den Alen und Kohorten, die in den Kastellen der Rheinfront stationiert waren, einzeln in das Kölner Hauptquartier abkommandiert[114]. Ihre Befehlshaber waren Centurionen, die ebenfalls dem Provinzheer entstammten und wohl vom Statthalter persönlich berufen wurden. Aus AGRIPPINA/Köln sind zwei dieser Gardebefehlshaber inschriftlich bekannt[115]. Aus ihrer Amtsbezeichnung geht hervor, daß der Befehlshaber der Infanteriegarde (PEDITES SINGVLARES) gleichzeitig auch das Fußvolk der berittenen Garde kommandierte, denn er nennt sich nicht nur CVRAM AGENS PEDITVM SINGVLARIVM, sondern auch CVRAM AGENS STRATORVM, d.h. auch die STRATORES, die »Stallmeister« der berittenen Garde, unterstanden seiner Befehlsgewalt.

Eine Besonderheit stellte die *Finanzverwaltung* dar, die nicht dem Provinzstatthalter
35 unterstand[116]. Diese Aufgabe nahm ein PROCVRATOR (Bevollmächtigter) wahr, der nicht zu den Senatoren, sondern zur Klasse der Ritter gehörte, die dem Kaiser besonders treu ergeben waren. Auch der PROCVRATOR war dem Kaiser direkt unterstellt bzw. dem Chef des FISCVS, der kaiserlichen Finanzverwaltung; dagegen besaß der Provinzstatthalter ihm gegenüber keinerlei Weisungsrecht. Dieser Praxis entsprach die räumliche Trennung von Provinz- und Finanzverwaltung. Der PROCVRATOR AVGVSTI residierte in Trier, und auch das Gebiet, für das er zuständig war, deckte sich nicht mit dem Verwaltungsbereich des Kölner Statthalters, sondern ging weit darüber hinaus. Seine exakte Amtsbezeichnung lautete PROCVRATOR AVGVSTI PROVINCIARVM BELGICAE ET VTRIVSQUE GERMANIAE, d.h. sein Tätigkeitsbereich umfaßte die Provinz GALLIA BELGICA ebenso wie die »beiden Germanien« – ein riesiges Gebiet, das von der niederländischen Nordseeküste bis in die nördliche Schweiz und von der Rheinzone bis weit nach Gallien hinein reichte.

In seiner Tätigkeit wurde der PROCVRATOR von drei SVBPROCVRATORES unterstützt, von denen einer für Niedergermanien zuständig war. Ihre Hauptaufgabe war die Erhebung der TRIBVTA, der direkten Steuern. Hierzu zählten das TRIBVTVM SOLI, eine Grundsteuer, die etwa einem Zehntel des Bodenertrages entsprach, und das TRIBVTVM CAPITIS, eine Kopfsteuer, die z.B. in der Provinz SYRIA Männer vom 14. Lebensjahr, Frauen sogar schon von ihrem 12. Lebensjahr an zu entrichten hatten. Beide Steuern galten als NOTAE CAPTIVITATIS, als »Merkmale der Okkupation«[117], d.h. sie erinnerten die Provinzbewohner daran, daß ihr Land Eigentum des römischen Volkes war. Wir kennen die Summe nicht, die Niedergermanien jährlich abzuführen hatte; eine gewisse Orientierung geben die Zahlen für Gallien und Ägypten, die zu Beginn der Kaiserzeit jährlich mit 40 Millionen Sesterzen belastet worden sind[118].

Auch einen großen Teil der indirekten Steuern zog der PROCVRATOR ein. Eine dieser Abgaben war die CENTESIMA RERVM VENALIVM (wörtlich »das Hundertstel der verkäuflichen Ware«), die der heutigen Umsatzsteuer entspricht. Wer einen seiner Sklaven verkaufte, zahlte 4% des Verkaufspreises an den FISCVS; diese Steuer hieß VICESIMA QVINTA VENALIVM MANCIPIORVM (wörtlich »das Fünfundzwanzigstel verkäuflicher Sklaven«). Eine weitere Einnahmequelle war die 5%ige Steuer, die jeder zu

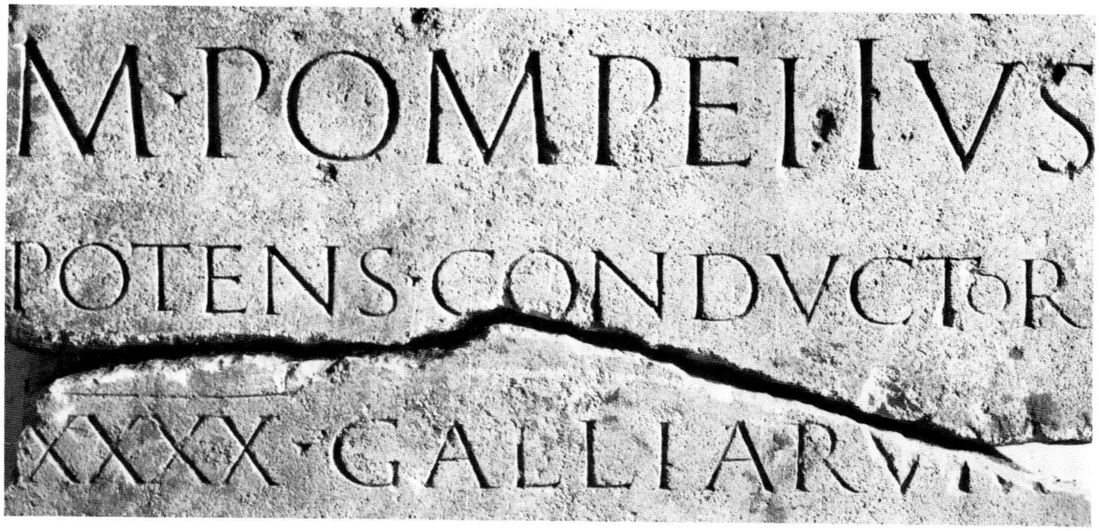

36. Weihinschrift des Marcus Pompeiius Potens aus Bonn, der im 2. Jahrhundert CONDVCTOR XXXX (= quadragesimae) GALLIARVM (Pächter des gallischen Binnenzolls) war. Rheinisches Landesmuseum Bonn.

entrichten hatte, der einen Sklaven freiließ; diese Steuer nannte sich VICESIMA LIBERTATIS (»Zwanzigstel der Freiheit«). Eine besondere Behörde mit Sitz in LVGVDVNVM/ Lyon (F) war allein damit beschäftigt, die 5%ige Erbschaftssteuer von römischen Bürgern einzutreiben. Der hierfür eingesetzte kaiserliche Beamte nannte sich PROCVRATOR XX HEREDITATIVM PER GALLIAS LVGDVNENSEM ET BELGICAM ET VTRAMQVE GERMANIAM d.h. er war »Bevollmächtigter für das Zwanzigstel von Erbschaften«, und zwar für den Bereich der gallischen Provinzen LVGDVNENSIS und BELGICA sowie für »beide Germanien«. Schließlich gab es Binnenzölle wie die QVADRAGESIMA GALLIARVM (»das Vierzigstel der gallischen Provinzen«), eine 2,5%ige Steuer, die derjenige zu zahlen hatte, der die Grenzen des gallisch-germanischen Zollgebietes überschritt. Eine Inschrift, die unter dem Bonner Münster gefunden wurde, verdeutlicht, daß sol- 36
che Binnenzölle an CONDVCTORES (Pächter) vermietet werden konnten; Marcus Pompeius Potens scheint auf solche Weise ein reicher Mann geworden zu sein[119].

Grundlage der Besteuerung war der CENSVS, die Aufstellung bzw. Überprüfung von Bürgerlisten, Neueinschätzung der Vermögen und Festsetzung der Steuerschuld; praktisch kam er einer *Volkszählung* gleich. Der Provinzialzensus fand nicht regelmäßig statt, sondern wurde je nach Bedarf durchgeführt. Notwendig war er vor allem bei der Einrichtung einer Provinz. Bekannt ist der CENSVS von Iudäa, den der Prokurator (»Landpfleger«) Cyrenius im Jahre 6 durchführen ließ, vom Evangelisten Lukas irrtümlich auf das gesamte römische Weltreich bezogen[120]. Für das Gebiet zwischen Rhein und Maas, das damals noch zu Gallien gerechnet wurde, ist der erste Provinzialzensus für das Jahr 27 v.Chr. bezeugt[121]; weitere Volkszählungen dieser Art fanden unter Drusus (12 v.Chr.), Germanicus (14), Nero (61), Domitian (83) und Trajan (110) statt. Sicher kennen wir nicht jeden CENSVS, doch kann man generell wohl davon ausgehen, daß ein Provinzialzensus auf Anordnung des Kaisers etwa alle 20–30 Jahre stattfand. Die praktische Durchführung der Vermögensschätzung lag ursprünglich in den Händen von Militärs; spätestens seit hadrianischer Zeit war jeweils ein PROCVRATOR AD CENSVS ACCIPIENDOS, ein »Bevollmächtigter zwecks Übernahme des Zensus«, mit dieser Aufgabe betraut. Einer dieser Männer war Quintus Domitius Marsianus, der zur Zeit des Kaisers Marcus Aurelius (161–180) in GALLIA einen CENSVS durchführte, und zwar zeitlich zunächst für die Provinz BELGICA, später auch für GERMANIA INFERIOR, speziell PER REGIONES TVNGRORVM, FRISAVONVM ET BATAVORVM, d.h. für die Stammesgebiete von Tungrern, Frisavonen und Batavern[122]. Gleichzeitig zeigt dieses Beispiel, daß ein Provinzialzensus keineswegs die gesamte Provinz erfassen mußte, sondern auf eine bestimmte Anzahl von REGIONES oder CIVITATES (Stammesgemeinden)

37

38

39

40

beschränkt bleiben konnte; Grundprinzip scheint jedoch gewesen zu sein, daß ein CENSVS die Provinzgrenzen nicht überschritt.

Das wichtigste Instrument der Steuererhebung war jedoch der CENSVS, der alle fünf Jahre in den Städten des Reiches abgehalten wurde und die Grundlage für den Provinzialzensus bildete. Es gehörte zu den Prinzipien römischer Steuergesetzgebung, daß die Magistrate der kommunalen Selbstverwaltung jener Zeit persönlich für jene Summen hafteten, die den Städten von der Zentralverwaltung jährlich auferlegt wurden. Die DVVMVIRI, die beiden Bürgermeister einer Stadt, handelten also in ihrem eigenen Interesse, wenn sie alle fünf Jahre eine Volkszählung durchführen ließen, um die Wählerlisten und damit Besitz- und Vermögensverhältnisse ihrer Bürger zu überprüfen. Sie nannten sich DVVMVIRI QVINQVENNALES (wörtlich »die fünfjährigen Zweimänner«), und wie die Beispiele etwa aus Pompeji zeigen, war dies das höchste und begehrteste Amt in der städtischen Beamtenlaufbahn[123].

Jede römische Stadt war ein Abbild Roms, angelegt als »ein Stück Rom in der Fremde« und nach dem gleichen Muster organisiert wie die Mutterstadt. Man unterschied COLONIAE und MVNICIPIA, der wesentliche Unterschied war historisch bedingt[124]. COLONIAE waren ursprünglich geschlossene Ansiedlungen in eroberten Gebieten, und zwar ausschließlich von Bürgern der Stadt Rom. Dagegen waren MVNICIPIA ursprünglich italische Städte, die in republikanischer Zeit in den römischen Machtbereich eingegliedert wurden und deren Bewohner gegenüber Rom in das Rechtsverhältnis des MVNERA CAPERE, des »Übernehmens von Pflichten«, eingetreten waren; analog zu diesem Vorgang konnte der Titel MVNICIPIVM jeder bereits bestehenden Stadtgemeinde in neueroberten Gebieten zuerkannt werden. Doch diese Unterschiede verwischten sich im Laufe der römischen Kaiserzeit; schließlich war COLONIA nur noch der begehrtere Titel, und zwar PROPTER AMPLITVDINEM MAIESTATEMQVE POPVLI ROMA-

41

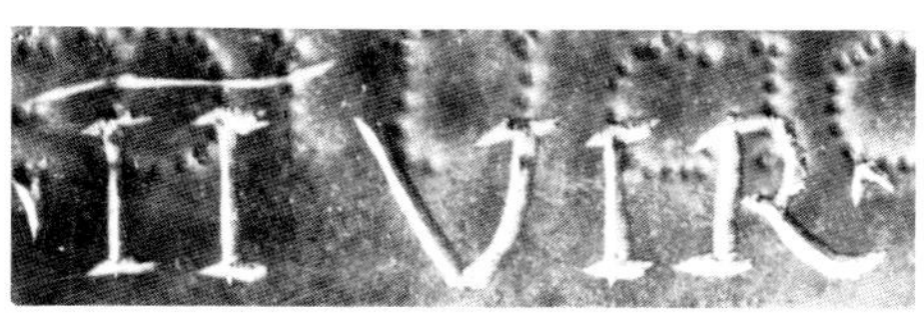

42

43

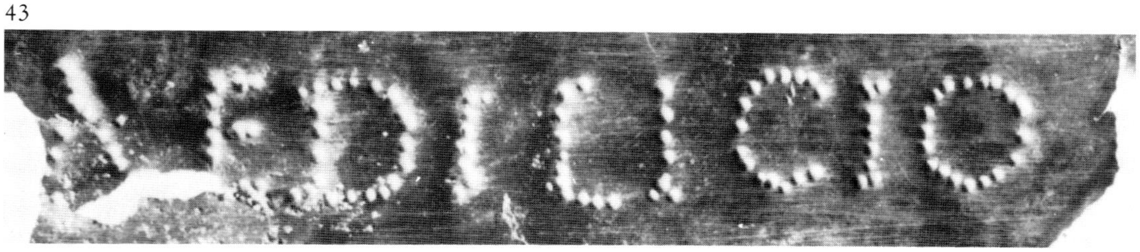

41. QVAESTOR. Ausschnitt einer Bonner Weihinschrift, in der ein »Stadtkämmerer« aus Köln genannt wird. Aus dem Jahre 164. Rheinisches Landesmuseum Bonn. Vgl. Abb. 312.

42. II VIR (»Zwei-Mann«), d. h. »Bürgermeister«. Ausschnitt der Inschrift auf der Rückseite des Bronzeplättchens Abb. 43.

43. AEDILICIO, d. h. »für einen gewesenen Polizeichef«. Ausschnitt einer Widmung auf einem Bronzeplättchen, gefunden in Houthem-Vogelzang (NL). 2./3. Jahrhundert. Rijksmuseum van Oudheden Leiden (NL).

37. DEC(urio) C(oloniae) V(lpiae) T(raianae), d. h. »Ratsherr von Xanten«. Ausschnitt einer Weih- und Bauinschrift aus Heerlen (NL). Anfang 3. Jahrhundert. Thermenmuseum Heerlen (NL).

38. DEC(urio) M(unicipii) BAT(avorum), d. h. »Ratsherr von Nijmegen«. Ausschnitt einer Weihinschrift aus Kapel-Avezaath (NL). 2./3. Jahrhundert. Rijksmuseum G. M. Kam Nijmegen (NL).

39. DEC(urio) C(oloniae) C(laudiae) A(rae) A(grippinensium), d. h. »Ratsherr von Köln«. Ausschnitt einer Kölner Grabinschrift. 1./2. Jahrhundert. Römisch-Germanisches Museum Köln.

40. DEC(urio) MVN . . ./ ANI. . . (= DEC. MVNICIPII FORI HADRIANI), d. h. »Ratsherr von Voorburg-Arentsburg«. Inschriftfragment aus Voorburg-Arentsburg (NL). 2./3. Jahrhundert. Rijksmuseum van Oudheden Leiden (NL).

NI, wie Aulus Gellius[125] sich ausdrückt – »wegen der Größe und Majestät des römischen
Volkes«, die sich in diesem Titel widerspiegelten.
Die *kommunalen Verwaltungen* besaßen ein hohes Maß an politischer Autonomie.
Kennzeichnend für die römische Verwaltungspraxis war die Rücksichtnahme auf be-
stehende politische Strukturen; meistens begnügte man sich damit, diese zu vereinheitli-
chen und römischen Traditionen anzugleichen. Wichtigste Prinzipien bei der Beset-
zung öffentlicher Stellen waren »Kollegialität« und »Annuität«, d. h. jedes öffentliche
Amt wurde von zwei Männern (COLLEGAE) ausgeübt, und dies für die Dauer eines Jah-
res (ANNVS). An der Spitze einer COLONIA standen die DVVMVIRI, ein Zwei-Männer- 42
Kollegium, auch DVOVIRI IVRE DICVNDO (Zweimänner mit Rechtsprechung) genannt,
weil ihnen vom Provinzstatthalter bestimmte Kompetenzen der Rechtsprechung über-
tragen waren. Es gab zwei weitere Kollegien dieser Art, die DVOVIRI AEDILICIA POTES- 43
TATE (Zweimänner mit ädilischer Gewalt), die auch einfach AEDILES hießen und die
Polizeiaufsicht führten, sowie die beiden QVAESTORES, die als Finanzfachleute den 41
heutigen Stadtkämmerern entsprachen. Der Verwaltungsaufbau der MVNICIPIA sah
ähnlich aus, nur waren hier die Funktionen von DVVMVIRI und AEDILES in einem Vie-
rerkollegium zusammengefaßt, den QVATTVORVIRI, die gemeinsam den Magistrat bil-
deten. Wichtigstes Gremium in COLONIAE und MVNICIPIA war der ORDO DECV-
RIONVM, der Stadtrat, der dem Senat in Rom nachgebildet war und dessen 100 Mit-
glieder auf Lebenszeit gewählt wurden. Politische Ämter waren Ehrenämter und ihre
Wahrnehmung kostete damals viel Geld. Als DECVRIO kam also nur jemand in Frage, 37–40
der über entsprechendes Vermögen verfügte. Dies bedeutete praktisch, daß zwar jeder
Freigeborene, der auf halbwegs legale Weise zu Geld gekommen war, zu politischen
und damit öffentlichen Ehren gelangen konnte, daß jedoch der entscheidende politi-
sche Einfluß stets auf eine kleine Gruppe beschränkt blieb, die peinlich genau auf die
Wahrung ihrer Privilegien achtete.

Gemessen an anderen Provinzen des Reiches – etwa AFRICA PROCONSVLARIS (im
heutigen Tunesien und westlichen Libyen), BAETICA (dem heutigen Andalusien) oder
DALMATIA (im heutigen Jugoslawien) – war die Zahl der niedergermanischen Städte
ausgesprochen gering; insgesamt sind es nur vier COLONIAE bzw. MVNICIPIA, die im
Gebiet zwischen Rhein und Maas angelegt worden sind. Es sind dies in topographischer
Reihenfolge (von Süden nach Norden):

– COLONIA CLAVDIA ARA AGRIPPINENSIVM (CCAA), gegründet im Jahre 50, im Be- 39, 112
reich der heutigen Kölner Innenstadt (S. 102 ff.)[126];
– COLONIA VLPIA TRAIANA (CVT), angelegt wahrscheinlich im Jahre 98[127], im Norden 37, 120
der heutigen Stadt Xanten (S. 106 ff.);
– MVNICIPIVM BATAVORVM, zuvor VLPIA NOVIOMAGVS BATAVORVM, mit Markt- 38, 130
recht seit Trajan (98–117), Erhebung zum MVNICIPIVM frühestens gegen Ende des
2. Jahrhunderts, im Westen der heutigen Stadt Nijmegen (NL) gelegen (S. 113 ff.)[128];
– MVNICIPIVM AELIVM (AVRELIVM?) CANNANEFATIVM (MAC), mit Marktrecht seit 40
Hadrian (117–138), erster Name FORVM HADRIANI, Erhebung zum MVNICIPIVM spä-
testens im Jahre 162, im Gebiet von Voorburg-Arentsburg (NL/Prov. Zuid-Holland)
nahe der niederländischen Nordseeküste (S. 113 ff.)[129].

Alle vier Städte Niedergermaniens sind durch Inschriften bekannt, einige davon sind
von *Ratsherren* (DECVRIONES) gesetzt worden. Darunter ist ein DEC(urio) MVN[ICIPI 40
FORI HADRI]ANI, der auf einem Inschriftfragment aus Voorburg-Arentsburg er-
scheint[130]; den offiziellen Namen MAC dagegen bezeugt ein Meilenstein vom Jahre 162,
der in Monster oder Naaldwijk, südlich von Den Haag, bereits im späten Mittelalter
gefunden wurde[131]. Ein DEC(urio) M(unicipii) BAT(avorum) namens Valerius Silvester 38
ist aus der Gegend westlich von Nijmegen bekannt, wo dieser der germanischen Göttin
HVRSTRGA ein kleines Altärchen weihte[132]. Von einem Kölner Grabdenkmal stammt

39 der mächtige Inschriftrest, der einen DEC(urio) C(oloniae) C(laudiae) A(rae) A(grippi-
nensium) nennt, der sich schon zu Lebzeiten ein monumentales Grabmal errichten ließ,
von dem außer einem namenlosen Inschriftrest nichts geblieben ist[133]. Besser bekannt
37 sind drei DECVRIONES aus TRAIANA/Xanten. Einer von ihnen, Marcus Sattonius Iu-
cundus, hat – sehr wahrscheinlich aus eigener Tasche – das BALINEVM (Badegebäude)
in CORIOVALLVM/Heerlen (NL), an der Straße von Köln nach Maastricht, im 2. oder
3. Jahrhundert wiederherstellen lassen und den Neubau FORTVNA geweiht, der Schutz-
göttin der Bäder (s. S. 152)[134]. Besondere Beachtung verdient schließlich ein Bronze-
plättchen, das in einer VILLA RVSTICA, einem römischen Landgut östlich von Maas-
tricht in der niederländischen Provinz Limburg, gefunden wurde[135]. Das Plättchen ist
43 beidseitig beschriftet. Eine Inschrift ist gestanzt und nennt Titus Tertinius, der AEDILI-
CIVS von C(olonia) V(lpia) T(raiana) war, d. h. Polizeimagistrat der römischen Stadt bei
Xanten; als ehemaliger Beamter der Stadt gehörte er automatisch dem ORDO DECV-
RIONVM (Stadtrat) an. Die zweite Inschrift ist eingeritzt worden. Sie nennt einen Mann
42 namens Marcus Vitalinius, der als [D]EC(urio) C(oloniae) V(lpiae) T(raianae) erst
QVAESTOR war, ehe er schließlich zum höchsten Amt der COLONIA aufstieg, II VIR
Q[VINQ(uennalis)] wurde und damit zu jenen Männern gehörte, die als politische Exe-
kutive einer Stadt alle fünf Jahre den Gemeindezensus durchzuführen hatten.

Die übrigen Ämter des städtischen Magistrats besaßen im wesentlichen religiösen
Charakter. Am wichtigsten waren die SE(X)VIRI AVGVSTALES – auch IIIIII VIRI AVGV-
STALES –, ein Kollegium von sechs Männern, denen Organisation, Ausstattung und
44 Durchführung des Kaiserkultes oblagen. Es waren neben Männern wie Sextus Secun-
dius Felix aus TRAIANA/Xanten, dessen Grabstein in NOVIOMAGVS/Nijmegen (NL)
gefunden wurde, vor allem Freigelassene (LIBERTI), ehemalige Sklaven wie Marcus Fabius Cerialis aus AGRIPPINA/Köln, die sich um dieses Amt bewarben[136]. Es war für diese Gesellschaftsklasse eine der wenigen Möglichkeiten, zu öffentlichen Ehren zu gelangen, da ihnen auf Grund ihrer Abkunft die Wahl in den ORDO DECVRIONVM und damit der Zugang zu den politischen Ämtern verschlossen war. Aber schon ihre Söhne galten als Freigeborene (INGENVI) und konnten, sofern sie das notwendige Vermögen nachwiesen, bis zum Bürgermeister (DVVMVIR) aufsteigen. Zum Kollegium der SEVIRI AVGVSTALES zu gehören, bedeutete demnach eine wichtige Stufe auf dem Weg in die höhere Gesellschaft, und nichts war damals ehrenhafter, als eine Rolle in der Politik zu spielen; Grundbesitz und Gelderwerb waren hierfür nur Mittel zum Zweck. Da die AVGVSTALES meist reiche Leute waren, oblag ihnen in den Städten – zusammen mit den Ädilen – die ehrenvolle (und nicht billige) Aufgabe, die öffentlichen Spiele (LVDI ET CIRCENSES) auszurichten, und zwar SVA PECVNIA, d. h. aus eigenen Mitteln; dies war der Tribut, den sie ihrem sozialen Aufstieg zollen mußten.

Daneben gab es sicher zahlreiche öffentliche *Priesterämter* für die Kulte römischer, germanisch-gallischer und orientalischer Gottheiten, die alle des SACERDOS, des Prie-

44. IIIIII AVGVSTALIS C(oloniae) V(lpiae) T(raianae), d. h. »Augustale von Xanten«. Grabinschrift des Sextus Secundius Felix, der dem Sechser-Kollegium angehörte, das in Xanten den Kaiserkult organisierte. Gefunden in Nijmegen (NL). 2./3. Jahrhundert. Rijksmuseum G. M. Kam Nijmegen (NL).

45. SACERDOS. Weihinschrift des Priesters Arcias Marinus, der in Remagen dem Gott Juppiter Dolichenus diente. 3. Jahrhundert. Rheinisches Landesmuseum Bonn.

46. ASCIBVRGIVM/Moers-Asberg, Auxiliarkastell. Freilegung von Holzbauten, von denen nur Verfärbungen im Sand geblieben sind. Zu erkennen sind breite, parallellaufende Gräben, die zu den Fundamenten einer Holz-Erde-Mauer gehörten. Anfang 1. Jahrhundert. Ausgrabung 1976.

47. TRAIECTVM AD MOSAM/Maastricht (NL). Ausgrabung der Thermen, die – im Gegensatz zu vielen Steinbauten der römischen Zeit in Niedergermanien – bei ihrer Freilegung 1963–65 in ihren Fundamenten und dem aufgehenden Mauerwerk noch gut erhalten waren. Zu sehen ist ein beheizbarer Raum, dessen breiter Estrich auf runden Ziegelstützen ruhte, zwischen denen Heiß- oder Warmluft zirkulierte. 3./4. Jahrhundert.

44

45

sters und Vermittlers, bedurften. Nur wenige dieser Priester sind auch inschriftlich be-
45 kannt wie Quintus Fufius Rigedus, der Isispriester in Köln war, oder der Orientale Arcias Marinus, der in Remagen dem IVPPITER DOLICHENVS diente (S. 234)[137]. Als Opferdiener schließlich fungierten die LIMOCINCTI; sie waren Sklaven der öffentlichen Hand und den AEDILES zugeteilt[138]. Ihre vollständige Amtsbezeichnung lautete wohl SERVI PVBLICI CVM LIMO CINCTO (Gemeindesklaven mit dem gegürteten Schurz); dieser Schurz war schräg mit Purpurstreifen besetzt und das Amtszeichen eines Opferdieners.

48 Beschränktes Selbstverwaltungsrecht besaßen auch die VICI, geschlossene Siedlungen, mitunter mit stadtähnlichem Aussehen, jedoch ohne den rechtlichen Status einer römischen Stadt (S. 143). Zu ihnen gehörten AQVAE GRANNI/Aachen, IVLIACVM/Jülich, TOLBIACVM/Zülpich, BELGICA/Euskirchen-Billig, CORIOVALLVM/Heerlen (NL), TRAIECTVM AD MOSAM/Maastricht (NL), CEVCLVM/Cuijk (NL) und ADVATVCA TVNGRORVM/Tongeren (B). Auch sie bildeten eine Gemeindeversammlung und wählten jährlich zwei Gemeindevorsteher, die CVRATORES (Pfleger) oder MAGISTRI (Vorsteher) hießen und sich – soweit wir erkennen können – in der Hauptsache um Bauvorhaben, Ehrungen und Weihungen gekümmert haben[139]. Inschriften solcher Ge-
49 meindevertreter sind bisher aus Niedergermanien nicht bezeugt, doch können auch die VICANI, also die Gesamtheit der Vicusbewohner – wie in IVLIACVM/Jülich – als Dedikanten einer Jupitersäule auftreten[140].

48. Mühlstein aus Basaltlava mit der Aufschrift FINES VICI (»Dorfgrenze«), der im 2./3. Jahrhundert in der Gegend von Kleve als Grenzstein gedient hat. Rheinisches Landesmuseum Bonn.

Die größten Städte Niedergermaniens waren Zentren von CIVITATES, *Stammesgemeinden* oder »Gebietskörperschaften« (um einen amtlichen Begriff zu verwenden)[141]. Caesar hatte diese Verwaltungsform in Gallien vorgefunden und sie bei der Neuordnung der Provinz der Struktur nach beibehalten; auch in Niedergermanien war sie Grundlage der römischen Verwaltung, wenn auch nicht so ausgeprägt. Eine CIVITAS umfaßte ein Gebiet von der Größe heutiger Regierungsbezirke und besaß jeweils einen zentralen Hauptort, der zugleich politischer, wirtschaftlicher und religiöser Mittelpunkt war. Die Bindung an Rom konnte verschieden aussehen. Es gab CIVITATES LIBERAE, die weitgehend unabhängig waren und keinerlei Abgaben zahlten, und solche mit dem Zusatz FOEDERATAE, die durch ein spezielles Bündnis (FOEDVS) rechtlich mit Rom verbunden waren. Andere waren CIVITATES SINE FOEDERE, d.h. »ohne (beschworenes) Bündnis«, und hießen dann meist CIVITATES STIPENDIARIAE, weil sie Abgaben (STIPENDIA) zahlten.

In der politischen Praxis waren die Grenzen jedoch fließend. So wissen wir von den Batavern, daß sie von Tributen freigestellt waren, obwohl sie innerhalb der Reichsgrenzen lebten und eigentlich den Status von PEREGRINI DEDITICII besaßen, d.h. Fremde waren, die sich auf Gnade und Ungnade unterworfen hatten[142]. In der Praxis wurden die Bataver wie eine CIVITAS FOEDERATA behandelt, die außerhalb des Reiches lag. Diese besondere Rechtslage beließ den Batavern ihren Stolz und förderte die Romanisierung ihres Stammesgebietes, andererseits gab sie den römischen Behörden jede rechtliche Möglichkeit einzugreifen, wann immer dies nötig schien. Eine Inschrift, die westlich von Nijmegen (NL) gefunden wurde, scheint diesen Zustand widerzuspiegeln[143]. Sie nennt einen Mann namens Flavus, der sich als SVMMVS MAGISTRATVS CIVITATIS BATAVORVM bezeichnet, als »höchsten Beamten der Stammesgemeinde der Bataver«. Der Übergang von einheimischer Tradition zu römischer Verwaltungspraxis ist deutlich erkennbar: Zwar herrscht noch das alte Stammesprinzip der Herrschaft eines Einzelnen, doch deutet sich der Wandel mit der Verwendung des lateinischen Begriffes MAGISTRATVS schon an[144].

49. VICANI IVLIACENSES (»Vicusbewohner von Jülich«). Fragment einer Weihinschrift für I(uppiter) O(ptimus) M(aximus), die zu einer Juppitersäule gehörte. Anfang 2. Jahrhundert. Römisch-Germanisches Museum Jülich.

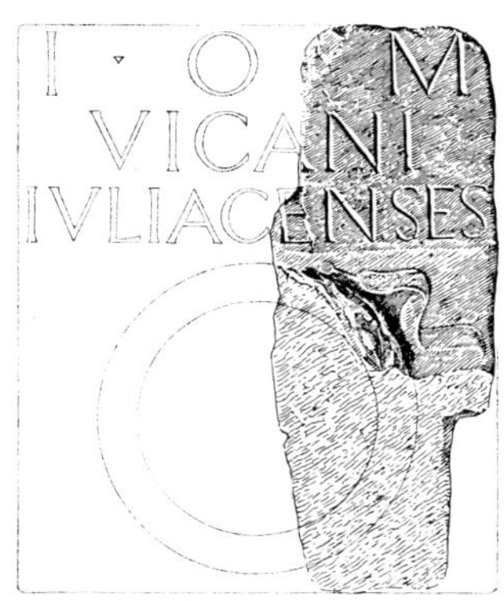

Die *politische Gliederung* Niedergermaniens in CIVITATES hat sich erst im Laufe des 1. Jahrhunderts herausgebildet. Sie ging Hand in Hand mit der Umwandlung des ehemaligen Militärgrenzbezirks an Mittel- und Niederrhein in eine funktionsfähige PRO-

VINCIA, eine Entwicklung, die mit der Erteilung der LEX PROVINCIAE zu Beginn der Regierung Domitians (81–96) ihren Abschluß fand[145]. Rechtlich gesehen war das gesamte Gebiet zwischen Rhein und Maas mit seiner Besetzung »Eigentum des römischen Volkes bzw. des Kaisers« (DOMINIVM POPVLI ROMANI VEL CAESARIS) geworden; stellvertretend für beide übte das römische Militär das Besitzrecht aus (IVS POSSESSIONIS). Dies änderte sich mit der rechtlichen Umwandlung des OPPIDVM VBIORVM in eine COLONIA im Jahre 50, als das Land, das Rom den Ubiern unter Agrippa einst zugewiesen hatte, nun in den Besitz der Bürger (CIVES) der Stadt überging. Sie waren jetzt – soweit sie das römische Bürgerrecht hatten – keine POSSESSORES mehr, denen das Land, das sie bebauten, PRECARIO (auf Widerruf) gehörte, sondern es war DOMINIVM (Eigentum) geworden.

Mit diesem Verwaltungsakt ist damals in Niedergermanien die erste Trennung zwischen Militär- und Zivilland vollzogen worden. Dieser Zeitpunkt ist gleichbedeutend mit dem systematischen Ausbau der Militärgrenze am Rhein, der unter Tiberius (14–37) begann und unter Claudius (41–54) zu einem ersten Abschluß kam. Jedes Legionslager und Auxiliarkastell besaß nun ein TERRITORIVM CONTRIBVTVM, ein »zugeteiltes Gebiet«[146]. Der eigentliche Fachausdruck war PRATA (PRATVM = Wiese, Aue), und der Umfang dieses Militärlandes scheint beträchtlich gewesen zu sein. Praktisch wurde damit ein breiter Streifen des unmittelbaren Grenzlandes am Rhein als Militärzone abgetrennt und den Organen der Armee direkt unterstellt; einzige Ausnahmen waren die Städte AGRIPPINA/Köln und TRAIANA/Xanten, die mit ihrem AGER, ihrem Stadtgebiet, bis an den Rhein heranreichten. Auf dem übrigen Boden der Provinz wurden CIVITATES gebildet, die – soweit möglich – ethnischen Gegebenheiten Rechnung trugen. Sicher galt die Bildung von CIVITATES als politisches Mittel, einerseits um überschaubare Verwaltungsbezirke innerhalb der Provinz zu schaffen, andererseits aber auch, um der unterworfenen, teilweise gegen ihren Willen umgesiedelten Bevölkerung eine Identität zu geben. Daß diese Politik Erfolg hatte, läßt sich an Inschriften ablesen, in denen Menschen aus Niedergermanien ihre ORIGO (Herkunft) stolz mit CIVIS AGRIPPINENSIS (Agrippinensischer Bürger) oder E CIVITATE TRAIANENSE (aus der trajanensischen Stammesgemeinde) angeben[147]; dagegen verschwinden die stammesmäßigen Bezeichnungen wie VBIVS oder CVGERNVS schon nach relativ kurzer Zeit. 52

Das Zeugnis von Inschriften und historischen Notizen reicht nicht aus, die Zahl der 51
niedergermanischen CIVITATES sicher zu bestimmen. Von den in Niedergermanien ansässigen bzw. hier seßhaft gemachten Stämmen werden wohl die VBII, TVNGRI, CVGERNI, BATAVI und CANNANEFATES eigene Stammesgemeinden gebildet haben[148]. Von den übrigen Stämmen – den STVRII, MARSACI, FRISAVONES, BAETASII, SVNVCI und ADVATVCI – wird heute allgemein angenommen, daß sie selbständige ethnische Gruppen waren, auch zum Teil für das römische Heer Auxiliartruppen stellten, die ihren Stammesnamen trugen, administrativ jedoch keine eigene CIVITAS bildeten. Sicher gilt dies für die BAETASII, die westlichen Nachbarn der CVGERNI, denn in einer Inschrift aus Rom bezeichnen sich Angehörige der kaiserlichen Reitergarde, als TRAIANENSES BAETASII, d.h. als Angehörige des Stammes der Baetasier, die zur CIVITAS der Traianenser (= Cugerner) gehörten[149]. Andererseits herrscht in dieser Frage aufgrund der unzureichenden Forschungslage noch zu viel Ungewißheit, als daß uns nicht neue Inschriftfunde zu neuen Erkenntnissen führen könnten; praktisch kann jeder der genannten Stämme Niedergermaniens, zumindest eine Zeitlang eine selbständige CIVITAS gebildet haben.

Bevölkerung und Gesellschaft

Im Rhein selbst aber, nahezu 100 Meilen in der Länge, (liegen) die überaus berühmte Insel der Bataver und Cannenefaten und die anderen der Friesen, Chauken, Frisiavonen, Sturier und Marsaker, die sich zwischen Helinium und Flevum erstrecken. Caius Plinius Secundus (23–79)

Willst du nicht bedenken, daß der, den du deinen Sklaven nennst, aus demselben Samen entsprossen, unter demselben Himmel dieselbe Luft atmet und lebt und stirbt wie du ...? Gehe schonend mit deinem Sklaven um, ja mache ihn zu deinem Gesellschafter, mit dem du sprichst, den du um Rat fragst, mit dem du zu Tische sitzt. Lucius Annaeus Seneca (4–65)

Das Gebiet zwischen Rhein und Maas war immer schon ein *Durchgangsland*. Schon lange vor den Römern waren germanische Stämme oder Stammesgruppen nach Westen gezogen, hatten den Rhein überschritten und waren seßhaft geworden. Im heutigen Belgien und nördlichen Frankreich vermischten sie sich mit der dort ansässigen Bevölkerung, nahmen keltische Zivilisation und Kultur an und wurden Teil jener Stämme, die wir als BELGAE kennen und die Caesar als »dritten Teil der gallischen Bevölkerung« bezeichnete[150].

50 Obwohl inzwischen weitgehend keltisiert, waren es Germanen, die westlich des Rheines lebten; allein schon der Name GERMANI CIS RHENVM (Germanen diesseits des Rheines) für einige dort ansässige Stämme belegt dies auf anschauliche Weise[151]. Im Norden, d. h. im Gebiet zwischen Scheldemündung und Rheindelta, hatte Caesar mit den MENAPI zu tun, die zu den BELGAE gerechnet wurden. Ihre südlichen Nachbarn waren die EBVRONES, die das fruchtbare Land der Kölner Bucht in ihrem Besitz hatten, ihre westlichen Nachbarn die ADVATVCI. Östlich des Rheines lebten TENCTERI und VSIPETES, deren Gebiet nach Süden etwa bis zur Lippe reichte. Ihnen schlossen sich die SVGAMBRI und VBII an, die den Eburonen gegenübersaßen. Möglicherweise ist diese Aufzählung lückenhaft und nennt nicht alle Teilstämme, die ursprünglich das Gebiet der späteren Provinz GERMANIA INFERIOR bewohnten; aufgeführt sind wahrscheinlich nur die größeren Stammesverbände, mit denen römische Truppen unmittelbar konfrontiert waren.

51 Mit Caesars Feldzügen wurde die *politische Landkarte der Rheinzone* gründlich verändert. Als erste verschwanden die ADVATVCI, von Caesar ausdrücklich als »Abkömmlinge der Cimbern und Teutonen« bezeichnet[152]. Obwohl sie alle ihre Kräfte an einem einzigen Punkt ihres Landes konzentrierten und sich in einer »von Natur aus hervorragend geschützten Stadt« verschanzten, erging es ihnen schließlich noch ärger als den NERVII, ihren westlichen Nachbarn, die unmittelbar vorher zwar arg dezimiert wurden, jedoch als Stamm weiterbestanden[153]. Die laut eigenem Urteil von Caesar gern geübte CLEMENTIA, die Milde gegenüber dem unterworfenen Gegner, wurde den Aduatukern nicht zuteil. Ihr Name verschwand und lebte nur in dem Stadtnamen ADVATVCA TVNGRORVM fort, aus dem hervorzugehen scheint, daß die Aduatuker in den TVNGRI aufgingen, die wohl unter Augustus im belgischen Limburg – rund um die heutige Stadt Tongeren – angesiedelt wurden[154].

Nicht viel besser erging es kurze Zeit später erst den VSIPETES und TENCTERI, die landsuchend in das Gebiet westlich des Rheines eingedrungen waren[155], dann auch den MENAPI, deren Land von Caesars Truppen wiederholt gebrandschatzt und verwüstet wurde[156]. Offenbar gehörte die Strategie der verbrannten Erde immer schon zum Kriegsalltag. Auffallend an der römischen Praxis sind allein die Regelmäßigkeit, mit der solche Aktionen wiederkehren, die eiskalte Brutalität und Zwangsläufigkeit, mit der sie

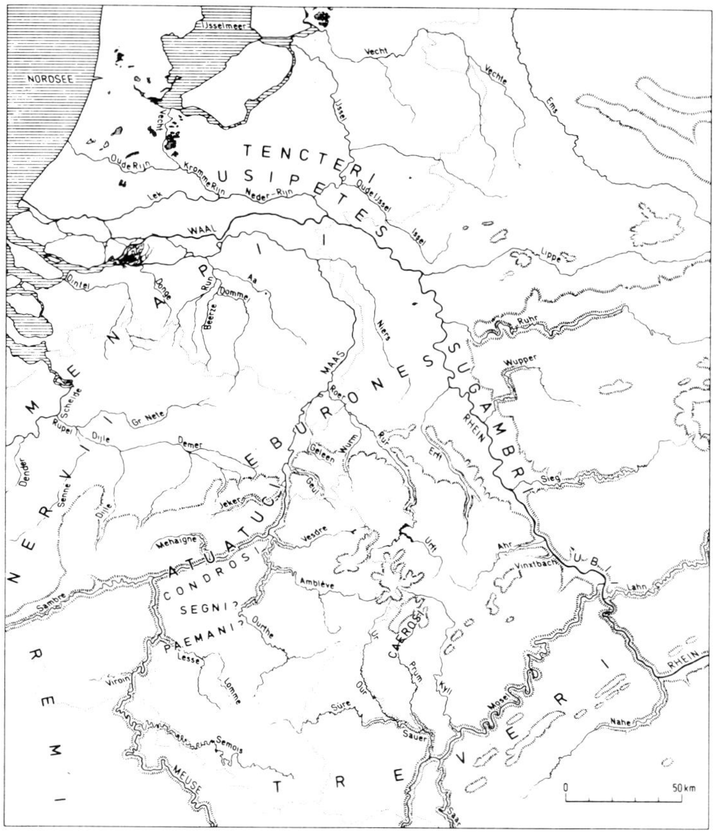

50

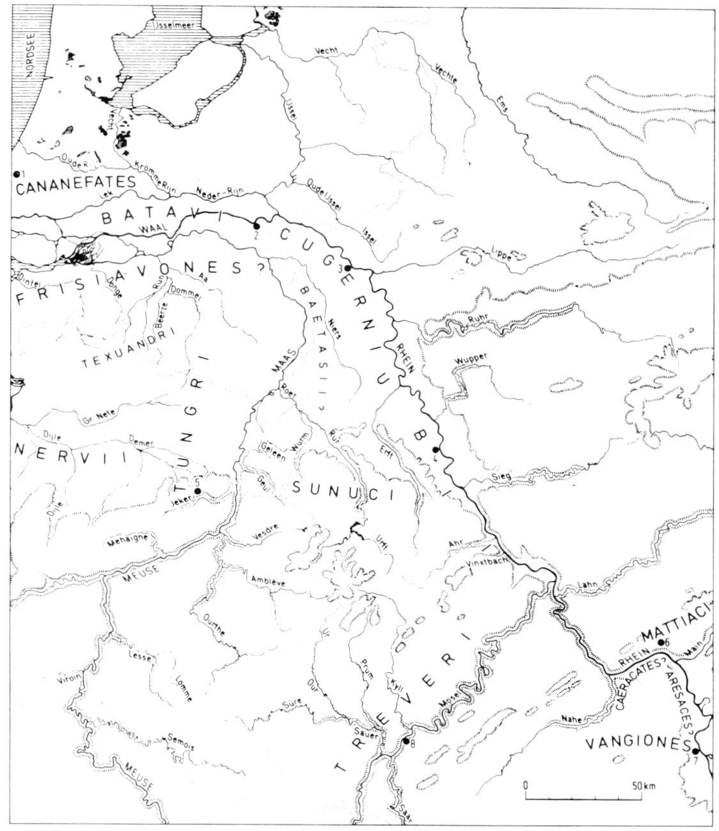

51

50. Die Wohnsitze germanischer Volksstämme zwischen Rhein und Maas z. Zt. Caesars (um 58 v. Chr.).

51. Die Wohnsitze germanischer Volksstämme zwischen Rhein und Maas nach dem Germanenkriegen des Augustus und Tiberius (nach 16) und die »Hauptstädte« niedergermanischer CIVITATES.
1. MVNICIPIVM AELIVM (AVRELIVM?) CANNANEFATIVM (MAC)/FORVM HADRIANI – Voorburg-Arentsburg (NL)
2. MVNICIPIVM BATAVORVM (MB?)/VLPIA NOVIOMAGVS BATAVORVM – Nijmegen (NL)
3. COLONIA VLPIA TRAIANA (CVT) – Xanten
4. COLONIA CLAVDIA ARA AGRIPPINENSIVM (CCAA) – Köln
5. ADVATVCA TVNGRORVM – Tongeren (B)

durchgeführt wurden – durchaus nicht immer nach klar erkennbaren strategischen Gesichtspunkten – sowie die lapidare Selbstverständlichkeit, mit der man solche »Erfolgsmeldungen« in der damaligen Öffentlichkeit bekanntgab.

Am schlimmsten jedoch traf es im Jahre 53 die EBVRONES unter ihren Führern Ambiorix und Catuvolcus[157]. Der eigentliche Kopf war *Ambiorix*, und die Bewegung, die er entfachte, verhinderte eine endgültige Befriedung des nordöstlichen Gallien, wie sie Caesar anstrebte. Ambiorix war ebenso tüchtig wie verschlagen, er vernichtete eine römische Legion bei ADVATVCA und hätte fast auch ein zweites Heer entscheidend geschlagen, das Quintus Cicero, der Bruder des berühmten Redners und Philosophen, befehligte. Er besaß aufgrund seiner Persönlichkeit großen Einfluß, nicht nur unter den Eburonen, und gehörte allein schon aus diesem Grunde zu Caesars bestgehaßten Gegnern. Er gab seinen Kampf auch dann nicht auf, als Caesars Truppen das Eburonenland zweimal völlig verwüsteten, Dörfer und Höfe plünderten und brandschatzten, die Menschen niedermetzelten und ausrotteten und damit den Namen des Stammes auslöschten. Caesar selbst begründet seinen Haß damit, daß er es für seine »Ehrenpflicht« (DIGNITAS) halte, das Land zu entvölkern und zu verwüsten, um dem flüchtigen Ambiorix jede Möglichkeit zu nehmen, je in seine Heimat zurückzukehren[158]. Die brutale Konsequenz, mit der hier gegen ein ganzes Volk – auch gegen Frauen und Kinder – vorgegangen worden ist, wurzelt womöglich in dem besonderen Haß zwischen Caesar und Ambiorix, der als ernstzunehmender Gegenspieler der einzige gewesen zu sein scheint, der sich dem direkten Zugriff Caesars entziehen konnte; stolz erhebt sich heute sein Denkmal auf dem Marktplatz in Tongeren (B).

Archäologisch hat all das kaum einen Niederschlag gefunden. Siedlungsbefunde der ausgehenden La-Tène-Zeit, d.h. des 1. Jahrhunderts v. Chr., sind im Gebiet zwischen Rhein und Maas bisher nur selten angetroffen und ausreichend untersucht worden. Zu den wenigen Ausnahmen gehören die Siedlungen von Weeze-Baal (Krs. Kleve) und Albersloh bei Münster (Westf.), die eine im ehemaligen Stammesgebiet der MENAPI, die andere dort, wo damals VSIPITES und TENCTERI siedelten[159]. Bei den Ausgrabungen in Weeze-Baal scheint nur jener Bereich ausgegraben worden zu sein, in dem die Wirtschaftsbauten lagen – Pfostenbauten geringen Ausmaßes, bestehend aus 4–9 Pfosten, die als Speicher interpretiert werden. Die Abgrenzung zwischen Wohn- und Wirtschaftsteil scheint in germanischen Siedlungen dieser Zeit nichts Ungewöhnliches gewesen zu sein, denn einen ganz ähnlichen Befund kennt man auch aus der wahrscheinlich friesischen Siedlung von Vries in der niederländischen Provinz Drenthe[160]. In Albersloh, östlich von Münster, sind dagegen vor allem Hausgrundrisse aufgedeckt worden, mehrere langgestreckte und ebenerdige Pfostenbauten, die eine Länge bis zu 20 m haben. Daneben gab es kleinere Grubenhäuser, deren Bedachung auf zwei Pfosten ruhte, sowie mehrere Pfostenspeicher, die denen von Weeze-Baal ähneln, hier jedoch nicht in einem gesonderten Areal standen. Beide Siedlungen haben wahrscheinlich bis in die Zeit des Augustus – um Christi Geburt – bestanden.

52. NATIONE VBIVS, d. h. »dem Stamme nach ein Ubier«. Grabstein des Reiters Albanus aus Chalons-sur-Saône (F). 1. Jahrhundert.

Im Jahre 12 v. Chr. – erst vier Jahrzehnte, nachdem Gallien bis zum Rhein römische Provinz geworden war – ließ Augustus hier den ersten Provinzialzensus abhalten, der alle Provinzbewohner erfaßte, nicht nur die römischen Bürger[161]. Auf der damals entstandenen FORMVLA, der gesetzlichen Grundlage für die Erhebung von Steuern in der Provinz GALLIA BELGICA, zu der die Rheinzone damals noch gehörte, fußen die Angaben zur Bevölkerung, die Plinius (23–79) in seiner Beschreibung Galliens überliefert hat[162]. Von den Völkerschaften, mit denen Caesar zu tun hatte, werden bei Plinius diesseits des Rheines außer den MENAPI nur noch die VBII genannt, die inzwischen das Ufer gewechselt hatten. Bekannt sind auch die VSIPITES und TENCTERI sowie die SICAMBRI, alle drei auch weiterhin jenseits des Flusses ansässig. Neu hingegen sind, soweit diese Angaben das Gebiet der späteren Provinz betreffen, die Stämme der BATAVI, CANNENEFATES, FRISIAVONES, STVRII, MARSACI, GVBERNI (= CVGERNI), BAETASI, SVNVCI und TVNGRI. Woher kamen sie?

51 Geographische Anordnung und territoriale Gliederung der germanischen Völkerschaften, die zu Beginn der römischen Kaiserzeit ihre Wohnsitze zwischen Rhein und Maas hatten, waren das Ergebnis aktiver und gezielter *Bevölkerungspolitik*, die während der ersten gallischen Statthalterschaft Agrippas (39/38 v. Chr.) ihren Anfang nahm und darauf ausgerichtet war, nach Möglichkeit auf dem Verwaltungswege – nur im äußersten Falle mit Gewalt – sichere und geordnete Verhältnisse in der Rheinzone zu
52 schaffen[163]. Den ersten Schritt hierzu bildete die Umsiedlung der VBII auf die linke Rheinseite, wo seit der Vernichtung der EBVRONES (53 v. Chr.) ein gefährliches Vakuum entstanden war[164]. Es war gleichzeitig der Lohn für langjährige Freundschaft und Loyalität gegenüber Rom, die mit der Einrichtung einer CIVITAS VBIORVM (Stammesgemeinde der Ubier) und der Aufstellung der ARA VBIORVM, eines Altars für den Kaiserkult, auch ihren nach außen sichtbaren Ausdruck erhielten[165].

53. COH(ors) I BATAVORVM. Weihaltar der »ersten Bataverkohorte« aus Carrawburgh (GB). Newcastle upon Tyne, Museum of Antiquities.

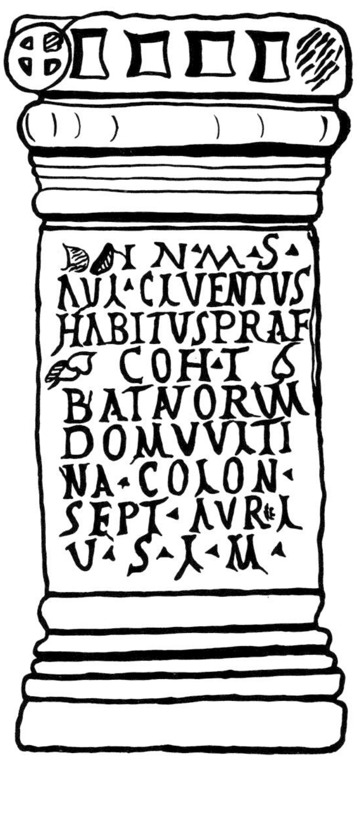

Diese Politik wird in den folgenden Jahrzehnten konsequent fortgesetzt. Zunächst siedeln sich – von der römischen Militärverwaltung offensichtlich geduldet, wenn nicht
53 sogar gefördert – die BATAVI »im äußersten Küstengebiet Galliens« an, speziell auf jener »Insel, die der Ozean vorn und der Rhein im Rücken und an den Seiten umspült«[166]. Gemeint ist das Land zwischen den Flüssen Rhein und Waal, das heute noch nach den Batavern den Namen Betuwe trägt. Tacitus weiß zu berichten, die Bataver hätten ursprünglich jenseits des Rheins gewohnt und seien eigentlich Chatten, von denen sie sich gelöst hätten[167]. Sie kamen offenbar in ein Land, das zumindest teilweise zuvor unbesiedelt war – VACVA CVLTORIBVS, d. h. »frei von Bewohnern«, sagt Tacitus –, sie galten in der damaligen Zeit als ausgezeichnete Schwimmer und Reiter, und mehrmals werden ihr Mut und ihre Kampftüchtigkeit gerühmt[168]. Es wundert deshalb nicht, wenn wir hö-

ren, daß die Leibgarde Caligulas aus Batavern bestand[169]. Der Dichter Martialis (ca. 40–104) schildert sie als groß, kräftig und blond bis rothaarig, und er spricht von der SPVMA BATAVA, dem »batavischen Schaum«, jenem Mittel, das sie offenbar anwendeten, um ihren Haaren das echt batavische Aussehen zu geben[170].

Mit den Batavern können die CANNANEFATES eingewandert sein, die Tacitus zufolge »nach Abstammung, Sprache und Tüchtigkeit« zu den Batavern gehörten[171]. Die enge Verbindung beider Stämme bezeugt auch Plinius, wenn er angibt, jene »überaus berühmte Insel« zwischen Rhein und Waal, die sich über rund 100 Meilen erstrecke (= ca. 148 km), sei von Batavern und Cannanefaten bewohnt gewesen[172]. Dies kann nur bedeuten, daß die Bataver den östlichen, die Cannanefaten den westlichen Teil dieses Gebietes innehatten. Es spricht einiges dafür, daß beide Gebiete zu Beginn der römischen Kaiserzeit administrativ eine Einheit bildeten, zumindest so gesehen wurden, andererseits haben die Ausgrabungen in Rijswijk , östlich von Den Haag, im Kernland 208 ff.
dieses germanischen Stammes, deutlich gezeigt, daß beide Stämme eine eigene Identität besaßen und geographisch, ethnisch wie kulturell klar unterschieden werden können[173]. Sichere Indizien hierfür sind u. a. die Aufstellung von Hilfstruppen für die römische Armee, die den Stammesnamen tragen – schon für das Jahr 28 wird von Tacitus eine ALA CANNINEFAS genannt, die gegen die Friesen eingesetzt wurde[174] – sowie die Organisation des Stammesgebietes als CIVITAS, die für die Cannanefaten allerdings erst für das 2. Jahrhundert sicher bezeugt ist[175].

Die SVGAMBRI – als unbequeme Gegner Caesars gut bekannt – werden jenseits des Rheines mit Sicherheit noch im Jahre 17/16 v. Chr. erwähnt, als sie gemeinsam mit ihren nördlichen Nachbarn, den Usipeten und Tenkterern, erst einige römische Amtsträger umbrachten, die bei ihnen STIPENDIA (Abgaben) eintrieben, dann den Rhein überschritten, plündernd in die römische Rheinzone einfielen und dem Statthalter Lollius eine empfindliche Niederlage beibrachten[176]. Noch etwas jünger ist möglicherweise ihre Erwähnung durch Plinius, der sie auf der rechten Rheinseite als »Teil der Istvaeonen« aufführt[177]. Wenige Jahre später muß sich vollzogen haben, was Tacitus mehr nebenbei erwähnt. Es ist ein Zitat, dem Legionslegaten Ostorius Scapula in den Mund gelegt, der sich geschworen hatte, die britannischen Siluren genauso zu behandeln – »wie einst die Sugambrer vertilgt bzw. auf die gallische Rheinseite verpflanzt worden sind«[178]. Augenscheinlich ist dasselbe Ereignis gemeint, von dem Suetonius berichtet, daß nämlich Tiberius während des germanischen Krieges 40 000 Unterworfene über den Rhein nach Gallien führte und ihnen IVXTA RIPAM RHENI (nahe dem Ufer des Rheines) neue Wohnsitze zuwies[179]. Es ist sehr wahrscheinlich, daß die SVGAMBRI im Jahre 8 v. Chr. oder kurz zuvor von Tiberius entscheidend geschlagen wurden und der Rest dieses Stammes unter Verlust seiner Identität zu jenen Vierzigtausend gehört hat, die zum damaligen Zeitpunkt umgesiedelt worden sind[180]. Tiberius wurde für diese Taten nicht nur mit dem »kleinen Triumph« geehrt, sondern erhielt offenbar auch in BATAVODVRVM, dem späteren NOVIOMAGVS und heutigen Nijmegen (NL) ein Siegesdenk- 27
mal, das ihn als Triumphator zeigt und möglicherweise an diese Ereignisse erinnern soll[181].

Etwa zur gleichen Zeit tauchen auf der linken Rheinseite neue Stammesnamen auf. 51
Plinius nennt u. a. die GVBERNI, die bei Tacitus und an anderer Stelle CVGERNI heißen und von denen heute allgemein angenommen wird, daß sie ein Teilstamm der Sugambrer waren[182]. Ähnliches glaubt man auch von den SVNVCI und BAETASII, die seit der Zeit des Augustus westlich von Cugernern und Ubiern bezeugt sind[183]. Von den BAETASII weiß man sicher, daß sie verwaltungsmäßig zu den CVGERNI gehörten, die sich nach ihrem Hauptort TRAIANA/Xanten gerne TRAIANENSES nannten. Dies geht aus einer Inschrift in Rom hervor, in der sich Angehörige der kaiserlichen Garde selbst als TRAIANENSES BAETASII (trajanensische Baetasier) bezeichnen[184]. Offenbar bildeten beide

Stämme eine Verwaltungseinheit, lebten jedoch auf eigenem Territorium; die Inschrift eines CIVIS BETASIVS, d.h. eines »baetasischen Bürgers“, in Mainz legt hierfür Zeugnis ab[185].

Noch weniger wissen wir über die übrigen Stämme. Die SVNVCI werden westlich der Rur lokalisiert; vielleicht war AQVAE GRANNI/Aachen ihr Hauptort, in dessen Nähe die Stammesgöttin SVNVXAL eine zentrale Kultstätte besaß[186]. Die STVRII und MARSACI werden nur von Plinius genannt; man nimmt an, daß sie auf den südholländischen Inseln in der heutigen Provinz Zeeland ihre Wohnsitze hatten[187]. Etwas besser kennen wir die FRISIAVONES. Plinius führt sie zweimal auf und sagt, sie wohnten INTER HELINIVM AC FLEVVM, d.h. zwischen der heutigen Maasmündung bei Rotterdam und der nördlichsten Rheinmündung bei Ijmuiden – eine relativ ungenaue topographische Angabe, die nach Plinius auch für Friesen, Chauken, Sturier und Marsaker gelten soll[188]. Im allgemeinen nimmt man heute an, daß die FRISIAVONES, die auch in einer Inschrift des 2. Jahrhunderts als selbständige Region genannt werden, den nördlichen Teil der heutigen Provinz Noord-Brabant innehatten[189]. Ihre Nachbarn waren die BATAVI im Norden, die CVGERNI im Osten, während ihr Gebiet nach Süden wohl bis an die Provinzgrenze reichte.

Die MENAPI gehörten spätestens seit dem Beginn der römischen Kaiserzeit nicht mehr zu den Stämmen, die das Gebiet zwischen Rhein und Maas bewohnten. Ursprünglich reichte ihr Siedlungsraum von Nordfrankreich bis in das Rheindelta. Die Zahl ihrer Stammesmitglieder scheint jedoch als Folge der wiederholten Auseinandersetzungen mit Caesars Truppen derart geschrumpft zu sein, daß sich ihr Siedlungsgebiet während der Kaiserzeit auf die Region westlich der Schelde beschränkte,
54 die zur Provinz GALLIA BELGICA zählte[190]. Für die TVNGRI, die durch Plinius erstmalig genannt werden, gilt die Einschränkung, daß wir nicht sicher wissen, ob dieser Stamm zur späteren Provinz GERMANIA INFERIOR gehört hat (S. 26)[191]. Sicher scheint jedoch, daß die ADVATVCI, die durch Caesar fast ausgerottet wurden, in den TVNGRI aufgingen; einer ihrer Teilstämme scheinen die TEXVANDRI gewesen zu sein[192].

Mit der Ankunft neuer Stämme entstanden neue Siedlungen, die rasch zu Zentralorten wurden; die Stammesmittelpunkte der BATAVI und CVGERNI in Nijmegen (NL) und Xanten kennen wir am besten. Auf dem Kops-Plateau im Osten der Stadt *Nijmegen,* etwa 60 m oberhalb des römerzeitlichen Flußlaufs der Waal, sind schon vor mehr als 50 Jahren Ausgrabungen durchgeführt worden, die den Ausgräber J. H. Holwerda zu der Ansicht brachten, hier habe das von Tacitus erwähnte OPPIDVM BATAVORM, eine »befestigte Siedlung der Bataver«, gelegen[193]. Neuere Grabungen in diesem Gebiet haben jedoch gezeigt, daß diese Vorstellungen sehr hypothetisch sind, denn sie ergaben zweifelsfrei, daß es nicht friedliche Siedler, sondern zunächst römische Soldaten waren, die diesen strategischen Platz besetzt hielten[194]. Es sieht so aus, als hätten sie das Kops-Plateau im Zusammenhang mit der Varus-Niederlage wieder geräumt und der batavischen Zivilbevölkerung überlassen, die das Gelände vor allem als Weidegrund genutzt hat. Es ist deshalb aus diesem und anderen Gründen sehr fraglich, ob die literarisch bezeugte Bataverstadt wirklich hier gelegen hat.

Da vorerst nicht mit größeren Ausgrabungen gerechnet werden kann, ist man im wesentlichen auf Indizien und Vermutungen angewiesen. Diese konzentrieren sich seit einigen Jahren auf das Gebiet des Valkhof und seine Umgebung, einem Hügel im Westen der Stadt[195]. Es gibt eindeutige Hinweise darauf, daß hier – ebenfalls direkt über der Waal – eine batavische Siedlung lag, die in der Zeit des Augustus angelegt wurde und bis zum Bataveraufstand (69/70) bestanden hat, eine Siedlung, die mit mehr als 20 ha Fläche wesentlich ausgedehnter war als die etwa zeitgleiche Anlage auf dem Kops-Plateau. In der niederländischen Forschung hält man es deshalb für sehr viel wahr-

54. COH(ors) II TVNGR(orum). Weihaltar der »zweiten Tungrerkohorte« aus Birrens (GB). Edinburgh, National Museum of Antiquities.

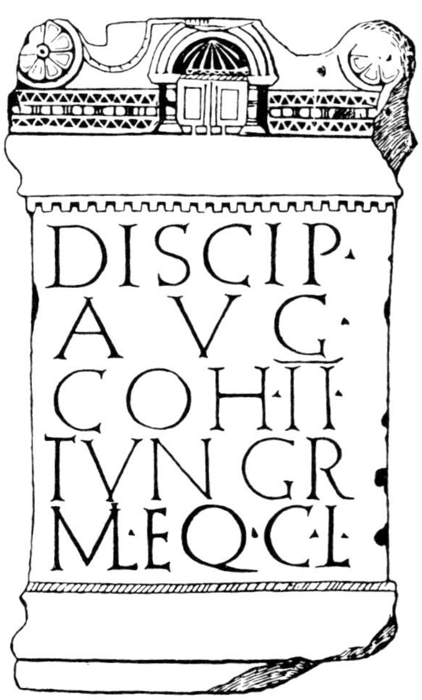

scheinlicher, daß BATAVODVRVM wie der Platz damals auch genannt wurde, im Gebiet des Valkhof gelegen hat.

Die lebendigste Vorstellung von einer germanischen Siedlung, die unter römischer 55
Kontrolle angelegt wurde, erhalten wir von dem Hauptort der CVGERNI, nördlich des heutigen *Xanten* und Kern der späteren Stadt COLONIA VLPIA TRAIANA[196]. Man hat sich angewöhnt, vom OPPIDVM CVGERNORVM zu sprechen, eine Bezeichnung, die sich aus Lage und Funktion der Siedlung erschließen, nicht aber inschriftlich nachweisen

55. OPPIDVM CVGERNORVM/Xanten. Rekonstruktion eines Hauses in der Siedlung der Cugerner (nach H. Hinz). 1. Jahrhundert.

läßt. Die Anlage dieses Dorfes geht auf die letzten Regierungsjahre des Augustus zurück, und wie groß das anfängliche Mißtrauen der römischen Verwaltung noch war, mag daraus hervorgehen, daß am nördlichen Rand der Siedlung – zumindest unter Tiberius (14–37) – eine römische Auxiliartruppe stationiert war. Die Siedlung entstand an einem Seitenarm des Rheines und war zunächst nicht mehr als ein Marktflecken, bestehend aus einer Ansammlung von Gehöften und Nebengebäuden, die von Zäunen und Gräben umgeben waren, wohl zur Abwehr von Wildtieren, gleichzeitig als Pferch für das eigene Vieh. In den folgenden Jahrzehnten wuchs die Siedlung kontinuierlich und umfaßte schließlich im letzten Drittel des 1. Jahrhunderts ein Areal von mehr als 25 ha. Charakteristisch sind die Fachwerkhäuser dieser Siedlung, die auf hölzernen Schwellriegeln errichtet waren, ein oder zwei Innenräume besaßen sowie einen überdachten Vorplatz unterhalb des Giebels, wo das Herdfeuer brannte; das Dach war vermutlich mit Schilf gedeckt. Gleichzeitig entwickelten sich Gewerbe und Handel, während die
Landwirtschaft in ihrer Bedeutung zurücktrat. Sichtbarer Ausdruck dieser Entwicklung 223
sind eine hölzerne Kaimauer, von der schon 1936 fast 50 m freigelegt wurden, und die Reste einer Mole, die 1975 nachgewiesen werden konnte und die etwa 45 m weit hinausführte[197].

Die eingewanderten bzw. seßhaft gemachten Stämme brachten ihre eigene *Gesellschaftsordnung* mit. Diese Ordnung war ihrer Struktur nach oligarchisch, d. h. die Herrschaft wurde von einigen wenigen ausgeübt – und zwar bei Kelten wie Germanen. Römische Quellen dieser Zeit betonen wiederholt die engen Parallelen zwischen keltisch-germanischer Adelsherrschaft und der eigenen Gesellschaftsordnung. Authentische Quellen gibt es nicht; die älteste germanische Quelle, aus der wir direkt schöpfen können, stammt erst aus dem 6. Jahrhundert. Immerhin wird soviel deutlich, daß einer Schicht von Unfreien – Hörigen und völlig Rechtlosen – eine große Gruppe von Freige-

56. CIVES REMVS (»remischer Bürger«). Ausschnitt einer Kölner Grabinschrift, in der ein Mann genannt wird, der aus der Gegend von Reims (F) stammte. Ende 1. Jahrhundert. Römisch-Germanisches Museum Köln.

57. [CI]VES NERVIVS (»nervischer Bürger«). Ausschnitt einer Grabinschrift aus Köln, die einen zugewanderten Nervier nennt. Ende 2./Anfang 3. Jahrhundert. Rheinisches Landesmuseum Bonn.

borenen gegenüberstand – INGENVI heißen sie bei Tacitus[198] –, die Waffen trugen und am Thing teilnahmen[199]. Die Herrschaft lag in den Händen der NOBILES (Adlige) oder PRINCIPES (Vornehmste), dem Stammesadel, aus dessen Reihen die REGES (Könige) hervorgingen, die für die Stämme der Eburonen und Bataver ausdrücklich bezeugt sind; jener SVMMVS MAGISTRATVS, der im 1. Jahrhundert als höchster Beamter bei den BATAVI fungierte, ist als deutlicher Nachklang des alten Stammesfürstentums zu werten (S. 50).

Nur zwei Generationen reichten aus, um eine neue Gesellschaftsordnung entstehen zu lassen, die eindeutig römisches Gepräge trug[200]. Zunächst wechselten nur die Herren; römische Militärs und Verwaltungsbeamte übernahmen die Rolle des Stammesadels, dessen politische Rechte stark beschnitten wurden. Aber die Römer waren Praktiker, und sie besaßen Geschick im Umgang mit Menschen und Institutionen. Eine Militärherrschaft im engeren Sinne übten sie nur kurze Zeit aus, solange, bis es ihnen gelungen war, den Stammesadel für sich zu gewinnen und seine Rolle als führende Gesellschaftsschicht neu zu bestimmen. Das sicherste Indiz für diesen Wandel ist die Namensgebung: die Väter waren Germanen und hießen noch SEGIMER oder VIHIRMAS, die Söhne paßten sich den neuen Verhältnissen an, erwarben nicht selten das römische Bürgerrecht und hießen nun FLAVVS oder ROMANVS.

Der gesellschaftliche Umbildungsprozeß vollzog sich erstaunlich schnell, nicht nur beim Stammesadel. Viele Menschen, die zuvor zu den Herrschenden ihres Stammes in Abhängigkeit standen, erkannten nun die Chance, alte Bindungen zu lösen und die Aufstiegsmöglichkeiten zu nutzen, die ihnen die neue Ordnung bot. Sie zogen vor allem in die Städte und in die Nähe der Militärlager, wenn sie nicht als freie Bauern auf dem Lande blieben. Eine starke Zuwanderung aus anderen Teilen des Reiches, vor allem aus der Nachbarprovinz GALLIA BELGICA beschleunigte diese Entwicklung. Auf
56–59 frühen Kölner Grabsteinen finden sich Stammesangehörige der TREVERI (aus der Trierer Gegend) und NERVII (aus dem Gebiet um BAGACVM/Bavay in Nordfrankreich) ebenso wie REMI (aus der Gegend des heutigen Reims) und VIROMANDVI aus der Landschaft, die heute Vermandois heißt (um die heutige Stadt Saint-Quentin/Somme im mittleren Frankreich)[201]. Für die weitere Entwicklung war entscheidend, daß diese Menschen aus Gebieten kamen, in denen der Prozeß der Romanisierung, d.h. der Übernahme römischer Zivilisation, weiter fortgeschritten war als in der neuen Provinz zwischen Rhein und Maas.

Die wichtigste Rolle in diesem Prozeß fiel dem römischen *Militär* zu, das sich nicht damit begnügte, erobertes Land zu sichern; weitaus bedeutender war sein zivilisatorischer Einfluß auf die junge Gesellschaft jener Zeit. Eine aus vielfältigen Erfahrungen gespeiste und im Kern humane Verwaltungspraxis, der hohe Stand der verschiedensten Technologien, die ungeheure Arbeitsleistung, die sich nie auf militärische Projekte beschränkte, wirkten als starkes zivilisatorisches Vorbild; gleichzeitig schuf das Militär vielfältige Arbeitsmöglichkeiten für Handwerker, Händler und Dienstleistungskräfte jeglicher Art. Die Angehörigen der Legionen kamen aus Familien, die schon länger als eine Generation römische Bürger waren und als Römer dachten, nicht mehr als Ange-

58. BIENO GATI F(ilio) CIVI VIROMANDVO ..., d.h. »für Bienus, den Sohn des Gatus, einen Bürger der Viromanduer ...«. Grabinschrift aus Köln. 1. Jahrhundert. Römisch-Germanisches Museum Köln.

hörige eines italischen, hispanischen oder gallischen Volksstammes. Vielen Einheimi-
schen gelang es schon in einer Generation über den Dienst in einer Hilfstruppeneinheit,
römische Bürger zu werden und sich auf diese Weise einen bevorzugten Platz in der rö-
mischen Gesellschaft zu sichern. Da nach den damals geltenden Sicherheitsprinzipien
eine in Germanien oder Gallien rekrutierte Hilfstruppe der regulären Armee nur in
Ausnahmefällen an ihrer Heimatfront eingesetzt wurde, fand ein fortwährender Bevöl-
kerungsaustausch statt, eine gelenkte und durchaus gewollte Auflösung alter Stammes-
strukturen zugunsten einer dauerhaften Durchdringung und Verschmelzung der Men-
schen des römischen Vielvölkerstaates. So finden wir in Köln, der Provinzhauptstadt,
wo die allgemeine Völkervermischung sicherlich am markantesten zutage trat, Men-
schen aus dem gesamten Reichsgebiet: neben Stammesangehörigen der Treverer, Mar-
saker und Cannanefaten den Afrikaner ANNO, den Thraker EVHODIANVS oder LON-
GINVS BIARTA vom Stamm der BESSI (im südlichen Bulgarien) ebenso wie den Griechen
DIONYSIVS aus der kleinasiatischen Stadt Tralles (beim heutigen Aydın/Türkei) oder 76
den Ägypter HORVS aus Alexandria[202].

Die ersten 50 Jahre römischer Herrschaft an Rhein und Maas bieten das faszinieren-
de, wenn auch sehr lückenhafte Bild von der Auflösung einer alten Ordnung, die nicht
zerstört, sondern weiterentwickelt wird, und der Neuformierung und Neuorientierung
einer Gesellschaft nach römischem Vorbild. Innerhalb der kurzen Zeitspanne von zwei
Generationen wandeln sich wirtschaftliche und soziale Strukturen, erleben die Men-
schen dieser Zeit die Umbildung von der rein bäuerlichen zu einer mehr städtisch orien-
tierten Gesellschaftsordnung. Es sind die »Gründerjahre« Niedergermaniens. An der
Rheingrenze herrscht Frieden, und im Land scheint jeder sein Auskommen zu haben.
Die Wirtschaft kann sich kontinuierlich entwickeln, Großanleger investieren, viel Geld
strömt ins Land und die Gewinnspannen und Steigerungsraten müssen in dieser An-
fangszeit enorm gewesen sein. Reichtum und Wohlergehen sind ablesbar an Stiftungen
und pompösen Grabdenkmälern, deren imposante Überreste in Köln und an anderen
Orten gefunden wurden; fast 15 m hoch war der Grabturm, den sich der Legionsvete- 355
ran Lucius Poblicius um das Jahr 30 an der Straße nach BONNA/Bonn für sich und seine
Familie errichten ließ[203].

Spätestens gegen Ende des 1. Jahrhunderts war die *römische Gesellschaftsform* – vor
allem in den größeren und kleineren Städten Niedergermaniens – voll ausgebildet. Auf
der untersten sozialen Stufe standen die *Sklaven* (SERVI). Gewiß – Rom war eine »Skla-
venhaltergesellschaft«, wie es stereotyp in marxistischen Geschichtsbüchern heißt, aber
die Sklaverei hatte zu Beginn der Kaiserzeit ihren Schrecken weitgehend verloren.
Kriegsgefangene, die als Sklaven verkauft wurden, waren selten geworden, und ent-
sprechend hoch war auch ihr Preis. Vor allem aber hatte sich die Grundhaltung vieler
Sklavenhalter gewandelt, die freundlich mit ihren Untergebenen umgingen, sie wie
Menschen behandelten, wie es in den »Moralischen Briefen« des Philosophen Seneca
zum Ausdruck kommt[204]. Dieser Einstellung entsprach der Grundsatz, Sklaven späte-
stens mit dreißig Jahren freizulassen[205]. Inschriftliche Zeugnisse, in denen Sklaven ge-
nannt werden, sind selten – vielleicht ein Hinweis darauf, daß die Zahl der Sklaven in
Niedergermanien nicht sehr hoch war. Aus Köln sind zwei Inschriften bekannt. Die
eine nennt den Sklaven ANICETVS, die andere spricht von einem VERNAC(u)LVS, dem
Kind eines Haussklaven, das nur neun Tage gelebt hat[206]. Beide Inschriften stammen
von dem jeweiligen Herrn und sind Beispiele für die humane Geisteshaltung jener
Zeit[207].

Häufiger sind Inschriften, in denen *Freigelassene* (LIBERTI) genannt werden, ehemali- 306
ge Sklaven, die von ihren Herren die Freiheit erhielten. Diese Freiheit war nicht unein-
geschränkt, vielmehr bestand auch weiterhin eine starke rechtliche, oft auch noch ge-
fühlsmäßige Bindung an den freilassenden PATRONVS (Schutzherrn), die in vielen In-

59

60

61

59. Grabstein der Bella aus Köln, die als REMA (»vom Stamm der Remer«) bezeichnet wird. Um das Jahr 20. Römisch-Germanisches Museum Köln.

60. Pachtzahlende Bauern (COLONI) auf einem Relief aus Neumagen/Mosel. 2./3. Jahrhundert. Rheinisches Landesmuseum Trier.

61. Die beiden Freigelassenen (LIBERTI) vom Grabmal des Marcus Caelius aus Xanten (vgl. Abb. 24). Um das Jahr 10. Rheinisches Landesmuseum Bonn.

schriften zum Ausdruck kommt. Der Freigelassene trug in der Regel das NOMEN
GENTILE, den Familiennamen seines Herrn, dem der Hausname des Sklaven als COG-
NOMEN (Beiname) hinzugefügt war. Klassisches Beispiel ist die Namensgebung der
24, 61 beiden Freigelassenen Thiaminus und Privatus, die zusammen mit ihrem Patron Mar-
cus Caelius in der Varus-Schlacht gefallen sind (S. 34)[208]. Der LIBERTVS war zwar römi-
56 ff. scher Bürger, er besaß jedoch gegenüber dem freigeborenen CIVIS ROMANVS eine deut-
344 lich zurückgesetzte Stellung. In der politischen Öffentlichkeit galt er wenig; nur be-
44 stimmte Ämter standen ihm offen wie das Sevirat, ein Priesterkollegium, das für die
Durchführung und Ausstattung des Kaiserkultes zuständig war (S. 48). Aber es gab
auch andere Möglichkeiten, sich im öffentlichen Leben Geltung zu verschaffen. Man
konnte Spiele ausrichten oder öffentliche Bauten finanzieren, und es wundert deshalb
auch nicht, daß politischer und wirtschaftlicher Ehrgeiz innerhalb dieser Gesellschafts-
gruppe besonders ausgeprägt waren. Stellvertretend für diese Schicht mag hier der Frei-
gelassene Trimalchio genannt werden, dessen Schilderung durch Petronius zwar über-
zeichnet ist, andererseits aber deutlich macht, welche Reichtümer man anhäufen konn-

te[209]. Emporkömmlinge dieser Art kann es auch in den Städten Niedergermaniens gegeben haben.

Von Geburt frei, aber nicht unabhängig waren auch andere Bevölkerungsgruppen: Lohn- und Saisonarbeiter in den Städten und auf dem Lande, dazu jede Art von Dienstkräften. Vor allem sind die COLONI zu nennen, die *Pachtbauern* auf den großen Ländereien der Grundbesitzer, die ihre Güter nicht selbst bewirtschaften wollten oder konnten. Auch diese Form der Abhängigkeit hatte manches von ihrer Härte verloren. Trotzdem – das Kolonat trug Züge der Versklavung. Kennzeichnend war die Bindung des COLONVS an den gepachteten Boden, den er nicht verlassen durfte, sowie die eingeschränkte Verfügungsgewalt über den Eigenbesitz, mit dem er gegenüber dem Grundherrn für den Pachtzins haftete[210]. Inschriften von COLONI aus Niedergermanien gibt es nicht; die wenigen Zeugnisse aus den Nachbarprovinzen GALLIA BELGICA oder GERMANIA SVPERIOR (Obergermanien), in denen die gleichen sozialen Verhältnisse herrschten, vermitteln nicht das Bild von Ausbeutung und Unterdrückung. 60, 62

In den Städten, Mittel- und Kleinsiedlungen hatte sich eine breite Schicht von *Handel- und Gewerbetreibenden* gebildet, Handwerker, Kleinproduzenten und Kaufleute, aber auch Ärzte, Anwälte, Bankfachleute oder Künstler. Viele waren ehemalige Soldaten, hatten in Legionen oder Hilfstruppen gedient und mit ihrer Entlassung vom Kaiser eine Abfindung erhalten. Sie tauchen in vielen Berufssparten auf, und sicher war der Militärdienst ein Sprungbrett für den sozialen Aufstieg. Längst nicht alle Menschen, die dieser breiten und in sich sehr differenzierten Mittelschicht angehörten, waren römische Bürger. Sicher weit mehr als die Hälfte aller Bewohner Niedergermaniens waren Einheimische, die nach römischem Rechtsbrauch als PEREGRINI (Fremdlinge) behandelt wurden. In den Städten galten sie nicht als CIVES (Bürger), sondern als INCOLAE (Einwohner), die hier ihr DOMICILIVM, ihren Wohnsitz, besaßen. Wie die meisten Bevölkerungsgruppen der Provinz bildeten sie Körperschaften wie in der Stadt FORVM HADRIANI/Voorburg-Arentsburg (NL), wo sich eine Weihung an den GENIVS COLLEGI PEREGRINORVM gefunden hat, den »Schutzgeist der Korporation der Nichtbürger«[211].

62. Maastricht (NL). Grabrelief aus den Fundamenten der römischen Maasbrücke. Dargestellt ist die Begleichung des Pachtzinses in Form von Naturalien. 2./3. Jahrhundert. Bonnefantenmuseum Maastricht (NL).

Niedergermanien war in weiten Teilen ein reines *Agrarland,* und nicht alles Land, das bewirtschaftet werden konnte, war in der Hand von Großgrundbesitzern. Obwohl in inschriftlichen Quellen kaum faßbar, hat es vor allem auf den fruchtbaren Lößböden der Kölner Bucht eine große Anzahl kleiner und mittlerer Hofstellen und Landgüter gegeben, die von freien Bauern bewirtschaftet wurden[212]. Geländeuntersuchungen im Gebiet westlich von Köln haben gezeigt, daß der fruchtbare Boden von zahlreichen Landgütern bedeckt war, die eine Größe von etwa 100 ha besaßen; ähnliches wird auch
189 für die Flußufer-Villen am Westufer der mittleren Erft gelten, die bei ähnlicher Gelegenheit nachgewiesen werden konnten (S. 157)[213]. Auch Inschriften solcher AGRICOLAE (Bauern) sind überliefert, so aus der Gegend von Berg vor Nideggen (Kreis Düren) am Rande der Eifel, wo ein römisches Landgut ausgegraben wurde[214] und bei Stommeln (Erftkreis) nordwestlich von Köln[215]. Sie tragen lateinische Namen wie LVPVLINIVS PINTIO oder GRACIVS AVSPECIO, die jedoch eindeutig einheimischen Ursprungs sind, ein Indiz dafür, daß wir hier nicht Pächter, sondern freie Bauern und Landwirte vor uns haben.

Reichtum und politisches Ansehen basierten auf *Grundbesitz.* Hier war der alte Stammesadel – schon in der vorangegangenen Epoche die vermögende Schicht – allen anderen gegenüber im Vorteil. Man darf annehmen, daß diese Gesellschaftsgruppe – schon um ihren einstigen politischen Einfluß zu wahren – sich rasch umorientiert und den neuen Verhältnissen angepaßt hat, um schon bald aufgrund ihrer Finanzkraft in den Städten zusammen mit römischen Militärs und Angehörigen der römischen Oberschicht als Gutsbesitzer und Unternehmer die Führungsschicht zu bilden, zu der nur Zutritt hatte, wer ein Vermögen in bestimmter Höhe nachweisen konnte. Denn erst mit dieser Art der Qualifikation konnte man in den städtischen Senat gewählt werden (ORDO DECVRIONVM), ein 100köpfiges Ratsgremium, das dem Senat in Rom nachgebildet war – nicht ohne zuvor für diese Ehre tief in die Tasche gegriffen zu haben (in Karthago betrug dieses Eintrittshonorar immerhin 38 000 Sesterzen). War diese Stufe im öffentlichen Ansehen erreicht, stand der Weg offen, über die Ämter als QVAESTOR und AEDILIS bis zum DVOVIR, zum Bürgermeister, aufzusteigen (S. 46 f.). Namentlich
37–43 ist diese Bevölkerungsgruppe in erster Linie in den Inschriften der Ratsherren aus AGRIPPINA/Köln, TRAIANA/Xanten und den Munizipien der BATAVI (Nijmegen/NL) und CANNANEFATES (Voorburg-Arentsburg/NL) faßbar. Darüberhinaus ist zu vermu-
116 f., ten, daß die villenartigen Stadthäuser, die in Köln und Xanten ausgegraben worden
127 sind (S. 105 f., 113), von Angehörigen dieser Gesellschaftsschicht bewohnt wurden, daß die großen Landgüter westlich von Köln oder im Tal der Maas in ihrem Besitz waren und die üppige Ausstattung von Gräbern und die Kostspieligkeit mancher Grab-
65 denkmäler wie in Nickenich (Kreis Mayen) ihren immensen Reichtum widerspiegeln[216].

Alle gesellschaftlichen Gruppen lebten lange Zeit in friedlicher Koexistenz. Soziale Spannungen scheint es kaum gegeben zu haben – zumindest hören wir nichts darüber. Die Reichen stellten einen Teil ihrer Vermögen der Allgemeinheit zur Verfügung, stif-
12, 180 teten Bauten wie die Thermen in CORIOVALLVM /Heerlen (NL), finanzierten Theater- oder Circusspiele oder veranstalteten öffentliche Speisungen. Auch die Ärmeren hatten ihr Auskommen, Grundnahrungsmittel waren billig und das Angebot des Arbeitsmarktes vielfältig. Trotz deutlicher sozialer Unterschiede bildete sich keine Klassen-Gesellschaft. Kennzeichnend war die Durchlässigkeit dieses Systems, das dem Tüchtigen – dem HOMO NOVVS, wie man in Rom etwas herablassend sagte – immer die Möglichkeit bot, hochzukommen und bis in die oberste Schicht aufzusteigen. Schon der Sohn eines Freigelassenen, d.h. eines ehemaligen Sklaven, galt als INGENVVS (freigeboren), er konnte es mit Geld und etwas Glück bis zum DECVRIO bringen, theoretisch auch bis zum Bürgermeister.

63. Stotzheim (Krs. Euskirchen). Luftbild eines römischen Landgutes, dessen Konturen sich in einem Getreidefeld abzeichnen. Zu erkennen ist das Wohnhaus mit Veranda, turmartigen Eckbauten und einer großen, fast quadratischen Halle im Innern des Hauses. Kleine gelbliche Flächen bezeichnen die Lage von Fußbodenheizungen oder Mosaikfußböden. Freigegeben Reg. Präs. Düsseldorf 16/75/13639.

64. Froitzheim (Krs. Düren). Luftbild eines spätrömischen Burgus, dessen Umfassungsgräben als breite, dunkle Linien im Getreidefeld sichtbar sind. Vom eigentlichen Burgus innerhalb der Gräben sind im Luftbild keinerlei Spuren zu erkennen. Freigegeben Reg. Präs. Düsseldorf 16/62/10674.

65. Familiengrabmal aus Nickenich (Krs. Mayen). Um 40/50. Rheinisches Landesmuseum Bonn.

Wir wüßten gerne mehr über die *Einwohnerzahl* Niedergermaniens in seiner Blütezeit als römische Provinz um die Mitte des 2. Jahrhunderts. Wir kennen nur wenige exakte Zahlen aus jener Zeit, nach denen es z. B. beim Tode des Augustus (14) annähernd 5 Millionen römische Bürger im gesamten Reich gab oder wonach etwa die Stadt Pergamon (beim heutigen Bergama/Türkei) im 2. Jahrhundert etwa 120000 Einwohner hatte, darunter 40000 römische Bürger[217]. Man wird deshalb auch die Einwohnerzahl Niedergermaniens nur ganz vorsichtig schätzen dürfen. Die größte Bevölkerungsdichte gab es ohne Zweifel in der Rheinzone, wo entlang der Limesstraße die meisten Städte und die Garnisonen lagen; stärker besiedelt war auch das Tal der Maas. Legt man zugrunde, daß AGRIPPINA/Köln wohl nicht mehr als 50000 Bewohner hatte, die anderen Städte und Garnisonen entsprechend weniger, kommt man zu einer Zahl, die wahrscheinlich die halbe Million nicht überschritten hat. Eine Zahl zum Vergleich: In Britannien, einer römischen Provinz, die etwa viermal so groß war wie Niedergermanien, haben gegen Ende des 2. Jahrhunderts etwa zwei Millionen Menschen gelebt[218].

Römisches Militär

Wo die Römer Fuß gefaßt haben, da kann sie keine Masse von Angreifern, keine List und auch keine Geländeschwierigkeit, ja nicht einmal die Gewalt des Schicksals zur Kapitulation bringen, denn die Sicherheit des Sieges ist bei ihnen noch unerschütterlicher als das Schicksal selbst.

Flavius Iosephus (etwa 37/38–100/110)

Im Heerwesen traf Augustus viele Änderungen und neue Einrichtungen; dabei griff er auf manchen alten Brauch zurück. Die Disziplin handhabte er ganz besonders streng ... Alle Soldaten im ganzen Reich band er an eine feste Norm der Dienstzeit und der Belohnungen. Er bestimmte genau nach dem Range eines jeden die Dienstjahre sowie nach erfolgtem Abschied die Vergünstigungen ...

Caius Suetonius Tranquillus (etwa 70–130/140)

Caesars Legionäre sind wahrscheinlich die ersten römischen Soldaten gewesen, die den Rhein gesehen und überschritten haben. Nur eine einzige Veteranenlegion fand Caesar vor, als er 58 v.Chr. nach Gallien kam; mehr als zehn waren es, als er ein Jahrzehnt später seinen Marsch auf Rom begann. Gegen drei Millionen Menschen hatte dieses Heer gekämpft, 300 Völkerschaften bezwungen, 800 OPPIDA (städtische Ansiedlungen) im Sturm genommen – so zumindest berichtet der griechische Biograph Plutarchos[219]. Schon diese Armee – für Caesar Basis und Instrument seiner politischen Erfolge – trug wesentliche Merkmale jener Heeresordnung, die wir als Werk des Augustus und seiner Berater kennen – ein Sicherheitssystem, das dem ersten römischen Kaiser nach langen Jahren voller Schrecken, Gesetzlosigkeit und Gewalt die Garantie dafür bot, seine politische Idee der PAX ROMANA, eines allgemeinen Friedens, zu verwirklichen.

Schon im Heer Caesars unterschied man zwischen LEGIONES, der eigentlichen Kerntruppe, die nur aus Infanteristen bestanden, und den AVXILIA (Hilfstruppen) oder SOCII (Bundesgenossen), die vor allem die Reiterei stellten. Grundsätzlich dienten in den Legionen nur römische Bürger, allerdings konnte es damals noch geschehen – wie im Falle der LEGIO V ALAVDA, Caesars »Lerchen-Legion« –, daß eine Legion aus Galliern gebildet wurde, die das römische Bürgerrecht erst mit ihrem Eintritt erhielten. Seit der Heeresreform des Augustus war dies nicht mehr möglich. Jetzt dienten in den Legionen ausschließlich CIVES ROMANI, die aus Italien, Südfrankreich und Spanien kamen, aus Gebieten, die seit mehr als einem Jahrhundert romanisiert waren. Dagegen waren die Angehörigen der Auxilien – abgesehen von ihren Offizieren – fast ausnahmslos PEREGRINI (Nichtbürger). Entstanden aus Stammesaufgeboten befreundeter oder 52–54
unterworfener Völkerschaften, entwickelten sich diese Einheiten seit Beginn der Kaiserzeit zu festen Bestandteilen der römischen Armee.

Seit Augustus' Zeit betrug die *Sollstärke einer römischen Legion* wahrscheinlich 6400 Mann[220]. Hiervon entfielen auf die reine Kampftruppe 4800 Mann, zu denen noch 120 Legionsreiter zu zählen sind. Die Legionsinfanterie war in zehn COHORTES (wörtlich »Haufe, Schar«) zu je 480 Mann untergliedert. Jede COHORS bestand aus sechs CENTVRIAE, ursprünglich »Hundertschaften«, deren Kampfstärke nun bei 80 Mann lag. Je zwei CENTVRIAE bildeten einen MANIPVLVS (wörtlich »eine Handvoll«), also 160 Mann; eine COHORS LEGIONIS bestand demnach aus drei MANIPVLI (= 480 Mann). Die restlichen Mannschaften einer Legion – insgesamt wahrscheinlich fast 1500 Mann – waren mit den verschiedensten Verwaltungs- und Versorgungsaufgaben betraut. Dazu zählten etwa 400 FABRI (Handwerker), die innerhalb und außerhalb des Lagers eingesetzt waren und dem PRAEFECTVS CASTRORVM, dem Lagerprä- 67
fekten und höchsten Wirtschaftsoffizier der Legion, unterstanden, ebenso wie das etwa 50 Mann starke Personal, das im VALETVDINARIVM (Lazarett) und im VETERINA-

66. LEG(atus) AVG(usti) LEG(ionis) I M(inerviae) . . ., d. h. »kaiserlicher Legat der 1. minervischen Legion«. Ausschnitt einer Bonner Weihinschrift. 2. Jahrhundert. Rheinisches Landesmuseum Bonn.

67. PRAEFECTVS (castrorum) LEG(ionis) I M(inerviae) . . ., d. h. »(Lager)-Präfekt der 1. minervischen Legion«. Ausschnitt einer Bonner Weihinschrift 2. Jahrhundert. Rheinisches Landesmuseum Bonn.

RIVM, den Stallungen für Reit-, Zug- und Tragtiere[221], beschäftigt war. Jede der zehn Legionskohorten besaß einen Stab von etwa 25 Personen, mehr als 400 Mann waren abgestellt an verschiedene OFFICIA, die Büros von Statthaltern und Prokuratoren der eigenen, oft auch einer benachbarten Provinz. Schließlich gab es innerhalb der Provinz zahlreiche Straßen-, Zoll- und Steuerstationen zu besetzen, für die weitere 250–350 Mann benötigt wurden. Alle diese Mannschaften – obwohl größtenteils ständig abwesend – wurden in den Legionslisten geführt, vor allem offenbar in den Listen der ersten Kohorte, von der man weiß, daß sie etwa doppelt so stark war wie die übrigen neun – zumindest auf dem Papier.

Die *Rheinfront* zwischen MOGONTIACVM/Mainz und BATAVODVRVM/Nijmegen (NL) erlebte unter Augustus die größte Truppenansammlung, die es wohl je an einem römischen Grenzabschnitt gegeben hat: acht Legionen waren es, die nach der Varus-Niederlage die Rheingrenze zu sichern hatten – fast ein Drittel der Heeresmacht, die Augustus überhaupt zur Verfügung stand! Vier Legionen gehörten zum Befehlsbereich des EXERCITVS INFERIOR APVD RIPAM RHENI, dem »unteren Heer am Ufer des Rhei-
68 nes«[222], aus dem später das EXERCITVS GERMANICVS INFERIOR, das »untere germanische Heer«, hervorging. Standorte dieser vier Legionen waren VETERA/Xanten-Birten und ein Lager »beim Altar der Ubier« (heute Köln). Bis zum Jahre 16, als Tiberius seinen Neffen Germanicus von der Rheinfront abberief, hatte auch in BATAVODVRVM eine Legion gestanden, doch diese Garnison wurde nun ebenso aufgelassen wie etwa ein Jahrzehnt später das Standlager »beim Ubieraltar«, dessen Besatzungen nach NOVAESIVM/Neuss und BONNA/Bonn verlegt wurden. Auch nach dem Bataveraufstand (69/70) blieb die Zahl von vier Legionen konstant, nur zog man die Legion aus VETERA ab und verlegte sie aus Sicherheitsgründen nach BATAVODVRVM; gleichzeitig wurde damit das letzte Doppellegionslager in Niedergermanien aufgelöst. Verlustreiche Kämpfe an der Donaufront führten unter Domitian (81–96) dazu, daß die Zahl der niedergermanischen Legionen auf drei gesenkt wurde. Zunächst war VETERA seit etwa 92 ohne Garnison. Dann löste man unter Trajan (um 105) das Legionslager in NOVAESIVM auf, machte daraus ein Hilfstruppenlager und gab VETERA seine Garnison zurück. Schließlich verzichtete man – in Niedergermanien herrschte tiefer Frieden – auch auf die Garnison in BATAVODVRVM und verminderte die Zahl der niedergermanischen Le-

68. EX(ercitus) GER(manicus) INF(erior), d. h. »unteres germanisches Heer«. Stempel eines Flachziegels aus Xanten. Niederrheinisches Museum für Volkskunde und Kulturgeschichte Kevelaer.

gionen endgültig auf zwei; Legionsstandorte waren jetzt nur noch BONNA/Bonn und VETERA/Xanten-Birten.

Die *Besatzungen der Legionslager* haben bis zum Beginn des 2. Jahrhunderts des öfteren gewechselt. Die Gründe sind vielfältig. Einheiten wurden aufgelöst, weil sie ihre DIGNITAS (Würde) im Kampf eingebüßt hatten; die entstandenen Lücken mußten durch neue Legionen aufgefüllt werden, die man aus anderen Reichsteilen heranführte. Neue Legionen wurden aufgestellt, weil man sie für militärische Unternehmungen benötigte, andere wieder gab man ab, wenn die Grenzen der Nachbarprovinzen gefährdeter schienen. Verfolgt man den Weg einzelner Legionen durch das ganze Reich, wird deutlich, welche Mobilität in diesen Einheiten steckte und wie flexibel die römische Führung lange Zeit jeder Gefährdung des Reichsgebietes begegnen konnte. Im einzelnen sind inschriftlich oder literarisch folgende Legionen in Niedergermanien belegt:

LEGIO I GERMANICA (»Die Germanische«) mit Mannschaften, die unmittelbar nach der Varus-Niederlage 72
in Rom (= VRBS »Stadt«) ausgehoben wurden (eine Inschrift aus Köln nennt einen solchen VRBIQVS)[223], zunächst im Lager beim Ubieraltar, dann bis 69/70 in BONNA, nach dem Bataveraufstand aufgelöst –

69. LEG(io) I M(inervia) P(ia) F(idelis), d. h. »1. minervische Legion, (genannt) die fromme (und) treue«. Bauinschrift auf einem Tuffsteinblock aus Arnhem-Meinerswijk (NL). 2. Jahrhundert.

70. LEG(io) X G(emina) P(ia) F(idelis), d. h. »10. Legion, (genannt) die doppelte, fromme (und) treue«. Graffito auf einer Tonlampe aus Nijmegen (NL). Ende 1. Jahrhundert. Rijksmuseum G. M. Kam Nijmegen (NL).

71. LEG(io) XIIX (= XVIII) (»18. Legion«). Ausschnitt der Caelius-Inschrift aus Xanten (vgl. Abb. 24). Um das Jahr 10. Rheinisches Landesmuseum Bonn.

66, 67, 69 LEGIO I MINERVIA (»der Minerva geweiht«), aufgestellt von Domitian, kam 83 nach BONNA und ist dort bis zum Ende des 3. Jahrhunderts nachweisbar –

LEGIO II ADIVTRIX (»die Helferin«), stand 70/71 für kurze Zeit in BATAVODVRVM (literarisch bezeugt durch Tacitus)[224] –

355 LEGIO V ALAVDA (»die Lerche«), eine Legion Caesars, die ursprünglich nur aus Galliern bestand, von 43 (Britannienfeldzug des Claudius) bis 69/70 in VETERA, nach dem Bataveraufstand aufgelöst –

28 LEGIO VI VICTRIX (»die siegreiche«), seit 70 in Niedergermanien (zuvor in Hispanien), bis etwa 105 in NOVAESIVM, bis 118/119 in VETERA, dann in Britannien (EBVRACVM/York) –

LEGIO VIIII HISPANA (»die Spanische«), etwa zwischen 120 und 130 in BATAVODVRVM stationiert, wird später im Osten eingesetzt (Bar-Kochba-Aufstand in Iudäa) und geht dort zugrunde –

70, 75 LEGIO X GEMINA (»die doppelte«), seit 71 in BATAVODVRVM, um 104 an die Donaugrenze abkommandiert, später in VINDOBONA/Wien (A) –

LEGIO XV PRIMIGENIA (»der Fortuna Primigenia geweiht«), 39 von Caligula für seinen Britannienfeldzug aufgestellt, von 43 bis 69/70 in VETERA, nach dem Bataveraufstand von Vespasian aufgelöst –

LEGIO XVI GALLICA (»die Gallische«), seit 43 in NOVAESIVM (vorher in MOGONTIACVM/Mainz), wird 70/71 von Vespasian aufgelöst –

71 LEGIONES XIIX (= XVIII) und XIX waren vor dem Jahre 9 in VETERA und im Lager beim Ubieraltar stationiert (zu ihnen gehört auch LEGIO XVII, wohl ebenfalls aus VETERA, die unter Varus mit den beiden anderen unterging) –

LEGIO XX VALERIA VICTRIX (»die Valerische, die siegreiche«), spätestens seit 16 im Lager beim Ubieraltar nachweisbar, dann bis 43 in NOVAESIVM, macht ab 43 den Britannienfeldzug des Claudius mit und bleibt in der neuen Provinz (DEVA/Chester) –

LEGIO XXI RAPAX (»die alles Niederreißende«), seit 70/71 in Niedergermanien (zuvor in VINDONISSA/Windisch/CH), bis 83 in BONNA, geht in den Donaukriegen Domitians (81–96) zugrunde –

LEGIO XXII PRIMIGENIA (»der Fortuna Primigenia geweiht«), im Jahre 39 zusammen mit LEGIO XV PRIMIGENIA von Caligula aufgestellt, zuerst in MOGONTIACVM/Mainz, zwischen 70/71 und 92 in Niedergermanien, und zwar in VETERA, dann wieder in MOGONTIACVM –

297 LEGIO XXX VLPIA VICTRIX (»die Ulpische, die siegreiche«), von Marcus Ulpius Traianus (98–117) aufgestellt und eingesetzt, seit 118/119 in VETERA, dort bis zum Ende des 3. Jahrhunderts nachweisbar.

Ein ähnlich vielfältiges Bild ergeben die *Herkunftsangaben,* die sich in schöner Regel-
mäßigkeit vor allem auf den Soldatengrabsteinen des 1. Jahrhunderts finden. Soweit wir
erkennen können, lagen die Rekrutierungsbezirke der in Niedergermanien stationier-
ten Legionen im Westen des Reiches – in Norditalien und in den schon stärker romani-
sierten Provinzen Spaniens und Südfrankreichs. Betrachten wir die Grabsteine nur ei-
ner Legion – der LEGIO X GEMINA aus BATAVODVRVM/Nijmegen (NL) –, so finden
75 wir darunter Männer aus AVGVSTA TAVRINORVM/Turin, VERONA und BRIXIA/Bres-
cia in Italien, aus TOLOSA/Toulouse und ALBA HELVIORVM/Alba (Dépt. Ardèche) in
Frankreich, aus CALAGVRRIS/Calahorra, ASTIGI/Ecija und AVGVSTA EMERITA/Méri-
da in Spanien; ein Legionär scheint sogar aus AMP(hipolis) zu stammen (heute Neochó-
ri im nördlichen Griechenland)[225].

74 Ein noch bunteres Bild bieten die zahlreichen *Hilfstruppen* des niedergermanischen
Heeres. Insgesamt kennt man mindestens 20 ALAE und mehr als 34 COHORTES mit Na-
men, die zu verschiedenen Zeiten in Niedergermanien stationiert waren[226]. Meist tru-
gen sie die Namen jener Völkerschaften, in deren Grenzen die erste Aushebung stattge-
53, 54 funden hatte. So kennen wir Hilfstruppen der BATAVI, CANNANEFATES, TVNGRI, VBII

72. C(aius) CORNELIVS ... TIC(ino), d. h. »Caius Cornelius ... aus Pavia«. Ausschnitt einer Bonner Grabinschrift. Um das Jahr 40. Rheinisches Landesmuseum Bonn.

74. Grabstein des Reiters Vonatorix aus Bonn. 1. Jahrhundert. Rheinisches Landesmuseum Bonn. Die Inschrift lautet übersetzt: »Hier liegt Vonatorix, der Sohn des Duco, Reiter der Ala Longiniana, 45 Jahre alt, nach einer Dienstzeit von 17 Jahren«.

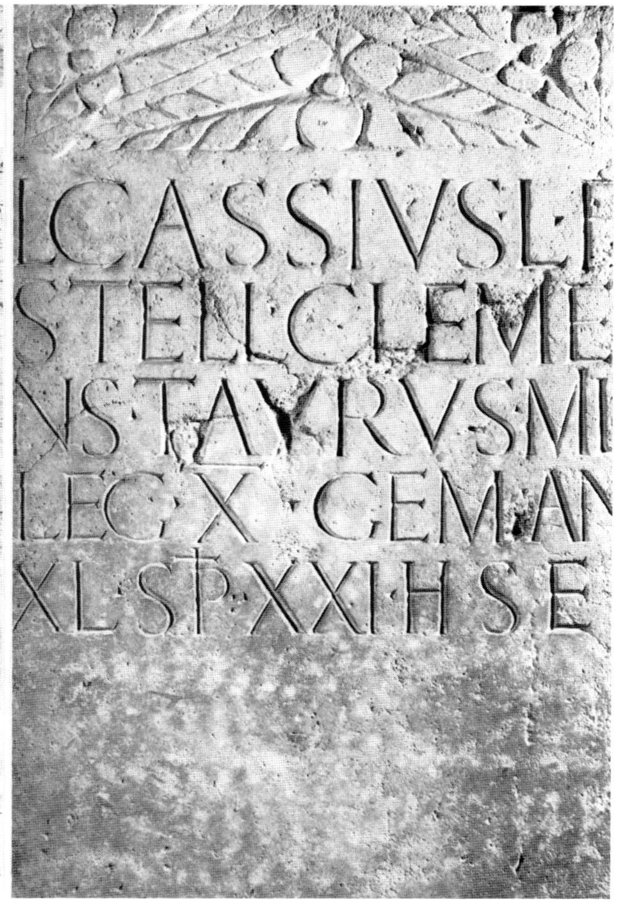

75. Grabstein des Legionars Lucius Cassius Clemens aus Nijmegen (NL). Ende 1. Jahrhundert. Rijksmuseum G. M. Kam Nijmegen (NL). Die Übersetzung lautet: »Hier liegt Lucius Cassius Clemens, Sohn des Lucius, Stimmbezirk Stellatina, aus Turin, Soldat der 10. Legion, (genannt) die doppelte, 40 Jahre alt, nach einer Dienstzeit von 21 Jahren«.

und FRISIAVONES, der BAETASII, CVGERNI, SVNVCI und SVGAMBRI, praktisch Truppeneinheiten fast aller Stammesgemeinschaften, die sich innerhalb der Grenzen Niedergermaniens gebildet hatten bzw. gebildet wurden. Nicht alle Einheiten waren auch dort stationiert, denn einen Großteil davon kennen wir aus Britannien – entscheidend ist, daß sie auf niedergermanischem Gebiet rekrutiert worden sind. Insgesamt rechnet man für die Zeit des Tiberius (14–37) mit etwa acht ALAE und ca. 30 COHORTES, einer Kampftruppe, die zusammen mit den vier Legionen jener Zeit etwa 38 000 Mann stark war. Gemessen an der Länge dieses Grenzabschnitts – ca. 320 km – wurde 1 km Grenze von etwa 118 Mann bewacht.

Bis zum Bataveraufstand (69/70) waren die meisten Hilfstruppen am Niederrhein germanischen und gallisch-keltischen Ursprungs gewesen. Dies änderte sich nun grundlegend, denn gerade diese Truppen waren es, die als erste zu Civilis übergegangen waren[227]. Praktisch kennen wir nur zwei Einheiten, die auch schon vor 69 zum niedergermanischen Heer gehörten, denn ähnlich wie bei den Legionen, die sämtlich ausgewechselt wurden, fand auch bei den Auxilien ein fast totaler Austausch statt. Nach dem Bataveraufstand gab es mindestens sechs ALAE und 21 oder 22 COHORTES in Niedergermanien, eine Zahl, die analog zur Verringerung der Legionen, bis zum Beginn der hadrianischen Zeit (kurz nach 120) auf sechs ALAE und etwa 13 COHORTES zurückging. Während des 2. Jahrhunderts blieb diese Zahl – soweit wir wissen – konstant, um dann zu Beginn des 3. Jahrhunderts auf sieben ALAE und rund 15 COHORTES wieder anzusteigen. Dies bedeutete bei einer Provinzarmee von 21 000 Mann – einschließlich der knapp 10 000 Legionare –, daß etwa 65 Mann genügten, um 1 km Grenze zu kontrollieren, d. h. nur noch etwas mehr als die Hälfte derer, die vor dem Bataveraufstand nötig waren.

73. BON(onia), d. i. Bologna (I). Ausschnitt der Caelius-Inschrift aus Xanten (vgl. Abb. 24). Um das Jahr 10. Rheinisches Landesmuseum Bonn.

Hilfstruppen im engeren Sinne waren NVMERI (wörtlich »eine gewisse Anzahl«),
Hilfskontingente, deren Namen darauf deuten, daß sie aus der Provinzbevölkerung re-
krutiert wurden – z. B. NVMERVS BATAVORVM oder GERMANICIANORVM, d.h. »Ab-
teilung der Bataver bzw. der Germanischen«[228]. Sie dienten vor allem wohl als EXPLO-
RATORES (Kundschafter) für die Feindaufklärung, haben jedoch in Niedergermanien,
wo sie erst zu Beginn des 3. Jahrhunderts nachweisbar sind, in taktischem Sinne nur eine
untergeordnete Rolle gespielt. Nur insgesamt vier dieser Einheiten sind hier namentlich
bekannt, darunter ein NVMERVS BRITTONVM, d.h. eine Einheit, gebildet aus Bewoh-
362 nern Britanniens, die auf der rechten Rheinseite in DIVITIA/Köln-Deutz stationiert
war, wohl um das Vorfeld der Provinzhauptstadt zu sichern[229].

76,77, Große Bedeutung besaß dagegen die *Rheinflotte* – die CLASSIS GERMANICA (germa-
218 nische Flotte). Ihre Flottenbasis lag südlich von AGRIPPINA, woran der Flurname »Alte-
burg« im heutigen Kölner Stadtteil Bayenthal heute noch erinnert; weitere Flottenstütz-
punkte lagen wahrscheinlich in FECTIO/Bunnik-Vechten (NL), MATILO/Leiden-
Roomburg (NL) und LVGDVNVM/Katwijk-Brittenburg (NL)[230]. Schiffe und Mann-
schaften hatten in erster Linie dafür zu sorgen, daß der Rhein als Schiffahrtsweg offen
und ungefährdet blieb. In den langen Friedenszeiten war allerdings die Rolle der Flotte
als eines der größten Transportunternehmen der Provinz ohne Zweifel noch wichtiger.
So wurden zu Schiff nicht nur Truppen umgesetzt und militärische Standorte mit le-
bensnotwendigen Gütern versorgt, die auf der Straße nicht transportiert werden konn-
ten, sondern die Flotte besorgte auch zivile Unternehmungen, wenn sie vom Statthalter
dazu eingesetzt wurde. So ist bekannt, daß Mannschaften der Flotte die Steinbrüche
des Brohltales und des Siebengebirges nicht nur ausbeuteten, sondern vor allem den
Transport dieses Materials stromabwärts durchführten. Als Beispiel sei ein Weihaltar
aus dem Jahre 160 angeführt, der eine Abteilung (VEXILLATIO) der Rheinflotte nennt,
die damit beschäftigt war, Trachytgestein vom Drachenfels nach TRAIANA/Xanten zu
bringen – AD CITANDVM FORVM C(oloniae) V(lpiae) T(raianae), wie es in der Inschrift
heißt, d.h. um das Forum der Stadt zu pflastern[231]. In den römischen Flotteneinheiten
dienten vor allem Freigelassene, d.h. sehr angesehen war dieser Dienst nicht. Es muß
deshalb auch nicht wundern, daß viele Namen von Soldaten der Rheinflotte – wie ELAI-
76 TES, DIONYSIVS, PLESTHARCHVS, EVHODVS oder HORVS – griechisch oder ägyptisch
waren, denn das Gros der Sklaven kam nach wie vor aus dem Osten[232].

87–90 In *Bewaffnung und Ausrüstung* hatte die römische Armee während des 1. Jahrhun-
derts einen Grad der Einheitlichkeit erlangt, der nur mit dem Standard moderner Ar-
meen vergleichbar ist. Ob es sich um Rüstungs- oder Waffenteile handelt, die heute in
einem Kastell in den Niederlanden gefunden werden oder am nordafrikanischen Saha-
ra-Limes oder aber an der Donaugrenze in Bulgarien – überall gleichen sich diese Teile,
lassen sich sogar unscheinbare Metallstücke, die einstmals zu einem Panzer, Bogen
oder Schwert gehörten, ohne Schwierigkeit bestimmen[233]. Dahinter standen zentrale
Werkstätten, die in Serie produzierten – eine Wirtschaftsform, die erst von römischen
Ökonomen voll entwickelt worden ist.

89 Betrachtet man das römische Waffen-Arsenal, so wird deutlich, daß Legionäre und
Auxiliare vor allem mit Offensivwaffen ausgerüstet waren, speziell bestimmt für den

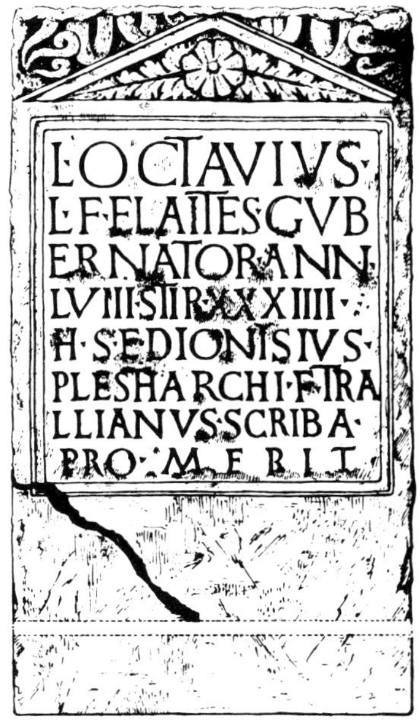

76. Grabstein des Steuermanns Lucius Octavius Elaites aus Köln. 1. Hälfte 1. Jahrhundert. Römisch-Germanisches Museum Köln. Die Inschrift lautet übersetzt: »Hier liegt Lucius Octavius Elaites, Sohn des Lucius, Steuermann, 58 Jahre alt, nach einer Dienstzeit von 34 Jahren. Dionysius, Sohn des Plestharchus, aus Tralles, (von Beruf) Schreiber, (hat) entsprechend den Verdiensten (sein Grabmal errichtet)«.

77. CLASS(is) GER(manica) P(ia) F(idelis), d.h. »germanische Flotte, (genannt) die fromme (und) treue«. Ausschnitt einer Weihinschrift des »Hauptmanns« Caius Marius Maximus für den Gott NEPTVNVS. 2. Jahrhundert. Rheinisches Landesmuseum Bonn.

Nahkampf. Die Hauptwaffe des Legionars war der GLADIVS, ein zweischneidiges Kurzschwert von 50–60 cm Länge, gedacht in erster Linie als Stichwaffe. Es steckte in einer Scheide aus Holz, Leder und einem Rahmen aus Bronze, die auf ihrer Ansichtsseite reich verziert war. Das Schwert war am CINGVLVM befestigt, einem breiten und doppelt um den Leib gelegten Ledergurt, der mit verzierten Metallplatten besetzt war, oder aber am BALTEVS, einem Riemen, der schräg über die Schulter gezogen wurde. Die Infanteristen der Legion trugen außerdem den PVGIO, einen bis zu 25 cm langen 103
Dolch, der – wie das Schwert – in einer reich verzierten Scheide steckte, die links getragen wurde. Zu Schwert und Dolch kam als Fernwaffe das PILVM, ein Speer mit pyramiden- oder kegelförmiger Spitze, dessen verheerende Wirkung auf den Gegner von Caesar ausführlich geschildert wird[234]. Als Schutz dienten Helm (GALEA), Panzer (LORICA) und der gewölbte Rechteckschild (SCVTVM), von dem selten mehr als die wenigen Metallteile bei Ausgrabungen gefunden worden sind. Die Helme waren aus Eisen oder Bronze und bestanden aus Haube, Nackenschutz und Wangenklappen. Bei den LORICAE unterschied man den Schienenpanzer (LORICA SEGMENTATA), bestehend aus gewölbten Metallschienen, die – auf Leder aufgenietet – durch ein System von Scharnieren und Schnürhaken zusammengehalten wurden, vom Schuppenpanzer (LORICA SQVAMATA), der aus einer Vielzahl von bronzenen Lamellen bestand, die auf ein Wams aus Leder oder Stoff aufgenäht waren. Diese »Uniform« vervollständigten die TVNICA, ein ärmelloses Hemd, ein FOCALE, das traditionelle Halstuch, lederne Sandalen (CALIGAE) an den Füßen und das SAGVM, ein kurzer Umhang – vergleichbar dem südamerikanischen poncho –, der von den Legionaren als Allwettermantel und als Schlafdecke benutzt wurde; neueste Forschungen am Hadrianswall in Britannien haben im übrigen gezeigt, daß auch wollene Socken und lange Unterhosen (SVBLIGARIA) keineswegs unbekannt waren[235].

Das Schwert der Hilfstruppen war die SPATHA, bei Infanteristen wie bei Reitern – ein 137
Langschwert, bis zu 95 cm lang, zweischneidig und in erster Linie als Hiebwaffe gedacht. Die SPATHA trug man am Schulterriemen (BALTEVS). Auxiliare schützten sich durch einen Schuppen- oder einen Kettenpanzer (LORICA HAMATA), die Helme sahen ähnlich aus wie bei den Legionaren, nur der Schild unterschied sich durch seine flache und meist ovale Form; bei den Reitern hieß er PARMA. Als Fernwaffe dienten Reitern und Infanteristen HASTAE oder LANCEAE, leichte Wurfspeere und -lanzen, die zu Beginn eines Kampfes abgefeuert wurden. Die Reiter kannten außerdem den CONTVS, eine Stoßlanze, wie sie der Reiter Vonatorix auf seinem Grabstein in der rechten Hand führt. Pfeil und Bogen waren dagegen auf nur wenige Einheiten beschränkt; berühmt waren die SAGITTARII (Bogenschützen) aus Kreta und dem Vorderen Orient.

Prächtig ausgestattet waren die *Pferde,* deren Geschirr mit Amuletten, Bronzeglöck- 83, 137
chen und Perlschnüren reich verziert war. Als Verteiler des angelegten Geschirrs dienten Riemenkreuzungen, entweder in der Form eines massiven Ringes oder einer verzierten, oftmals versilberten Bronzescheibe, die auf ihrer Rückseite vier Ösen zum Einhängen der Riemenenden besaß. Man kannte Hufeisen und sog. Hipposandalen aus Eisen, die dem Pferd möglicherweise das Gehen auf morastigem Boden erleichtern sollten. Die Trensen jener Zeit dürften heute Entrüstung hervorrufen: es waren oft einteilige Stangentrensen, die dem Tier nur wenig Bewegungsfreiheit ließen; zur Zügelführung dienten massive Trensenscheiben, die deutliche Abnutzungsspuren zeigen. Eine relativ genaue Vorstellung hat man auch von den Sätteln der damaligen Zeit. Sie bestanden aus Holz, waren ledergepolstert und besaßen an allen vier Enden je einen Knauf, der durch einen Bronzebeschlag verstärkt war; einen vollständigen Satz dieser Beschläge gibt es z. B. aus dem Auxiliarkastell ASCIBVRGIVM/Moers-Asberg[236].

Römische Soldaten waren nicht nur militärisch hervorragend ausgebildet, was Kampfbereitschaft und Härte betraf, sondern auch taktisch geschult, selbst im wilde-

78. Vier der zehn Tapferkeitsmedaillen, die in Schloß Lauersfort b. Moers gefunden wurden (vgl. zur Tragweise Abb. 24). Anfang 1. Jahrhundert. Berlin, Staatliche Museen Preußischer Kulturbesitz.

79, 88 sten Kampfgetümmel einem akustischen Signal oder einer Wendung der Feldzeichen auf schnellste Weise Folge zu leisten. Die *Standarten* jener Zeit waren in der Hauptsache Stangenfeldzeichen, die entweder ein Tierbild wie den Adler (AQVILA) oder – wie im Falle der in BONNA/Bonn beheimateten ALA LONGINIANA – einen Stierkopf mit drei Hörnern als Aufsatz trugen[237] oder aber ein Querholz, von dem ein purpurnes Fransentuch herabhing. Andere Feldzeichen trugen vertikal angeordnete Metallscheiben, die
87 verziert sein konnten, darüber oft eine ausgestreckte Hand; auch das Bild des Kaisers (IMAGO) gehörte zum Feldzeichenbestand einer Legion. Die Rangordnung der Feldzeichenträger war streng abgestuft; höhere Ränge wie der SIGNIFER der COHORS V ASTVRVM aus BONNA trugen als Zeichen ihrer Würde Fell und Schädel eines Bären über Kopf und Rücken. Als akustische Führungsmittel dienten das stark gebogene
90 CORNV (Horn), die gestreckte und trichterförmig auslaufende TVBA (Trompete) und
329 die BVCINA, die dem heutigen Waldhorn ähnelt. Man weiß immerhin soviel, daß die BVCINA das Signalinstrument des Feldherrn war und daß zu jedem MANIPVLVS ein TVBICEN (Tubabläser) und ein CORNICEN (Hornist) gehörten[238].

Auch das *System der militärischen Auszeichnungen* (DONA MILITARIA) war fein durchdacht und in sich abgestuft[239]. Begehrt war die CORONA CIVICA, eine Krone aus Eichenlaub, die derjenige erhielt, der einem Bürger (CIVIS) im Kampf das Leben gerettet hatte; Marcus Caelius trägt diese Auszeichnung auf dem berühmten Xantener Grabstein. Es gab weitere dieser CORONAE MILITARES, wie die mauerförmige CORONA MVRALIS bzw. VALLARIS, die denjenigen zuerkannt wurden, die im Belagerungsfall als erste Mauer (MVRVS) oder Wall (VALLVM) überstiegen; nur den höchsten Offizieren war die CORONA OBSIDIONALIS vorbehalten, eine Krone, aus Gras geflochten, die derjenige erhielt, dem es gelang, eine Umzingelung oder Belagerung (OBSIDIO) zu sprengen. Weitere Auszeichnungen für die höheren Ränge waren die HASTA PVRA, eine silberne Lanze, oder das VEXILLVM, eine Fahne oder Standarte; für den einfachen Soldaten gab es verzierte Scheiben (PHALERAE), Armreifen (ARMILLAE) und TORQVES, offene Reifen, die zusammen mit den PHALERAE an Lederriemen auf Schulter und Brust
24 getragen wurden, wie es das Relief des Caelius-Steines veranschaulicht. Wiederholt sind Tapferkeitsauszeichnungen jener Zeit in Niedergermanien gefunden worden. Berühmt ist die in Xanten gefundene PHALERA mit der Inschrift PLINIO PRAEFEC(to), d. h. »für den (Lager-?) Präfekten Plinius«, (identisch mit dem Offizier und Schriftsteller Caius Plinius Secundus, der 79 beim Ausbruch des Vesuvs ums Leben kam), vor allem
78 aber die PHALERAE von Schloß Lauersfort bei Moers, wo ein vollständiger Satz von zehn versilberten, teilweise sogar vergoldeten Metallscheiben gefunden wurde, die mit verschiedenen bildlichen Motiven geschmückt sind[240]; man kann vermuten, daß hier – etwa 2 km vom Auxiliarkastell ASCIBVRGIVM/Moers-Asberg entfernt – vielleicht ein ehemaliger CENTVRIO der Rheinarmee bestattet worden ist.

Von dem jüdischen Historiker Flavius Iosephus, der im Gefolge von Vespasian und Titus den Jüdischen Krieg (66–70) als Augenzeuge miterlebt hat, wissen wir, daß zur
81 militärischen Ausrüstung immer auch *Schanz- und Pioniergerät* gehörte[241], denn der rö-

80. Römische Legionare mit Marschgepäck. Relief der Trajanssäule in Rom. Aus dem Jahre 113. Vgl. Abb. 90.

◁ 79. Grabstein des Standartenträgers Tiberius Iulius Pancuius aus Neuss. 1. Jahrhundert. Clemens-Sels-Museum Neuss. Die Inschrift lautet übersetzt: »Hier liegt Tiberius Iulius Pancuius, Soldat der Lusitanierkohorte, 55 Jahre alt, nach einer Dienstzeit von 28 Jahren«.

mische Soldat war immer zugleich auch Pionier, und zwar in einem wesentlich weiteren Sinne, als dieses Wort heute verstanden wird. Er baute Lager und Städte, er machte Land urbar, führte Vermessungen durch und legte Straßen, Brücken, Häfen und Wasserleitungen an. Rund 20 kg schleppte er mit sich, fast 8 kg wogen allein die Eisenteile seiner Bewaffnung[242]. Außerdem gehörten Säge, Spaten, Axt oder Beil, Hacke, Rasenstecher, Eimer oder Korb und Fesseln zu seiner Ausrüstung, dazu Kochgeschirr und eine Verpflegungsration für mindestens drei Tage. All das trug er, an Stangen und Querhölzer gebunden, über der Schulter – »beinahe bepackt wie ein Maulesel«, wie 80, 90
Iosephus sagt[243]. Andererseits: er war es gewohnt, denn der 30 km lange Gepäckmarsch gehörte zu seiner Grundausbildung, und die war gründlich.

Allein aus diesen Zahlen wird deutlich, daß die *Rohstoffmengen,* die eine Legion an Eisen oder Leder benötigte, enorm gewesen sind; allein die Erstausstattung einer Legion mit Waffen erforderte ca. 38 t an Roheisen[244]. Ähnlich hoch war der Bedarf an Leder. Rund 80 Kalbshäute waren nötig, um daraus ein einfaches Zelt für acht Mann herzustellen, fast 60 000 Felle wurden gebraucht, um eine ganze Legion auszustatten. Das Gegenprinzip lautete »Selbstversorgung«, entsprechend ausgebildet war jener Bereich, den man mit einem militärischen Begriff als »Logistik« bezeichnet. Damit ist all das gemeint, was vorausberechnet werden kann, also »Produktion, Beschaffung, Verwaltung und Erhaltung, Bewegung und Verteilung von Ausrüstungs- und Versorgungsgütern aller Art, einschließlich der leiblichen Betreuung des militärischen Personals« (E. Middeldorf)[245].

Die FABRI – die *Militärhandwerker* – wurden schon genannt (S. 65); ihre Tätigkeiten waren stark spezialisiert und auf die Belange der Truppe bezogen. Soldaten errichteten nicht nur Bauten jeder Art wie den Statthalterpalast in AGRIPPINA/Köln oder eine 30
ganze Stadt wie TRAIANA/Xanten, ohne fremde Fachkräfte in Anspruch zu nehmen, 123
sondern sorgten auch für die Beschaffung von Baumaterialien wie Holz, Stein, Ziegel oder Mörtel. Silber- und Bleibarren trugen die Stempel von Legionen, Soldaten der niedergermanischen Armee betrieben Steinbrüche im Brohltal und im Siebengebirge, eine 25
Kalkbrennerei bei Iversheim (Krs. Euskirchen) und Ziegeleien auf dem Holdeurn bei 241,
Nijmegen (NL), in VETERA/Xanten, DVRNOMAGVS/Dormagen und auf der rechten 243
Seite des Rheines, wo die TEGVLARIA TRANSRHENANA (Ziegeleien jenseits des Rhei- 82
nes) zu suchen sind[246]. Eine Legion hatte Schmiede, Metallgießer, Steinmetzen, Wagner (Stellmacher), Lederhandwerker wie Schuster, Gerber, Sattler und Zeltmacher, außerdem Töpfer, Glaser und Maler. Was man nicht selbst produzierte wie Waffen, Werkzeuge, Textilien oder bestimmte Nahrungsmittel, wurde zu staatlich festgesetzten Preisen angekauft. Auf dem Nutzland der Truppe zu beiden Seiten des Stromes standen Viehherden, von den Höfen, die hier lagen und auf denen oft Veteranen saßen, bezog man Gemüse und Milchprodukte, und für die medizinische Betreuung sorgten truppeneigene MEDICI (Ärzte) und das Sanitätspersonal in der »Poliklinik« des Lagers, dem VALETVDINARIVM. Wer sich darüberhinaus im Felde ein besonders hartnäckiges Leiden wie Rheuma, Gicht oder Ischias zugezogen hatte, konnte auf Staatskosten zur Kur ins niedergermanische »Armeebad« nach AQVAE GRANNI/Aachen geschickt werden (S. 117ff.). Man sieht: Das System der damaligen Truppenversorgung war bis ins Detail durchdacht und hervorragend organisiert, und es verband zwei wesentliche ökonomische Merkmale – Qualität und Wirtschaftlichkeit – in fast vollkommener Weise.

Die *militärische Erziehung* (DISCIPLINA MILITARIS), in der Öffentlichkeit immer wieder hervorgehoben, in unsicheren Zeiten auch oft beschworen, scheint lange Zeit wirksam gewesen zu sein. Sie beinhaltete das Recht der Züchtigung durch den Vorgesetzten ebenso wie Art und Weise der Ausbildung oder das Verhalten des Einzelnen im Heeresverband und war Ausdruck einer bestimmten Geisteshaltung[247]. Vieles bewirkten hier auch die Strafen, die drakonisch sein konnten; wer als Wache seinen Posten verließ

81. Haltern (Westf.). Römische Werkzeuge aus Eisen. Oben links Blatthacke, darunter Axt. Oben rechts Hammer und Dechsel (modern geschäftet). Unten Ziehhacke, Nageleisen (Geißfuß) und Meißel mit Tülle. Anfang 1. Jahrhundert. Westfälisches Museum für Archäologie Münster.

oder Fahnenflucht beging, kam nicht mit Spießrutenlaufen davon, sondern erlitt das FVSTVARIVM, d. h. er wurde von den Kameraden totgeprügelt.

Der Soldat besaß damals ein sicheres Auskommen, denn er gehörte einer *Berufsarmee* an und hatte sich zwei Jahrzehnte oder länger verpflichtet. Noch am kürzesten war die Dienstzeit der Legionare. Sie dienten 20 Jahre und hatten anschließend eine fünfjährige
72 Reservistenzeit abzuleisten; sie waren dann VETERANI MISSICII (in Ehren Entlassene), die jedoch am Truppenstandort zu bleiben hatten, um im Bedarfsfall zur Verfügung zu stehen. Die Zahl der Dienstjahre (STIPENDIA) in den Auxilien betrug volle 25 Jahre, auf freiwilliger Basis auch mehr, bei der Flotte waren es anfangs 26 Jahre, später sogar 28 Jahre. Legionare, Auxiliare und Flottensoldaten bezogen ein festes jährliches Gehalt, das seit Domitian (81–96) für den Legionar 1200 Sesterzen, für den Auxiliarsoldaten ca. 1000 Sesterzen betrug; das Gehaltsgefüge bei den Flottensoldaten ist nicht bekannt. Hinzu kamen DONATIVA, Geldgeschenke aus Anlaß besonderer Ereignisse, etwa eines Triumphes oder einer Thronbesteigung. Reich wurde man also nicht als einfacher Soldat, denn die Zeiten lagen weit zurück, als man die Beute unter das Heer verteilte. Wesentlich besser stand man sich als Offizier. Der DECVRIO einer ALA verdiente zu Beginn des 1. Jahrhunderts jährlich schon 6000 Sesterzen, ein CENTVRIO in der Legion 10–40000 Sesterzen. Am höchsten war das Offizierskorps dotiert: ein TRIBVNVS LEGIONIS bekam bis zu 80000 Sesterzen, der PRAEFECTVS einer ALA 60000 Sesterzen, und der LEGATVS LEGIONIS gehörte zu jener Klasse von Gehaltsempfängern, die jährlich weit über 100000 Sesterzen vom kaiserlichen FISCVS erhielten. Zum Vergleich: ein einfaches Essen kostete 2 Sesterzen, die doppelte Summe mußte man für einen MODIVS Weizen hergeben (= 8,75 l), eine Offiziersuniform kostete 220, eine Beerdigung 180 Sesterzen, der Preis für ein Rind war 800 Sesterzen, für einen Sklaven bis zu 2000 Sesterzen, und für ein Haus waren mindestens 130000 Sesterzen zu bezahlen[248].

82. (Tegularia) TRANSRHENANA (»Ziegeleien jenseits des Rheines«). Stempel eines Flachziegels aus Xanten. Niederrheinisches Museum für Volkskunde und Kulturgeschichte Kevelaer.

83. Römische Legionare, die ihre Waffen abgelegt haben und einen Knüppeldamm durch den Wald bauen. Relief der Trajanssäule in Rom. Aus dem Jahre 113.

Vom Gehalt blieb dem einfachen Soldaten nur wenig, denn einen Teil mußte er für Verpflegung, Kleidung, Schuhwerk und verschiedenes Gerät abgeben; andere Dinge wie Waffen, Werkzeug, Pferd oder Tragtier wurden ihm gestellt. Die *Grundverpflegung* war nicht üppig: soviel wir wissen, bestand sie aus Getreide, Fleisch oder Speck, Käse, Gemüse, Salz und Öl, dazu saurer Wein, den die Soldaten wohl leicht sarkastisch ACETVM (Weinessig) nannten[249]. Hauptnahrungsmittel war ein Getreidebrei (PVLS oder PVLMENTVM), dem man durch Beimengung der verschiedensten Gemüsearten, Fischsaucen (ALLEC, LIQVAMEN oder GARVM) und einer Vielzahl von Gewürzen (CONDIMENTA) jede gewünschte Geschmacksrichtung geben konnte. Das Getreide – vor allem Dinkel, eine heute kaum noch bekannte Spelzweizenart – wurde auf Hand- 205
mühlen zerrieben und in großen Schüsseln angerichtet; Plinius berichtet, daß dieser Getreidebrei lange Zeit für weite Teile der römischen Bevölkerung als Hauptnahrungsmittel diente[250]. Wer besser leben wollte, konnte dies auf eigene Rechnung tun. Mit Tinte beschriftete Holztäfelchen, die man vor einigen Jahren im Kastell VINDOLANDA/Chesterholm (GB) fand[251], zählen Nahrungsmittel auf – darunter Schweineschmalz (AXVNGIA), Schinken (PERNA) und Wildbret (CERVINA), sogar Austern, dazu Wein (VINVM) und auch Bier (CERVESA) –, die man sich PER PRIVATVM (für den privaten Gebrauch) beschaffen konnte. Zahlreiche Funde von Tierknochen und auch Muscheln, nicht nur in den Offiziersquartieren der Lager, beweisen ohnehin, daß Fleisch und Meeresfrüchte den Speisezettel bereichert haben.

Neben dem täglichen Dienst blieb offenbar ausreichend *Freizeit,* die der römische Soldat überall auf ähnliche Weise zubrachte. Der persönlichen Zerstreuung dienten Würfel- und Brettspiele aller Art. Spielsteine aus Ton, Knochen oder Glas sowie Würfel 168
aus Bronze sind an vielen Kastellorten gefunden worden, auch in Niedergermanien, mitunter auch die damaligen Spielbretter – Ziegelplatten, in die man die Linien des Spiels eingeritzt hatte. Ansonsten vertrieb man sich die Zeit im Militärbad, dessen Einrichtungen einem »Fitness-Center« heutiger Zeit mehr glichen als einer Badeanstalt alter Prägung, oder aber bei VENATIONES, Tierhetzen und gestellten Jagden, die im Amphitheater stattfanden. Bisher kannte man in Niedergermanien ein solches Rundum-Theater nur aus VETERA/Xanten-Birten, wo heute noch Theater gespielt wird. Seit kurzem ist nachgewiesen, daß auch vor der Westecke des Legionslagers in BATA- 183
VODVRVM/Nijmegen (NL) ein solcher Theaterbau gestanden hat[252]. Ein Militärbad gab es an jedem Kastellort; archäologisch sind sie u.a. nachgewiesen in NIGRVM PVLLVM/Alphen a.d. Rijn-Zwammerdam (NL), HARENATIVM/Kleve-Rindern, GELDVBA/Krefeld-Gellep und NOVAESIVM/Neuss[253].

Mit der *Entlassung* war der Soldat in der Regel bereits weit über 40 Jahre alt. Es ist auffallend, daß ihm erst jetzt – im reifen Mannesalter – das CONVBIVM zugebilligt wurde, d.h. erst jetzt konnte er eine rechtsgültige Ehe eingehen. Natürlich lebte er längst mit einer Frau zusammen und hatte Kinder mit ihr, aber nach römischem Recht galt er als CONCVBINVS, lebte also rechtlich in einem ehelosen Zustand. Mit der MISSIO HO-

84. Zwei Seiten eines Militärdiploms aus Bronze für den Soldaten Tertius, ausgestellt am 15. April 78 von Kaiser Vespasianus. Gefunden im Kastell von Wiesbaden. Berlin, Staatliche Museen Preußischer Kulturbesitz. Die Übersetzung des Textes lautet: »Imperator Caesar Vespasianus Augustus, oberster Priester, mit tribunizischer Gewalt ausgestattet zum neuntenmal, siegreicher Feldherr zum neunzehntenmal, Vater des Vaterlandes, Zensor, Konsul zum achtenmal, designiert zum neuntenmal, hat den unten namentlich aufgeführten Reitern und Infanteristen der sechs Reitereinheiten Ala Noricorum, Ala singularium, Ala Moesica, Ala Afrorum veterana, Ala Siliana und Ala Sulpicia sowie der Cohors I Flavia Hispanorum, die unter (dem Statthalter) Quintus Iulius Cordinus Rutilius Gallicus in Germania stehen, nach einer Dienstzeit von 25 und mehr Jahren für sie selbst, ihre Kinder und Nachkommen das Bürgerrecht verliehen sowie das Recht zur Ehe mit ihren Frauen, die sie bei der Verleihung des Bürgerrechtes hatten, oder, soweit sie ledig sind, mit den Frauen, die sie später heiraten, sofern es sich jeweils um eine Frau handelt. Am 17. Tag vor den Kalenden des Mai unter dem Konsulat des Decimus Novius Priscus und des Lucius Ceionius Commodus. An den der Ala Moesica unter Titus Staberius Secundus angehörenden gemeinen Soldaten Tertius, Sohn des Marcus, vom Stamm der Treverer. Überprüfte Abschrift von der Bronzetafel, die in Rom auf dem Kapitol hinter der Hütte des Romulus angeschlagen ist, (bezeugt durch) Aulus Titinius Iustus, Caius Alfius Priscus, Quintus Lollius Pietas, Marcus Egnatius Celer, Lucius Aurelius Potitus, Lucius Turranius Maximus (und) Publius Atinius Rufus.«

NESTA, der ehrenhaften Entlassung, wurde diese Verbindung rechtsgültig. Hatte es mehrere Frauen in seinem Leben gegeben, mußte er sich jetzt für eine entscheiden. Diese Frau erhielt das römische Bürgerrecht (CIVITAS ROMANA), wenn sie es nicht schon hatte, desgleichen die Kinder, die aus dieser Verbindung hervorgegangen waren. Gleichzeitig zahlte man ihm seine Ersparnisse aus, die AD SACRVM, d.h. in der Truppenkasse im Fahnenheiligtum, verwahrt wurden, ebenso wie die PRAEMIA MILITIAE, entweder ein namhafter, leider in seiner Höhe unbekannter Geldbetrag, oder ein Grundstück in Stadt oder Land, nicht ohne den Hintergedanken, den Veteranen an ein bestimmtes Stück Land zu binden. So ist es gut denkbar, daß Legionsveteranen, die zu Beginn der Regierungszeit Trajans (nach 98) in BONNA, NOVAESIVM oder BATAVODVRVM entlassen wurden, als Entschädigung für ihre Dienste Grundstücke in der neugegründeten Veteranenstadt TRAIANA beim heutigen Xanten erhalten haben.

Bei den Auxiliaren war das Verfahren ähnlich, auch sie erhielten Geld oder Land. Fast noch wichtiger war jedoch für sie die *Zuerkennung des römischen Bürgerrechts* (CIVITAS ROMANA), das sie ja als PEREGRINI ursprünglich nicht besaßen. In der Regel erhielten sie nach 25 Jahren – zeitlich fiel die Verleihung wohl meist mit der Entlassung zusammen – ein Diplom vom Kaiser ausgestellt, das aus zwei Bronzetäfelchen bestand und dem GREGALIS, dem einfachen Soldaten, seinen Kindern und Nachkommen das Bürgerrecht verlieh sowie das Recht zur Ehe mit der Frau, die er bei der Bürgerrechtsverleihung hatte, oder, soweit er ledig war, mit der Frau, die er später heiraten würde – ausdrücklich wird hinzugefügt: ». . . sofern es sich jeweils um eine Frau handelt« (vgl. den nebenstehenden Text[254]. Oft nahmen Auxiliarsoldaten den Familiennamen des 84
Kaisers an, der ihnen das Bürgerrecht verlieh. Sie hießen dann IVLIVS, CLAVDIVS, FLAVIVS, VLPIVS oder AELIVS, legten sich einen der typischen römischen Vornamen zu und führten – ähnlich wie Freigelassene (S. 59 f.) – ihren alten Namen als COGNOMEN (Beinamen) weiter. Dabei konnte es geschehen, daß ein ehemaliger Auxiliarreiter den Beinamen des Kaisers – in diesem Fall des TRAIANVS – zum Familiennamen TRAIANIVS umfunktionierte und sich fortan MARCVS TRAIANIVS GVMATTIVS nannte[255].

Auch wenn Niedergermanien bis weit in das 3. Jahrhundert hinein eine lange Friedenszeit erlebte – ein reiner »Friedensdienst« war das Soldatsein sicher nicht. Es gibt genügend Nachrichten aus jener Zeit, daß Legionen und Auxilien an ruhigen Grenzabschnitten so etwas wie eine stille Einsatzreserve waren. Besonders mobil und angesehen scheint die LEGIO I MINERVIA aus BONNA gewesen zu sein, von der wir wissen, daß sie 66, 67,
mit ihrem damaligen Legionslegaten (und späteren Kaiser) Hadrian an den Dakerkrie- 69
gen Trajans (101/102 und 105/106) ebenso teilnahm wie am Partherkrieg des Lucius Verus (162–164) und am Orientfeldzug Caracallas (214–218). Weih- und Grabinschriften von Soldaten dieser Legion, in denen die einen ihren Göttern Dank abstatten für die glückliche Heimkehr – nicht ohne hinzuzufügen, man sei »am Fluß Alutus (= Terek/UDSSR) und am Kaukasus« gewesen –, aus denen aber auch hervorgeht, daß andere PARVM FELIX MILITIAE (weniger glücklich im Krieg) waren und an der Pest oder im Kampfe starben; sie zeigen an wenigen Beispielen die Unberechenbarkeit militärischen Schicksals, auch in einer scheinbar ruhigen Zeit[256].

Militärbauten am Limes

Überall, wo sie in Feindesland eindringen, lassen sie sich auf keine Schlacht ein, ohne zuvor ein Lager anzulegen.
Flavius Iosephus (37/38–100/110)

Das Lager bedeutet für den Sieger eine Möglichkeit, sich auszuruhen, für den Besiegten ist es eine Zufluchtsstätte . . . So ist dieser Wohnsitz des Soldaten seine zweite Vaterstadt, der Lagerwall ersetzt die Stadtmauern, das Zelt ist für jeden Soldaten Haus und Hausaltar.
Titus Livius (etwa 59 v. Chr. – 17 n. Chr.)

GERMANIA INFERIOR war Grenzland. Anders als die Nachbarprovinz GALLIA BELGICA
wurde das äußere Bild der Rheinzone zwischen RIGOMAGVS/Remagen und LVG-
DVNVM/Katwijk (NL) vom römischen Militär geprägt. Dieser besondere Charakter
der Provinz dokumentierte sich am sinnfälligsten im Bau von Legionslagern, Auxiliar-
kastellen, Kleinkastellen und Wachttürmen, einer Kette militärischer Anlagen, die man
heute – in Anlehnung an die Benennungen anderer Grenzanlagen des römisches
91 Reiches und nach dem Sprachgebrauch des 4. Jahrhunderts – als *Niedergermanischen*
Limes bezeichnet (LIMES AD GERMANIAM INFERIOREM)[257]. LIMES im eigentlichen Sin-
ne bedeutet »Grenzweg, Schneise«; ein Feld z. B. wurde LIMITE, d. h. »durch einen
Weg«, geteilt. Auf die Reichsgrenzen angewendet bezeichnete dieser Begriff ursprüng-
lich nicht Befestigungsanlagen wie Wälle und Gräben oder natürliche Annäherungshin-
dernisse wie den Rhein, die Donau oder den Euphrat, sondern in erster Linie die Stra-
ße, die an der Grenze entlangführte und die militärischen Anlagen untereinander ver-
band. Diese Straße, die auf der linken Rheinseite entlangführte und als militärische
21 Bereitstellungslinie für die germanischen Feldzüge wohl schon von Agrippa im Jahre
20/19 v. Chr. geplant und angelegt worden ist[258], war also zuerst da und zunächst auch
nur von ganz wenigen Lagern besetzt. Im späteren Niedergermanien gehörten dazu
BATAVODVRVM/Nijmegen (NL), VETERA/Xanten-Birten, ASCIBVRGIVM/Moers-
Asberg und NOVAESIVM/Neuss; nach der Niederlage des Jahres 9 kamen offenbar
FECTIO/Bunnik-Vechten (NL), ein Hilfstruppenlager in BONNA/Bonn und ein Lager
APVD ARAM VBIORVM (beim Ubieraltar) in Köln dazu. Gleichzeitig gab es eine Kette
86 von Lagern entlang der Lippe – so in Dorsten-Holsterhausen, Haltern, Bergkamen-
Oberaden und Anreppen (Krs. Büren), die aber spätestens im Jahre 9 aufgegeben wur-
de[259].
91 Der Niedergermanische Limes ist nicht als Ganzes konzipiert worden, sondern Zug
um Zug entstanden. Als eigentliche Geburtsstunde kann man das Jahr 16/17 bezeich-
nen, als mit der Abberufung des Germanicus endgültig klar geworden war, daß der

85. Das Land zwischen Rhein und Maas auf der sog. Tabula Peutingeriana (Segment II). Zur Orientierung: Die beiden kräftigen Wellenlinien geben die Flüsse Rhein (oben) und Maas (unten) wieder. Von den dazwischenliegenden Straßen (gezackte Linien) ist vor allem die Limesstraße gut zu erkennen, die von RIGOMAGVS/Remagen (ganz rechts) nach LVGDVNVM/Katwijk (ganz links) führte.

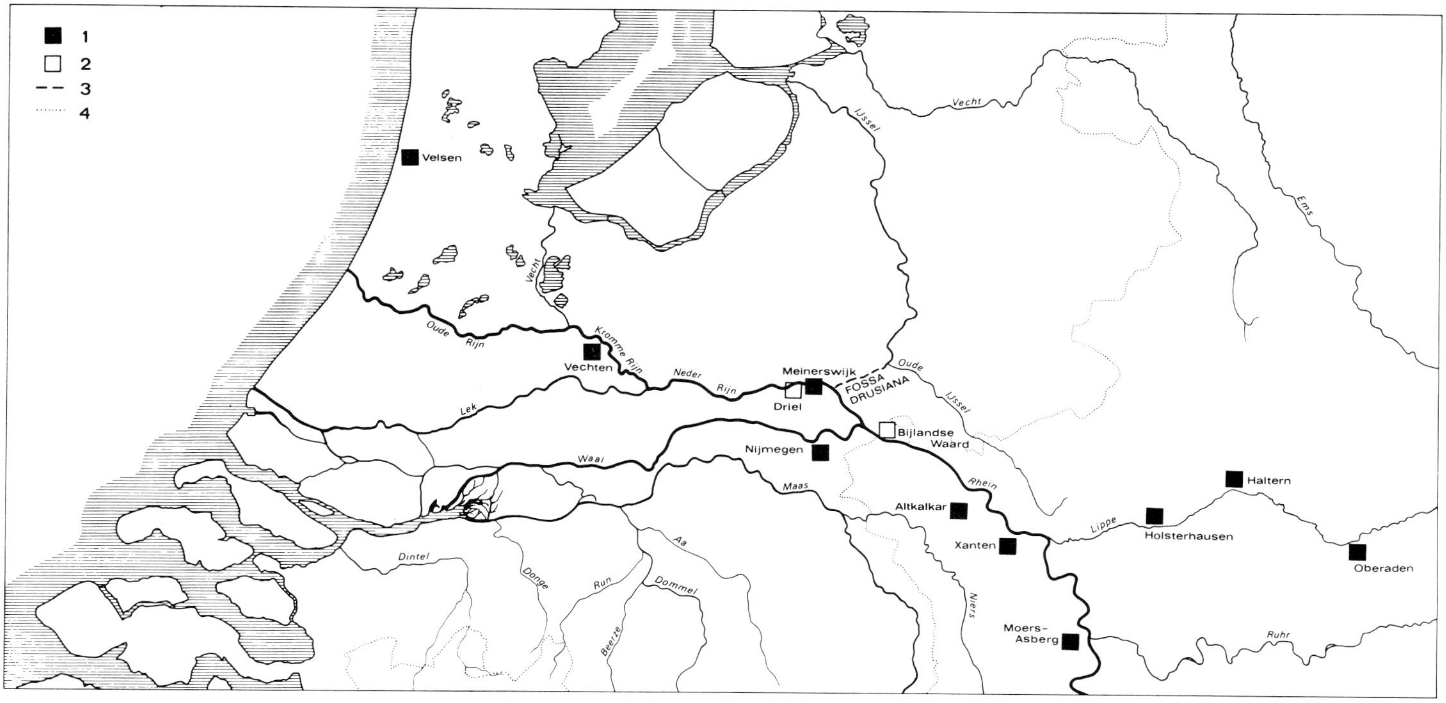

86. Karte der bisher bekannten frührömischen Militärlager (nach W. Willems).
1. Militärlager
2. vermutetes Lager
3. Kanal
4. Landesgrenze

Rhein fortan die Grenze bilden würde. Trotzdem verlief der Ausbau der Grenzlinie zunächst noch schleppend, nur die Kastelle CASTRA HERCVLIS(?)/Meinerswijk b. Arnhem (NL), vielleicht auch schon CARVIVM/Bijlandse Waard b. Herwen (NL), sicher aber BVRGINATIVM/Alt-Kalkar und die Flottenbasis Köln-Alteburg scheinen unter Tiberius (14–37) gebaut worden zu sein. Hinzu kam ein vorgeschobenes Kastell in Velsen (NL), an der Mündung der Ij in die Nordsee[260]. Insgesamt gab es jetzt zehn militärische Anlagen in der Rheinzone gegenüber sieben Anlagen in der Zeit des Augustus.

Die entscheidende Ausbaustufe des Niedergermanischen Limes fällt in die Zeit des Claudius (41–54), und zwar in den Beginn seiner Regierungszeit, die – hervorgerufen durch die Vorbereitungen seines Britannienfeldzuges in den Jahren 42/43 – auch im Bereich der Truppenstationierung und -verteilung manche Veränderung mit sich brachte. Damals entstanden sehr wahrscheinlich die Lager in MATILO/Leiden-Roomburg (NL), ALBANIANA/Alphen a.d. Rijn (NL), NIGRVM PVLLVM/Alphen-Zwammerdam (NL), LAVRVM/Woerden (NL), Vleuten-De Meern (NL), TRAIECTVM /Utrecht (NL), LEVEFANVM/Wijk bij Duurstede (NL) und RIGOMAGVS/Remagen; hinzu kam ein Lager in rückwärtiger Position in CEVCLVM/Cuijk an der Maastalstraße nach BATAVODVRVM[261]. Eine gewisse Sonderstellung nimmt das Lager in Valkenburg (NL) ein, das nach Auffassung seiner Ausgräber schon unter Caligula (37–41) errichtet wor-

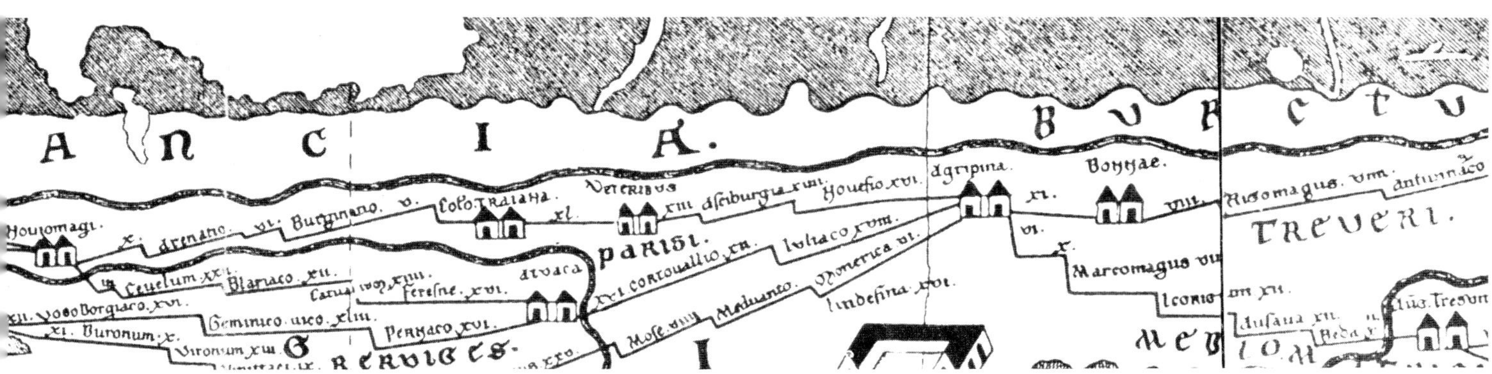

den ist[262]. Das Lager in Velsen (NL) wurde aufgegeben, eine Maßnahme, die offenbar mit dem Befehl des Claudius an seinen Statthalter Domitius Corbulo in Zusammenhang stand, den Feldzug gegen die CHAVCI abzubrechen und sich auf die linke Rheinseite zurückzuziehen (S. 36); wahrscheinlich war Velsen eines jener PRAESIDIA jenseits des Rheines, die Corbulo im Jahre 47 räumen mußte[263]. Insgesamt gab es jetzt 19 Militäranlagen am Niedergermanischen Limes.

Vollendet wurde diese Grenzlinie unter den flavischen Kaisern (69–96) und unter Trajan (98–117). Die Zerstörungen des Bataveraufstandes machten vielerorts Neubauten notwendig; glaubt man Tacitus, dann haben im Jahre 70 die ganze Rheinlinie entlang alle römischen Lager außer MOGONTIACVM/Mainz und VINDONISSA/Windisch (CH) gebrannt[264]. Gleichzeitig wurden die letzten Lücken geschlossen und das Grenzsystem nach den schlechten Erfahrungen des Aufstandes weiter vervollständigt. Jetzt entstanden die Lager in LVGDVNVM/Katwijk (NL), MANNARICIVM/Maurik (NL), CARVO/Kesteren (NL), Duiven-Looward (NL)(?), HARENATIVM/Kleve-Rindern, GELDVBA/Krefeld-Gellep und DVRNOMAGVS/Dormagen; außerdem scheint damals auch in GRINNES/Rossum (NL), am Südufer der Waal, ein Kastell gebaut worden zu sein[265]. An die Stelle von ASCIBVRGIVM/Moers-Asberg, das um 83/85 aufgegeben wurde, trat ein Kleinkastell in Duisburg-Rheinhausen; ein ähnlicher Posten entstand auch auf dem Reckberg bei Neuss[266]. Unter Einschluß der beiden Kleinkastelle betrug die Zahl der niedergermanischen Lager an der Rheingrenze nunmehr 30. Diese Zahl ist in der Folge – soweit wir wissen – nur noch leicht erhöht worden. Wir kennen aus dem ITINERARIVM ANTONINI, einem Straßenverzeichnis aus dem Beginn des 3. Jahrhunderts, die Kastellplätze CALO und BVRVNGVM; vermutet wird auch ein Lager in Köln-Wesseling[267]. CALO hat – entsprechend den Entfernungsangaben des Itinerars – etwa auf halbem Wege zwischen GELDVBA und VETERA gelegen, d.h. in der Gegend südlich von Rheinberg, BVRVNGVM dagegen lag zwischen AGRIPPINA/Köln und DVRNOMAGVS/Dormagen und ist am ehesten in Köln-Worringen zu suchen[268].

91 Im folgenden sollen die einzelnen Militäranlagen, die seit Beginn der römischen Kaiserzeit an Rhein, Lippe, Maas und Waal errichtet worden sind, kurz charakterisiert werden, um Einblick in den Stand ihrer Erforschung zu geben. Wir beginnen im äußersten Westen, am CAPVT GERMANIARVM, dem »Endpunkt der beiden Germanien«, an der Nordseeküste in Katwijk (NL)[269]:

LVGDVNVM/Katwijk (NL): Auxiliarkastell und Flottenbasis(?) südlich der alten Rheinmündung (Oude Rijn) von etwa 100 bis ins 3. Jahrhundert, heute von der Nordsee überspült, nachgewiesen durch zahlreiche Funde und Nachrichten aus dem Mittelalter –

99 ?/Valkenburg (NL): Auxiliarkastell im Zentrum des heutigen Ortes am linken Ufer des Oude Rijn, sechs Bauperioden von ca. 40 bis 260, Größe des letzten Kastells ca. 1,65 ha, hervorragende Grabungsbefunde (Holzbauten!), reiches Fundmaterial –

MATILO /Leiden-Roomburg (NL): Auxiliarkastell und Flottenstation(?) östlich von Leiden und südlich des Platzes, an dem die FOSSA CORBVLONIS in den Rhein mündete, ein Kanal, der – parallel zur Nordseeküste – Rhein und Maas miteinander verband[270]; das Kastell bestand von etwa 47 bis 260, bisher keine umfassende Untersuchung, aber reiches Fundmaterial (Inschriften!) –

ALBANIANA/Alphen a.d. Rijn (NL): Wahrscheinliches Auxiliarkastell im Zentrum des Ortes am linken Ufer des Oude Rijn, bisher keine wissenschaftlichen Untersuchungen, aber ausreichende Anzahl militärischer Funde aus der Zeit von der Mitte des 1. Jahrhunderts bis 250/275 –

NIGRVM PVLLVM/Alphen-Zwammerdam (NL): Auxiliarkastell südlich des Oude Rijn, an einem heute verlandeten Altwasser, drei Bauperioden von ca. 47 bis 260, fast vollständig ausgegraben, Größe des letzten Kastells ca. 1,2 ha, reiches Fundmaterial, im Lagerdorf sehr wahrscheinlich ein Badegebäude nachweisbar[271] –

LAVRVM/Woerden (NL): Auxiliarkastell mit Kaianlage am Südufer des Oude Rijn, bestand wahrscheinlich von etwa 47 bis ins 3. Jahrhundert, systematische Grabungen 1975–80, reichhaltiges Fundmaterial (Mitteilung J.K. Haalebos) –

87. LEGATVS LEGIONIS und IMAGINIFER – Legionskommandeur und Standartenträger der Legion, der das Bildnis des Kaisers (IMAGO) im Kampf mit sich führte (nach P. Connolly).

88. CENTVRIO und AQVILIFER – Hauptmann einer Legionszenturie mit quergestelltem Helmbusch und Rebgerte zum Zeichen seines Züchtigungsrechtes (vgl. Abb. 24) und Träger der Standarte mit der AQVILA, dem Legionsadler (nach P. Connolly).

89. MILES LEGIONARIVS – Soldat einer römischen Legion in typischer Bewaffnung und Ausrüstung mit Helm, Schienenpanzer, Speer, Schwert (halb verdeckt) und Schild (nach P. Connolly).

90. CORNICEN und LEGIONARIVS – Legionsbläser, dessen Instrument das Horn (CORNV) war, und Legionar auf dem Marsch mit Waffen, Werkzeugen und Gepäck (nach P. Connolly).

105. GELDVBA/Krefeld-Gellep. Gräben und Mauer an der Nordecke des Auxiliarkastells. Ausgrabung 1974. Blick von Südwesten.

106 nen GELDVBA/*Krefeld-Gellep,* wo I. Paar zwischen 1970 und 1976 das vorher langgesuchte Kastell nicht nur fand, sondern auch Umriß, Graben- und Mauerverlauf, Innenaufteilung und einige Innenbauten untersuchen und festlegen konnte, zum anderen DVRNOMAGVS/*Dormagen,* wo G. Müller seit 1963 tätig ist und wo es gelang, trotz neuzeitlicher Überbauung wichtige Aufschlüsse über Lage, Ausdehnung und einige Innen-

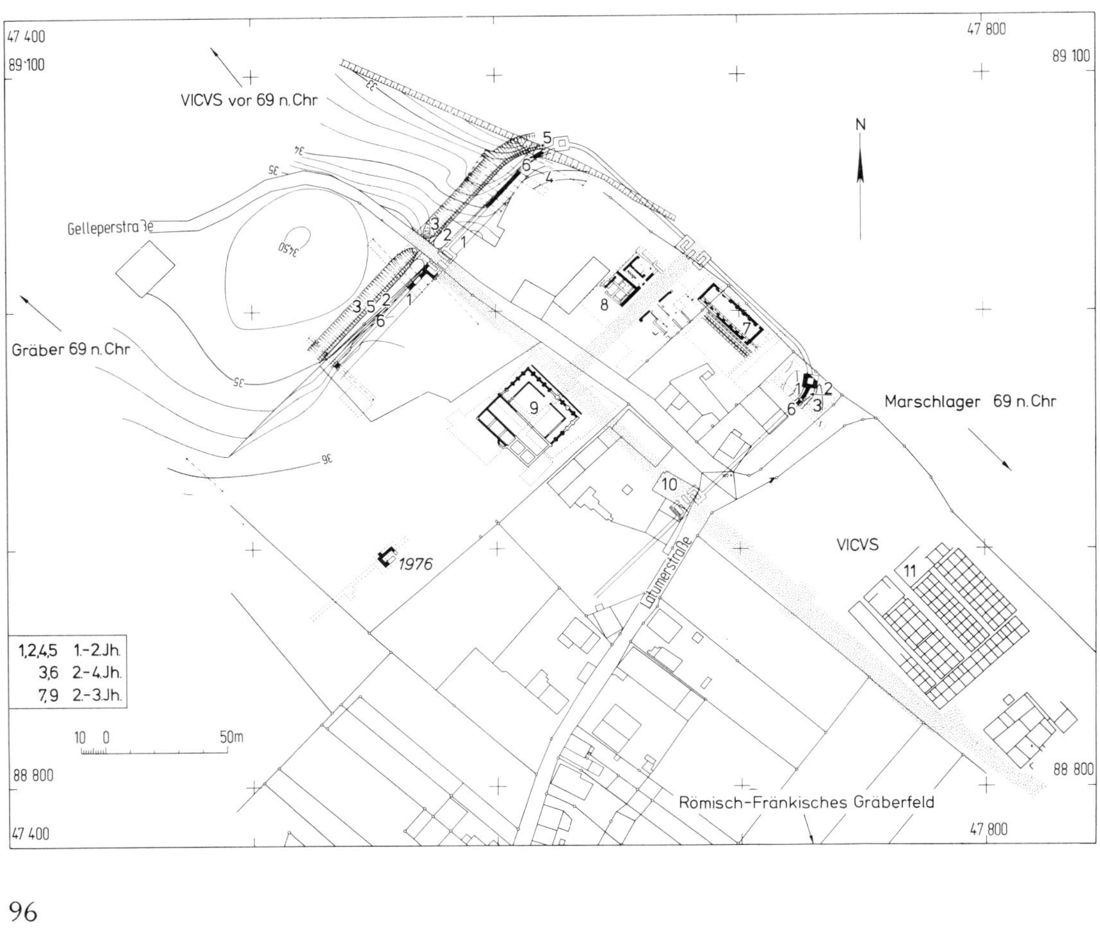

106. GELDVBA/Krefeld-Gellep. Plan des Auxiliarkastells mit allen bis 1976 festgestellten Bauspuren (nach I. Paar).
1.–5. Lagergräben
6. Lagermauer
7. Speicher
8. Kopfbauten von Kasernen
9. Principia
10. Porta principalis dextra
11. Vicusbauten

bauten zu gewinnen[293]. Beide Kastelle sind seit dem frühesten Mittelalter als Steinbrüche genutzt worden, d.h. die Mauern, für die in GELDVBA in der Hauptsache Tuff, Basalt, Schiefer und Sandstein verwendet wurden, sind oft bis zur Sohle ausgebrochen. Vor allem dieser Platz ist heute stark gefährdet. Seit man dabei ist, den Krefelder Rheinhafen zu erweitern, ist Gellep ein »sterbendes Dorf«; die PRAETENTVRA des römischen Lagers ist bereits 1974 abgebaggert worden!

Beide Kastelle gleichen den schon besprochenen Lagern. In GELDVBA ging die Ent- 106
deckung nicht – wie sonst meist üblich – von den Umwehrungen aus, sondern von den
PRINCIPIA (Bau 9), die 1966–68 von C.B. Rüger untersucht worden sind. Von dieser 105
gesicherten Grundlage aus gelang es dann 1970, erst die westliche, dann die östliche Lagerseite zu finden, schließlich 1976 auch die südliche Front mit einem Turm der PORTA DECVMANA. Das Lagerforum von GELDVBA folgt dem bekannten Bautyp, auch hier kehrt die Abfolge von Eingang, Säulenhof, Querhalle (BASILICA) und Abschlußfront mit dem Lagerheiligtum (AEDES) in der Mitte wieder, durch eine kleine Apsis hervorgehoben, der ganze Bau in streng axialer Ausrichtung. Beiderseits der VIA PRAETORIA lagen offenbar Kasernen (Bauten 8), von denen sich die Grundmauern von vier Kopfbauten unter dem Humus erhalten hatten; da in GELDVBA wohl seit etwa 100/105 eine Reitereinheit stationiert war, wohnten hier wohl DECVRIONES, die Führer einer Reiterabteilung von 30 Mann. Nördlich davon – in unmittelbarer Nähe der PORTA PRAETORIA, von wo es nicht weit war bis zur Hafenpier – lag ein Speicherbau, 9 m breit, 27 m lang, mit Mauern, deren unterste Lagen aus behauenen und schöngefügten Tuffsteinen sich noch IN SITV befanden, d.h. nicht herausgerissen worden waren (Bau 7).

Vom Steinkastell DVRNOMAGVS/Dormagen wissen wir noch weniger. Hier kennt man nur den Umriß sowie kleine Ausschnitte der südlichen Kastellmauer, der Abschlußfront der PRINCIPIA (mit Lagerheiligtum) und der Straßenführung. Besondere Berühmtheit hat dieses Lager deshalb erlangt, weil es hier erstmals in Niedergermanien gelungen ist, in der RETENTVRA des Kastells – auf beiden Seiten der PRINCIPIA – Pferdeställe archäologisch nachzuweisen. Aufgedeckt wurden langgestreckte Kasernen-Bauten, errichtet um 100, allerdings noch in Fachwerk, während Mauer und Hauptquartier bereits Steinbauten waren. Das Bemerkenswerte liegt darin, daß in den 8,5 m

107. Rekonstruktion eines offenen Kamins in einer Mannschaftsbaracke (nach D. Baatz).

108. DVRNOMAGVS/Dormagen. Überreste eines offenen Kamins im Mannschaftstrakt einer Reiterkaserne.

breiten und mehr als 20 m langen Baracken sowohl Pferde wie Mannschaften untergebracht waren! Eine durchgehende Längswand trennte einen schmaleren Trakt (Breite 3,5 m) von einem breiteren ab (Breite 5 m); beide waren durch Querwände weiter unterteilt. In den größeren Räumen, die sich zur Wallstraße und zur Mauer hin öffneten, fanden sich Feuerstellen, offene Kamine, wie sie für Mannschaftsunterkünfte in römischen Lagern typisch sind. Die schmaleren Räume waren dadurch gekennzeichnet, daß

109. Alpen-Veen. Römische Übungslager südlich von VETERA/Xanten-Birten.

sie langgestreckte Gruben enthielten, deren Einfüllungen stark mit Kalk durchsetzt waren, der wohl zum Desinfizieren verwendet wurde. Analysen haben deutliche Anzeichen tierischer Ausscheidungen ergeben, so daß die Annahme berechtigt ist, diesen Teil der Baracken für Pferdeställe zu halten und die kalkigen Einfüllungen im Boden für Stall- und Sickergruben. Besteht die Auffassung des Ausgräbers zu recht, haben in den drei festgestellten Stallungen pro Box 2–3 Pferde gestanden. Insgesamt sind in DVRNOMAGVS Einstellplätze für mindestens 55 Pferde nachweisbar; augenscheinlich war es wohl doch so, obwohl man sich mit dieser Vorstellung früher nicht so recht befreunden wollte, daß zumindest ein größerer Teil der Pferde im Lager stand. Bemerkenswert bleibt, daß die räumliche Enge in den Infanteriekasernen offenbar auch für die Reiter gilt; die enge Tuchfühlung zwischen Roß und Reiter mag uns befremden, für den GREGALIS, den einfachen Soldaten jener Zeit, scheint sie die Norm gewesen zu sein.

Die Grenzverteidigung wurde ergänzt durch *Wachttürme,* die wohl meist erhöht standen, um im Ernstfall Flaggen- oder Lichtsignale weitergeben zu können. Derartige Bauten sind bisher nur in Remagen und auf dem sog. ersten Reckberg in Neuss nachgewiesen worden; sicher hat es mehr Bauten dieser Art gegeben[294]. Neben den Standlagern, den CASTRA und CASTELLA STATIVA, kennt man aus römischer Zeit auch kurzfristig belegte Militärstützpunkte, die als *Marsch- oder Übungslager* angelegt wurden. Durch Luftaufnahmen und nachfolgende Untersuchungen sind gerade in den letzten Jahren einige dieser Anlagen bekannt geworden. Zu nennen sind ein Marschlager in der Ermelosche Heide, weit nördlich der römischen Rheingrenze in der niederländischen Provinz Gelderland, das im 2. oder 3. Jahrhundert für kurze Zeit besetzt war, sowie Lager in Bonn-Beuel und Bonn-Lengsdorf, rechteckige Grabensysteme ohne Innenausbauten, die wohl gegen Ende des 1. und im 2. Jahrhundert in Benutzung waren[295]. Von
besonderem Interesse ist der CAMPVS, das Übungsgelände der Legionen aus VETERA/ 109
Xanten-Birten in einem fast 10 qkm großen Gebiet in der Menzeler Heide zwischen Alpen, Menzelen und Winnenthal[296]. Durch Luftaufnahmen hat man in diesem Veengebiet (veen = Torfmoor, Sumpf) Gräben und Grabenabschnitte von über 60 römischen Lagern gefunden und einige davon auch ausgegraben, um ihren römischen Ursprung nachzuweisen[297]. Die Lager von Alpen-Veen sind ein sprechender Beweis für den hohen Stand der damaligen Lagerbau- und Schanztechnik, und die Zahl der dortigen Lager, die zu reinen Übungszwecken angelegt worden sind, zeigen auf eindrucksvolle Weise, daß der Lagerbau nicht Sache einiger Spezialisten in der Truppe war, sondern jeder Einzelne in dieser Technik geschult wurde; nur auf diesem Hintergrund ist ein
Bau wie das Hauptlager in Haltern überhaupt denkbar, der sicher in kürzester Zeit er- 95
richtet werden mußte, weil er sich nicht an einer militärisch gesicherten Position befand.

Das Grenzsystem des Niedergermanischen Limes war Ausdruck der defensiv geführten Militärpolitik, die Tiberius (14–37) entwickelte und die von Claudius (41–54) und Vespasian (69–79) konsequent weitergeführt wurde. Anders als an der Donau oder in Britannien verzichtete man in Niedergermanien auf eine Sicherung des Vorfeldes durch vorgeschobene Militärposten. Man begnügte sich mit einer reinen Verteidigungslinie
und vertraute darauf, daß der Rhein, den man sich in dieser Zeit mit Seitenarmen und 13, 25
versumpften Altwassern gar nicht breit genug vorstellen kann, die rechtsrheinischen Germanen davon abhalten würde, römisches Hoheitsgebiet zu betreten. Besonders augenfällig ist dieses Prinzip der linearen Grenzverteidigung am Limesabschnitt zwischen LVGDVNVM /Katwijk (NL) und CARVIVM /Bijlandse Waard b. Herwen (NL) verwirklicht worden, wo der Abstand der Kastelle untereinander oft nicht mehr als zwei Marschstunden betrug. Diese Konzeption hat fast 250 Jahre lang ihre Wirkung nicht verfehlt, wohl auch deshalb nicht, weil auf der Gegenseite bis zum Frankensturm von 256/257 kein ernsthafter Gegner stand; hätte der Druck von Osten früher eingesetzt, der Niedergermanische Limes wäre auch früher gefallen.

Stadtanlagen

Unsere Vorfahren . . . richteten COLONIAE *ein an Plätzen, die so günstig gelegen waren, um auch nur gegen einen Verdacht von Gefahr Sicherheit zu gewährleisten, so daß diese nicht so sehr Städte Italiens als vielmehr Außenposten ihres Reiches zu sein scheinen.*

Marcus Tullius Cicero (106–43 v. Chr.)

Die öffentlichen Bauten teilen sich in drei Gruppen, von denen die eine der Verteidigung, die zweite der Gottesverehrung, die dritte dem allgemeinen Nutzen dient . . . Anlagen wie Häfen, Marktplätze, Säulenhallen, Badeanlagen, Theater, Wandelgänge und anderes . . . Diese Anlagen müssen aber so gebaut werden, daß auf Festigkeit, Zweckmäßigkeit und Anmut geachtet wird.

Vitruvius Pollio (?) (1. Jahrhundert v. Chr.)

Die Römer haben die *städtische Lebensform* nicht erfunden, aber sie haben das, was sie von griechischen Städtebauern – von Hippodamos aus Milet und seinen vielen Nachfolgern – übernommen haben, weiterentwickelt und zum Prinzip erhoben. Sie hatten das hippodamische Bausystem – die Anlage einer Stadt in schachbrettartiger Anordnung – in den griechischen Städten Unteritaliens kennengelernt und bald auch selbst nachgeahmt; es entsprach ihrem Sinn für Übersichtlichkeit, Symmetrie und Axialität. Gleichzeitig verwarfen sie das Bauprinzip etruskischer Hügel- und Bergstädte, das sie zuerst kennengelernt hatten, und wendeten es nur dort an, wo es unumgänglich war, in gebirgigen Landschaften und dort, wo es – wie z. B. in Nordafrika – gewachsene Städte bereits gab, die an Hängen lagen. Wo es jedoch möglich und sinnvoll war, verlegten sie die Bergstädte der Einheimischen in die Ebene, um dort die eigenen Bauvorstellungen zu verwirklichen – sicher auch der besseren politischen Kontrolle wegen; Beispiele gibt es aus GALLIA BELGICA (AVGVSTA TREVERORVM, das heutige Trier, anstelle einer Treverersiedlung auf dem Titelberg/Luxemburg) oder NORICVM, dem heutigen Österreich (Gründung der Stadt VIRVNVM auf dem Zollfeld bei Klagenfurt anstelle einer Höhensiedlung auf dem Magdalensberg/Kärnten).

Tempel und Agorá – Markt- und Versammlungsplatz und Stätten religiöser und politischer Betätigung – waren schon für die Griechen bestimmende Elemente ihres bürgerlichen Lebens; hinzu kam die wirtschaftliche Funktion der Stadt und das Element des geistig-körperlichen Vergnügens, das sich in Hafen- und Marktanlagen einerseits, in Gymnasien und Theatern andererseits im Stadtbild widerspiegelte. Die Römer haben diesen vorgegebenen Rahmen weiterentwickelt und verschiedene Akzente stärker betont. Sie haben die Städte vor allem in technischer Hinsicht vollkommener gemacht und sie mit Wasserbauten jeder Art ausgestattet: Kanalisationen für Brauch- und Frischwasser, komfortable Latrinen an allen öffentlichen Plätzen, Verteilersysteme, die das oft von weither gebrachte Quellwasser in fast jedes Haus brachten, sowie prachtvoll gestaltete Brunnen und Nymphäen, Architekturfassaden, von denen das Wasser kaskadenartig herunterfiel, um sich in großen Becken zu sammeln. Dazu kam ein ausgeprägter Sinn für Prachtentfaltung und Ausstattungsluxus, reichgeschmückte Gesimse und Fassaden, die Vorliebe für Bogen- und Gewölbekonstruktionen, prachtvolle Säulenstraßen und Wandelhallen, die fast ausschließliche Verwendung des blütenreichen korinthischen Kapitells. Stärker als die Griechen scheinen sie Notwendigkeit und Bedeutung öffentlicher Nutzbauten betont zu haben; neue, rein römische Elemente waren das AMPHITHEATRVM (eigentlich »Rundschauplatz«) und der CIRCVS, die langgestreckte Rennbahn für Roß und Wagen, und die damit verbundene Betonung der Stadt als Stätte öffentlicher Vergnügungen. Klassisch ist die Einteilung der öffentlichen Bauten, wie sie Vitruvius, Architekt in den Diensten Caesars und des Augustus, vorgenommen hat[297]: Bauten der Verteidigung (Stadtmauer, Türme, Tore), der Gottesverehrung (Heiligtümer, Tempel) und des allgemeinen Nutzens (Häfen, Marktplätze, Säulenhallen, Badeanlagen, Theater, Wandelgänge u. a.), und er fügt mahnend hinzu, daß hierbei zu achten sei auf Bauqualität (FIRMITAS »Festigkeit«), Zweckmäßigkeit (VTILITAS »Brauchbarkeit«) und Geschmack (VENVSTAS »Anmut«) – Bauprinzipien, die sicher auch heute noch Gültigkeit haben.

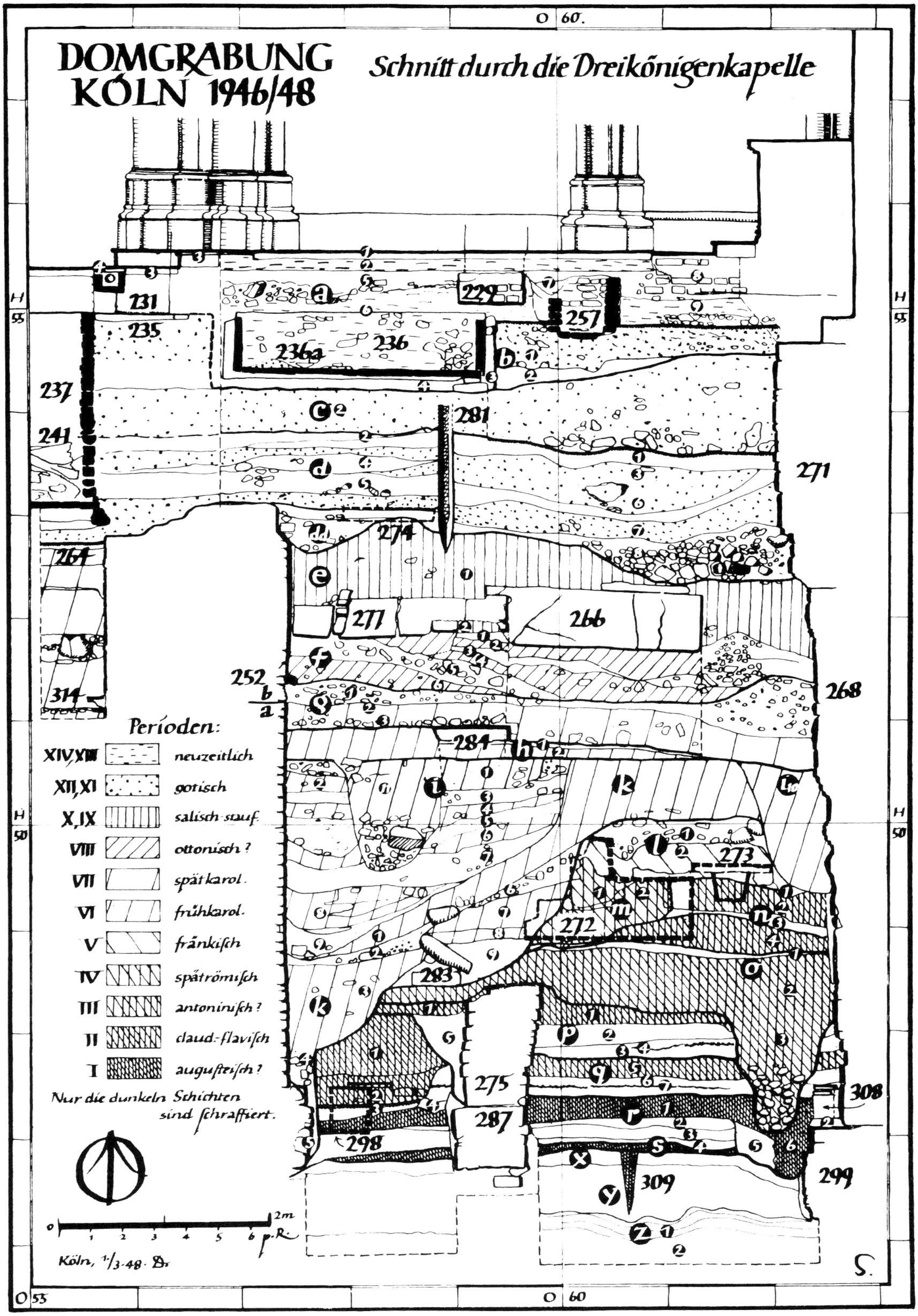

110. Köln, Domgrabung. Schnitt durch die Dreikönigenkapelle (nach O. Doppelfeld).

112. C(olonia) C(laudia) A(ra) A(grippinensium). Inschrift des mittleren Portals des Kölner Nordtores. Um das Jahr 50. Römisch-Germanisches Museum Köln.

Römische Bauvorstellungen sind in der Rheinzone erstmals in der Zeit des Claudius
111 (41–54) verwirklicht worden, als Agrippina – seit 49 Gattin des Kaisers und kurz danach zur AVGVSTA (Kaiserin) gekürt – im Jahre 50 die Entscheidung durchsetzte, im OPPIDVM VBIORVM Legionsveteranen anzusiedeln und diesen Ort zur COLONIA, zur römischen Kolonie, zu erklären[298]. Dahinter stand nicht nur Agrippinas persönlicher Ehrgeiz, sondern vor allem auch die folgerichtige Entwicklung dieses Siedlungsplatzes vom Sitz des militärischen Oberkommandos und Standort des Altars für den Kaiserkult zur Metrópolis der Provinz GERMANIA INFERIOR – zur Hauptstadt Niedergermaniens. Man muß heute in *Köln* tief hinuntersteigen, um das Bodenniveau zu erreichen, auf dem vor 1900 Jahren gebaut worden ist, mehr als 5 m Bauschutt sind es oft, die sich in den nachfolgenden Jahrhunderten auf die römischen Schichten getürmt haben. Eindrucksvoll sind Profilschnitte, die das gesamte »Schichtenpaket« Kölns durchschneiden und hierbei sichtbar machen, wie sehr Geschichte etwas mit jenen Schichten zu tun hat, die sich wie Jahrhundertringe über einen Siedlungsplatz legen, der mehr als 1900 Jahre
110 kontinuierlich bewohnt wird; der Schnitt durch die Dreikönigenkapelle, aufgenommen bei der Domgrabung kurz nach dem Kriege, ist hierfür ein lehrreiches Beispiel.

113 Wer sich heute einen Eindruck verschaffen möchte von Größe und Monumentalität dieser römischen Stadt, nimmt den Weg um ihre Mauern, die mit einer Länge von gut 3900 m ein Areal von 98 ha umschließen. Er beginnt seinen Erkundungsgang auf dem
112 Platz vor dem Westportal des Domes, wo – heute wieder – Teile des einstigen Nordtores stehen, dessen mittlerer Bogen den Stadtnamen C(olonia) C(laudia) A(ra) A(grippinensium) trägt – zu deutsch etwa »Claudische Kolonie, Altar der Agrippinenser«. Er folgt dem Verlauf der Nordfront entlang der Straße, die den bezeichnenden Namen »Burgmauer« trägt, bis zur NW-Ecke, wo der einzige Rundturm der Befestigung noch aufrecht steht. Er biegt nach Süden, erhält am Chor von St. Aposteln, wo Teile der Mauer noch hoch erhalten sind, einen Eindruck von der Gesamthöhe des Bauwerks, die fast 8 m betrug, und gelangt durch den Mauritiussteinweg – entlang der Westmauer – zu den Überresten des SW-Turmes an der »Griechenpforte«. Er folgt dem geschwungenen Lauf der Südmauer, die sich ursprünglich an einem Bachbett entlangzog – hierauf deutet die Straßenbenennung »Alte Mauer am Bach« – und beschließt den Mauer-
115 gang am »Ubiermonument«, einem quadratischen Turm, der gut vierzig Jahre vor der Koloniegründung als Leuchtturm des römischen Rheinhafens errichtet und später in den Mauerring der COLONIA einbezogen wurde; der Baubefund zeigt deutlich, wo die Koloniemauer an den Quaderturm stieß.

113 Die Stadtmauer ist neben dem Statthalterpalast unter dem Rathaus (S. 40 f.) das monumentalste Zeugnis von AGRIPPINA, wie die Stadt damals vorwiegend genannt wurde. Sie umläuft ein Areal, dem – nach hippodamischem Prinzip – ein Raster rechtwinklig sich kreuzender Straßen zugrundeliegt, die im Carrée jeweils eine INSVLA (Häuserblock) umschließen. Die Hauptachsen hießen CARDO und DECVMANVS und waren die

111. Kopf der Agrippina auf einem Sesterz mit der Umschrift AGRIPPINA AVG(usta) GERMANICI F(ilia) CAESARIS, d. h. »Kaiserin Agrippina, Tochter des Germanicus Caesar«. Geprägt 50/54 in Rom.

113. AGRIPPINA/Köln. Plan der römischen Stadt und ihrer Umgebung (nach Deutscher Städteatlas, hrsg. v. H. Stoob).

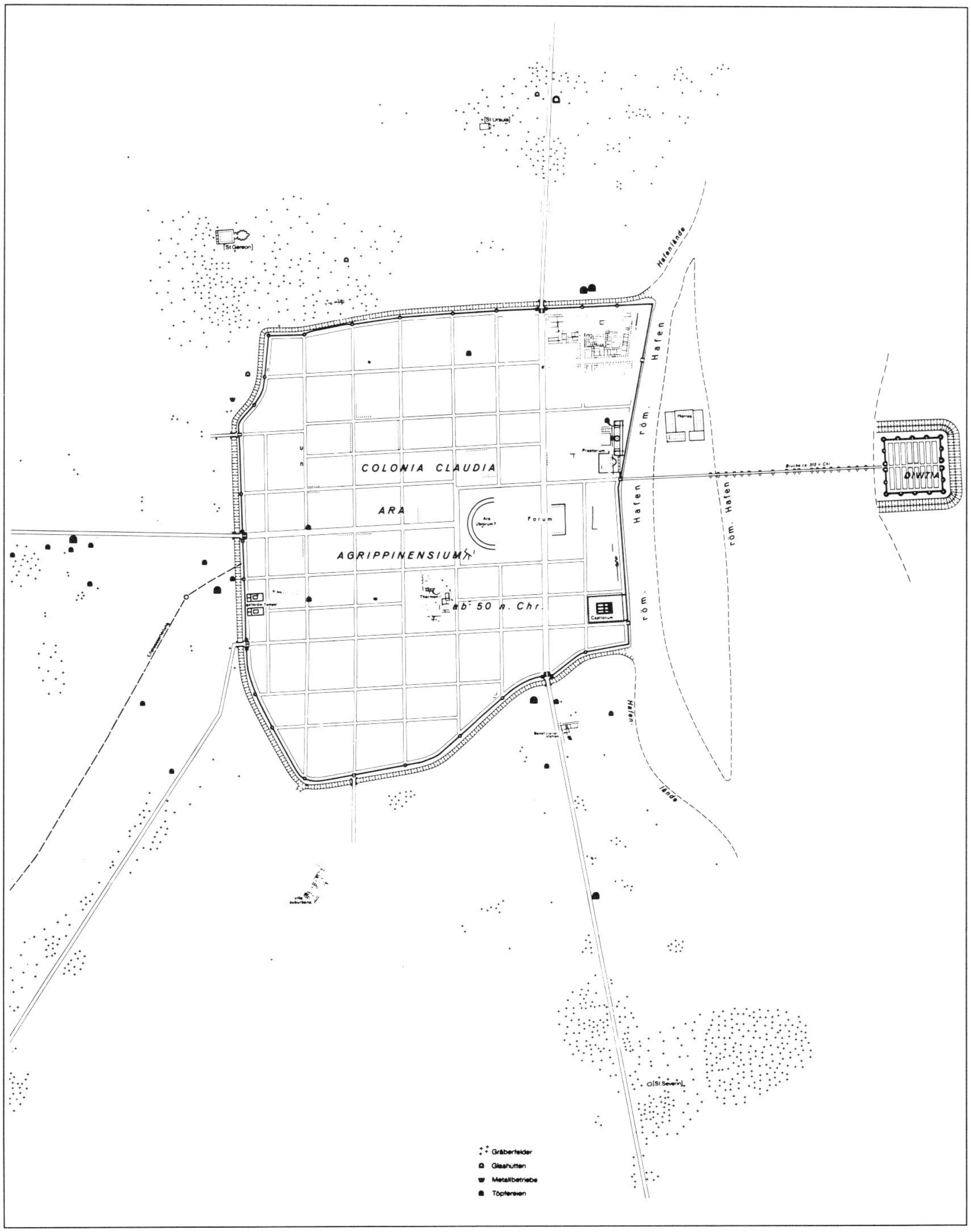

Meßlinien, die das Territorium einer Stadt in vier Rechtecke teilten, bevor mit dem Bau der Mauer begonnen wurde; sie schnitten sich im Bereich des FORVM, dem zentralen Platz der Stadt, der in AGRIPPINA allein sechs INSVLAE umfaßte, an dem Punkt, an dem die GROMA gestanden hatte, das Vermessungsinstrument jener Zeit[299]. Der DECVMANVS, der stets nach Osten gerichtet war, entsprach etwa dem Verlauf der heutigen »Schildergasse« und »Gürzenichstraße«, der CARDO durchlief die Stadt in nord-südlicher Richtung und bestimmte den Lauf der heutigen »Hohe Straße«; alle Straßen scheinen von Säulenkolonnaden gesäumt worden zu sein. Insgesamt gab es neun Tore in der Mauer. Die wichtigsten befanden sich an den Ausfallstraßen nach NOVAESIVM/Neuss (Nordtor, heute westlich des Domes), nach BONNA/Bonn (die Straße heißt hier noch

heute »Hohe Pforte«) und nach AQVAE GRANNI/Aachen (an der SO-Ecke der Kirche St. Aposteln), während das Haupttor im Osten (der Straßenname »Obenmarspforten«
114 hat die Erinnerung daran bewahrt) offenbar über eine Brücke zur vorgelagerten Rheininsel führte. Unter allen Straßen, die zum Rhein hinunterführten, lagen – bis zu 6 m unter dem römischen Bauniveau – mannshohe, gemauerte Kanäle, die Brauch- und Ab-
115 wässer der Stadt direkt in den Rhein leiteten; offenbar wurden die Auslaßöffnungen an der Rheinfront später verengt, um zu verhindern, daß feindliche Angreifer über das Kanalnetz in die Stadt gelangen konnten[300].

Die Stadt, obwohl durch ihr Achsenkreuz streng nach Norden ausgerichtet, hatte ihre Schauseite – wie auch heute – am Rhein. Hier erhoben sich – über Rheininsel und Mauer weithin sichtbar – die Tempelfassade des CAPITOLIVM, die Bauten des FORVM, das – bedingt durch die Führung der Nord-Süd-Achse – nahe an die Rheinfront gerückt war, und der mächtige Architekturkomplex des PRAETORIVM, des Statthalterpalastes. Möglicherweise stand hier auch an herausgehobener Stelle die ARA, der Altar für die Göttin ROMA und den Kaiser, dessen Standort die einen auf der Rheininsel, die anderen im Forumsbereich vermuten – dort, wo ein mächtiges Halbrund von 135 m Durchmesser nach Westen den Abschluß des Forums bildete. Ein weiteres öffentliches Gebäude kennt man im Zentrum der römischen Stadt, wo der Baukomplex der THERMAE (Bäder) das Stadtbild beherrscht haben wird; außerdem sind mehrere Heiligtümer für römische, orientalische und einheimisch-keltische Gottheiten in verschiedenen Teilen der Stadt nachgewiesen worden.

113 Wer den Plan S. 103 aufmerksam betrachtet, kann sich schnell davon überzeugen, wie wenig wir trotz alledem vom Architekturbestand des römischen Köln wissen, das sicher alle Bauten gehabt hat, die eine römische Stadt im Range einer COLONIA – zumal eine Provinzmetropole – erst ausgemacht haben. Dazu gehörten mit Sicherheit die CVRIA (Rathaus), die irgendwo am FORVM lag, vor allem aber auch die klassischen Spielstätten jener Zeit, das THEATRVM, das AMPHITHEATRVM und der CIRCVS, den die Griechen Hippódromos (Pferderennbahn) nannten. Theater und Amphitheater glaubte man nachgewiesen zu haben, doch haben neuere Untersuchungen an den vermuteten Plätzen südlich des Forums bzw. vor der Nordmauer zu negativen Ergebnissen

114. Köln, Budengasse. Römischer Abwasserkanal zum Rhein.

115. Köln. Das sog. Ubiermonument (rechts im Vordergrund) und die angebaute Stadtmauer mit verengtem Kanalauslaß. Blick von Osten.

geführt[301]. Auf der anderen Seite sind Amphitheater und Circus aus bildlichen und schriftlichen Zeugnissen sicher zu erschließen. Auf den CIRCVS deutet der Fund einer Medaille, die auf beiden Seiten den Wagenlenker FILARMATIVS mit seinem Vierge- 165
spann und seinem Starpferd HELIODROMVS (Sonnenläufer) feiert. Indirekt nimmt auch Salvianus, der vermutlich im 5. Jahrhundert in AGRIPPINA geboren wurde, auf die Rennbahn Bezug, wenn er sich beklagt, der CIRCVS fülle sich, während die ECCLESIA (Kirche) sich in gleichem Maße leere[302]. Das Amphitheater läßt sich auf ähnliche Weise auf Grund zweier Weihinschriften an DIANA erschließen, die Göttin des Waldes und der Jagd[303]. Im einen Falle dankt ein CENTVRIO der LEGIO I MINERVIA – offenbar in der Funktion eines VRSARIVS (Bärenfängers) – der Göttin dafür, daß sie ihn heil aus den Wäldern Germaniens zurückkommen ließ, nachdem er innerhalb von sechs Monaten 50 Bären gefangen hatte. Im anderen Falle erfolgte eine ähnliche Weihung, nur war hier nicht von einem Jagderfolg die Rede, sondern davon, daß ein CENTVRIO der LEGIO VI VICTRIX auf seine Kosten das VIVARIVM, das Gehege für Bären und andere Tiere, mit einem neuen Zaun umgab. Beide Militärs, deren Inschriften in Köln gefunden wurden, standen in Diensten des Statthalters, beide Inschriften beziehen sich mit Sicherheit auf das Amphitheater von AGRIPPINA.

Die meisten der rechteckigen INSVLAE sind heute noch leer, und werden es wohl – gemessen an der dichten Besiedlung der Kölner Innenstadt – auch bleiben. Viele der weißen Quadrate waren sicher mit Wohnbauten gefüllt, bedenkt man, daß AGRIPPINA im 2. Jahrhundert nach vorsichtigen Schätzungen zwischen 25–30 000 (H. Borger) und 40–50 000 Einwohner (O. Doppelfeld) hatte – die zweite Zahlenangabe einschließlich der Außenbezirke und Vororte. Bisher ist kein Quartier von Handwerkern und Gewerbetreibenden, sind keine Wohnbauten der breiten Mittelschicht ausgegraben und untersucht worden, die sicher einen wesentlichen Bestandteil der damaligen Stadtbevölkerung gebildet hat.

Wie man wohnte und mit welchem Komfort man sich umgab, wenn man zur obersten Schicht der DECVRIONES (Ratsherren) gehörte, zeigen die Wohnbauten, die man in den letzten 40 Jahren südlich und westlich des Domes gefunden hat. Darunter ist 116
eine Haus- und Gartenanlage von ca. 1 400 qm Grundfläche, die in ihrer Konzeption den Wohnhäusern Kampaniens gleicht, wie man sie aus Pompeji und Herculaneum kennt – ein Haus, das Vorzüge und Merkmale des italischen Atriumhauses mit denen des aus Griechenland stammenden Peristylhauses verband, d. h. man fügte einem Haus mit überdachtem Innenhof und einer Licht- bzw. Regenöffnung im Dach (ATRIVM) in der Achse des Hauses ein PERISTYLVM, einen offenen Säulenhof, an. Das Kölner Hausbeispiel ist fast klassisch zu nennen: Zu den Säulenarkaden, die die Straßen begleiteten, öffneten sich zwei Ladenlokale, die das Haus nach außen abschirmten und damit seinen intimen, nach innen gewendeten Charakter betonten. Zwischen den beiden Läden führte ein schmaler Durchgang – die FAVCES (eigentlich »Schlund«) – direkt in das ATRIVM, den Ort, an dem in früheren Jahrhunderten das Herdfeuer (ATRA) gebrannt hatte, ehe es einen anderen Platz erhielt und durch ein Wasserbecken ersetzt wurde; es folgte das TABLINVM, das »Herrenzimmer«, wo der Hausherr sich aufhielt, seine Gäste und Klienten empfing und von wo man direkt in den Säulenhof mit Garten gelangte. Daß derartige Wohnhäuser auch in nördlichen Breiten errichtet wurden – wie wir gesehen haben, mit Vorliebe auch in Militärlagern (S. 89 ff.) – zeigt nur, wie bestimmend römische Vorstellungen auch im Wohnungsbau waren, selbst dann, wenn ein Haus wie das kampanische für ganz andere und viel wärmere Gegenden konzipiert worden war.

Ähnliches gilt auch für das berühmteste Haus, das der Kölner Boden wieder freige- 117
geben hat: die Peristylvilla mit dem Dionysosmosaik, die sich im Osten direkt an das Atriumhaus anschloß und eine Fläche von mindestens 3 400 qm bedeckte. Es muß die Stadtvilla eines Mannes gewesen sein, der entweder vor den Toren der Stadt viel

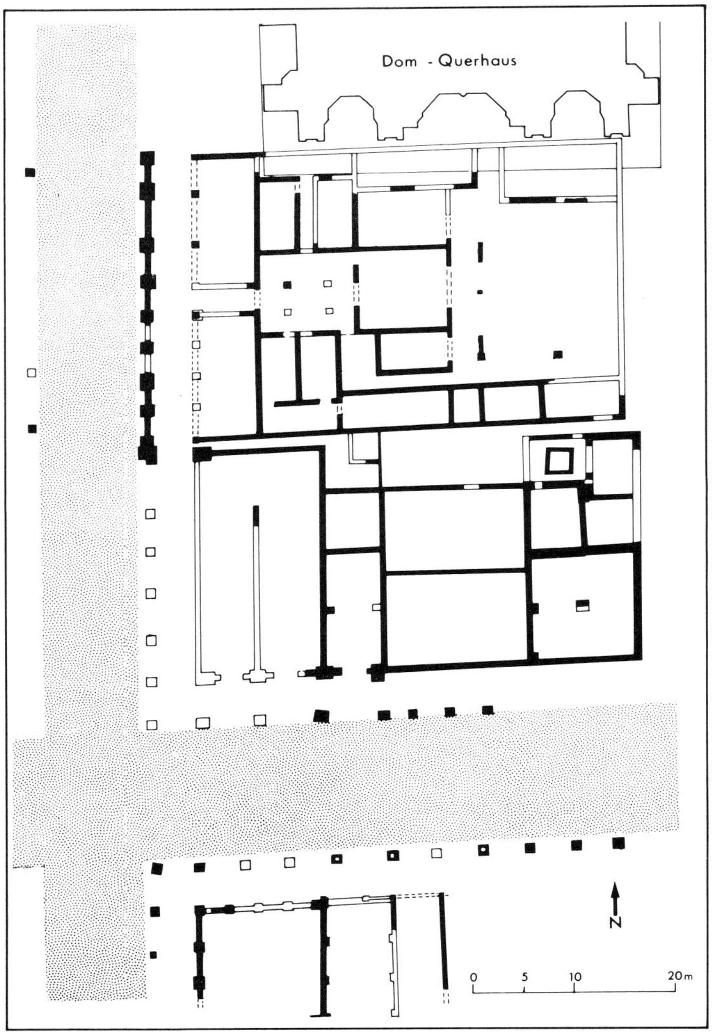

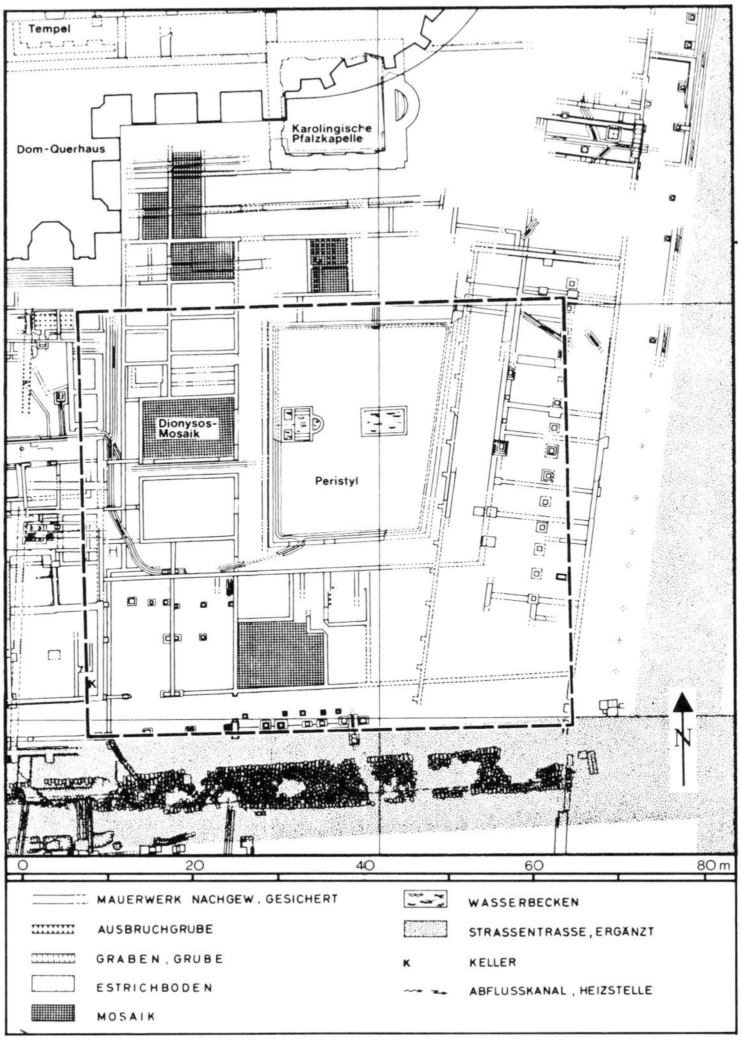

116. Köln, Domsüdseite. Grundriß eines Atrium-Hauses aus der Mitte des 1. Jahrhunderts (nach H. Hellenkemper).

117. Köln, Domsüdseite. Grundriß des Peristylhauses mit dem Dionysosmosaik, auf dem heute das Römisch-Germanische Museum steht (gestrichelte Linie). Nach G. Precht.

Grundbesitz besaß oder im OFFICIVM, der Verwaltung der Provinz, einen hohen Posten bekleidete, wenn es nicht – wie auch vermutet worden ist – sogar das Privathaus des Statthalters war. Mehr als 20 Räume gruppierten sich um einen Säulenhof, der wohl als Garten gestaltet war und zwei Zierbecken besaß. Die Unregelmäßigkeit der Baufluchten im östlichen Gebäudetrakt hat ihren Ursprung darin, daß sich die Villa auf die-
279 ser Seite dem Verlauf der Stadtmauer angepaßt hat. Verschiedene Räume waren mit Mosaikfußböden ausgelegt, darunter drei aneinandergrenzende Zimmer im Nordtrakt.
278 Am bekanntesten ist der schon 1941 entdeckte und heute im Römisch-Germanischen Museum immer noch an seiner ursprünglichen Stelle liegende Mosaikschmuck des zentralen Raumes im Westteil der Villa, der sich zum Peristyl hin öffnet. Man hält ihn für den OECVS, das Speisezimmer des Hauses. Dargestellt ist DIONYSOS, den die Römer BACCHVS oder LIBER genannt haben und viele seiner Begleiter wie Mänaden, Hirten, Satyrn, Panther und der kleine AMOR auf dem Löwen. Der Raum, den das Mosaik schmückte, braucht nicht nur als Speisezimmer gedient zu haben; neuere Überlegungen zu diesem Thema legen es nahe, daran zu denken, daß er auch für religiöse Zusammenkünfte geeignet war, die das Mysterium des Dionysoskultes zum Inhalt hatten[304].

Sehr viel leichter als in Köln findet sich der interessierte Betrachter auf dem Stadtge-
119, biet der ehemaligen COLONIA VLPIA TRAIANA – kurz CVT – zurecht, deren Überreste
120 noch bis vor wenigen Jahren – mit Ausnahme des Amphitheaters – unsichtbar unter Wiesen und Äckern lagen. Die Erklärung hierfür ist einfach. Im Gegensatz zum heuti-
118 gen Köln knüpfte das mittelalterliche *Xanten* nicht an die römische Stadt an, sondern

fand seinen religiösen und städtischen Mittelpunkt weiter südlich im Bereich des spätrömischen Gräberfeldes – dort, wo etwa seit der Mitte des 4. Jahrhunderts eine CELLA MEMORIAE stand, eine Kapelle zur Verehrung jener SANCTI, die der Stadt Xanten den Namen gegeben haben (Xanten = AD SANCTOS, d.h. »zu den Heiligen«)[305]. Dies bedeutete, daß die römische Stadt nach ihrer Zerstörung – wohl um 351/352 – verlassen und nicht wieder aufgebaut worden ist, um dann in der Folgezeit jahrhundertelang als ergiebiger Steinbruch zu dienen.

Man muß schon einen Augenblick innehalten, um sich zu vergegenwärtigen, daß 122
hier durch Jahrhunderte hindurch eine Stadt aus Stein – mit 83 ha Fläche fast so groß wie die Provinzmetropole – verschwunden und buchstäblich in den Boden gesunken ist. Andererseits war der Umstand, daß die Stadt niemals überbaut worden ist, auch ihr Vorteil – zumindest aus unserer heutigen Sicht. Es gibt im ehemaligen Niedergermanien keinen anderen Platz, an dem Planung und Bauausführung einer römischen Stadt – trotz der gemachten Einschränkungen – so gut und im Detail studiert und nachvollzogen werden kann wie in TRAIANA, wie die Stadt im Volksmund hieß, vor allem läßt sich nirgends sonst ein so zusammenhängendes und eindrucksvolles Bild vom Leben, Wohnen und Arbeiten des Durchschnittsbürgers jener Zeit gewinnen wie dort.

Die Stadt war eine Gründung Kaiser Trajans (98–117), bestimmt für Veteranen der 6, 121
niedergermanischen Legionen. Es spricht einiges dafür, daß die hierzu notwendigen politischen Entscheidungen und Maßnahmen bereits kurz nach dem Regierungsantritt

118. Xanten mit dem Dom St. Viktor und einem Teil des Archäologischen Parkes (oben).

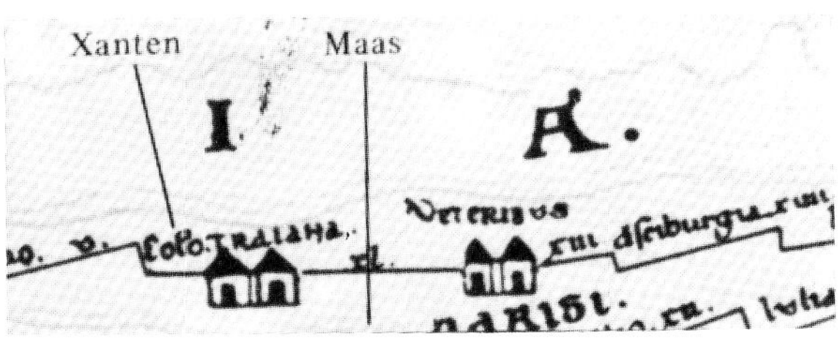

119. COLO(nia) TRAIANA. Bezeichnung der Stadt auf der sog. Tabula Peutingeriana. Vgl. Abb. 85.

120. C(olonia) V(lpia) T(raiana), der abgekürzte Stadtname auf einem Bronzeplättchen aus Houthem-Vogelzang (NL). Vgl. Abb. 42 u. 43.

des neuen Kaisers – im Jahre 98 – getroffen wurden, als Trajan sich noch in AGRIPPINA/ Köln aufhielt (S. 41) und seinen Freund und spanischen Landsmann Lucius Licinius Sura mit der Durchführung beauftragen konnte, der von 97/98–100 niedergermani-
123 scher Statthalter war[306]. Die städtebauliche Konzeption trug ganz ähnliche Züge wie in der Provinzhauptstadt. Es war die gleiche schachbrettartige Anlage, bestehend aus dem Achsenkreuz von CARDO (N-S) und DECVMANVS (W-O) sowie mehr als 30 INSVLAE, von denen die regelmäßig angelegten Vierecke am CARDO und westlich davon annähernd quadratisch waren. Zum Rheinarm hin, an den sich die Stadt im Osten anlehnte, scheint das Grundrißschema nicht in gleicher Konsequenz gehandhabt worden zu sein. Dies hatte seine Gründe einmal in der schrägen Linienführung der östlichen Stadtmauer, zum anderen in der Anlage des OPPIDVM CVGERNORVM (S. 57), das zwischen CARDO und Rheinbett lag und nicht – wie früher angenommen – mit der Errichtung der COLONIA einfach planiert worden war; vielmehr mehren sich die Anzeichen, daß hier zunächst eine Art Altstadt weiterbestand, auf die bei der Neuplanung Rücksicht genommen wurde.

Am Schnittpunkt der beiden Meßachsen lag das FORVM, unmittelbar südlich davon das CAPITOLIVM, der Haupttempel der Stadt, der von Säulengängen umgeben war und der als »Alte Borgh« in spätmittelalterlichen Texten und einer Skizze im Zinsbuch des Xantener Domkapitels erwähnt wird[307]. Ebenfalls nahe des CARDO lag ein kleines Heiligtum, dessen rechteckige Baufluchten vom Stadtraster abwichen – wahrscheinlich, weil es in seinem Ursprung in die Zeit vor der Koloniegründung zurückreicht[308]. Es bestand aus einem Temenos, einem heiligen Bezirk, den eine Mauer umzog, und einem gallo-römischen Umgangstempel, einer Bauform, die für die Verehrung einheimisch-gallischer und germanischer Gottheiten charakteristisch war (S. 227). Ein weiteres Hei-

121. Kaiser Traianus (98–117), der Gründer der Stadt TRAIANA. Von einem Relief der Trajanssäule in Rom, errichtet im Jahre 113.

122. TRAIANA/Xanten. Graben der vollständig ausgebrochenen östlichen Stadtmauer (2) mit Ausbruchsspuren der Lisenen (Wandvorlagen), die einen hölzernen Wehrgang trugen (3), dem erhaltenen Steinfundament eines Innenturmes (ohne Ziffer) und der deutlichen Spur eines Abwasserkanals (1). Ausgrabung 1974, Blick von Süden.

ligtum ist erst in den letzten Jahren freigelegt und im Rahmen des Archäologischen Parkes teilweise rekonstruiert worden – der sog. Hafentempel, von dem man gerne wüßte, 309
wem er geweiht war; bisher gibt es dafür keine Anhaltspunkte[309]. Auch dieser Tempel besaß einen Temenos und war von Mauern und Säulengängen umgeben. Die CELLA, das eigentliche Gotteshaus, stand auf einem mächtigen Podium, zu dem von Süden her eine breite Treppe hinaufführte, je sechs mächtige korinthische Säulen erhoben sich 15 m hoch an der Front- und an der Rückseite des Tempels, je acht Säulen standen zu

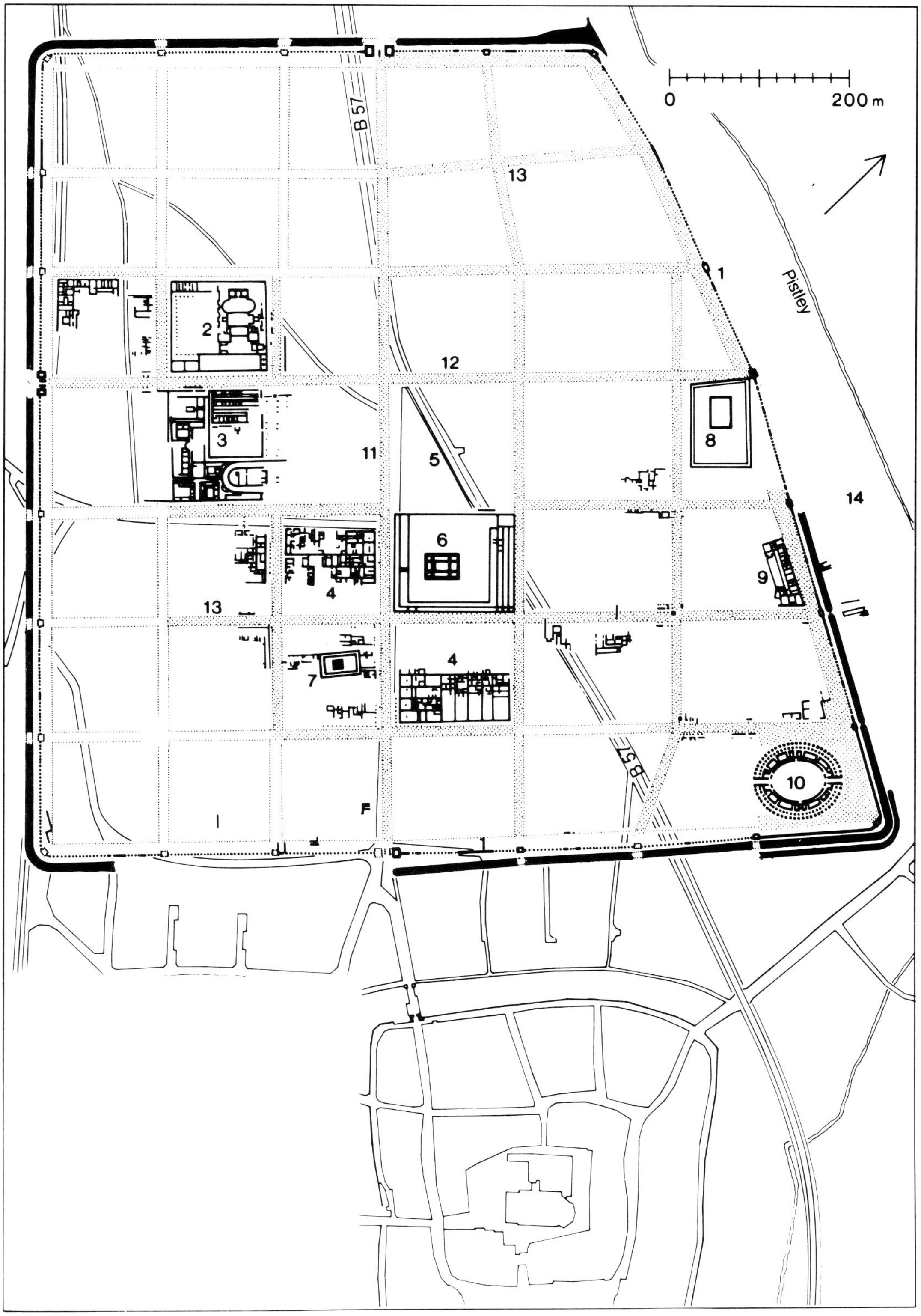

123. TRAIANA/Xanten. Plan der römischen Stadt mit den bis 1980 freigelegten Bauspuren (nach G. Precht).

1. Stadtmauer und Gräben
2. Thermen (überbaut)
3. Palast? (nicht sichtbar)
4. Handwerkerviertel
5. Forum
6. Kapitol (überbaut)
7. Matronentempel (nicht sichtbar)
8. Sog. Hafentempel
9. Haus am Kl. Hafentor
10. Amphitheater
11. Cardo
12. Decumanus
13. Nebenstraßen
14. ehemaliger Hafen

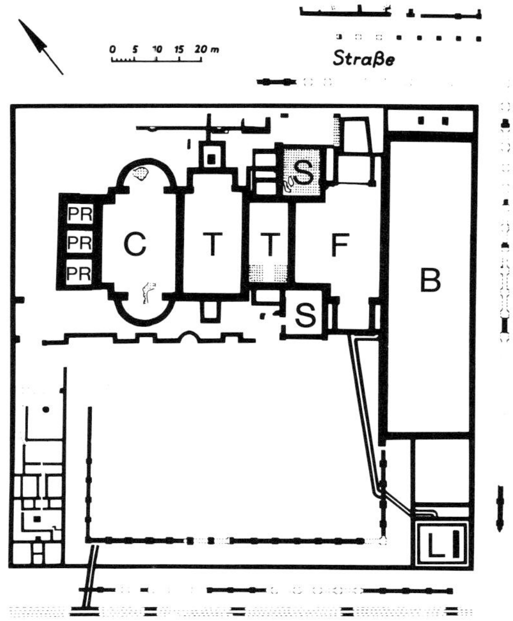

124. Xanten, Thermen. Ausgrabung 1958/59. Blick in das Tepidarium.

125. TRAIANA/Xanten. Grundriß der Thermen (nach H. Hinz).

B Basilica thermarum
F Frigidarium
S Sudatorium
T Tepidarium
C Caldarium
PR Praefurnium
L Latrina

beiden Seiten der CELLA, die das Kultbild enthielt; der Altar befand sich vor dem Tempel. Man hat errechnet, daß der Tempel bis zur Giebelspitze eine Höhe von fast 27 m besaß!

Zu den öffentlichen Bauten gehörten auch die THERMAE (Bäder) und ein palastartiger Baukomplex im Westen der Stadt; beide lagen sich am DECVMANVS gegenüber. Offenbar bedeckte das Palastgebäude zwei INSVLAE. Der Bau war sehr vielgestaltig und gibt noch manche Rätsel auf, vor allem weiß man bis heute keine rechte Erklärung dafür, welche Funktionen er für die Stadt erfüllte[310]. Soviel ist erkennbar: Es handelt sich um eine ganze Reihe von Bauten, die sowohl repräsentativen wie gewerblichen Charakter besaßen. Auffallend ist eine große Apsis von 40 m Breite, die sich nach Osten hin öffnet, vielleicht ein großer festlicher Raum, möglicherweise aber auch eine Gartenanlage. Bemerkenswert sind auch die zahlreichen Architekturfragmente eines weiteren Baues dieser INSVLA, die zu einer repräsentativen Halle gehörten, darunter 6 m hohe Pilaster, Halbsäulen mit korinthischen Kapitellen und bemalten, reichgeschmückten Kranzgesimsen, die aus mehreren profilierten Schmuckleisten bestehen; trotz ihres bruchstückhaften und verstümmelten Zustandes sind diese Architekturteile Zeugnisse für den Ausstattungsluxus, den römische Baumeister selbst in den entferntesten Gegenden des Reiches angewendet haben[311].

125 Der Grundrißplan der THERMAE, deren Überreste heute unter einer mächtigen Betonplatte liegen, bietet dagegen keinerlei Interpretationsschwierigkeiten. Der Komplex der städtischen Bäder bedeckte eine Fläche von 106 × 107 m und bestand im Ostteil aus einer Folge hintereinander angeordneter Badesäle, deren Temperaturen sich allmählich steigerten[312]. Der TRAIANENSIS, der Bürger von TRAIANA, betrat das Bad vom DECVMANVS her und kam in eine große Querhalle – die BASILICA THERMARVM –, wo er seine TESSERA (Eintrittsmarke) löste und seine Kleider ablegte; wie die Ausgrabungen in den Jahren 1957–59 ergaben, bestand der Boden aus Holzdielen. Folgte er den Anweisungen seines Arztes, begab er sich zunächst durch alle Säle in das CALDARIVM, ein Dampfbad mit feucht-warmer Luft, kenntlich an den beiden Apsiden der Schmalseiten, die große Wasserbecken enthielten. Hier, wo die Hitze in unmittelbarer Nähe der drei seitlich angesetzten Heizräume (PRAEFVRNIA) am größten war, nahm er, um die Poren der Haut zu öffnen, zunächst ein heißes Bad, wechselte dann in eines der beiden
124 TEPIDARIA, zwei lauwarme Räume, die seitlich beheizt wurden und als Wärmeschleu-

sen dienten, und kam schließlich in das FRIGIDARIVM (Kaltwasserbad), um sich mit einem kalten Bad zu erfrischen. Stand ihm der Sinn danach, konnte er die Prozedur wiederholen oder aber in einem der beiden SVDATORIA, die an das FRIGIDARIVM angrenzten, eine Schwitzkur machen, ehe er sich – wieder angekommen in der großen Halle – einem Masseur anvertraute, um sich durchkneten und salben zu lassen. Wahrscheinlich mußte er jedoch dafür die PALAESTRA (Sportplatz) im Westteil der Anlage überqueren, um zu einer Reihe von Räumen zu gelangen, wo u. a. die Geräte eines Arztes gefunden wurden. Der offene Platz der PALAESTRA war auf drei Seiten von Säulengängen umgeben, den Abschluß auf der vierten Seite bildete eine Architekturfassade, die die wenig attraktive Außenansicht des Badetraktes geschickt verdeckte.

Alle Heiß- und Warmwasserräume besaßen Hypokaustheizungen (das Wort kommt aus dem Griechischen und bedeutet »darunter brennen«). Gemeint ist eine kombinierte Fußboden- und Wandheizung, die folgendermaßen funktionierte: Von einem Heizkanal (PRAEFVRNIVM), wo ein Holzfeuer brannte, gelangte heiße Luft unter die steinernen Fußböden der Räume, die auf rechteckigen oder runden Ziegelstützen ruhten, und stieg dann in den Wänden auf, deren Innenverkleidung aus Hohlkacheln (TVBVLI) bestand; durch das freie Zirkulieren der Luft erreichte man so eine gleichmäßige Erwärmung der Räume. Hypokaustziegel und Hohlkacheln sind bei den Ausgrabungen in großer Zahl gefunden worden, desgleichen Reste der Marmorverkleidung und der Bodenfliesen, die auch hier auf einen gewissen Luxus in der Ausstattung schließen lassen. Bleibt noch zu erwähnen, daß sich seitlich der Eingangshalle, direkt an einer Straßenkreuzung, eine große Gemeinschaftslatrine befand; zum Spülen diente das verbrauchte Wasser aus dem Badetrakt, das mit leichtem Gefälle durch die LATRINA und dann über den Hauptsammler des DECVMANVS nach Osten in den Rhein geleitet wurde – man sieht: auch die Praxis, Abwässer ungeklärt dem Rhein zuzuführen, hat ihre Tradition!

Einer der eindrucksvollsten Bauten von TRAIANA wird das Amphitheater gewesen sein[313]. Es wurde nach 1933 als vermutliche »Burg Siegfrieds« – so zumindest damals die offizielle Version – ausgegraben und ist in Niedergermanien der einzige Bau seiner Art, der vollständig freigelegt worden ist. Das AMPHITHEATRVM ist eine rein römische Architekturschöpfung, der Überlieferung nach dadurch entstanden, daß man zur Abhaltung von Tierhetzen und Gladiatorenkämpfen zwei aus Holz gebaute Theater auf einer Drehvorrichtung so aneinanderschob, daß ein ovales Rundum-Theater entstand. Gegenüber dem größten Bauwerk dieser Art, dem COLLOSSEVM in Rom, das etwa 50000 Sitzplätze besaß, war das Amphitheater von TRAIANA mit Platz für 10–12000 Zuschauer ein Stadion mittlerer Größe. Seine Proportionen waren von vornherein so gewählt, daß nicht nur die Stadtbevölkerung – sie wird auf etwa 15–20000 geschätzt – darin Platz fand, sondern auch die Bewohner des Umlandes, wenn sie zu bestimmten Anlässen in die Stadt kamen, sei es, um die Märkte zu besuchen, vor Gericht zu gehen, Verwaltungsangelegenheiten zu klären oder einfach, weil »Festspielzeit« war.

Der eigentliche Kampfplatz, die sandbestreute ARENA, besaß ovale Form und hatte die Maße 48 × 60 m. Er war von einer mehr als 2 m hohen Brüstung umgeben und besaß zwei rampenartige Zugänge. Hinter der Brüstungsmauer verlief – für die Zuschauer nicht sichtbar – ein überwölbter Gang, an dem die Tierkäfige (CARCERES) lagen und wo Kämpfer und Personal ihre Räume hatten; durch Pforten in der Arenamauer traten die Akteure ins Freie. In der ersten Bauphase kurz nach der Koloniegründung verfügte man sogar über eine Hebebühne, die sich in einem Keller unterhalb der Arena befand und mit deren Hilfe man Tiere und Kulissen auf die Bühne brachte und wieder verschwinden ließ; solche Theatereffekte waren sehr beliebt. Es sieht so aus, als habe man anfangs die Tiere durch den Keller in die Arena gebracht und erst in einer zweiten Bauperiode – gegen Ende des 2. Jahrhunderts – die Tierkäfige hinter der Brüstungsmauer gebaut. Zum gleichen Zeitpunkt ist auch die CAVEA, das terrassenförmig aufsteigende Zuschauerrund, neu gestaltet worden. Ursprünglich bestanden die Tribünen aus einer Holzkonstruktion, die auf einem dreifachen Ring aus starken Pfosten ruhte. Gegen Ende des 2. Jahrhunderts setzte man massive Steinpfeiler an ihre Stelle und errichtete die steinernen Sitzstufen der CAVEA über einem kunstvollen System von Pfeilern, Bögen und Tonnengewölben. Der Traianenser betrat sein Amphitheater durch eines der hohen, gewölbten Portale, durchschritt einen Gang, das VOMITORIVM, dessen Tonnenwölbung sich zur Arena hin allmählich senkte, und betrat die CAVEA durch eine Pforte oberhalb der dritten Sitzstufe. Der Bau, dessen Außenmaße 87,50 × 99 m betrugen, war von einer Mauer umschlossen, die gut 10 m hoch war und deren kompakte Fassade durch die zahlreichen portalartigen Eingänge die notwendige architektonische Gliederung erhielt. Gladiatorenkämpfe werden hier – tief in der Provinz – nur selten stattgefunden haben, und wenn, dann war es mehr eine Schau als blutiger Ernst. Ausdrücklich bezeugt sind VENATIONES, Tierhetzen und gestellte Jagden, zu denen die VRSARII (Bärenfänger) in die Wälder Germaniens zogen, um die Tiere lebend zu fangen. Ähnlich wie die beiden Unteroffiziere aus AGRIPPINA (S. 105) hatte auch der inschriftlich bezeugte Cessorinius Ammausius offenbar allen Grund, seinem Gott – in diesem Falle SILVANVS – zu danken, daß er mit heiler Haut davongekommen war[314].

126 Ein Großteil der INSVLAE am CARDO und im Ostteil der Stadt war von kleinteiligen Wohnbauten bedeckt; hier lebten Handwerker und Gewerbetreibende[315]. Besonders charakteristisch ist das Handwerkerviertel in der INSVLA 27 (die Zählung ist modern). Ursprünglich scheint jedes dieser Viertel in Grundstücke von etwa 14 × 54 m parzelliert worden zu sein; offenbar entsprachen in TRAIANA diese 750 qm der Militärprämie (PRAEMIA MILITIAE), die der Legionsveteran mit seiner Entlassung vom Kaiser erhielt. Die INSVLA bestand wahrscheinlich – nur der südliche Teil ist ausgegraben – aus etwa 20 Parzellen, getrennt durch Grundstücksmauern und mit den Schmalseiten zur straßenseitigen PORTICVS (Laubengang) hin ausgerichtet, die – als Holzkonstruktion auf Steinpostamenten – das ganze Viertel umschloß. Eine strenge Bauordnung sorgte offenbar dafür, daß die Frontseiten dieser »Reihenhäuser« einheitlich gestaltet waren. An der Portikusseite stand auch das eigentliche Haus, unten meist ein großer Arbeits- und Verkaufsraum, darüber Wohn- und Schlafräume. Größere Vielfalt herrschte dagegen bei der Gestaltung der dahinterliegenden Höfe, die sich im wesentlichen nach dem jeweiligen Gewerbe oder Handwerk richtete. So fanden sich gewerbliche Öfen in fast allen untersuchten Häusern dieses Viertels, wo Bronzeschmied, Metzger, Bäcker oder Bierbrauer nicht nach »Zünften« geordnet, sondern offenbar friedlich nebeneinander ihre Produkte herstellten. Man hat des weiteren in den Höfen schuppenartige Anbau-

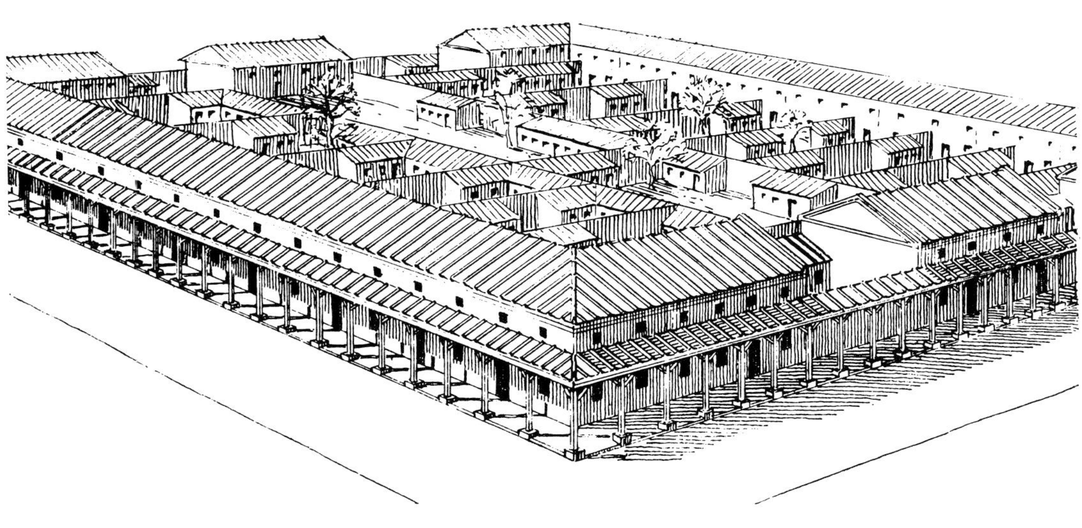

126. TRAIANA/Xanten. Rekonstruktionsversuch eines Handwerkerviertels (nach C. B. Rüger).

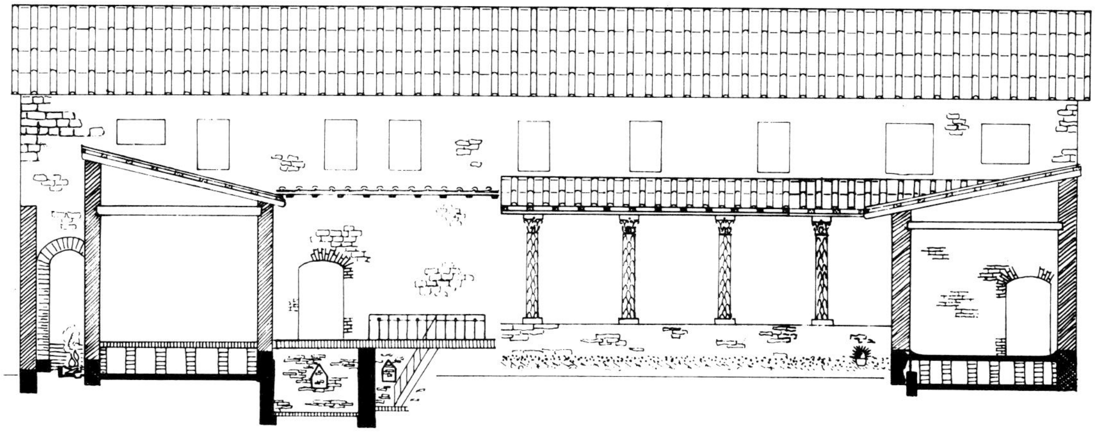

127. TRAIANA/Xanten. Rekonstruktionsschnitt des »Portikus-Hauses« (nach U. Heimberg).

ten, Brunnen, Wasserbecken und Toiletten gefunden, außerdem wird ein Teil der Flächen als Gärten genutzt worden sein. Einzelne Häuser ließen einen gewissen Wohlstand erkennen, ablesbar an Fußbodenheizungen, dem Gebrauch von Fensterglas, Architekturresten, mit denen vielleicht die Eingänge geschmückt waren, sowie Fragmenten von Wandputz, die verdeutlichen, daß manche Räume mit farbigen und figürlichen Motiven bemalt waren.

Komfortable, fast villenartige Wohnbauten lagen offenbar im Westen der Stadt, der 127
– laut Vitruvius – wohl immer schon als beste Wohngegend galt[316]. Hier lag die »Sonnenseite« der Stadt, außerdem sorgten westliche Winde dafür, daß die Gerüche der zahlreichen Betriebe am CARDO und in der »Altstadt« die feineren Viertel an der westlichen Stadtmauer nicht behelligten. Im Jahre 1971 sind in der heute so genannten INSVLA 3 vier stattliche Wohnhäuser freigelegt worden, zwar auch als Reihenhäuser aneinandergesetzt, um zur Straßen- und Portikusseite ein einheitliches Bild abzugeben, im Innern jedoch wesentlich freizügiger und komfortabler gestaltet und als reine Wohnbauten mit Säulenhöfen und Gartenanlagen ausgestattet. Besonders stattlich war das Haus, das die prosaische Bezeichnung »A« trägt. Im vorderen Teil bestand es aus 5 oder 6 Räumen, von denen sich die mittleren auf eine Veranda hin öffneten. Besonders charakteristisch sind die beiden turmartigen Eckbauten, die diese PORTICVS einfaßten; beide besaßen Fußbodenheizungen und dienten wohl als Bäder. Eine ganz ähn- 191,
liche Bauweise – Haupttrakt mit nach außen vorspringenden, turmartigen Eckbauten 192
(sog. Eckrisaliten) und einer überdachten PORTICVS als Veranda – war auch auf dem Lande üblich, wo das Wohnhaus einer VILLA RVSTICA, eines Landgutes, in Niedergermanien fast immer diese Bauform hatte (S. 158 ff.). Es scheint, als sei der Architekt vom Besitzer dieses Hauses aufgefordert worden, einen Hausentwurf zu verwirklichen, der den Herrenhäusern auf dem Lande ähnlich sei. Er löste diese Aufgabe sehr geschickt, indem er, um den städtischen Bauvorschriften zu genügen, die ein einheitliches Bild nach außen verlangten, die eigentliche Ansichtsseite des Hauses zur Rückfront machte, d. h. den ländlichen Wohnbau einfach umdrehte.

AGRIPPINA und TRAIANA waren dem Rang nach COLONIAE, jedoch keine eigentlichen Neugründungen in der ursprünglichen Bedeutung dieses Titels (S. 46), denn in beiden Fällen bestand bereits eine stadtähnliche Besiedlung, als der Gründungsakt vollzogen, das neue Stadtgebiet abgesteckt und die Meßgrundlinien gezogen wurden. Unter ähnlichen Voraussetzungen vollzog sich auch der Werdegang der beiden MVNICIPIA, die es in Niedergermanien gegeben hat, nur verlief die Entwicklung zur Stadt nach römischem Muster sehr viel langsamer. MVNICIPIA waren Städte, die bereits existierten, als sie dem römischen Herrschaftsbereich eingegliedert wurden, und insofern waren VLPIA NOVIOMAGVS/*Nijmegen* (NL) und AELIVM (AVRELIVM?) CANNA-

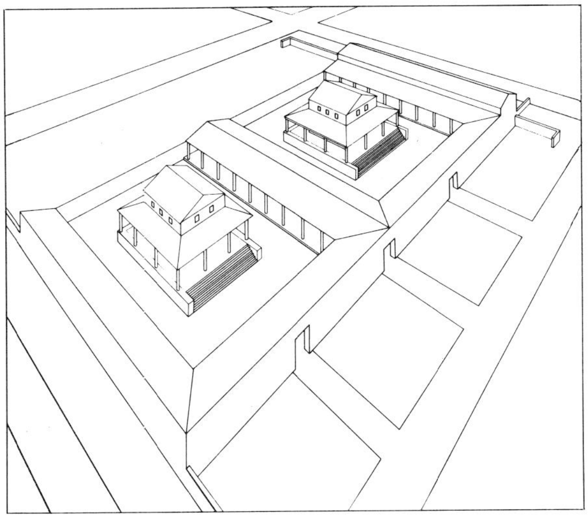

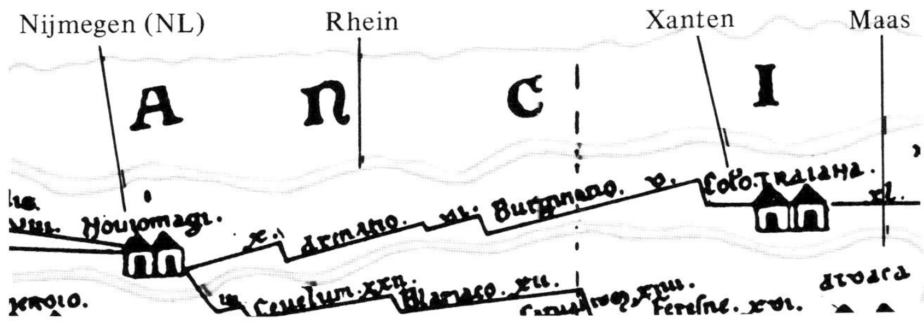

NEFATIVM/ *Voorburg-Arentsburg* (NL), das auch FORVM HADRIANI hieß, MVNICIPIA im echten Sinne.

129 Die Entwicklung beider Ansiedlungen verlief ähnlich. VLPIA NOVIOMAGVS, der
130 Hauptort der BATAVI und ihrer CIVITAS, entstand wohl aus einer Händlersiedlung am Südufer der Waal, etwa 2,5 km westlich des Legionslagers auf dem Hunerberg[317]. Anfangs trug der Ort wohl noch den alten Namen BATAVODVRVM, den er unter Trajan (98–117) mit der Verleihung des IVS NVNDINARVM (Recht der Wochenmärkte) gegen die Bezeichnung VLPIA NOVIOMAGVS BATAVORVM vertauschte, was soviel bedeutete wie »Ulpischer Neumarkt der Bataver«. Im Besitz dieses Rechtes wird die Siedlung im Laufe des 2. Jahrhunderts Stadtcharakter bekommen haben. Wann sie ihr Stadtrecht und damit den Rang eines MVNICIPIVM erhalten hat, ist ungewiß, frühestens geschah dies unter Antoninus Pius (138–161) oder Marcus Aurelius (161–180), spätestens unter den severischen Kaisern (bis 235). Im Jahre 227 – das geht aus der Altarweihe eines
38 DECVRIO (Ratsherrn) hervor – war NOVIOMAGVS Stadt und nannte sich schlicht MVNICIPIVM BATAVORVM; auch auf zwei weiteren, aber undatierten Altären trägt die »Stadt der Bataver« diesen Namen, der wohl mit den Initialen M A B oder einfach MB abgekürzt wurde[318].

Der CIVITAS-Hauptort des westlichen Nachbarstammes – der CANNANEFATES –
40 hieß zunächst FORVM HADRIANI (Hadriansmarkt), d. h. der Ort wird von Kaiser Hadrian (117–138) das Recht bekommen haben, Wochenmärkte abzuhalten[319]. Die Erhebung zum MVNICIPIVM AELIVM (oder AVRELIVM) CANNANEFATIVM – abgekürzt MAC – muß vor 162 vollzogen worden sein, d. h. entweder Aelius Antoninus Pius (138–161) oder Marcus Aurelius (161–180) haben diesen Akt vorgenommen und der Stadt ihren Familiennamen gegeben. Aus dem Jahre 162 gibt es nämlich einen Meilenstein, der zu Beginn des 16. Jahrhunderts in Monster oder Naaldwijk – etwa 12 km südlich von Voorburg-Arentsburg – gefunden wurde und den Stadtnamen in abgekürzter Form nennt. Daneben blieb der alte Name FORVM HADRIANI bestehen, der sich auf Inschriften des 3. Jahrhunderts ebenso findet wie auf der römischen Straßen- und Tou-
85 renkarte, der »Tabula Peutingeriana«, die den Namen Konrad Peutingers (1465–1547) trägt und wohl auf ein Original des 3. oder 4. Jahrhunderts zurückgeht.

Von beiden Städten wissen wir nicht viel. Auf dem ehemaligen Landgut *Arentsburg bei Voorburg* – östlich von Den Haag – ist im 18. Jahrhundert und zu Beginn des 19. Jahrhunderts gegraben worden[320]. Schon der erste Ausgräber – C. J. C. Reuvens – hat vermutet, daß hier FORVM HADRIANI lag. Dagegen glaubte J. H. Holwerda, der zwischen 1908 und 1915 an diesem Platz grub, fest daran, ein Militärlager, und zwar

128. NOVIOMAGVS/Nijmegen (NL). Rekonstruktion zweier gallo-römischer Umgangstempel (nach J. E. Bogaers).

129. NOVIOMAGI. Bezeichnung der Stadt VLPIA NOVIOMAGVS/Nijmegen (NL) auf der sog. Tabula Peutingeriana. Vgl. Abb. 85.

130. Teil einer Grabinschrift aus Rom mit der Herkunftsangabe VLP(ia) NOVIOMAG(o), d. h. »aus Ulpia Noviomagus«. Gipsabguß im Rijksmuseum G. M. Kam Nijmegen (NL).

einen Flottenstützpunkt, gefunden zu haben, der an der FOSSA CORBVLONIS lag. Soviel 86
ist richtig davon: Der Platz, den J. H. Holwerda ausgegraben hatte, lag am Kanal, den der Statthalter Domitius Corbulo im Jahre 47 zwischen Rhein und Maas hatte bauen lassen, aber es war kein Militärstützpunkt, der hier errichtet wurde, sondern eine Zivilsiedlung, die den Namen FORVM HADRIANI trug. Die Grundrisse, die J. H. Holwerda veröffentlicht hat, sind verwirrend und widersprüchlich, und J. E. Bogaers hat das Verdienst, hier einiges zurechtgerückt zu haben. Er nimmt an, daß es hier schon um die Zeit, als die FOSSA CORBVLONIS angelegt wurde, eine einheimische Siedlung der CANNANEFATES gab, die nach dem Bataveraufstand (nach 70) einen solchen Aufschwung nahm, daß sie zum Hauptort der CIVITAS wurde und unter Hadrian das Marktrecht erhielt. Das Areal der Stadt wird auf 11 ha und mehr geschätzt, d. h. FORVM HADRIANI war eine vergleichsweise kleine Stadt. Es gibt Überreste großer Steinbauten, die alle etwa die gleiche Richtung haben und auf eine regelmäßige Anlage schließen lassen, außerdem einen Bereich mit Holzbauten, die J. H. Holwerda einem Flottenlager zurechnete, die jedoch keinen Zusammenhang ergeben. Das Siedlungsareal war im Norden, Osten und Westen von Mauer und Gräben umgeben, die u. a. auf Grund von militärischen Ziegelstempeln wohl in severischer Zeit angelegt wurden; auf der Südseite lehnte sich die Stadt an die FOSSA CORBVLONIS an, die der heutigen Vliet entspricht.

Aus dem ehemaligen MVNICIPIVM BATAVORVM im Westteil der heutigen Stadt *Nijmegen* sind wenigstens einige Gebäude bekannt[321]. Die Bataverstadt war größer als die der CANNANEFATES und bedeckte eine Fläche von ca. 40 ha. Ob sie ummauert war, wissen wir nicht, zumal große Teile der römischen Stadt von der Waal im Mittelalter weggerissen wurden, als der Fluß sein Bett nach Süden verlagerte; eine Wiedergabe Nijmegens aus der Zeit um 1560 zeigt, daß die Uferlinie allein in 420 Jahren um 75–100 m nach Süden zurückgewichen ist. Bekannt sind vor allem zwei größere Baukomplexe, die zwar relativ weit auseinanderliegen, aber die gleichen Fluchten haben, d. h. sie gehören zu einem Stadtbild, das nach einem einheitlich rechtwinkligen Raster ausgelegt war. Das erste Bauwerk war ein Doppelheiligtum – zwei gallo-römische Um- 128
gangstempel ähnlich wie in AGRIPPINA und TRAIANA, umgeben von Temenosmauern und Säulengängen jeweils auf drei Seiten, dazu eine Reihe von Räumen, die an der Nordostseite lagen. Der gesamte Komplex bedeckte eine Fläche von 40 × 90 m und ist 1920/21 unter sehr schwierigen Bedingungen ausgegraben worden. Der zweite Bau ist nicht so sicher zu bestimmen. Die Untersuchung ist schon 1834 vorgenommen worden und ergab drei Mauerzüge, die parallel bzw. rechtwinklig zueinander standen und ein Areal von ca. 60 × 90 m zu umgrenzen schienen. Kennzeichnend waren die flachen und zurückspringenden Nischen der beiden rechtwinklig aufeinander zulaufenden Mauern, die an Architekturfassaden erinnern, wie sie – in der Funktion einer Scheidemauer – u. a. in den Thermen von TRAIANA nachgewiesen wurden (S. 110 f.); auch in 125
NOVIOMAGVS spricht einiges dafür, daß diese stark fundamentierten Mauerzüge zu einem Badegebäude gehörten.

Es wird nicht recht deutlich, warum CIVITAS-Hauptorte wie die der BATAVI und CANNANEFATES rechtlich zu MVNICIPIA erhoben wurden und andere – wie die der TVNGRI und SVNVCI – diesen Titel nicht erhielten. In ihrem äußeren Erscheinungsbild werden sie sich kaum unterschieden haben, denn sowohl für die Tungrerstadt – ADVATVCA TVNGRORVM/Tongeren (B) – wie für den wahrscheinlichen Stammesmittel- 131
punkt der SVNVCI – AQVAE GRANNI/Aachen – sind ein regelmäßiges Straßenraster und 133
typische römische Bauten bezeugt. Rechtlich galt eine solche Ansiedlung als VICVS, ein Wort, das seiner Bedeutung nach alles von der Kleinstadt bis zum Stadtviertel umfassen konnte und in den Provinzen Germaniens und Galliens als häufigste amtliche Bezeichnung einer Siedlung gebraucht wurde, die weder COLONIA noch MVNICIPIVM war –

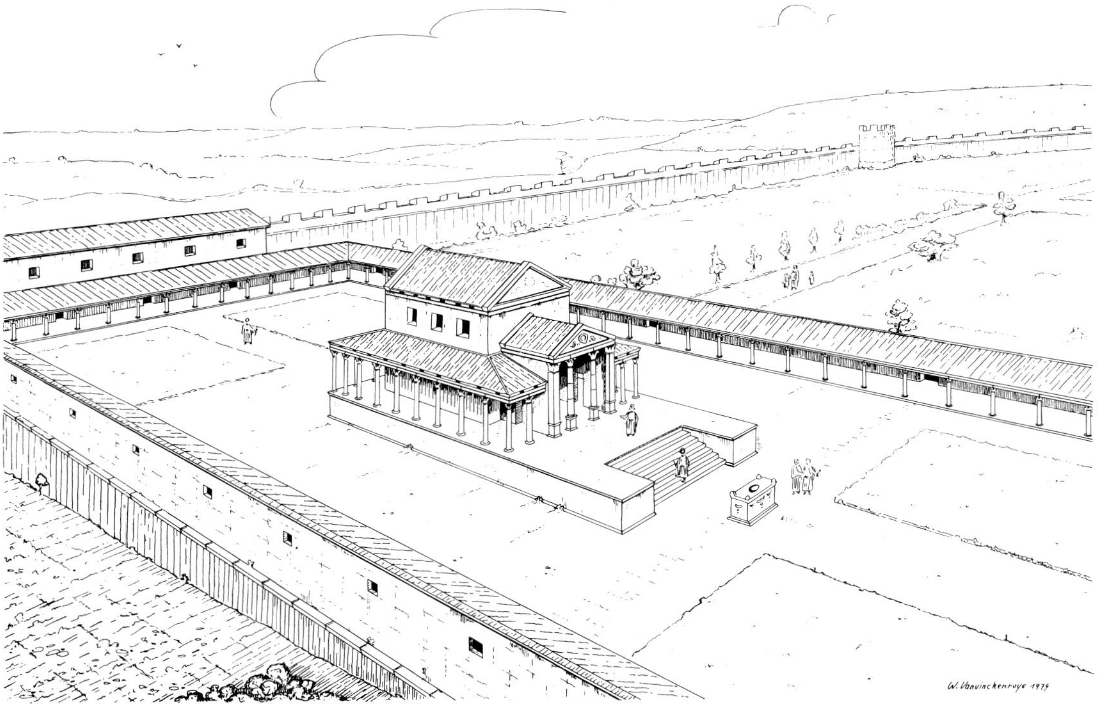

132. ADVATVCA TVNGRORVM/Tongeren (B). Gallo-römischer Tempelkomplex am Nordrand der Stadt (nach W. Vanvinckenroye). Vgl. Abb. 294.

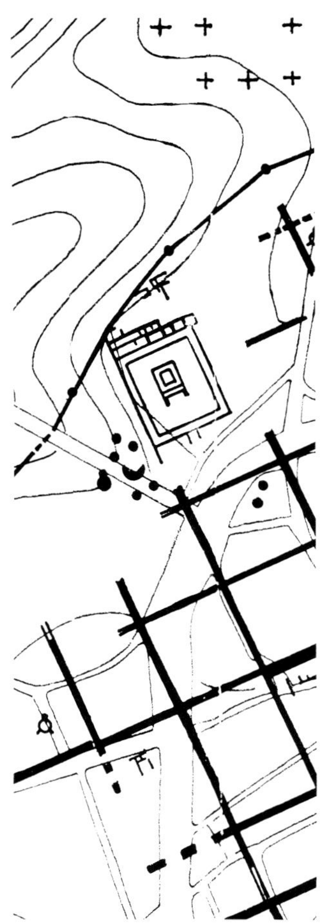

131. ADVATVCA TVNGRORVM/Tongeren (B). Ausschnitt des Planes der römischen Stadt mit dem Grundriß eines gallo-römischen Heiligtums (nach W. Vanvinckenroye).

ganz gleich, ob sie dörflichen oder städtischen Charakter trug[322]. Soweit wir wissen, scheint es jedoch so zu sein, daß der Begriff CIVITAS (Stammesgemeinde) im Laufe des 2. Jahrhunderts immer mehr die Bedeutung »Stadt« annahm und bald eine ähnliche Qualität wie MVNICIPIVM besaß. In diesem Sinne sind die für ADVATVCA TVNGRORVM bezeugten Magistrate – ein AEDIL(is) C(ivitatis) T(ungrorum) und ein BULEUTA CIVITATIS TVNGRORVM, d. h. ein »Polizeichef« und ein »Ratsherr« (BULEUTA ist das griechische Wort für DECVRIO) – als Angehörige der örtlichen Selbstverwaltung anzusehen, deren Organisation offenbar eine ähnliche Struktur besaß wie Kolonien und Munizipien; die gleiche Bedeutung hat CIVITAS auch in anderen Fällen, wenn z. B. die Stadt TRAIANA in Inschriften des 2. Jahrhunderts als CIVITAS TRAIANENSIS (Trajansstadt) bezeichnet wird[323].

Die ältesten römischen Spuren im heutigen *Tongeren* (B) weisen in die Zeit des Augustus[324]. Möglicherweise – so wird angenommen – befand sich hier etwa seit 15 v. Chr., d. h. vor Beginn der Germanenkriege, eine militärische Etappen- und Nachschubbasis, deren Terrain eine Fläche von ca. 80 ha umfaßte; zahlreiche Fragmente von Terra sigillata – einer aus Mittelitalien und Südgallien importierten rotglänzenden Keramik, deren Vorhandensein vor allem in der frühesten Kaiserzeit immer auf die Anwesenheit römischen Militärs deutet – sind hier, über die ganze Fläche verteilt, gefunden worden. Das Schachbrettraster, das die Stadt auch hier in rechteckige INSVLAE zerlegte, scheint auf die Zeit des Claudius (41–54) zurückzugehen, als ADVATVCA TVNGRORVM zu einem ansehnlichen VICVS und wichtigen Straßenknotenpunkt geworden war. Das Frag-
216 ment eines ITINERARIVM, einer achteckigen Säule aus Basalt, auf der die wichtigsten Straßen im nördlichen Gallien und zum Rhein mit einzelnen Stationen eingemeißelt waren, ist in Tongeren an einem der Stadttore gefunden worden und unterstreicht die Bedeutung der Stadt als Verkehrsknotenpunkt (S. 175f.)[325]. Stadtcharakter erhielt die Siedlung jedoch erst zu Beginn des 2. Jahrhunderts – vielleicht unter Trajan (98–117) –, als das Siedlungsareal von einer 4 544 m langen Mauer umgeben wurde; weite Partien dieser Mauer sind heute noch im Stadtbild Tongerens sichtbar, das damals viel größer war als heute und erst in unserer Zeit begonnen hat, über die alte Begrenzung wieder hinauszuwachsen.

133. AQVAE GRANNI/ Aachen. Links: Römische Besiedlung und Straßenverlauf (nach P. J. Tholen). – Rechts: Thermen- und Tempelbezirk (nach L. Hugot).
Vgl. Abb. 134 u. 272.
1. Sog. Büchelthermen
2.–3. Gallo-römische Umgangstempel
4. Quellfassung
5.–6. Säulenhallen

Überall in der dichtbebauten Stadt ist man bei Neuausschachtungen auf römische 138
Bau- und Architekturreste gestoßen, doch ergaben sich nur in seltenen Fällen zusam-
menhängende Grundrisse. Unter dem Hauptschiff der gotischen Liebfrauenkirche
glaubt man, eine dreischiffige BASILICA FORENSIS (Markthalle) nachweisen zu können,
die im 4. Jahrhundert als christliche Kirche gedient hat; unmittelbar nördlich davon soll
das FORVM gelegen haben. Der am vollständigsten untersuchte Baugrundriß lag am
NW-Rand und höchsten Punkt der Stadt[326]. Es war ein Tempelkomplex ähnlich den 132
Bauten in AGRIPPINA, TRAIANA und NOVIOMAGVS, ein Platz von 77 × 130 m Grund-
fläche, angelegt auf einem künstlichen Plateau und umgeben von einer Temenosmauer
und Säulengängen auf allen vier Seiten. Der Tempel stand auf einem hohen Podium, zu
dem eine Treppe hinaufführte. Das Heiligtum selbst hatte ursprünglich die Form eines
gallo-römischen Umgangstempels mit hoher CELLA und angelehntem Säulenumgang,
erhielt jedoch später eine PRONAOS in Gestalt einer vorgelagerten Säulenhalle, die dem
Tempel eine Ausrichtung und damit römisches Gepräge und Aussehen gab. Es ist nicht
bekannt, welcher Gott hier verehrt wurde, Skulpturen, die man im Heiligtum gefunden
hat, deuten sowohl auf MERCVRIVS, FORTVNA (Glück) oder PAX (Frieden), vielleicht
sogar IVPPITER; für ihn könnte sprechen, daß auf dem Tempelplatz eine Gigantensäule 294
stand, die IVPPITER zu Pferde zeigt, im Begriff, über zwei am Boden liegende Gestalten
hinwegzureiten (S. 221). Mit Sicherheit wurde in diesem Tempel seit dem 2. Jahrhun-
dert keine keltische Gottheit verehrt – darauf deutet vor allem auch die Umgestaltung
in einen römischen Podiumstempel, ähnlich dem sog. Hafentempel in TRAIANA. 309

Daß AQVAE GRANNI/*Aachen* der Hauptort der SVNVCI war, ist zunächst noch eine 133
Vermutung, die jedoch viel für sich hat; hauptsächlich geht sie zurück auf die Weihun-
gen zu Ehren der Stammesgöttin SVNVXAL, die offenbar nur im Gebiet zwischen TOL-
BIACVM/Zülpich und AQVAE GRANNI verehrt wurde und ihr zentrales Heiligtum viel-
leicht in VARNENVM/Aachen-Kornelimünster hatte[327]. Im heutigen Stadtkern von
Aachen ist nicht viel aus römischer Zeit geblieben, zu einschneidend waren die Ver-
änderungen, die karolingische Baumeister hier gegen Ende des 8. Jahrhunderts vorge-
nommen haben, als sie unter Mißachtung des römischen Straßenrasters die Bauten Kö-
nig Pippins und Kaiser Karls streng westöstlich ausrichteten und damit um 38° vom
Achsenkreuz der römischen Stadt abwichen. In den letzten 30 Jahren ist im Bereich der

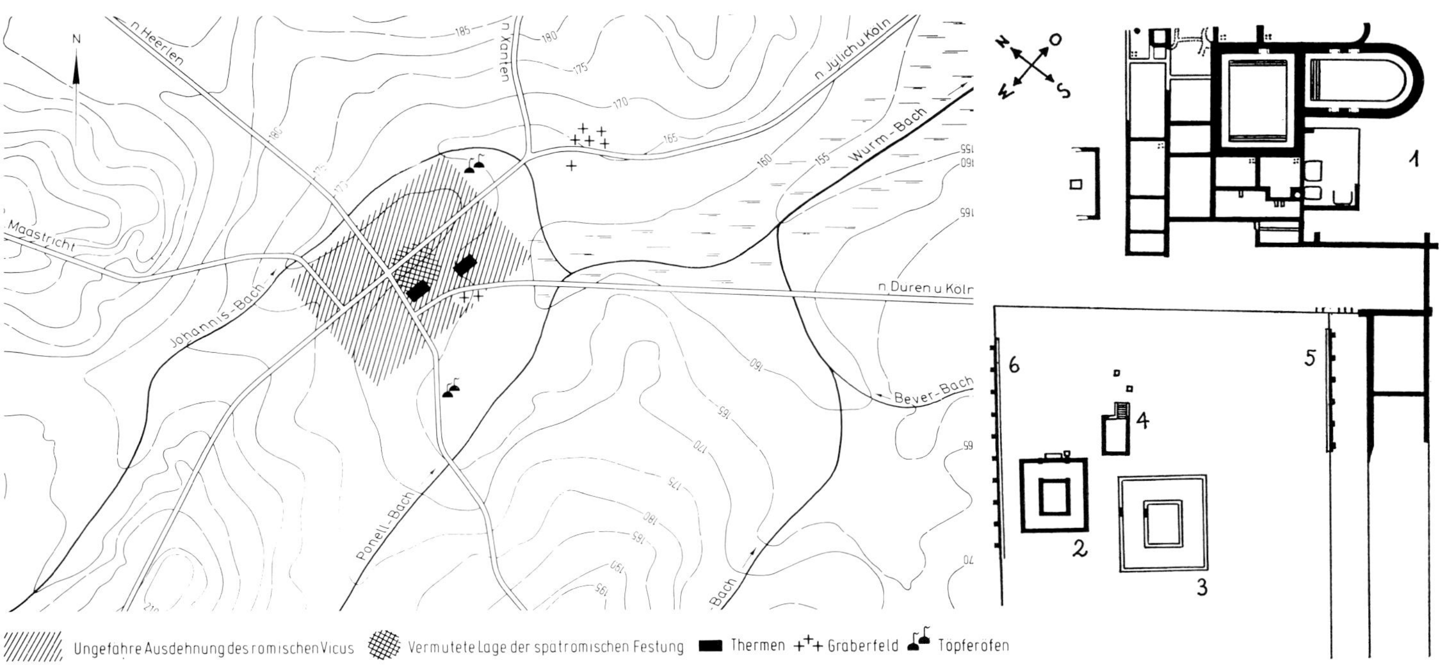

karolingischen Pfalz, die über den römischen Bauten steht, viel gegraben worden; vor allem kennt man jetzt einen großen und zusammenhängenden Teil der römischen Bäder, die mit einem heiligen Bezirk verbunden waren.

Aachen verdankt seinen Namen den heißen Thermalquellen, die hier mit Temperaturen bis zu 75° aus tiefen Erdschichten hervorschießen und seit keltischer Zeit dem Wasser- und Heilgott GRANNVS geweiht waren – AQVAE GRANNI (Gesundbrunnen des Grannus). Schon früh – etwa seit Tiberius (14–37) – haben sich die Römer – in erster Linie das Militär – für diese Heilquellen interessiert und hier im Laufe des 1. Jahrhunderts ein regelrechtes Kurzentrum geschaffen. Vor allem Gicht, Rheuma und Ischias konnten hier behandelt werden, Krankheiten, die sich mancher Soldat im Felde zugezogen haben wird und die er an den »Wassern des Grannus« auskurieren konnte. Man kann regelrecht davon ausgehen, daß AQVAE GRANNI *das* Militärbad Niedergermaniens war, wie es AQVAE AVRELIAE/Baden-Baden für Obergermanien oder AQVAE SVLIS/Bath (GB) für Britannien gewesen sind[328]. Dies zeigen einmal Ziegelstempel des niedergermanischen Heeres, die im Bäderbezirk verbaut worden sind, zum anderen Weihungen an APOLLO, der mit GRANNVS gleichgesetzt wurde, und in denen Soldaten als »Kurgäste« genannt werden[329].

133 AQVAE GRANNI war jedoch nicht nur Heilbad, sondern auch ein wichtiger Straßenknotenpunkt. Hier kreuzten sich mehrere Fernstraßen, die einerseits nach CORIOVALLVM/Heerlen (NL), TRAIECTVM AD MOSAM/Maastricht (NL) und AGRIPPINA/Köln führten, andererseits nach TRAIANA/Xanten und AVGVSTA TREVERORVM/Trier.

134. Aachen. Rekonstruiertes Teilstück des Säulenportikus »Am Hof« zwischen Münster und Kaiserbad (Bildmitte oben). Vgl. Abb. 133 u. 272.

Beide Faktoren – Kurort und Verkehrslage – ließen schon im 1. Jahrhundert einen an-
sehnlichen VICVS entstehen, der im 2. Jahrhundert eine Ausdehnung von etwa 20 ha er-
reichte und den Charakter einer CIVITAS – im Stadt-Sinne – erlangte. Die Ausgrabun-
gen der letzten 15 Jahre haben sich im wesentlichen auf das südöstliche Stadtviertel be-
schränkt, wo in einem ausgedehnten Kurbezirk allein drei Thermenbauten lagen, ein-
gebunden in verschiedene Kult- und Verwaltungsgebäude.

Eine dieser Anlagen war die sog. Bücheltherme, deren Becken aus zwei höhergelege- 133
nen Thermalquellen – der heutigen Kaiser- und Quirinusquelle – gespeist wurde. Die
Aachener Thermen am Unteren Büchel – in einer heute nicht mehr sichtbaren Talmulde
– entsprachen nicht dem üblichen Reihentyp römischer Thermenbauten wie in TRAIA-
NA/Xanten oder CORIOVALLVM/Heerlen (NL), deren Räume hintereinander an-
geordnet lagen. Es war vielmehr ein typisches Thermalbad – ein Heil-, kein eigentliches
Reinigungsbad – mit gleichbleibender Temperatur und drei nebeneinanderliegenden
Becken, von denen zwei in einer Apsis endeten; ähnlich waren auch die sog. Domther-
men gebaut, eine Anlage, die heute teilweise vom Aachener Münster überdeckt wird[330].
In den Büchelthermen hat noch Karl d. Gr. (768–814) gebadet, der die römische Anlage
wiederherstellen und in den Baukomplex seiner Kaiserpfalz einbeziehen ließ, und es
gibt eine beredte Schilderung seines Chronisten und Baumeisters Einhard, aus der her-
vorgeht, daß Karl im »Pfalzbad« – wie es damals hieß – gern und ausgiebig nicht nur im
engen Kreis seiner Familie, sondern auch zusammen mit Würdenträgern und Freun-
den, also mit seinem ganzen Gefolge und selbst zusammen mit seiner Leibwache geba-
det habe und so mitunter mehr als 100 Menschen gleichzeitig das Bad besucht hätten[331].

Südwestlich davon lag ein großer Platz, allem Anschein nach ein Heiligtum, das von
Mauern und Säulengängen umgeben war. Auf dem Platz gab es zumindest zwei Tem-
pel, deren Form gallo-römisch war, d. h. beide besaßen eine rechteckige Cella und einen
Säulenumgang, dessen Dach sich pultartig an den Tempelbau anlehnte. Vor den Tem-
peln lag eine gefaßte Quelle, zu der eine Treppe hinunterführte; der Quellenschacht
war überwölbt, was zu der Vermutung geführt hat, daß hier eine Quellgottheit verehrt
worden ist. Den Kultbezirk umgaben Säulenhallen, die an der schmalen Seite des Plat- 272
zes eine Länge von 52 m hatten und 9 m tief waren. Über hohen Sockeln und einem
zweistufigen STYLOBATVM, dem Tempelunterbau aus Kalkstein, erhoben sich schlan-
ke, kannelierte Säulen mit den damals so beliebten korinthischen Blattkelchen, die zu
den prachtvollsten Kapitellen gehörten, die die Antike gekannt hat. Darüber wölbten
sich Bögen, deren Laibungen reich verziert und profiliert waren, in ähnlicher Weise wie
die waagerechten Gesimse des Gebälks, die konsolenartig vorkragten. Die Zwickel
zwischen den Bögen füllten große Medaillons, sog. CLIPEA, ursprünglich aufgehängte
Rundschilde, die später – in Stein als Relief gearbeitet – ein beliebtes Dekorationsele-
ment in der römischen Architektur bildeten. Die Höhe der Arkaden betrug – ein-
schließlich des Gebälks – mehr als 7 m, zwei Bogenstellungen konnten im Original wie-
der aufgerichtet werden. Sie stehen heute in ungewohnter Umgebung in der Oberlicht-
halle des Bonner Landesmuseums; wesentlich besser kommt in Aachen die Nachbil- 134
dung zur Geltung, die dort wieder am alten Platz steht.

Leben in der Stadt

Wenn sich ein roter Faden (durch unser Bemühen) zieht, so das Beharren darauf, daß der Archäologe nicht Dinge ausgräbt, sondern Menschen. R. E. Mortimer Wheeler (1890–1976)

»Archäologie ist Menschheitsstudium«, hat der englische Archäologe Mortimer Wheeler einmal sinngemäß geäußert und mit dem Hinweis, es gebe schon genug Anstreicher, die sich für Künstler hielten, an jeden Interessierten die dringende Empfehlung gerichtet, sich zu prüfen, notfalls lieber von der Archäologie zu lassen und sich Dingen zuzuwenden, die weniger »menschheitsbezogen« sind[332]. Archäologie in diesem Verständnis ist nicht Kunstwissenschaft und auch keine »Technik zum Sammeln von Beweisstücken alter Kulturen«[333], sondern Wissenschaft vom Menschen im weitesten Sinne – ein Begriff, viel weiter gefaßt, als ihn Anthropologen verstehen, die sich im engeren Sinne mit dem Menschen und seiner Herkunft beschäftigen. Archäologie in diesem Sinne sammelt nicht Scherben, um damit stereotyp wissenschaftliche Kataloge zu füllen, sie legt nicht Hausgrundrisse frei, deckt Gräber auf, nur um Fakten zu sammeln, die Teil früheren Lebens gewesen sind. Sie tut dies auch, und es ist ein wesentliches Element ihrer Arbeit – eine Art Grammatik, derer sie sich bedient –, aber sie bleibt an diesem Punkt nicht stehen, vielmehr versucht sie immer wieder, zu den Menschen vorzudringen, die all das gebaut, geschaffen, geformt, mit Leben und Geist erfüllt haben. Hierin liegt die eigentliche Faszination dieses Faches – für jeden, der sich damit beschäftigt, hierin muß sie liegen, will man Fragen und Ansprüchen, wie eine so verstandene Archäologie sie stellt, mit Methode, Einfühlungsvermögen und Phantasie gerecht werden.

Aber es gibt Grenzen der Erkenntnismöglichkeit, und der Archäologe und Historiker muß so ehrlich sein, dies auch einzugestehen. Er kann nicht Menschen zu neuem Leben erwecken, er muß es sich versagen, sie unmittelbar sprechen zu lassen, über Lebenseinstellung, Denkweise und Vorstellungswelt zu phantasieren. Was er antrifft, sind Überreste, Trümmer, Fragmente – zerstörtes Leben. Er kann sie zusammenfügen, Lebensumstände klären, Verhältnisse wieder sichtbar machen, in denen Menschen vor 2000 Jahren gelebt haben, aber er muß sich an Befunde und Fakten halten, die er ausgräbt und zum Sprechen bringt, die ihm den Rahmen geben, in dem sich Leben damals abgespielt hat, und er darf – im Einklang mit der gleicherweise fragmentarischen schriftlichen Überlieferung – vorsichtig darüber mutmaßen, welche geistige Vorstellung hinter dem einen oder anderen Sachbefund gestanden haben mag.

Diese mehr grundsätzlichen Gedanken erscheinen notwendig, um zu verdeutlichen, wieviel überhaupt vom Leben der Menschen in Städten wie AGRIPPINA, TRAIANA, NOVIOMAGVS oder FORVM HADRIANI durch die Archäologie zurückgewonnen werden kann. Es liegt in der Natur dieser Quellen, daß sie auf viele Fragen keine Antworten geben können, und es ist gut zu wissen, wie bescheiden letztlich der Rahmen ist, den sie bieten. Er beschränkt sich im ehemaligen Niedergermanien auf das Niveau von Grund-
3, 122, 138, 180, 280, 323 mauern, Fußböden, Kellern, Straßendecken, Abwasserkanälen, Brunnen und Hypokaustheizungen, auf vielfältiges Gerät und Geschirr, das von den Menschen für die verschiedensten Zwecke benutzt wurde und meist nur als Bruchstück und Abfall die Zeit überdauert hat. Es ist wenig Vollständiges dabei, kaum ein Stück Mobiliar, mit Ausnahme von Schuhen kaum Kleidungsstücke. Gäbe es nicht Reliefbilder auf Grabsteinen, bildliche Darstellungen in Mosaik und Malerei, auf Gefäßen oder Lampen, wir wären nicht imstande, uns – auch nur in Ansätzen – eine Vorstellung vom Leben in jener Zeit

135. Ein germanisches Ehepaar (Figuren links und Mitte) in typischer Kleidung des frühen 1. Jahrhunderts (nach P. Connolly).

136. Ein römisches Ehepaar in typischer Kleidung, die sich während des 1. Jahrhunderts gegenüber der einheimischen Tracht in den Städten durchsetzte. Der Mann in TVNICA und TOGA, die Frau in TVNICA und PALLA (nach P. Connolly).

137. EQVES ALAE – Bewaffnung und Ausrüstung römischer Auxiliarreiter zu Anfang und gegen Ende des 1. Jahrhunderts (nach P. Connolly).

zu machen. Es mag wie ein Widerspruch sein – doch die meisten Informationen geben uns Gräber und Grabmonumente (S. 239 ff.), die ihrem Wesen nach SPECVLA VITAE (Spiegelbilder des Lebens) waren. Nur hier konnte es geschehen, daß sich der Tote direkt an den Vorübergehenden wandte, um nicht vergessen zu werden, nur hier sprechen die Menschen von damals direkt zu uns, und das Wenige, was sie sagen, läßt erkennen, daß ihre Gedanken über Leben und Tod den unseren sehr ähnlich waren.

Es gibt einen Weg, mehr zu erfahren über das Leben von damals – den Weg der Analogie, des Vergleichs mit anderen Städten des römischen Weltreiches und dem, was dort erhalten blieb. Das heißt nicht, daß sich z. B. unser Wissen über die Hauptstadt Rom, über die wir vergleichsweise gut unterrichtet sind, unbedenklich auf das römische Köln als Provinzhauptstadt und SIMVLACRVM VRBIS (Abbild Roms) übertragen ließe. Weit besser eignen sich hierfür die zahlreichen Erkenntnisse, die man in POMPEI oder HERCVLANEVM[334] über menschliches Zusammenleben jener Zeit gewonnen hat, nicht nur deshalb, weil sich das äußere Bild der römischen Zivilisation überall glich – vor allem im Westen des Reiches, wo die Römer nicht auf eine vergleichbare Zivilisation stießen –, sondern auch deshalb, weil mit den Legionen gerade zu Beginn der Kaiserzeit viele Italiker, darunter nachweislich mancher Kampanier, an die Rheinfront versetzt wurden und nach Ableistung ihrer Dienstzeit dort auch blieben. Veteranen wie Lucius
102 Poblicius und die vielen Legionäre, deren Namen aus Ritzinschriften auf Gefäßen – sog. Graffiti – bekannt sind[335], stehen als Indiz für manchen Wandel, denn mit ihnen

138. Tongeren (B). Steinkeller eines römischen Wohnhauses, dessen Oberbau aus Fachwerk bestand.

verpflanzten sich Sitten und Lebensgewohnheiten, Vorstellungen und Denkweisen, der Gebrauch bestimmter Geräte, bestimmten Geschirrs, die Vorliebe für bestimmte Moden und Vergnügungen. Es muß unter solchen Voraussetzungen nicht verwundern, daß man in AGRIPPINA ähnliche Häuser baute wie in POMPEI (S. 105 f.), das gleiche Ge- 116,
schirr aus dem südlichen Gallien benutzte, beim Essen »zu Tische lag«, auf Rennpferde 153, 141
und Wagenlenker wettete oder sich vom Schauspiel eines Gladiatorenkampfes faszinie- 165
ren ließ.

AGRIPPINA oder NOVIOMAGVS waren nach unserem Verständnis *Städte von Kleinbürgern,* zumindest trat dieses Element nach außen am stärksten in Erscheinung; darin glichen sie Städten wie POMPEI oder HERCVLANEVM. Wenn überhaupt, dann war das Leben dieser Menschen repräsentativ für viele andere Stadtbewohner, die vielerorts unter ganz ähnlichen sozialen Bedingungen lebten und überall eine breite Mittelschicht bildeten[336]. Wie sah nun das Leben, wie das Umfeld eines solchen Stadtbürgers aus? – Er war vor allem mit sich und seiner eigenen Existenz beschäftigt, seiner Familie, seiner Arbeit und seiner unmittelbaren Umgebung und Nachbarschaft. Er übersah im günstigsten Falle, was in der Stadt geschah, aber er wußte kaum etwas von dem, was im Lande vor sich ging, denn seine Informationsquellen waren äußerst begrenzt und beschränkten sich auf offizielle Verlautbarungen und das, was man aus erster oder zweiter Hand von Durchreisenden erfahren konnte. Der gewöhnliche Bürger besaß keinerlei Einfluß auf die kommunale Politik, es sei denn, er gehörte zu den wenigen, die wirtschaftlich ihr Glück machten, einen sozialen Aufstieg erlebten und auf Lebenszeit in den ORDO (Stadtrat) gewählt wurden. Äußerlich hatte er sein Auskommen, denn die Preise für Grundnahrungsmittel wie Brot oder Olivenöl waren für jeden erschwinglich und wurden – falls nötig – durch staatliche Eingriffe niedrig gehalten. Die Ansprüche des Einzelnen an Staat und Gesellschaft waren gering. Grundlage der gesellschaftlichen Ordnung war die Familie, die als sozialer Verband intakt war und in der alle – auch die Alten – ihren Platz hatten, dies schon deshalb, weil es das, was wir heute als »soziales Netz« bezeichnen, außer beim Militär nicht gab und jedes Familienmitglied notgedrungen den anderen stützen mußte. Der allgemeine Bildungsstand war sicherlich niedriger als heute, denn die Elementarschulen jener Zeit waren schlecht, die Lehrer oft unzureichend bezahlt, und es gibt beredte Zeugnisse dafür – z. B. von Juvenalis oder Augustinus[337] –, daß fruchtbare Lehrmethoden häufig durch den Stock ersetzt wurden (»die Hand für die Peitsche hinhalten« war damals gleichbedeutend mit »in die Schule gehen«). Immerhin lernte man wohl Lesen, Schreiben und Rechnen, wofür Schreibtäfelchen, Metallgriffel, Bronzefedern sowie zahlreiche »Schriftproben« auf Wänden oder Gefäßen lebendiges Zeugnis ablegen.

Viele uns heute selbstverständliche *Dienstleistungen* versah nicht die Stadt- oder Provinzverwaltung, sondern sie waren Sache jedes Einzelnen – so die Reinigung der Straßen oder die Beseitigung von Müll und Abfall. Die Stadt sorgte für Frischwasser, das man – von Ausnahmen abgesehen – am Brunnen holte, ebenso wie für die Beseitigung der Abwässer, die den Flüssen zugeführt wurden. Sie unterhielt die VIGILES, eine Art Straßenpolizei, die den städtischen AEDILES (S. 46 f.) ebenso unterstand wie die Feuerwehr, die – gemessen an den zufälligen Nachrichten, die wir aus AGRIPPINA und TRAIANA haben[338] – offenbar nicht selten mit dem Löschen von Bränden beschäftigt
war. Häuser baute man zwar jetzt größtenteils aus Stein, aber Stockwerke, Dachge- 126
schosse und Balkons bestanden nach wie vor aus Holz, zudem war die damalige Bauweise stark verdichtet, und in den Häusern brannte viel offenes Feuer, d. h. wenn ein Brand ausbrach, hatte man alle Hände voll zu tun, denn das Feuer legte gleich ganze Quartiere nieder.

Ähnlich wie noch heute in den Ländern des Mittelmeerraumes fand ein wesentlicher Teil des Lebens auf Straßen, Plätzen und unter Laubengängen statt, eine Gewohnheit,

139. NOVIOMAGVS/Nijmegen (NL). Steinplatte mit der Inschrift COL(legium) FABRV(m)/TIG(nariorum) S. P. (?) XXX D. M. (?), d. h. »Berufsverein der Zimmerleute . . .« 2. Jahrhundert. Rijksmuseum G. M. Kam Nijmegen (NL).

die Italiker, Hispanier, Griechen, Orientalen und Afrikaner aus ihrer Heimat kannten und in den Norden des Reiches verpflanzten. Soziales Verhalten, die Fähigkeit, auf re-
334 lativ engem Raum zusammenzuleben, Bewußtsein und Stolz, ein AGRIPPINENSIS oder TRAIANENSIS, ein CIVES BATAVVS oder CANNANEFAS zu sein, müssen – trotz z. T. gravierender gesellschaftlicher Unterschiede – stark ausgeprägt gewesen sein. Wahrscheinlich empfand man aber diese Unterschiede bei den niedriger Gestellten gar nicht als so kraß, weil sich die Reichen ihrer Verantwortung für das Gemeinwohl bewußt waren, Bauwerke wie Thermen oder Amphitheater stifteten, Spiele und öffentliche Speisungen veranstalteten und als Einzelpersonen jeweils für eine ganze Schar von CLIENTES sorgten, die ihrerseits alles taten, um Einfluß, Ansehen und Geschäftswohl ihres PATRONVS (Schutzherrn) zu steigern. Wer nicht das Glück hatte, einer solchen CLIENTELA (Schutzgemeinschaft) anzugehören, trat einem der zahlreichen COLLEGIA bei, die in vielen römischen Städten bezeugt sind – Berufsvereinen wie denen der FABRI TIGNARII (Zimmerleute), der TECTORES (Stuckarbeiter oder Dachdecker?) oder PISTRICI (Mehlhändler?), aber auch der FOCARII (Küchenjungen) – alle in AGRIPPINA[339]. Kollegien
139 dieser Art sind auch in anderen Städten Niedergermaniens bezeugt, in VLPIA NOVIOMAGVS gab es ebenfalls ein COLLEGIVM FABRVM TIGNARIORVM, eine Vereinigung der Zimmerleute, und in FORVM HADRIANI hatten sich alle Fremden, also Nichtbürger, im COLLEGIVM PEREGRINORVM zusammengeschlossen[340]. Alle Vereine dienten dazu, gemeinsame Interessen wahrzunehmen bzw. durchzusetzen sowie Geselligkeit und gemeinsame Vergnügungen zu pflegen.

Öffentlichkeit, Arbeitsplatz und Vereinsleben bildeten den Rahmen für die Welt des Mannes. Die *Frauen* – obwohl vor dem Gesetz ihren Männern gleichgestellt – nahmen am öffentlichen Leben nicht teil und kümmerten sich um Haushalt, Kinder und Gesinde. Das MATRIMONIVM, eine nach römischen Grundsätzen geschlossene Ehe, war kein staatlicher oder kirchlicher Akt wie heute, also auch kein Rechtsverhältnis im heutigen Sinne, sondern eine Lebensgemeinschaft, die allein auf dem gemeinsamen Willen von Mann und Frau – der AFFECTIO MARITALIS (eheliche Zuneigung) – beruhte; ein alter Grundsatz macht dies deutlich, wonach man es seit alters her für gut befand, daß Ehen LIBERE (freiwillig) geschlossen wurden[341]. Der Grundsatz von der totalen Unterwerfung der Frau unter die PATRIA POTESTAS (väterliche Gewalt) galt seit Beginn der Kaiserzeit nicht mehr, doch wurde auch weiterhin die Autorität des PATER FAMILIAS von allen anerkannt. Sein Wort genügte, um ein Kind, das er nicht wollte, auszusetzen, und auch eine Scheidung konnte von ihm vollzogen werden, ohne daß er dafür Gründe zu nennen brauchte. Dieses Recht stand allerdings auch der Frau zu, die dann keineswegs immer mittellos dastand, sondern Vermögen und Mitgift, die sie in die Ehe eingebracht hatte, von ihrem Mann zurückerhielt. Sie konnte auch wieder heiraten – ebenso wie die

140. Schmalseite eines Grabaltars aus Köln mit der Darstellung der »Amme Severina« (SEVERINA NVTRIX), die ein Kind säugt. 3. Jahrhundert. Römisch-Germanisches Museum Köln.

141. Grabstein des Legionsveteranen Caius Iulius Maternus aus Köln. 2. Jahrhundert. Römisch-Germanisches Museum Köln. Die Inschrift lautet übersetzt: »Den Totengöttern (geweiht). Caius Iulius Maternus, Veteran der 1. minervischen Legion, errichtete (diesen Grabstein) zu seinen Lebzeiten für sich und für Maria Marcellina, seine liebe und treue verstorbene Gattin«.

Männer –, doch genoß nur die Frau hohes Ansehen, die VNIVIRA (eigentlich »einmännig«), d.h. nur einmal verheiratet war. Im allgemeinen jedoch – und dies wird für das Leben in der Provinz in besonderer Weise gegolten haben – lebten Frauen sehr zurückgezogen. Nur selten ist von ihnen die Rede, und nur in Grabinschriften offenbart sich, was sie anderen Menschen bedeutet haben, wenn sie als VXOR (Frau) oder CONIVX (Gattin) von ihren Männern betrauert und mit Attributen geschmückt werden wie
DVLCISSIMA (liebevollste), CARISSIMA (liebste) und INCOMPARABILIS (unvergleichli- 141
che), oder wenn sie selbst als MATER INFELICISSIMA, als »unglücklichste Mutter«, den Tod der Tochter beweinen[342].

Eine typische *Stadtfamilie* der damaligen Zeit war größer als heutzutage, nicht so sehr, weil man damals mehr Kinder hatte, sondern weil Großeltern und andere Ver-

142. Familienszene auf einem Grabrelief aus Bonn. 2./3. Jahrhundert. Rheinisches Landesmuseum Bonn.

wandte, außerdem Sklaven und Freigelassene, ebenfalls dem Familienverband angehör-
ten und im gleichen Hause lebten. Eine eigene Kinderwelt scheint es nicht gegeben zu
haben. Tischszenen auf Grabreliefs der mittleren und höheren Schichten vermitteln den
Eindruck, daß die Kinder fest in den familiären Rahmen eingebunden waren, fast wie
143 kleine Erwachsene behandelt und auch dargestellt wurden, wie das Relief eines Knaben
auf dem Nickenicher Grabmal zeigt[343]. In den ersten Lebensjahren vertraute man das
140 Kind gern einer NVTRIX (Amme) an, die es versorgte und mit ihm spielte; Kinder-
spielzeug fand sich relativ häufig, vor allem in Gräbern – ein Hinweis darauf, daß die
Kindersterblichkeit relativ hoch war. Mit sechs oder sieben Jahren begann für die Jun-
144 gen und Mädchen die *Schulzeit*, die etwa sechs Jahre dauerte. Es waren Elementarschu-
len, vergleichbar einklassigen Volksschulen, in denen LITTERARIA, d.h. alles »zum Le-
sen und Schreiben Gehörige« vermittelt wurde. Sie glichen in mancher Hinsicht heuti-
gen Privatschulen, die finanziell im wesentlichen von den Eltern getragen wurden. Der
Staat bekundete sein Interesse, indem er Zuschüsse gab, Gebäude oder öffentliche Säu-
lengänge zur Verfügung stellte und den schlecht bezahlten Lehrern steuerliche Vorteile

bis hin zu Steuerfreiheit bot; so erreichte man, daß LVDI LITTERARII, wie man die Grundschulen jener Zeit nannte, in allen Winkeln des Reiches zu finden waren. Allerdings blieb damit »Bildung« auf eine bestimmte Gesellschaftsschicht beschränkt.

Mit der Kunst des richtigen Schreibens stand mancher auf Kriegsfuß – etwa wenn ein Schreibgriffel aus Metall, der in Köln gefunden wurde, die Aufschrift trägt: HEGO SCRIBO SINEM MANVM, was einem Lateinschüler unserer Tage drei Fehler in vier Worten eingebracht hätte, denn die Sequenz hätte richtig lauten müssen: EGO SCRIBO SINE MANV, d.h. »ich (der Griffel) schreibe ohne Hand«[344]. Unter solchen Umständen wird es auch in den Städten viel mehr Analphabeten gegeben haben als wir heute wissen, zumal in den unteren Schichten der Lohnarbeiter und Tagelöhner, von deren Leben und Existenzkampf Inschriften und bildliche Zeugnisse nichts widerspiegeln – wie überhaupt gesagt werden muß, daß das so zufrieden wirkende Bild, das Grabreliefs und gediegene Wohnlichkeit vom Leben der besser Gestellten vermitteln, nicht auf alle Stadtbewohner übertragen werden kann. 141, 142, 155 In den ärmeren Schichten wird z.B. Kinderarbeit anstelle des Schulbesuchs ähnlich selbstverständlich gewesen sein wie heute noch in Süditalien oder Sizilien; erst kürzlich ist darauf hingewiesen worden, daß in der FVLLONICA (Tuchmacherei) des Stephanus in Pompei zum Treten und Walken der Stoffe auch Kinder eingesetzt worden sind[345].

Soziales Verhalten wurde schon früh im Familienverband geübt, zu dem der AVVS (Großvater), die AVIA (Großmutter), der AVVNCVLVS (Onkel) u.a. wie selbstverständlich gehörten. Mit etwa 50 Jahren konnte man sich *zur Ruhe setzen,* d.h. von dieser Zeit an ließ einen der Staat in Ruhe – OTIVM CVM DIGNITATE (Muße in verdienter Ruhe) sagte man damals. Das klingt modern, muß jedoch auf dem Hintergrund gesehen werden, daß die Lebenserwartung wesentlich niedriger lag als heutzutage – wie hoch sie war, wird in Stadt und Land bzw. von Schicht zu Schicht unterschiedlich gewesen sein.

143. Grabmal von Nickenich (Krs. Mayen). Darstellung eines Kindes an der Hand seiner Mutter. Um 40/50. Rheinisches Landesmuseum Bonn.

144. Schulszene auf einem Relief aus Neumagen/Mosel. 2./3. Jahrhundert. Rheinisches Landesmuseum Trier.

Genauere Untersuchungen hierüber gibt es nicht und wären auch nur zu erzielen durch minutiöse Analysen in Gräberfeldern und osteologische, d.h. knochenkundliche Bestimmungen der Leichenbrände oder Skelette. Wo solches geschehen ist, wie z.B. im Gräberfeld von Courroux im Schweizer Jura, haben die Analysen ergeben, daß viele Menschen die »Pensionsgrenze« von 50 Jahren gar nicht erreicht haben[346]. Selbstverständlicher Bestandteil der Familien waren auch Sklaven und Freigelassene, deren Rechtsstand sich wärend der Kaiserzeit fortlaufend besserte; einem geflügelten Wort jener Zeit zufolge konnte die gesicherte Existenz eines Haussklaven durchaus attraktiver sein als die eines Freigeborenen, der auf sich selbst gestellt war.

Das Zusammengehörigkeitsgefühl der Familien war stark ausgeprägt und fand seinen Ausdruck in der *Namensgebung* und in gemeinsamen Festen. Es entsprach römischer Familientradition, wenn der erstgeborene Sohn mit dem NOMEN GENTILE, dem Familiennamen des Vaters, auch dessen Vornamen (PRAENOMEN) erhielt; um andererseits Vater und Sohn wiederum auseinanderhalten zu können, die dann beide LVCIVS IVLIVS oder MARCVS AVRELIVS o.ä. hießen, diente der Beinamen (COGNOMEN), der dritte Bestandteil eines römischen Bürgernamens. Die Eigenständigkeit der Frau kam auch hier zum Ausdruck. Sie konnte den Namen des Mannes übernehmen und ihrem eigenen PRAENOMEN hinzufügen, das Gesetz erlaubte es ihr aber auch, den Namen des Vaters, d.h. ihren eigenen Familiennamen, weiter zu führen – eine Praxis, die sehr mo-
141 dern anmutet und nach Ausweis der Inschriften die Regel war[347]. Charakteristisch ist die Namensgebung der Familie VALERIVS aus AGRIPPINA[348]. Der Vater – dies kann aus dem Familiennamen der beiden Kinder erschlossen werden – hieß wahrscheinlich VALERIVS GRATINVS, die Mutter ALBANIA AVITA, d.h. sie behielt nach der Heirat ihren alten Familiennamen bei. Die beiden Kinder aus dieser Verbindung trugen den Familiennamen des Vaters, hießen also VALERIVS bzw. VALERIA, und auch ihre Beinamen folgten der Familientradition, indem der Sohn AVITIANVS seinen Namen von der Mutter – AVITA – herleitete und die Tochter GRATINA nach dem Vater genannt wurde, der wahrscheinlich GRATINVS hieß.

Familienfeiern spielten eine große Rolle und wurden festlich begangen, nicht nur bei denen, die nicht auf den Sesterz schauen mußten. Solche Feste waren Kindsgeburten, der Eintritt der Kinder ins Erwachsenenalter, das für Mädchen mit 12, für Jungen spä-

145. Darstellung eines römischen »Hausgeistes« (LAR) mit Schale und Füllhorn. Rheinisches Landesmuseum Bonn.

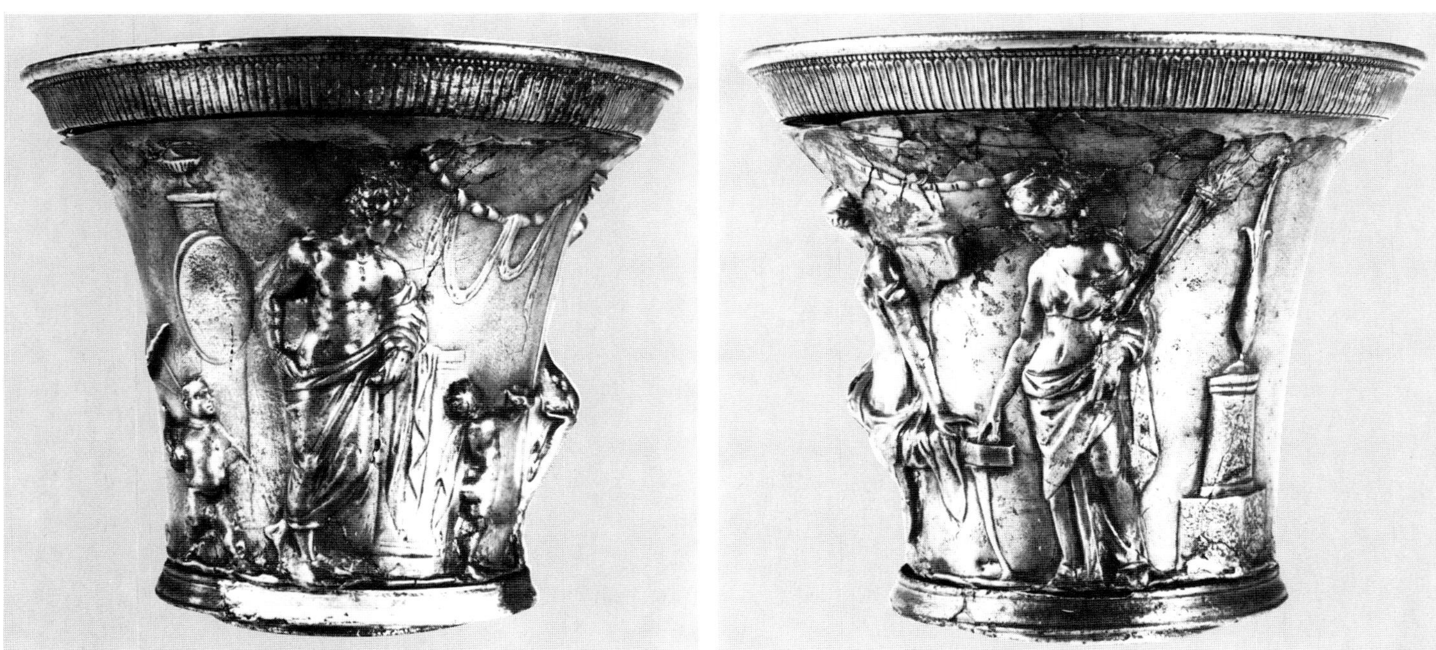

146. Xanten-Lüttingen. Silberner Becher mit Darstellung einer Hochzeitsszene, bei der Geschenke überreicht werden. Links der »Bräutigam«, rechts eine junge Frau mit Fackel, die als »Brautführerin« gedeutet wird. Um Christi Geburt. Rheinisches Landesmuseum Bonn.

testens mit 18 Jahren begann, Geburtstage, Hochzeiten, Begräbnisse und Feiern aus besonderem Anlaß, wenn etwa der Sohn beim Militär einen besonderen Karriere-Sprung absolviert hatte oder der Vater von einer langen und nicht ungefährlichen Reise zurückgekommen war. Ereignisse dieser Art waren immer auch von Opfern und religiö-
sen Feiern begleitet; fast in jedem Haus stand ein Altar für LARES und PENATES, die 145
Schutzgötter für Haus und Familie, nach altem Volksglauben die guten Geister der Verstorbenen, deren Bilder im LARARIVM, dem Hausaltar, aufbewahrt wurden. Besondere Einschnitte im Leben der Heranwachsenden waren die Verleihung der TOGA VIRILIS, der Männertoga, an den Sohn als Zeichen dafür, daß er unter die Bürger seiner Stadt aufgenommen war, oder die Verheiratung eines Kindes, die bei Mädchen schon im Alter von 12 Jahren möglich war – zum Zeitpunkt ihrer Mündigkeit; aus solchem
Anlaß kann der silberne Hochzeits-Becher verschenkt worden sein, der 1958 bei Xan- 146
ten-Lüttingen beim Baggern aus dem Rhein gefischt worden ist[349].

Viel Prunk entfaltete man auch bei *Begräbnissen* (S. 239 ff.). Es scheint kaum etwas Schlimmeres für die Menschen jener Zeit gegeben zu haben als die Angst, in Vergessenheit zu geraten. Dies ist der Grund, warum sich die Gräber galerieartig an den Ausfallstraßen von Städten und Siedlungen aufreihten – in der Hoffnung, auch weiterhin gesehen zu werden oder PROPTER TESTIMONIVM PERENNITATIS, wie man damals sagte – »zum Zeugnis der Unvergänglichkeit«. Diesem Zweck dienten Grabsteine, Grabpfeiler, ganze Grabtempel und -architekturen, und die Inschriften berichten davon, wer der Tote war, woher er kam, was er tat und wer das Geld – und wieviel! – aufbrachte, um
»das zu Machende zu besorgen« – wie es stereotyp in den Inschriften heißt –, d. h. um 336
das Grabmal zu errichten.

147. Grabkammer in Köln-Weiden. »Korbsessel« aus Kalkstein. 2. Jahrhundert.

Heute – nachdem man die Wohnungen der Reichen kennt – gilt das Hauptinteresse der Archäologen dem Leben der Durchschnitts-Bürger, die das Gros der Stadtbevölkerung bildeten. Beispielhaft sind die Ausgrabungen in TRAIANA/Xanten, wo in den letzten 20 Jahren mindestens fünf INSVLAE angegraben bzw. freigelegt worden sind, die eine lebendige Anschauung vom Leben der Menschen in einer Kreisstadt jener Zeit zu geben vermögen. Von den dortigen Hausbauten ist schon die Rede gewesen (S. 112 f.).
Kennzeichnend für den *römischen Wohnungsbau* war die deutliche Wendung nach in- 126
nen und der Verzicht auf Fassadenwirkung, d. h. nach außen sah man – auch bei den besser Gestellten – nur kleine Fenster und schlichte Eingänge. Die Reihenhäuser in TRAIANA waren zweistöckig. Unten befand sich meist ein ziemlich großer Raum, in dem gearbeitet, produziert und verkauft wurde, dahinter lagen Küche, Vorratskammer, Latrine (falls vorhanden) und ein langgestreckter Hof mit verschiedenen Schuppen, Brunnen oder Becken; alle übrigen Räumlichkeiten – Schlaf- und Kinderzimmer, Räume für Bedienstete u. a. – waren meist sehr klein, alles andere als wohnlich (in unserem Sinne) und befanden sich im ersten Stockwerk, das in TRAIANA – und sicher auch anderswo – über eine festeingebaute Leiter erreichbar war; Beispiele hierfür gibt es aus POMPEI und HERCVLANEVM. Selbst in den reicheren Häusern war die *Möblierung* nach unserer Vorstellung äußerst sparsam, fast karg. Mit Recht ist darauf hingewiesen worden, daß uns heutzutage der Sinn für ungenutzte Wohnflächen, für weite und nicht mit Möbeln vollgepfropfte Räume weitgehend abhanden gekommen ist – eine Wohnform,
die erst in unseren Tagen vereinzelt wiederentdeckt wird[350]. Der Sarkophag aus Sim- 147,
pelveld (NL) oder die Grabkammer in Köln-Weiden vermitteln einen Eindruck von der 148
Möblierung eines Hauses jener Zeit[351]. Dazu gehörten Truhen, offene Regale, kleinere Schränke und Kommoden, runde Tische mit geschwungenen Füßen in Gestalt von Löwenpranken, gepolsterte Schemel, Korbsessel und Sofas, wie man eines – in hervorragendem Zustand – in einem Haus in HERCVLANEVM gefunden hat, das den sprechenden Namen »Casa del mobilio carbonizzato« erhalten hat – »Haus der verkohlten Möbel«[352]. Den Luxus, ein Bett oder Sofa nur zum Schlafen zu haben, erlaubte man sich

148. Sarkophag von Simpelveld (NL) mit Reliefnachbildungen von Möbeln und Haushaltsgegenständen (vgl. Abb. 347). 2./3. Jahrhundert. Rijksmuseum van Oudheden Leiden (NL).

damals nicht. Gewöhnlich war es das wichtigste Möbelstück in einem römischen Hau-
141, 155 se, denn man benutzte es zum Lesen und Schreiben, man nahm dort liegend seine Mahlzeiten ein, empfing seine Gäste, die es sich auf ähnliche Weise bequem machten, und schlief dort natürlich auch.

Wie die Ausgrabungen in TRAIANA gezeigt haben, verriet die *Innenausstattung der Häuser* aber auch einen gewissen Komfort. Fast alle Häuser waren geheizt, wenn auch nicht mit Warmluft, die unter dem Fußboden zirkulierte, sondern durch Öfen, die verschiedenen Gewerben dienten; vor allem Räucheröfen für Fleischwaren sind dort bezeugt. Wo diese Möglichkeit nicht gegeben war, begnügte man sich mit tragbaren Metallbecken, in denen ein offenes Holzkohlefeuer brannte, außerdem gab es in der Küche eine große Feuerstelle, die immer Wärme spendete. Fenster- und Türverschlüsse bestanden aus Holz, im Innern der Häuser kannte man Schiebe- und auch Falttüren, als Raumteiler benutzte man schwere Vorhänge. Auch Fensterglas war bekannt und ist vielerorts gefunden worden, nicht nur in Städten. Es war grünlich, also nicht total entfärbt, nicht so klar, wie unser Fensterglas heute, sondern milchig, und eignete sich von seiner Qualität her nur für kleine Glasflächen. Ein besonderes Problem war die Beleuchtung. In den Atrium- und Peristylhäusern, die man in Köln und Xanten ausgegraben hat, gab es viel Tageslicht. Aber auch hier – und dies gilt viel mehr noch für die Reihenhäuser in
70, 163, TRAIANA – war man auf künstliche Beleuchtung angewiesen. Man nahm hierfür Ker-
167, 247 zen, Fackeln und Laternen, vor allem aber gab es in den Häusern viele kleine Öllampen aus Bronze, die meisten jedoch aus Ton und schön verziert, die überall dort, wo Menschen in römischer Zeit gelebt haben, massenhaft gefunden wurden. Wenn man bedenkt, daß 1 500 Öllampen in der CVRIA, dem »Rathaus« in Rom, angezündet werden mußten, um die politischen Entscheidungen, die in einer Nachtsitzung des Senats getroffen werden mußten, ins rechte Licht zu rücken, wird etwas von dem hohen Bedarf an Beleuchtungskörpern sichtbar, auch wenn das Beispiel aus Rom sicherlich luxuriös anmutet und nicht auf Provinzverhältnisse übertragen werden kann.

275–277 Besonderes Augenmerk richtete man auf die Ausschmückung der Häuser mit *Male-*
197, *reien* und *Mosaiken.* Letztere sind in Niedergermanien nur sehr selten gefunden wor-
278–280 den, von geringen Ausnahmen abgesehen, nur in AGRIPPINA, der Provinzmetropole. Anders ist es mit der Malerei[353]. Die Farbe Pompejanisch-Rot z. B. ist in AGRIPPINA oder TRAIANA auf ähnliche Weise hergestellt und benutzt worden wie in POMPEI selbst; zahlreiche Wandputzfragmente in Rot und anderen damals gängigen Farben, die in den Handwerkerquartieren von TRAIANA gefunden wurden, bezeugen die Vorliebe, auch bei den Menschen des Mittelstandes, ihre Räume ausmalen zu lassen. Dies unter-

149. AQVAE GRANNI/ Aachen. Rekonstruktion einer Latrine an den sog. Büchelthermen (nach L. Hugot).

150. TRAIANA/Xanten. Kanalisation für Abwässer. Ausgrabung 1964.

streicht auch eine Grabinschrift aus Xanten, in der ein PICTOR (Maler) genannt ist[354]. 270
Ausgemalt oder mit Mosaiken bedeckt waren immer nur ganz bestimmte Räume wie
das Speisezimmer, das man TRICLINIVM nannte, weil dort drei Klinen – drei Speise-
sofas – aufgestellt waren; die Dionysos-Villa in Köln bietet ein solches Beispiel. 278

Das Reich der Frau waren Küche und Vorratskammer. Zu diesem Thema gibt es aus
Niedergermanien nur wenige Ausgrabungsergebnisse, d. h. es helfen hier nur Analogien
weiter. In den *Küchen* jener Zeit stand und hing all das Tongeschirr, das sich heutzuta-
ge in vielen hunderttausend Scherben bei Grabungen wiederfindet und die Inventare
unserer Museen oft schon über ihr Fassungsvermögen hinaus anfüllt. Die aufgemauer-
ten Herde scheinen groß und niedrig gewesen zu sein, sie bestanden aus starken Ziegel- 199
platten, auf denen ein Holzkohlefeuer brannte. In der Kölner Dionysos-Villa hat sich
ein solcher Herd gefunden, er war knapp 50 cm hoch und hatte eine Fläche von mehr
als 3 qm. Kochtöpfe stellte man nicht direkt in die glühende Holzkohle, sondern be-
nutzte hierfür Dreifüße aus Eisen. Gebacken wurde nicht in Bratpfannen, sondern in
flachen Schüsseln, sog. PATINAE, die durch den Gehalt an Thorium, einem weichen
Metall, das in vulkanischem Gestein enthalten ist, besonders haltbar gemacht wurden
und die den Backplatten ähneln, die noch heute in Italien zur Zubereitung von Pizzen
benutzt werden; das Kochbuch des Apicius kennt allein 37 solcher PATINA-Gerichte[355].
Typisch sind auch MORTARIA, große Schüsseln mit wulstigem Rand, deren Innenwand
durch einen Belag kleinster Quarzitsteinchen aufgerauht war und in denen irgendetwas
– darauf deutet die Bezeichnung Mörser – zerrieben worden ist. Die Meinungen dar-
über, was in diesen Reibschüsseln zerkleinert wurde, gehen weit auseinander und rei-
chen von der Vermutung, daß sie zum Anreiben von Gewürzen dienten, bis zur Vor-
stellung eines Schweizers, der sich darin die Herstellung von Dickmilch und Käse dach-
te. Es erscheint jedoch am wahrscheinlichsten, daß in den meisten MORTARIA die da-
mals sehr gebräuchliche Weizenart Dinkel zerstoßen wurde, um das Korn von den 205
Spelzen zu befreien, mit denen es verwachsen war, und diese dann anschließend nach
Zugabe von Wasser abzugießen; das zurückbleibende Getreideschrot verarbeitete man
dann unter Zusatz zahlreicher Kräuter, Gewürze, Fleisch oder Fisch zu PVLS, einem
Getreidebrei, der – laut Plinius[356] – für viele Menschen in jener Zeit das Hauptnah-
rungsmittel bildete.

Der Küche benachbart war die *Vorratskammer,* in der Getreide, Olivenöl, eingelegte
Früchte oder Fleisch in Amphoren, Holz- oder Tonfässern lagerten; auch von diesen
Gefäßen, die – wie die Amphoren – gleichzeitig Container, also Transportbehälter, wa-
ren, hat man reiche Funde gemacht. Im Kölner Atrium-Haus fand man 1949 sogar ei-
nen ganzen Weinkeller, gleich neben der Küche – und der Toilette. Die enge bauliche
Verbindung von Küche und *Sanitäreinrichtung* hatte ihren Grund darin, nach Möglich-

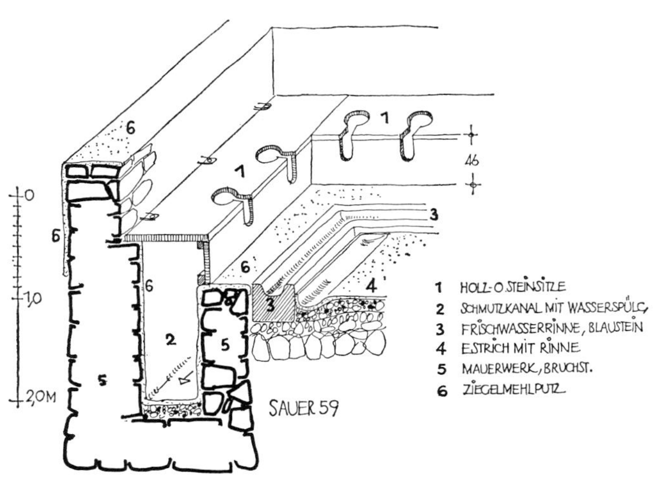

151. Handwaschgarnitur, bestehend aus Kanne und Griffschale, wie sie in römischer Zeit bei Mahlzeiten benutzt wurden. 1./2. Jahrhundert. Rijksmuseum G. M. Kam Nijmegen (NL).

150 keit alle Räume, die einen Abfluß benötigten, an den Abwasserkanal des Hauses anzu-
149 schließen. Nur in den sog. besseren Häusern wird es Latrinen gegeben haben, in anderen Häusern stand ein Kübel, oder man ging über die Straße in eine öffentliche Bedürfnisanstalt – aufs VESPASIANVLVM (»Vespasiänchen«), wie man diesen Ort seit Vespasians Zeiten auch scherzhaft nannte, weil Vespasian es war, der öffentliche Bedürfnisanstalten mit einer Steuer belegte, um das von Nero geplünderte Staatssäckel zu füllen. Es war jene Aktion Vespasians, die seinen Sohn Titus veranlaßte, den Vater zu rügen, der ihm – als Antwort – das erste auf solche Art eingenommene Geld unter die Nase gehalten und gefragt haben soll, ob er einen üblen Geruch verspüre, und als er verneinte, gesagt haben soll: »Und doch ist es vom Urin!« – das Wort vom Geld, das nicht stinkt, hat hier seinen Ursprung[357].

Über die *römische Küche* sind wir vergleichsweise gut unterrichtet[358]. Sehr beliebt war in Niedergermanien z.B. Fischsauce in den verschiedensten Varianten, die – laut Plinius[359] – an den Küsten des Mittelmeeres u.a. in CARTHAGO NOVA/Cartagena (Spa-

152. ASCIBVRGIVM/Moers-Asberg. Reliefschüssel in Terra-sigillata-Technik. Mitte 1. Jahrhundert. Niederrheinisches Museum der Stadt Duisburg.

153. »Der Mundschenk«. Fragment eines Reliefs aus Neumagen/Mosel. 3. Jahrhundert. Rheinisches Landesmuseum Trier.

154. Glaskanne aus einem Grab in Moers-Asberg, wahrscheinlich ein Kölner Fabrikat. Ende 1. Jahrhundert. Niederrheinisches Museum der Stadt Duisburg.

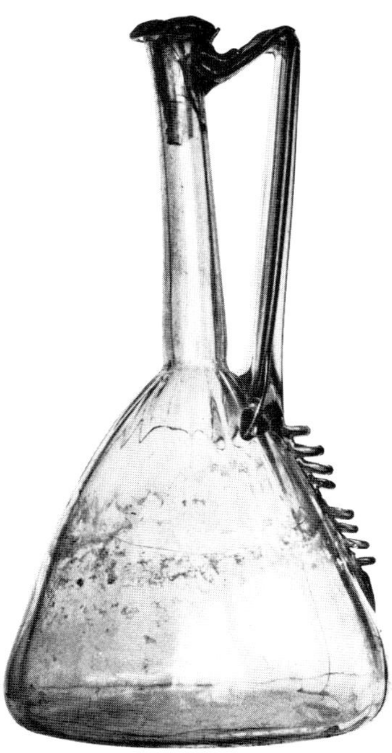

nien), KLAZOMENAI (beim heutigen Urla, südlich von Izmir/Türkei), LEPTIS MAGNA (beim heutigen Homs/Libyen) und in POMPEI hergestellt wurde, und zwar – wie Plinius schreibt – »aus den Eingeweiden der Fische und aus anderen Teilen, die man sonst weggeworfen hätte, durch Zergehenlassen in Salz«. Die in Körben gefilterte Flüssigkeit, die in Amphoren in die entferntesten Winkel des Reiches exportiert wurde, führte je nach Qualität und Zusammensetzung Bezeichnungen wie GARVM, LIQVAMEN, MVRIA oder ALLEC, roch stark nach Fisch und wurde den Speisen häufig anstelle von
Salz zugesetzt. Im Heiligtum der Göttin NEHALENNIA in Colijnsplaat (NL), im Mün- 318
dungsgebiet der Oosterschelde (S. 230 f.), sind NEGOTIATORES ALLECARI und SALARI 319
auf Inschriften bezeugt, Kaufleute, die mit ALLEC (Fischsauce) und SAL (Salz) handelten, Angehörige einer Händlergruppe, die offenbar zwischen AGRIPPINA/Köln und der Provinz BRITANNIA (Großbritannien) tätig waren[360].

Zur Hauptmahlzeit (CENA) trank man Wein, der stets mit Wasser und Gewürzen wie 153
Fenchel, Thymian, Pfeffer, Veilchen- oder Rosenblättern gemischt war. Beliebt als APERITIVVM und als Tischwein war MVLSVM, ein mit Honig versetzter Wein – wenn man antiken Nachrichten glauben darf, eine Mischung, die bei stetem Gebrauch ein langes Leben verhieß, denn als Augustus einmal den 100jährigen Romilius Pollio besuchte und ihn fragte, wie er es denn geschafft habe, ein so hohes Alter zu erreichen, soll der alte Herr dem Kaiser schlagfertig geantwortet haben: »Durch MVLSVM für das Innere und OLEVM (Öl) für das Äußere«[361].

Ob man sich in Niedergermanien den *römischen Eßgewohnheiten und -zeiten* schnell
angepaßt hat, ist nicht überliefert; man darf es annehmen, vor allem in den Familien des
Mittelstandes – bei den »oberen Hundert«, die sich bemüht haben werden, nach außen
möglichst romanisiert zu erscheinen, war dies ohnehin selbstverständlich. Im allgemei-
nen begnügte man sich damals mit zwei täglichen Mahlzeiten – dem LENTACVLVM
(Frühstück) und der CENA (Hauptmahlzeit). Das Frühstück fiel gewöhnlich sehr
schmal aus, ähnlich wie noch heute in vielen Mittelmeerländern. Die Hauptmahlzeit
wurde zwischen 15 und 16 Uhr eingenommen, wenn ein normaler Arbeitstag vorüber
141 war und man ein Bad genommen hatte. Als Mann lag man beim Essen, ein Brauch, den
155 die Römer von den Griechen übernommen hatten und der sich auch in Niedergerma-
nien – die Grabdenkmäler zeigen es – relativ rasch durchsetzte; Frauen dagegen saßen
147 in hohen Korbsesseln. Es gab keine eigentliche Tafel, also auch keine großen Tische,
sondern man bekam den Teller mit mundgerecht zubereiteten Speisen direkt in die
Hand, benötigte also kein Messer zum Zerkleinern; man kannte allerdings kleine Bei-
stelltische, auf denen die Trinkgefäße standen. Als Besteck gab es kleine Messer, z. B.
um Obst zu schneiden und zu schälen, außerdem Löffel für Suppen, Saucen und Brü-
hen oder um Eier, Muscheln oder Schnecken zu genießen; alles Übrige aß man, da die
Gabel unbekannt war, mit der Hand. Auf diesem Hintergrund wird verständlich, war-
um jeder Hausherr darauf sah, daß während der Mahlzeit immer wieder ein Knabe mit
151 Kanne, Schale und Handtuch herumging, um den Gästen die Möglichkeit zu geben,
die Hände zu reinigen und zu trocknen[362]; auch dieser Brauch ist in manchen Mittel-
meerländern heute noch gut bekannt. Kanne und Griffschale waren meist aus Bronze
und je nach Rang und Vermögen des Besitzers versilbert und verziert. Als Tafelgeschirr

155. Tischszene auf dem Grabstein des Marcus Valerius Celerinus aus Köln. Anfang 2. Jahrhundert. Römisch-Germanisches Museum Köln.

156. Reliefbild eines römischen Bürgers aus Köln, der die Toga trägt (TOGATVS). Quader eines Pfeilergrabmals. Anfang 2. Jahrhundert. Römisch-Germanisches Museum Köln.

dienten Gefäße aus Ton, meist in sog. Terra-Sigillata-Technik, einer rotglänzenden, 152
auf der Drehscheibe geformten Keramik, z. T. mit Reliefbildern verziert – den SIGILLA (Bildchen, kleine Figuren) – und vor dem Brand durch Eintauchen mit einem roten Tonschlicker überzogen. Man kann diese Gefäße zu Gedecken zusammenstellen und nimmt heute auf Grund von Grabfunden an, daß zu einem Tafelservice insgesamt zwölf Gefäße gehörten: vier Teller (CATILLI), vier große Näpfe (PAROPSIDES) und vier kleine Näpfe (ACETABVLA)[363].

Nicht nur die Eßgewohnheiten wandelten sich in Niedergermanien zu Beginn der römischen Kaiserzeit, sondern auch die *Mode;* auch hier ist die zivilisatorische Wirkung
römischer Lebensform unverkennbar[364]. Nicht nur Legionsveteranen wie Lucius Pobli- 355
cius aus AGRIPPINA/Köln oder Publius Clodius aus BONNA/Bonn, die aus romanisierten Gegenden stammten, auch Angehörige der einheimischen Oberschicht ließen sich
auf ihren Grabdenkmälern in TVNICA und TOGA abbilden, die für die Kleidung eines 156
Römers charakteristisch waren[365]. Die TVNICA war die eigentliche Haus- und Arbeitsbekleidung, die Mann und Frau trugen, ein ärmelloses, bis auf die Knie reichendes Untergewand, das um die Hüften gegürtet war; darunter trugen beide Geschlechter einen Schurz, die Frauen außerdem ein Brusttuch. Gehörte man nicht zu den TVNICATI, dem einfachen Volk, das nur die TVNICA trug, legte man zum Ausgehen die TOGA an, ein großes Stück Tuch mit einer geraden und einer ellipsenförmig geschwungenen Kante, das kunstvoll um den Körper drapiert wurde; das Anlegen war so schwierig, daß der TOGATVS hierzu die Hilfe seiner Sklaven und Diener benötigte. Gegen Regen und Kälte gab es Mäntel – die PAENVLA, ein ärmelloser, eng anliegender Regen- und Reisemantel (wollte man einen Gast dazu bewegen, zu bleiben, nannte man dieses Vorgehen in übertragenem Sinne »jemandem die PAENVLA aufschlitzen«), dann die LAENA, die LACERNA und das PALLIVM, alle drei als Überwurf getragen und bisweilen mit einer Ka-

puze versehen, der BIRRVS, ein schwerer Wollmantel, und der CVCVLLVS, ein aus Gallien von den Römern übernommener schwerer Kapuzenmantel. Bekannt ist auch die CARACALLA, ein gallischer oder germanischer Kapuzenmantel, den Iulius Bassianus, Sohn und Nachfolger des Septimius Severus (193–211), als römischer Kaiser in Rom einführte, weshalb der Spitzname CARACALLA an ihm hängengeblieben ist[366]. Außer-
158 dem gab es typische Soldatenmäntel – das SAGVM, ein Umwurf, der als Mantel wie als Schlafdecke diente, und das PALVDAMENTVM, das Offiziere trugen. Generell gehörten Hosen (BRACHAE) nicht zur römischen Kleidung, doch wer in Niedergermanien im Winter nicht frieren wollte, zog BRACHAE und selbst SVBLIGARIA (lange Unterhosen) an, wie ein Beispiel aus der Provinz BRITANNIA zeigt (S. 75). Frauen trugen über der
157, TVNICA eine STOLA, ein langes Gewand mit halben Ärmeln. Als Überwurf diente die
158 PALLA, ein weites, faltenreiches Tuch, das auch über den Kopf gezogen wurde. Für junge Mädchen gab es das TVNICOPALLIVM, eine Kombination aus TVNICA und PALLA, ein rechteckiges Tuch, auf den Schultern von Gewandspangen (FIBVLAE) zusammengehalten, das gegürtet war und den Oberkörper zweifach bedeckte.

Die meisten dieser Kleidungsstücke waren von den Griechen übernommen worden; so entsprachen SAGVM und PALVDAMENTVM in etwa der griechischen Chlamys, die TVNICA war dem griechischen Chiton ähnlich und PALLA bzw. PALLIVM glichen dem griechischen Himation. Fast alle Kleidungsstücke waren ihrer Form nach große Tücher, die bei Nichtgebrauch zusammengefaltet und in Truhen aufbewahrt wurden. Die Stoffe bestanden meist aus Schafwolle, bekannt waren auch Leinen und Flachs, Baumwolle führte man aus Ägypten ein, Seide aus China und Indien; berühmt waren die VESTES COAE, Seidengewänder, die auf der Insel Kos hergestellt wurden. Am häufigsten jedoch wurde Schafwolle versponnen, die es in weiß, grau, braun und schwarz gab, außerdem konnte man sie bleichen oder färben – mit Farben, die aus der Natur gewonnen wurden. Es entsprach römischer Tradition, daß die Frauen nicht nur die Wolle verspannen, sondern im Hause auch Stoffe webten und Gewänder herstellten; von Augustus selbst wird berichtet, daß er selten andere Kleidung trug als solche, die ihm Gattin, Schwester, Tochter und Enkelinnen angefertigt hatten[367]. Wo dies nicht geschah, wurde die Wolle in der FVLLONICA (auch FVLLONIA), der Tuchmacherei und Walkerei, verarbeitet, wo sie eine Serie von Arbeitsgängen durchlief, ehe sie als gebrauchsfertiges Gewebe vom MAGISTER ARTIS FVLLONIAE, dem Meister der Tuchmacherkunst, akzeptiert war und weitergegeben wurde an einen textilverarbeitenden Betrieb und schließ-
257 lich an den NEGOTIATOR VESTIARIVS, den Kaufmann, der mit Kleidungsstücken handelte; beide Berufssparten – der Tuchmacher wie der Kleiderhändler – sind auch in Niedergermanien belegt[368].

Inschriften von Schuhhandwerkern (CALCEARII, auch CALCEOLARII) gibt es bislang aus Niedergermanien nicht, aber ihr Handwerk wird auch dort – wie überall – sehr angesehen gewesen sein, ablesbar u.a. an der starken Spezialisierung, die gerade für diesen Beruf typisch war. Eindrucksvoll sind die zahlreichen Produkte ihrer Arbeit, die bei Ausgrabungen von Brunnen und Uferbereichen, die an vielen Orten als Müllhalden dienten, in großer Zahl gefunden wurden; besonders ergiebig war in den letzten Jahren der Hafenbereich von AGRIPPINA/Köln, wo eine ganze Kollektion römischen Schuh-
158 werks geborgen werden konnte[369]. Eine wichtige Funktion besaßen die FIBVLAE (Gewandspangen), die unseren Sicherheitsnadeln entsprechen, gleichzeitig jedoch in Grösse und Verzierung wie Schmuckbroschen behandelt wurden[370]. Man unterschied nach technischen Merkmalen Spiral- und Scharnierfibeln, d.h. im ersten Falle sorgte eine Spirale dafür, daß die Nadel Spannung besaß und nicht aus dem Nadelhalter rutschen konnte, im anderen Falle war die Nadel locker durch ein Scharnier mit dem Bügel verbunden und fand den notwendigen Halt nur, wenn die Nadel genügend Stoff erfaßte. Form und Aussehen waren in starkem Maße modischen Gesichtspunkten unterworfen

157. Reliefbild auf dem Grabstein einer Frau aus ASCIBVRGIVM/Moers-Asberg. 1. Hälfte 1. Jahrhundert. Grafschafter Museum Moers.

158. Tragweise von Fibeln bei Mann und Frau (nach M. Gechter).

159. Versilbertes Bronzearmband mit dem Brustbild eines römischen Kaisers der severischen (?) Dynastie. Gefunden in Köln. Anfang 3. Jahrhundert. Rheinisches Landesmuseum Bonn.

160. Römische Frauenfrisuren des 2. Jahrhunderts (nach E. Guhl-W. Koner).

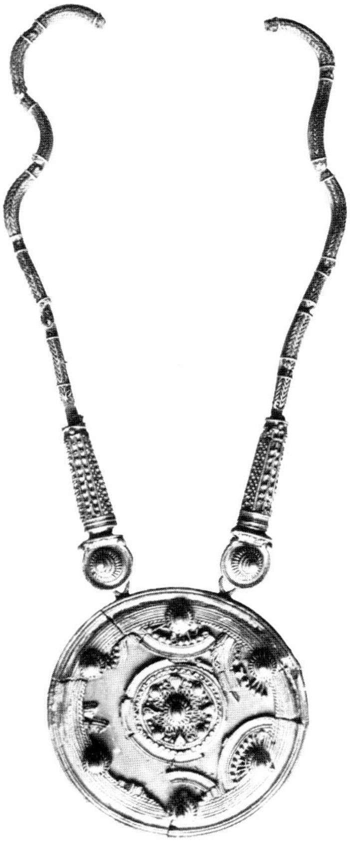

161. Silberne Kette mit Ornamentscheibe aus Bonn. 1. Jahrhundert. Rheinisches Landesmuseum Bonn.

und wechselten rasch. Die Soldatenmäntel (SAGVM und PALVDAMENTVM) wurden auf 158
diese Weise auf der rechten Schulter zusammengehalten, Frauen fibelten z. B. das TVNICOPALLIVM, und zwar auf beiden Schultern; eine weitere FIBVLA über der Brust konnte dazu dienen, das Obergewand auf dem Unterkleid festzustecken, um ein Verrutschen zu verhindern.

Frauen wie Männer benutzten Salben, Öle, Schminke und Tinkturen, um sich zu verschönern, bei Frauen erscheint es uns selbstverständlich, aber auch die Männer haben darauf gesehen, der Natur etwas nachzuhelfen. Bekannt ist der Spottvers des Dichters Martialis (etwa 40–103/104), der die Schminksucht vieler Frauen seiner Zeit bespöttelt hat: »In hundert Büchsen bist du enthalten, Galla, und dein Gesicht schläft nicht mit dir«. Gläser mit Tinkturen, Schminkpalette und Farben gehörten so sehr zum weiblichen Dasein, daß man sie – zusammen mit Metallspiegeln, die man damals benutzte – selbst in die Gräber mitgegeben hat. In der Haar- und später auch der Bart- 160
tracht suchte man dem Vorbild nachzueifern, das die kaiserliche Familie gab. Hierfür benötigte man Sklaven und Dienerinnen, die Frisuren legten und – falls notwendig – mit Perücke oder Haarteilen etwas nachhalfen. Graue Haare riß man aus oder färbte sie; als unschön galten offenbar Glatzen, und es spricht viel dafür, daß Caesar u. a. deshalb so gerne den Lorbeerkranz getragen hat, um sein fast kahles Haupt zu verbergen[371]. Bis zu den Zeiten Hadrians (117–138) trug man den Bart nur zum Zeichen der Trauer, man unterwarf sich der Rasur, die – ohne Schaum, nur mit dem Messer! – in eine regelrechte Haarzupferei ausarten konnte. Es muß deshalb für viele Männer eine begrüßenswerte Entwicklung gewesen sein, als Kaiser Hadrian den Philosophenbart hoffähig gemacht hatte und nun jeder, der es wollte, einen Bart tragen konnte. Langes, aber hochgestecktes Haar war charakteristisch für verheiratete Frauen, das Haar der Männer war höchstens mittellang. Frauen besaßen natürlich Schmuck und zeigten ihn 159,
auch – Ringe, Armreifen, Halsketten, Ohrgehänge und Haarnadeln; die hauptsächlich 161
verwendeten Materialien waren Gold, Silber, Edel- und Halbedelsteine sowie Gagat, 284
eine Art »schwarzer Bernstein« – chemisch nichts anderes als Braunkohle –, ein Werkstoff, der leicht zu bearbeiten war und sich seit dem 3. Jahrhundert in Niedergermanien großer Beliebtheit erfreute[372]. Bei Männern war das Tragen von Schmuck verpönt, sie führten nur den Siegelring.

Über die vielfältigen Möglichkeiten, in einer Stadt von damals seinen Lebensunterhalt zu verdienen, wird ausführlich noch die Rede sein (S. 199ff.). An dieser Stelle mag der Hinweis genügen, daß die *städtische Berufswelt* sehr stark spezialisiert war; praktisch konnte alles, was gewünscht und denkbar war, auch irgendwie beschafft oder ausgeführt werden – zumal in der Provinzhauptstadt. Von den Angehörigen geistiger Be-

rufe waren die IVRIS PRVDENTES (Rechtskundigen) und die MEDICI (Ärzte) für die Versorgung der Bevölkerung die wichtigsten. Gerade in AGRIPPINA/Köln, dem Sitz des Statthalters und Zentrum der Rechtsprechung in Niedergermanien, wird es an ausgebildeten Juristen nicht gefehlt haben; ein SCOLASTICVS, ein Rechtsbeistand(?), ist in einer Kölner Inschrift bezeugt[373]. Viel mehr als heutzutage bestand die Gefahr, daß man bei seinem Bemühen, einen guten Fürsprech zu bekommen, einem Scharlatan aufsaß, denn längst nicht jeder Jurist hatte eine Rechtsschule oder gar die damals berühmteste Rechts-Universität in BERYTOS (heute Beirut/Libanon) besucht. Gleiches galt
260 auch für die MEDICI, deren Berufsbild ähnlich differenziert war wie heute. Sehr häufig
259 scheinen Augenärzte (OCVLISTI) gewesen zu sein – zumindest nach der Häufigkeit, mit der sich kleine rechteckige Plättchen gefunden haben, deren Schmalseiten mit dem Namen des Arztes, der Krankheit und dem Mittel beschrieben waren, das zur Heilung dienen sollte; z.B. C(ai) CASS(ii) DORYPHORI DIAMYSVS AD DIATHESIS TOLLENDAS konnte man da lesen, d.h. »des Caius Cassius Doryphorus Vitriolsalbe gegen Augenentzündungen«[374]. Im übrigen wird man es in der Medizin mit dem Spruch gehalten haben: »MEDICVS CVRAT, NATVRA SANAT«, d.h. »der Arzt behandelt, die Natur heilt«.

Die erste Taschenuhr, das »Nürnberger Ei«, ist bekanntlich um 1510 konstruiert worden; bis dahin war man auf *Uhren* angewiesen, die an öffentlichen Gebäuden und Privathäusern angebracht waren oder – wie das Beispiel des Trimalchio zeigt (S. 239) – auch an Grabdenkmälern. Die HOROLOGIA jener Zeit waren in der Hauptsache Sonnen- und Wasseruhren, die auf griechische Erfindungen zurückgingen und von Vitruvius ausführlich beschrieben werden[375]. Man paßte sich – wie heute noch in den Mittelmeerländern – der Sonne an, stand früh auf, ging seiner Arbeit nach, hielt einen ausgiebigen Mittagsschlaf oder ging ins Bad, ehe man sich zur CENA (Hauptmahlzeit) niederließ. Ein geflügeltes Wort jener Zeit lautete: »Sechs Stunden am Tage arbeite, die übrige Zeit widme dem Leben«. Auch dieser Grundsatz klingt modern, hierbei muß jedoch berücksichtigt werden, daß es kein Wochenende gab; generell galt also damals – von Festtagen abgesehen – die 42-Stunden-Woche. Wer nicht »zeitlos« leben wollte, legte
162 sich einen Steckkalender zu, auf dem zu beiden Seiten der Tierkreiszeichen – als Symbole für das Jahr – die 30 Tage eines Monats ablesbar waren sowie darüber die Zahl der Wochentage, die jeweils unter dem Schutz einer Gottheit standen – von links nach rechts waren dies[376]:

SATVRNVS mit Vollbart und Sichel	= DIES SATVRNI (Tag des Saturn)	= Samstag (engl. Saturday)
SOL Sonnengott im Strahlenkranz	= DIES SOLIS (Tag des Sol)	= Sonntag (engl. Sunday)
LVNA mit liegender Mondsichel hinter dem Kopf	= DIES LVNAE (Tag der Luna)	= Montag (frz. lundi, ital. lunedi, span. lunes)
MARS mit Helm und Speer	= DIES MARTIS (Tag des Mars)	= Dienstag (frz. mardi, ital. martedi, span. martes)
MERCVRIVS mit Flügelhaube und Schlangenstab	= DIES MERCVRII (Tag des Merkur)	= Mittwoch (frz. mercredi, ital. mercoledi, span. miercoles)
IVPPITER mit Vollbart und Blitzbündel	= DIES IOVIS (Tag des Juppiter)	= Donnerstag (frz. jeudi, ital. giovedi, span. jueves)
VENVS als weibliche Büste	= DIES VENERIS (Tag der Venus)	= Freitag (frz. vendredi, ital. venerdi, span. viernes)

PANEM ET CIRCENSES (Brot und Spiele) war der Ruf des Volkes in Rom, das dem Kaiser zujubelte, aber auch von jedem neuen Herrscher immer mehr *Festtage* und im-

162. Römischer Steckkalender. Nachbildung aus Ton im Römisch-Germanischen Zentralmuseum Mainz.

mer großartigere und raffiniertere Spiele forderte; mehr als ein Drittel aller Tage im Jahr sollen gegen Ende des 2. Jahrhunderts Festtage (DIES FERIAE) gewesen sein[377]. Dabei bleibt gerne unbeachtet, daß dies allein auf die Verhältnisse in Rom zutreffen mag, wo es viele gab, die sich Müßiggang leisten konnten – weil sie entweder reich genug waren oder aber auf Staatskosten lebten –, wo es jedoch vor allem darum ging, die VERNACVLA MVLTITVDO, das »hauptstädtische Proletariat«[378], bei Laune zu halten und ihm keine Gelegenheit zu geben, seine Unzufriedenheit zu äußern.

Öffentliche Spiele – Gladiatorenkämpfe, Tierhetzen, Theateraufführungen – waren in jener Zeit ein Politikum. Auch wenn die Verhältnisse in Rom nur bedingt auf Provinzstädte zu übertragen sind, so haben auch dort LVDI CIRCENSES eine große Rolle gespielt. THEATRVM, AMPHITHEATRVM und CIRCVS, den die Griechen Hippódromos (Pferderennbahn) nannten – die klassischen Spielstätten jener Zeit – sind, zumindest teilweise, auch für niedergermanische Städte nachgewiesen. AGRIPPINA/Köln besaß 11, 26,
wohl mit Sicherheit alle drei Anlagen, aus TRAIANA/Xanten und NOVIOMAGVS/ 118
Nijmegen (NL) sind Amphitheater bekannt; allerdings ist weder ein Theater noch ein 183
Hippodrom in einer niedergermanischen Stadt nachgewiesen, doch kann dies durchaus mit dem Steinraub des Mittelalters erklärt werden, der solche Bauten verschwinden ließ. Auch die jährliche Zahl von zuletzt 135 Festtagen pro Jahr kann nicht uneingeschränkt auf eine Provinz wie Niedergermanien übertragen werden. Grundsätzlich unterschied man DIES FASTI und NEFASTI, d.h. Festtage, an denen gearbeitet werden konnte, und solche, an denen die Arbeit ruhen mußte. Schon aus diesem Grund wird sich die Zahl der echten Festtage in Grenzen gehalten haben, denn es ist sehr fraglich, ob es sich in Städten, in denen es keine öffentlichen Getreide-, Öl- oder Geldverteilungen gegeben hat wie in Rom, eine Mehrzahl leisten konnte, jeden DIES FESTVS, war er religiös oder politisch bedingt, auch wahrzunehmen und die Arbeit niederzulegen.

Wenn FERIAE waren, an denen bestimmte Opferfeierlichkeiten von Staats wegen abgehalten wurden, gab es – wie überall – auch in den niedergermanischen Städten öffentliche Spiele, die entweder von den AEDILES, die dazu gesetzlich verpflichtet waren, oder von reichen Bewohnern der Stadt gestiftet wurden. Leider gibt es aus dem Gebiet zwischen Rhein und Maas keine Bekanntmachungen wie in POMPEI, aus denen hervorginge, wer zu welchem Zeitpunkt gegen wen kämpfte und wer der Stifter solcher Spiele war, aber auch so kann aus den vorhandenen Quellen erschlossen werden, daß sich in AGRIPPINA/Köln oder TRAIANA/Xanten Tierhetzen, Gladiatorenkämpfe und Wagenrennen ähnlicher Beliebtheit erfreut haben wie in Kampanien. Inschriften belegen, daß es zumindest in AGRIPPINA eine oder mehrere Gladiatorenschulen gab, bezeugt sind vor allem ein DOCT(or) GL(adiatorum), offenbar ein Berufstrainer für Gladiatoren, sowie zwei Freigelassene, deren frühere Herren vielleicht eine Gladiatorenschule unterhielten und ihre Kämpfer an die örtlichen Magistrate vermieteten[379]. Gladiatorenkämpfe werden in Niedergermanien nicht jene Grausamkeit widergespiegelt haben, die offenbar für Rom und andere Weltstädte jener Zeit charakteristisch war und die einen Gebildeten wie Seneca sagen ließ: »Zufällig geriet ich ins Amphitheater, . . . ich erwartete Kurzweil, Witz und etwas Erheiterung, . . . das Gegenteil ist der Fall, . . . es ist rei-
164a ner Mord . . .[380]. Gladiatoren, ob Sklaven, Freigelassene oder Glücksritter, bedeuteten teure Investitionen, und man wird deshalb ihr Leben nur unter besonderen Umständen ernsthaft einer Gefährdung ausgesetzt haben. Viel häufiger fanden deshalb wohl VENATIONES statt, Kämpfe von Tieren untereinander, die man aufeinanderhetzte, oder regelrechte Jagden auf Tiere, die man vorher eingefangen hatte. In Köln und Xanten sind VRSARII (Bärenfänger) bezeugt und die Existenz eines VIVARIVM (Tierzwinger), den ein Offizier namens Aulus Titius Severus in Köln neu einzäunen ließ[381]. Darstellungen mit Szenen aus dem Amphitheater finden sich auf Öllampen und Trinkbechern – den sog. Jagd- oder Arenabechern, die wahrscheinlich in AGRIPPINA/Köln hergestellt wor-
164 den sind –, vereinzelt auf Grabsteinen und als Mosaik; sehr eindrucksvoll ist ein Ausschnitt aus einem Kölner Mosaik mit Szenen kämpfender Paare und einer Gruppe von Männern am Rande des Geschehens – Spielleiter, Trainer und dem Mann mit dem Fleischerhaken, der offenbar die Aufgabe hatte, die Toten aus der Arena zu schleifen[382].

163 Viel weniger zahlreich sind Darstellungen aus Niedergermanien, die auf Theaterdarbietungen Bezug nehmen. Es war Volkstheater (im weitesten Sinne), das damals geboten wurde, nicht zu vergleichen mit dem, was wir heute sehr anspruchsvoll als Bildungstheater bezeichnen; das Schauspiel sollte unterhalten und mußte gefallen, allein das war wichtig, denn die Spieler lebten davon. Vereinzelt sind Tonmasken gefunden worden, die mit kultischen Theateraufführungen in Verbindung gebracht worden sind und einem Passus bei Martialis[383]: »Scherz eines Töpfers bin ich, eines blonden Batavers Maske, du belachst mein Gesicht, aber dem Kind macht es Angst«. Es sind fratzenhaft grinsende Gesichter mit Nasen wie Schweinsrüssel, gefletschten Zähnen und hochgezogenen Mundwinkeln, die bei den Griechen den Komödianten charakterisierten. Zumindest in AGRIPPINA/Köln hat es außer einem Theater (bisher nicht lokalisiert) auch einen CIRCVS gegeben, eine langgestreckte Pferderennbahn von etwa 500 m Länge, die von einer schmalen Mauer (SPINA) in zwei Bahnen geteilt wurde und von BIGAE oder QVADRIGAE, Zweier- oder Vierergespannen, jeweils siebenmal durchfahren werden mußte. Wie in vielen römischen Städten waren auch in AGRIPPINA die Namen der Pferde und ihrer Lenker in aller Munde, sie hießen PEGASVS, MIRANDVS, LISIFONVS und
165 ROXTANVS, und es darf mit Recht vermutet werden, daß auf Wagenlenker wie FILARMATIVS und sein Starpferd HELIODROMVS (Sonnenläufer) – wahrscheinlich das Pferd, das man den »Flieger« nannte, weil es im Viergespann außen gehen mußte und in den engen Kurven den weitesten Weg zurücklegte – ebenso leidenschaftlich gewettet wurde, wie dies für andere Städte des Reiches bezeugt ist[384].

163. Tonlampe in Form der Maske eines Tragödienschauspielers. Grabfund aus Moers-Repelen. 2. Jahrhundert. Niederrheinisches Museum der Stadt Duisburg.

164. »Der Mann mit dem Haken«. Ausschnitt eines Mosaikfußbodens aus Köln mit Darstellungen aus dem Amphitheater. 3. Jahrhundert. Römisch-Germanisches Museum Köln.

164 a. »Verwundeter Gladiator«. Fragment einer Tonlampe aus Moers-Asberg. 1. Jahrhundert. Niederrheinisches Museum der Stadt Duisburg.

165. Der Rennfahrer Filarmatius aus Köln mit seinem Viergespann. Besonders hervorgehoben ist sein Starpferd HELIODROMVS (»Sonnenläufer«). 3. Jahrhundert. Römisch-Germanisches Museum Köln.

LVDI PVBLICI – öffentliche Spiele – fanden in den Städten Niedergermaniens sicher nicht an allen Festtagen statt. Was tat man sonst in seiner Freizeit? Ein Vergnügen, das sich jeder für einen As oder weniger leisten konnte, wenn der Eintritt nicht sogar frei war, weil ein Reicher dies für einen oder mehrere Tage übernahm, war der Besuch der *öffentlichen Bäder* (THERMAE oder BALNEVM). Die wenigsten Stadtbewohner besaßen ein eigenes Bad, und so scheint der Besuch dieser Anlagen für viele Menschen ein fester Bestandteil ihres Tagesablaufes gewesen zu sein. Römische THERMAE waren viel mehr als unsere Badeanstalten heute – nicht nur, daß man sich reinigte und eine Folge von verschieden temperierten Bädern absolvierte, daß man Ausgleichssport trieb, boxte, rang oder an einem Ballspiel wie HARPASTVM teilnahm, sondern man traf sich hier auch zu Verhandlungen und Geschäften, nahm mit Freunden einen Imbiß ein, hörte Vorlesungen von Philosophen oder Dichtern oder gab sich nach der Arbeit des Tages ganz einfach dem OTIVM, der Muße, hin; man kann durchaus sagen: THERMAE oder BALNEVM waren – abgesehen von Straßen und Plätzen – *das* Kommunikationszentrum jener Zeit, wo jeder jeden treffen konnte. Nicht jeder war allerdings vom Treiben in den Bädern begeistert, wie eine Schilderung Senecas zeigt[385].

Bildung war bis zu einem gewissen Grade Privileg bestimmter Kreise und blieb auf
wenige beschränkt. Es gab BIBLIOTHECAE – sicher auch in AGRIPPINA/Köln, vielleicht
auch in anderen niedergermanischen Städten –, auch sie waren private Stiftungen, aber
niemand konnte dort Bücher ausleihen, denn die großen Buchrollen waren unhandlich
und teuer in der Anschaffung. Wer an Bildung interessiert war, hörte in den Thermen
oder Bibliotheken öffentliche Vorlesungen von Menschen, denen etwas daran lag, das,
was sie geschrieben hatten, bekanntzumachen – damals im übrigen noch eine der besten
Möglichkeiten, eigene Werke zu verbreiten. Ein solcher Gebildeter wird Quintus 261
Aelius Egrilius Euaretus gewesen sein, der PHILOSOPHVS und Freund des niedergerma-
nischen Statthalters Salvius Iulianus war, eines berühmten Juristen seiner Zeit, dem sei-
ne Frau Aera Timoclia – wahrscheinlich in AGRIPPINA – das Grabmal setzte[386]. Auf we-
nige beschränkt war sicher auch das Vergnügen, das die *Jagd* bereiten konnte. Nach 166
Darstellungen auf Gefäßen scheint man besonderes Gefallen an Treibjagden gefunden
zu haben, die damit endeten, daß die Hundemeute Hasen, Rotwild und junge Bären in
aufgespannte Netze trieb.

Alle übrigen *Vergnügungen,* denen man damals frönen konnte, waren wesentlich anspruchsloser. Vom Ballspiel war schon kurz die Rede. Der Fußball jener Zeit hieß

166. »Aufbruch zur Jagd«. Relief von einem Grabmal aus ICORIGIVM/Jünkerath. 2./3. Jahrhundert. Rheinisches Landesmuseum Trier.

SPHAERA (Kugel), der Ballspielplatz entsprechend SPHAERISTERIVM[387], andere Bälle nannten sich PILA, PAGONICA oder FOLLIS und waren entweder mit Haaren, Federn oder mit Luft gefüllt; mit ihnen spielte man Wurf- oder Prellball. *Leistungssport*, wie ihn die Griechen trieben, entsprach nicht römischer Vorstellung, Sport diente vielmehr dazu, den Körper zu erhitzen, um hernach die Freuden des Bades noch besser genießen zu können. Man kannte Boxer, Ringer, Wagenlenker, die auch an den Kämpfen in Olympia und anderen berühmten Wettkampfstätten teilnahmen, aber sie waren Berufsathleten und eine Gruppe für sich. In Gesellschaft gemeinsam zu tanzen, war unbekannt, Tanz gab es nur als Darbietung bei Festen, um Gäste zu unterhalten. Man kannte verschiedene Brettspiele, z.B. eines, das offenbar unter Soldaten – aktiven wie ehemaligen – sehr beliebt war, das Elemente unserer Spiele Schach und Dame miteinander kombinierte und bei dem es darauf ankam, dem Gegner möglichst viele Steine abzunehmen; der Sieger durfte sich dann IMPERATOR nennen[388].

167. Liebesszene auf einer Tonlampe aus Moers-Asberg. 1. Jahrhundert. Niederrheinisches Museum der Stadt Duisburg.

168 Eine wahre Leidenschaft muß das Würfelspiel gewesen sein, Würfel, die den unseren gleichen, finden sich bei Ausgrabungen immer wieder. Eigentlich war das Spiel gesetzlich verboten – oder doch zumindest stark eingeschränkt –, doch einmal im Jahr, zum Fest der Saturnalien am 17. Dezember – den »feuchten Tagen«, wie es bei Martialis heißt, an denen jeder auffiel, der nüchtern blieb (so Horaz)[389] – konnte jeder nach Herzenslust würfeln. Bekannt ist die Leidenschaft, mit der selbst Kaiser wie Augustus und Claudius das Würfelspiel betrieben haben. So heißt es in einem Brief, den Augustus an Tiberius schrieb: »Wir haben, lieber Tiberius, das Minervafest der fünf Tage (= 19.–23. März) recht heiter verlebt. Wir haben nämlich alle Tage gespielt und das Würfelbrett nicht kalt werden lassen . . . Ich habe 20 000 Sesterzen verloren, doch nur, weil ich überaus liberal gespielt habe, wie das gewöhnlich meine Art ist« – und von Claudius (41–54) wird berichtet, daß er über das Würfelspiel ein Buch schrieb (das leider nicht überliefert ist) und auf Reisen das Spielbrett so im Wagen befestigen ließ, daß er auch unterwegs auf holprigen Straßen nicht auf den geliebten Zeitvertreib verzichten mußte[390].

168. Köln. Würfel aus Bein, der aus einem Röhrenknochen herausgeschnitten worden ist. Römisch-Germanisches Museum Köln.

Der Unterhaltung auf Straßen und Plätzen dienten Gaukler, Possenreißer, Jongleure, Tierbändiger, Akrobaten und Straßenmusikanten, die von Stadt zu Stadt zogen und für klingende Münze ihre Künste zeigten. Abendliches Ausgehen und Beisammensein in einer CAVPONA, einer Schenke oder Kneipe, entsprach nicht römischem Lebensstil; gefeiert wurde zu Hause, nicht in der Öffentlichkeit. Im allgemeinen genossen die CAVPONES (auch COPONES), die Schankwirte jener Zeit, keinen guten Ruf. Offenbar geschah es zu oft, daß man versuchte, dem Gast – mit entsprechenden Kreidestrichen auf dem Tisch – ein X (= 10) für ein V (= 5) vorzumachen, ihm zu stark mit Wasser vermischten Wein einzuschenken oder ihm auf andere Weise das Fell über die Ohren zu ziehen. Oft genug – so wird es aus POMPEI bezeugt und in den Hafenstädten am Rhein nicht anders gewesen sein – waren CAVPONAE mit einem LVPANAR (wörtlich »Wolfshöhle«) gekoppelt, wie man die Bordelle jener Zeit nannte. Beispiele aus POMPEI zeigen, daß Liebe schon für 1–2 Asses käuflich war – zum Vergleich: für diese Summe gab es beim Keramikhändler eine Lampe, einen Teller oder ein kleines Trinkgefäß[391]. Ganz
167 allgemein läßt sich sagen – und dafür sprechen Hunderte von Liebesszenen auf Öllampen, d.h. auf Gegenständen, die überall im Haus standen –, daß man augenscheinlich nicht prüde war und Fragen der Sexualität unvoreingenommen und relativ freizügig gegenüberstand. Es war eine Entwicklung, die ein Kaiser wie Augustus vergeblich versuchte, mit entsprechender Sittengesetzgebung einzudämmen, die sich jedoch unter östlichem Einfluß immer mehr ausbreitete und das (mit Sicherheit überzeichnete) Bild vom lasterhaften Rom entstehen ließ, wie es Satiriker wie Martialis oder Iuvenalis bespöttelt und gegeißelt haben.

Siedlungen und Gehöfte

VICI sind (Ansiedlungen), die nicht durch den Rang einer Stadt ausgezeichnet, sondern von einem gewöhnlichen Zusammenschluß von Menschen bewohnt werden und wegen ihrer Winzigkeit größeren Gemeinwesen zugeordnet sind. Isidorus, Bischof von Sevilla (7. Jahrhundert)

Von allen Erwerbszweigen aber ist die Landwirtschaft der beste, der ergiebigste, der angenehmste und eines freien Mannes würdigste. Marcus Tullius Cicero (106–43 v. Chr.)

Das SISER hat Kaiser Tiberius dadurch zu Ansehen gebracht, daß er es sich alle Jahre aus Germanien kommen ließ. Es wächst vorzüglich in GELDVBA, einem Kastell am Rhein . . .
Caius Plinius Secundus (23–79)

Dem deutschen Wort »Siedlung«, das im Grunde alles bezeichnen kann, was kleiner ist als eine Stadt und größer als ein Gehöft, entspricht im Lateinischen am ehesten das Wort VICVS, dessen Bedeutungsumfang von »Häuserzeile« und »Stadtviertel« über »Bauernhof« und »Dorf« bis hin zur größeren Ansiedlung reichte, die wir nach unserem Verständnis als »Kleinstadt« bezeichnen würden[392]. In AGRIPPINA/Köln gab es einen VICVS LVCRETIVS, in TRAIANA/Xanten einen VICVS MATI . . ./RVM, beides Stadtteile einer römischen Bürgerkolonie, VICANI (oder VICINI) nannten sich die Menschen aus IVLIACVM/Jülich oder TOLBIACVM/Zülpich, aus ICORIGIVM/Jünkerath oder Netters- 49
heim, dessen römischen Namen wir nicht kennen, VICI waren aber auch größere Ansiedlungen wie CORIOVALLVM/Heerlen (NL) oder TRAIECTVM AD MOSAM/Maastricht (NL), die im Laufe ihrer Entwicklung fast schon städtisches Aussehen annahmen[393]. Mit der Bezeichnung VICVS war kein Rechtszustand verbunden, wie in den Fällen, in denen eine Stadt in den Rang eines MVNICIPIVM oder einer COLONIA erhoben wurde. VICVS scheint – etwa seit dem 2. Jahrhundert – eine Sammelbezeichnung gewesen zu sein für alles, was nicht im rechtlichen Sinne Stadt und nicht Landgut (VILLA RVSTICA) war. Daneben gab es aber auch Bezeichnungen, mit der die Hauptfunktion einer Siedlung näher charakterisiert wurde – Beispiele aus Niedergermanien sind MVNICIPIVM AELIVM (AVRELIVM?) CANNANEFATIVM/Voorburg-Arentsburg (NL), das auch nach seiner Rangerhebung weiterhin FORVM HADRIANI (Hadriansmarkt) genannt wurde, des weiteren die Siedlungen AQVAE GRANNI/Aachen und PRAETORIVM AGRIPPINAE/Valkenburg-Dorf (NL), die eine gekennzeichnet als Heilbad, die andere als Raststation, deren Gründung offenbar auf die Kaiserin Agrippina (15–59) zurückging.

Die meisten VICI, die aus Niedergermanien inschriftlich oder archäologisch bekannt sind, lagen an den damaligen Fernstraßen[394]. Sie entstanden und entwickelten sich auf der Basis eines lebhaften Reiseverkehrs von Amtsträgern, Polizeiagenten und Gesandten, von Kurieren der staatlichen Post- und Nachrichtenübermittlung, von Händlern, Kaufleuten und wandernden Handwerkern, von Schauspielergruppen, Wallfahrern und Erholungssuchenden, die etwa nach AQVAE GRANNI zur Kur fuhren. Für sie und ihre Bedürfnisse entstanden vor allem dort, wo sich Straßen gabelten oder sich ein Flußübergang (TRAIECTVM) befand, Post- und Relaisstationen, meist verbunden mit einer STATIO der damaligen Straßenpolizei, den BENEFICIARII (S. 42), mit Herbergen und Hotels (TABERNAE, PRAETORIA, MANSIONES), der Möglichkeit, die Pferde zu wechseln (MVTATIO) oder den Wagen in der Stellmacherei – beim Wagner oder beim Schmied – reparieren zu lassen. Eine derartige *Verkehrssiedlung* zog Händler und Kaufleute an, die – wie die Gast- und Schankwirte – von den Durchreisenden lebten; außerdem übernahmen solche Siedlungen oft auch die Funktion des Marktes für das umliegende Land, das auf den fruchtbaren Lößböden im Süden der Provinz von zahlreichen Einzelhöfen übersät war und dessen Bewohner – vor allem Kleinbauern und Besitzer mittlerer Farmen in der Umgebung – ihre Überproduktion an landwirtschaftlichen Gütern in den VICVS brachten, um sie hier abzusetzen, wo sie aber auch einhandelten, was sie auf ihren Höfen benötigten. Keine dieser Siedlungen ist bisher annähernd vollständig untersucht worden, man kennt ihre Lage, aber besitzt nur in Einzelfällen eine genauere Vorstellung ihres einstigen Aussehens.

Weniger häufig waren *Gewerbesiedlungen.* Ihre Lage bestimmten nicht Straßen, sondern Rohstoffvorkommen – Lagerstätten von Erzen, Steinen, Ton, Sand oder Salz, die man in größerem Stil erst seit Beginn der römischen Zeit erschlossen und ausgebeutet hat. Auch in solchen Siedlungen lebten nicht nur die Arbeiter, die mit dem Abbau beschäftigt waren, sondern auch Handwerker, die den Rohstoff weiterverarbeiteten, aus Metallen Roh- und Halbfabrikate fertigten, Ton zu Keramik formten oder Steinblöcke in handliche Quader zerlegten. Natürlich war hier nicht nur die Lage von Rohstoffvorkommen entscheidend, sondern – dies gilt insbesondere für Töpfersiedlungen oder Glashütten – auch das Vorhandensein von Wäldern zur Brennstoffversorgung sowie die Anbindung an einen Wasserweg, um das Transportproblem zu lösen. Große Bedeutung erlangten auch *Heilbäder,* die früh erschlossen und genutzt wurden, wie das Beispiel der Aachener Thermalquellen zeigt (S. 117 ff.). Dagegen entwickelten sich *Wallfahrtsorte* in der Regel nicht zu größeren Ortschaften; nach allem, was wir bisher wissen, lagen die Heiligtümer isoliert in ländlicher Gegend[395].

Eine besondere Gruppe bildeten *Militärsiedlungen,* sowohl die CANABAE (Holzhäuser) bei Legionslagern wie die VICI der Auxiliarkastelle. Sie lagen an der Rheingrenze auf militärischem Territorium, unterstanden rechtlich dem örtlichen militärischen Oberkommando und waren nach Aussehen und Funktion eigentlich nur eine besondere Form der Verkehrssiedlung im unmittelbaren Grenzgebiet. Es waren Ansiedlungen an der Limesstraße – oft führte die Straße mitten hindurch –, mit allen Möglichkeiten der Beherbergung und Bewirtung, des Pferdewechsels und der Wagenreparatur wie in den zivilen Straßensiedlungen. In den Grenzsiedlungen kam das militärische Element hinzu, das sich insofern auf die Gesamtzahl der Einwohner ausgewirkt haben wird, als hier die Familien der Soldaten lebten sowie Handwerker, Händler und Gewerbetreibende, die für die Truppe arbeiteten oder sie belieferten und die auf solche Art ihr Auskommen hatten. Auch diese Siedlungen, die sehr ausgedehnt sein konnten, sind bisher nur unzureichend erforscht.

Eine letzte Gruppe sind die *Dörfer der Einheimischen.* Vor allem in den Niederlanden ist das Interesse für die Siedlungen der BATAVI und CANNANEFATES im letzten Jahrzehnt sehr gewachsen, und man hat begonnen, derartige Siedlungen schwerpunktmäßig in großen Flächen auszugraben und zu untersuchen, um so ein Bild zu gewinnen vom Aussehen einheimischer Dörfer während der römischen Kaiserzeit. Untersuchungen dieser Art sind deshalb so reizvoll, weil sich auf diese Weise die Frage beantworten läßt, inwieweit einheimisches Kulturgut bewahrt wurde und in welchem Maße sich die Germanen dieses Gebietes römischen Einflüssen, römischem Import und römischer Lebensweise geöffnet haben; die bisherigen Erfahrungen lassen erkennen, daß z. B. im Häuserbau Traditionen lebendig blieben, die in vorrömische Zeit zurückreichen und sich die sog. Hallenhäuser oder andere Bauformen nicht von dem unterscheiden, was zur gleichen Zeit nördlich der römischen Grenze – in den Nordprovinzen der heutigen Niederlande – gebaut wurde.

Folgen wir den damaligen Fernstraßen und beginnen wir im Süden, dort, wo die Straße – von AVGVSTA TREVERORVM/Trier kommend – die Provinzgrenze bei einem VICVS namens AVSAVA überschritt, der heute mit der Ortschaft Oos identifiziert wird (S. 27). Die erste größere Verkehrssiedlung, auf die der Reisende stieß, war ICORI-

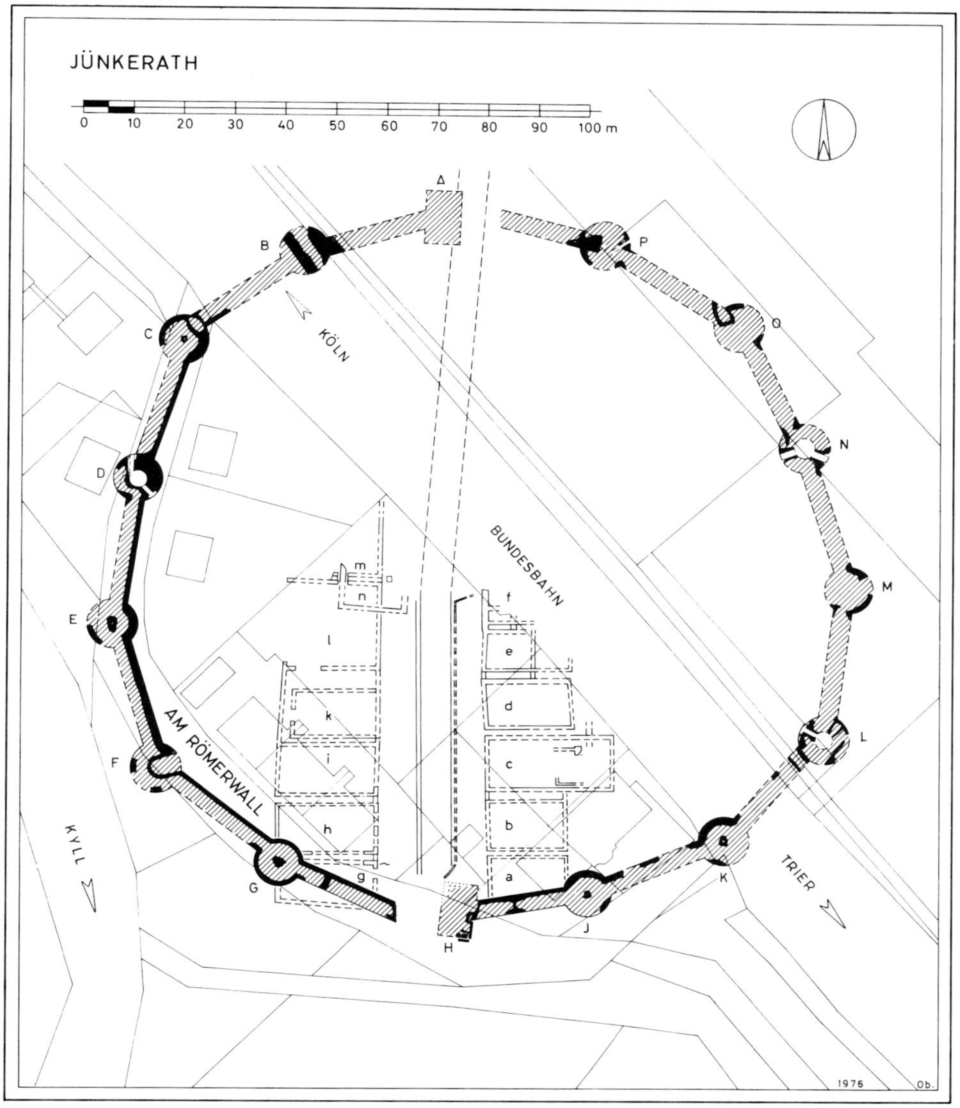

169

170

171

GIVM/*Jünkerath* (Krs. Gerolstein)[396]. Sie entstand an der Stelle, an der sich Straße und Kylltal kreuzten. Ausgegraben wurde der südliche Teil der Siedlung; wahrscheinlich lag der eigentliche Siedlungskern weiter nördlich, direkt am Wasser, wo eine Brücke (oder Fähre) den Fluß überquerte. ICORIGIVM (auch EGORIGIVM) entstand um die Mitte des 1. Jahrhunderts und entwickelte sich kontinuierlich bis zum Frankeneinfall von 275/276, als die Siedlung in Flammen aufging. Die Häuser lagen mit ihrer Schmalseite direkt an der Straße, die hier 7,50 m breit war, nur getrennt durch einen befestigten Bürgersteig. Es waren wahrscheinlich – zumindest anfänglich – Fachwerkhäuser, die auf Steinfundamenten ruhten, ihre Giebelbreite betrug etwa 10 m, ihre Tiefe bis 24 m; alle waren sie durch einen schmalen AMBITVS, eine Brandgasse, voneinander getrennt. Bedeutsam sind einige Reliefs, die von Grabdenkmälern stammen und in der spätantiken Mauer von ICORIGIVM verbaut waren. Sie zeigen Szenen aus dem Geschäftsleben, u. a. eine Weinamphore, die auf ein Weingeschäft, wohl auch mit Ausschank, deutet, eine Kontorszene, die rechts drei Personen zeigt, die um einen Tisch sitzen bzw. stehen, auf dem ein Geldbeutel liegt, links eine Frau in einem Laden, in dem vielleicht Spezereien verkauft wurden, und schließlich ein Relief, das oben einen Wagen mit zwei galoppierenden Pferden, unten ein Schiff mit geblähten Rahsegeln wiedergibt. Diese Bilder machen deutlich, daß es in einer Straßensiedlung wie ICORIGIVM möglich war, mehr als nur das Nötigste zum Leben zu verdienen, daß hier reger Han-

169 ff.

171

169. ICORIGIVM/Jünkerath. Plan der ergrabenen Bauten und der Kastellmauer (nach W. Binsfeld).

170. ICORIGIVM auf der sog. Tabula Peutingeriana. Vgl. Abb. 85.

171. Relief mit Wagen (oben) und Rahsegler (unten) von einem Grabmal aus Jünkerath. 2./3. Jahrhundert. Rheinisches Landesmuseum Trier.

166 del herrschte und Waren umgesetzt wurden; daneben zeigen Jagdszenen, daß auch das Vergnügen nicht zu kurz gekommen ist. Von alledem ist heute – abgesehen von den Reliefs, die sich im Trierer Landesmuseum befinden – nichts mehr zu sehen, vor allem, weil die Bundesbahntrasse von Trier nach Köln den römischen Ort durchschneidet, alles Übrige überbaut ist bzw. unter einer Eisenhütte begraben liegt.

Die nächste Ortschaft an der Straße nach AGRIPPINA/Köln war MARCOMAGVS/*Marmagen;* acht LEVGAE (eine LEVGA = 2,2 km) hatte man im Wagen oder zu Pferde zurückzulegen, bis man diesen VICVS erreichte. Im heutigen Marmagen erinnert nichts mehr an die römische Vergangenheit, außer Zufallsfunden ist nichts bekannt, Ausgrabungen haben bisher nicht stattgefunden. Sicherste Indizien sind der Name und die Lage der Siedlung an der römischen Straße, die offenbar hinter MARCOMAGVS nicht schnurgerade in Richtung TOLBIACVM/Zülpich weiterlief, sondern in nordwestlicher
172 Richtung abbog und nach weiteren acht LEVGAE die Straßensiedlung BELGICA VICVS erreichte – heute zwischen Euskirchen-Billig und -Rheder gelegen[397]. Im Gegensatz zu
173 ICORIGIVM/Jünkerath, das ein langgestrecktes Straßendorf war, besaß BELGICA einen dreieckigen Umriß, hervorgerufen durch eine Straßengabelung. Etwa 20% der Siedlungsfläche sind ausgegraben, durch Baubeobachtungen und das Kartieren von römischen Funden an der Erdoberfläche bekannt geworden, etwa 370 m dehnte sich die Siedlung von Südwesten nach Nordosten aus, die insgesamt ein Areal von 6–7 ha bedeckte. Am besten sind die Häuser bekannt, die an der Straße nach AGRIPPINA standen. Wie in ICORIGIVM waren sie mit der schmalen Giebelseite zur Straße ausgerichtet, die Breite wechselte zwischen 6 und 16 m, ebenso die Tiefe, die bis zu 32 m betrug. Die Häuser waren in mehrere Räume unterteilt, dahinter lag meist ein Hof mit weiteren Bauten, oft auch Brunnen, die in BELGICA sehr fundreich waren; wie in ICORIGIVM verliefen zwischen den Häusern schmale Brandgassen. Einige wenige Häuser lagen mit der

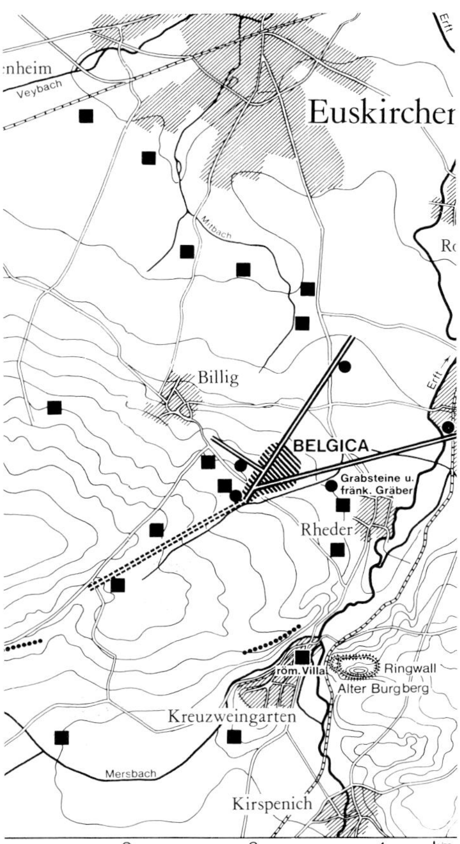

172. Der VICVS BELGICA südlich von Euskirchen und seine Umgebung (nach H. v. Petrikovits).

173. BELGICA/Euskirchen-Billig/-Rheder. Plan der römischen Straßensiedlung (nach H. v. Petrikovits).

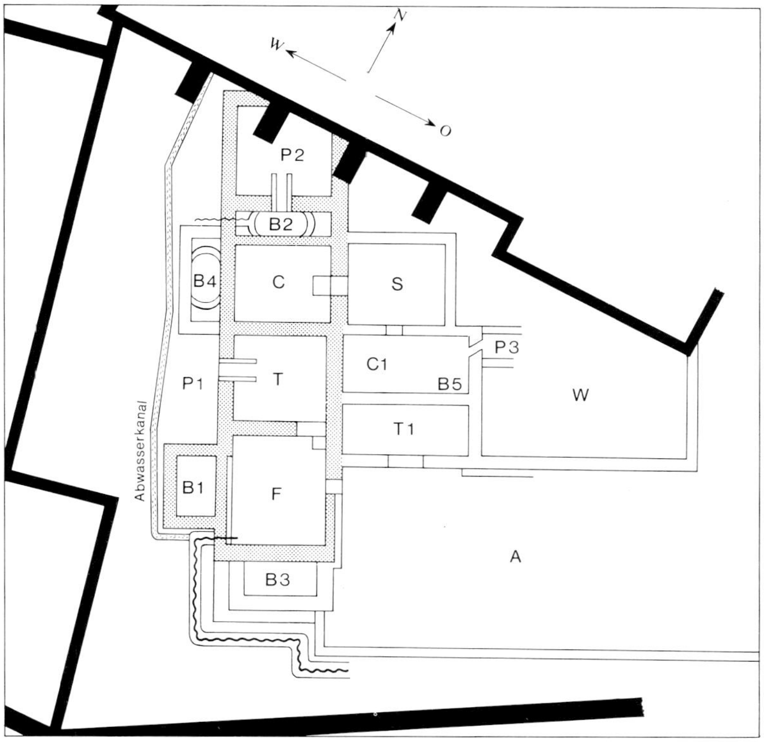

174. TOLBIACVM/Zülpich. Plan der Thermenanlage (nach H. G. Horn).
A Große Halle
B Wasserbecken
C Caldarium
F Frigidarium
P Praefurnium
S Sudatorium
T Tepidarium
W Wirtschaftshof

175. TOLBIACVM/Zülpich. Mühlenberg mit Peterskirche und Markierung von Teilen der Thermenanlage im Pflaster vor dem Propstei-Museum.

breiten Seite zur Straße, vor allem im Bereich der Straßengabelung. An diesem herausgehobenen Platz – im Zentrum des VICVS – dürften Kaufleute und Händler, vielleicht auch Hoteliers, gewohnt haben, deren Reichtum – ähnlich wie in anderen VICI – an aufwendigen Grabdenkmälern ablesbar ist, die allerdings in BELGICA längst nicht so gut erhalten geblieben sind. Ausgangs der Siedlung lag eine Benefiziarierstation, von der es eine Weihung an IVPPITER und an den GENIVS LOCI (Schutzgeist des Platzes) gibt. Einer Art Bildersturm sind offenbar absichtlich verstümmelte Jupiter- und Matronenbildnisse sowie ein Altar für DIANA zum Opfer gefallen, die man in einem (oder mehreren?) Brunnen gefunden hat; Gräber lagen an den Straßen aufgereiht. Im unmittelbaren Umkreis der Siedlung sind mindestens zehn VILLAE RVSTICAE (Gehöfte) festgestellt worden. In einem der Häuser in BELGICA hat sich Ackergerät gefunden, sodaß angenommen werden kann, daß unter den Bewohnern der Siedlung auch kleine Landwirte waren; im wesentlichen jedoch werden Gewerbe und Handwerk in BELGICA auf die Bedürfnisse der Durchreisenden abgestellt gewesen sein. Die Siedlung scheint in der Zeit der flavischen Kaiser (nach 70) entstanden zu sein und hat sich bis zum Ende des 4. Jahrhunderts gehalten – zumindest reichen die Münzfunde bis zu diesem Zeitpunkt. Waffenfunde der Merowingerzeit machen deutlich, daß BELGICA danach nicht verlassen, sondern von den Franken weiterbesiedelt wurde.

In BELGICA gabelte sich die Straße gleich dreifach: Zwei Straßen – eben jene, die der Siedlung ihre charakteristische Dreiecksform gaben – führten auf direktem Wege nach BONNA/Bonn und AGRIPPINA/Köln, eine dritte Straße zweigte innerhalb des Ortes nach Nordwesten ab und führte nach TOLBIACVM/*Zülpich*, das im ITINERARIVM ANTONINI, einem Straßen- und Ortsverzeichnis vom Anfang des 3. Jahrhunderts, zusätzlich als VICVS SVPENORVM (Siedlung der Supenier) bezeichnet wird – wohl ein Teilstamm der VBII, die dieses Gebiet bewohnten[398]. Auch TOLBIACVM war eine Verkehrssiedlung, gelegen am Kreuzungspunkt der Straßen von AVGVSTA TREVERORVM/Trier nach NOVAESIVM/Neuss und von AGRIPPINA/Köln nach DVROCORTORVM REMORVM/Reims (F); ein in Zülpich-Hoven gefundener Meilenstein aus den Jahren 308/322 gibt im übrigen die Entfernung ganz genau an: 16 LEVGAE (= 35,2 km) waren von

hier aus bis AGRIPPINA zurückzulegen, eine Entfernung, die unter den damaligen Verhältnissen ohne Mühe an einem Tag zu schaffen war. Über das Aussehen des VICVS
175 TOLBIACVM ist nur wenig bekannt, sein Zentrum scheint der Mühlenberg gewesen zu sein, auf dem heute die Peterskirche steht. Es ist ein Weihestein der VICANI, der Bewohner von TOLBIACVM, erhalten, ein Zeichen, daß die damalige Gemeinde in bestimmten Bereichen selbständige Entscheidungen treffen konnte, außerdem verschiedene andere Götterweihungen und die Überreste einer Juppitersäule, die deutlich machen, daß die Siedlung römisches Gepräge trug. Einige sehr qualitätvolle Fragmente von Grabdenkmälern zeigen auch hier, daß es eine dünne Oberschicht gab, die in TOLBIACVM durch Gewerbe oder Handel zu Reichtum kam.

144 Auf dem Mühlenberg stand auch das einzige Bauwerk, das heute noch in großen Partien erhalten ist und als Teil des Zülpicher Probstei-Museums konserviert werden konnte – ein BALNEVM, das Badegebäude der VICANI TOLBIACENSES[399]. Die Thermen-
124f. anlage bedeckte eine Fläche von mehr als 900 qm und enthielt – wie z. B. in TRAIANA/Xanten (S. 110f.) hintereinander aufgereiht – alle Räume, die in Abfolge und Temperaturabstufung jene Badefreuden ermöglichten, auf die kaum ein Mensch der damaligen Zeit verzichten mochte. Der Ausgrabungsplan spiegelt mehrere Bauphasen wider. Den ursprünglichen Kern der Anlage bildete die Raumfolge von FRIGIDARIVM (F: Kaltwasserbad), TEPIDARIVM (T: Warmwasserbad) und CALDARIVM (C: Heißwasserbad). In der endgültigen Baufassung betrat man die Anlage von Süden her und kam zunächst in eine große, quergestreckte Halle, die verschiedenen Zwecken gedient haben wird – als Aus- und Ankleideraum ebenso wie als Treffpunkt mit Freunden oder Geschäftspartnern. Das Kaltwasserbad (F) besaß zwei Becken mit einem Abfluß nach Westen. Alle übrigen Räume – die beiden Warmwasserbäder (T und T 1), die beiden Heißwasserbäder (C und C 1) sowie das SVDATORIVM (S: Schwitzbad) – wurden über Hypokausten beheizt, ebenso die beiden Heißwasserbecken im CALDARIVM (C); die zugehörigen PRAEFVRNIA (P 1–P 3: Heizräume) lagen seitlich des TEPIDARIVM (T) und der beiden CALDARIA (C und C 1). Zur Anlage gehörte ein Wirtschaftshof (W), der sich nach Osten hin anschloß. Vorauszusetzen ist natürlich auch eine PALAESTRA, ein offener Hof, auf dem Sport getrieben wurde; er ist ebenso wie die Latrine und weitere mögliche Nebenräume bisher archäologisch nicht nachgewiesen und wird wahrscheinlich heute von der Peterskirche überdeckt. Die Kernanlage des Bades ist auch heute noch gut erhalten und kürzlich grundlegend restauriert worden; abgesehen von den etwas größe-
180, ren Thermen in CORIOVALLVM/Heerlen (NL) bietet die Zülpicher Anlage somit im
182 ehemaligen Niedergermanien die beste Anschauung einer Badeanlage aus römischer Zeit (S. 152).

An der Straße, die AGRIPPINA/Köln nach Westen verließ und nach ADVATVCA TVNGRORVM/Tongeren (B) führte, nennt das ITINERARIVM ANTONINI als erste Station den Ort TIBERIACVM, wahrscheinlich identisch mit der Ortschaft Thorr, südlich von Bergheim. Nach insgesamt 22 LEVGAE erreichte man IVLIACVM/*Jülich,* eine Entfernung übrigens, die exakt den 40 km entspricht, die Köln und Jülich voneinander trennen[400]. Der Name der Siedlung bedeutet soviel wie »Juliusstadt«, sie wird im ITINE-
176 RARIVM ANTONINI und auf der TABVLA PEVTINGERIANA, einer Straßen- und Ortskarte des 4. Jahrhunderts, genannt und scheint einiger Funde zufolge schon im frühen 1. Jahrhundert entstanden zu sein. Sie lag am Platz des günstigsten Überganges über die
177 Rur, am östlichen Hang oberhalb des Flußtales; hier bündelten sich die Straßen aus AGRIPPINA und NOVAESIVM/Neuss, um nach der Flußüberquerung wieder in verschiedene Richtungen auseinanderzulaufen. In Jülich selbst sind seit 1947 viele archäologische Aufschlüsse bei Neubauten gelungen, doch ist keine größere Fläche der römischen Siedlung systematisch untersucht worden; so kommt es, daß viele Details bekannt sind,
178 sich aber kein Gesamtbild gewinnen läßt. IVLIACVM trug als Verkehrssiedlung einen

176 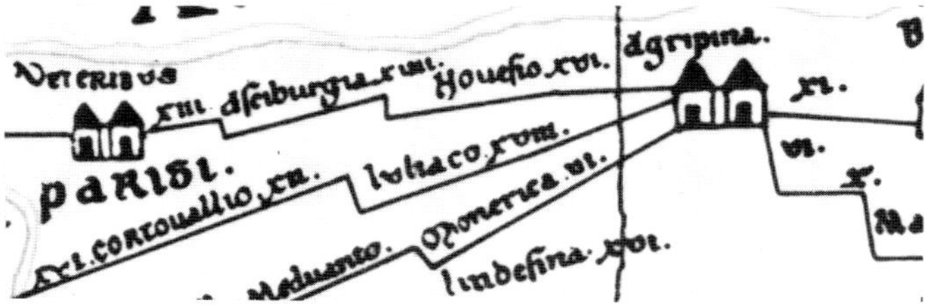

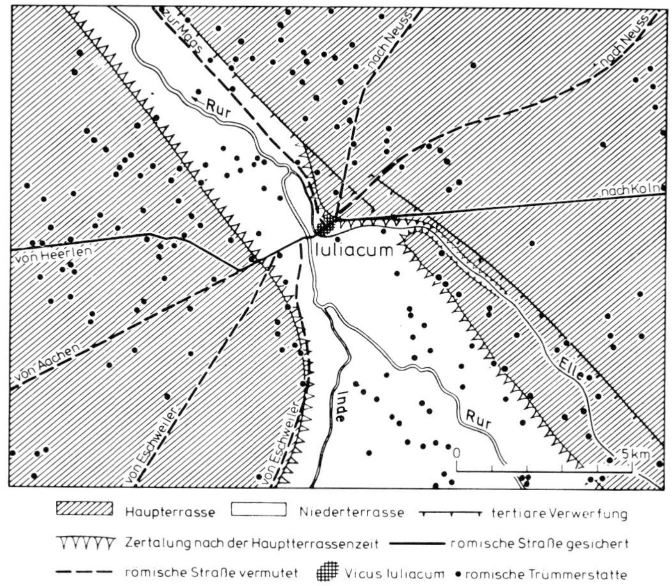

177

178 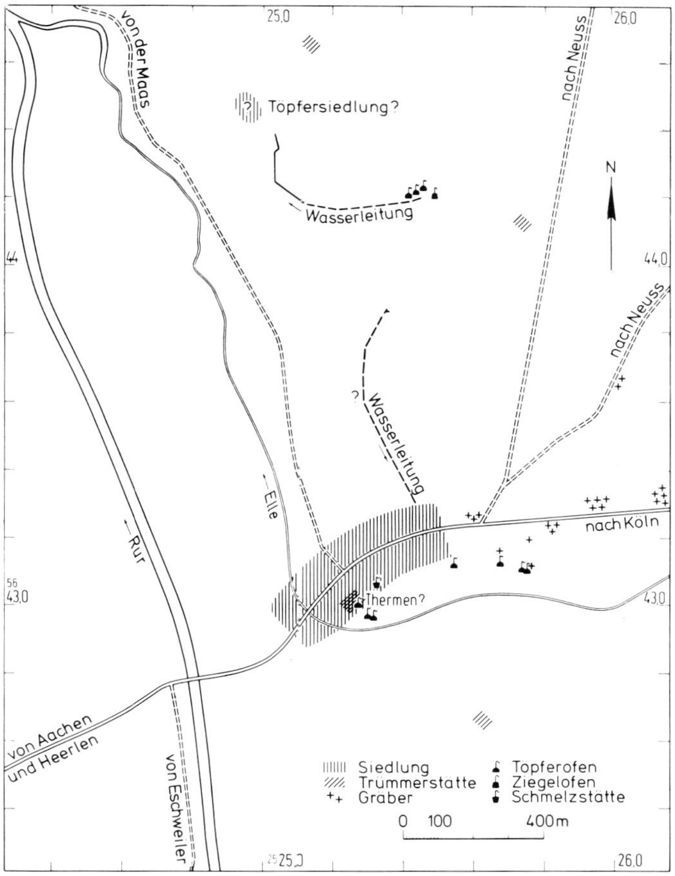

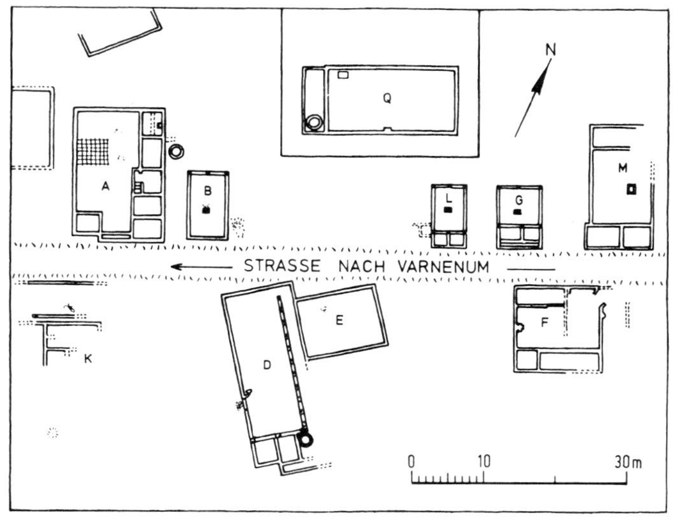

179

176. IVLIACO. Bezeichnung der Siedlung IVLIACVM/Jülich auf der sog. Tabula Peutingeriana. Vgl. Abb. 85.

177. IVLIACVM/Jülich und seine Umgebung in römischer Zeit (nach P. J. Tholen).

178. IVLIACVM/Jülich. Siedlungsspuren des 1.–3. Jahrhunderts (nach P. J. Tholen).

179. Breinigerberg b. Stolberg (Krs. Aachen). Ausschnitt einer römischen Gewerbesiedlung (nach H. v. Petrikovits).

ähnlichen Charakter wie ICORIGIVM/Jünkerath oder TOLBIACVM/Zülpich. Seine Häuser erstreckten sich längs der Fernstraße und scheinen mit schmalen Giebelfronten, Laubengängen an den Straßen und Brandgassen zwischen den Häusern ganz ähnlich angelegt gewesen zu sein wie in anderen Straßensiedlungen. Der einzige größere Bau, dessen Lage als gesichert gelten kann, war eine Thermenanlage, die heute unter der Kirche St. Maria Himmelfahrt liegt. Besonders auffällig sind die mehrfachen archäologischen Hinweise auf Metallhandwerker, Knochenschnitzer, Schuhmacher und Textilhersteller, vor allem aber die zahlreich festgestellten Töpferöfen am Rande der Siedlung und im Norden im Bereich der Merscher Höhe; hier lag vielleicht sogar ein regelrechtes Töpferdorf, dessen Bewohner über eine eigene Wasserleitung verfügten. Auch in IVLIACVM, das in spätrömischer Zeit befestigt war, unterhielt die niedergermanische Armee einen Straßenposten; ein Weihestein nennt hier einen EXPLORATOR (Kundschafter) der LEGIO VI VICTRIX, die zwischen 70 und 118/119 erst in NOVAESIVM/Neuss, später in VETERA/Xanten-Birten stationiert war.

Abseits der großen Fernstraße nach Westen lag in römischer Zeit südlich und östlich der heutigen Stadt *Stolberg* ein ausgedehntes Gewerbegebiet mit Siedlungen, deren Entstehung allein auf dem Abbau von Blei-, Eisen- und Zinkerzen beruhte, die hier verhüttet und weiterverarbeitet wurden[401]. Im Zentrum eines dieser Rohstoffvorkommen

180. CORIOVALLVM/Heerlen (NL). Die freigelegte Thermenanlage im Jahre 1941. Vgl. Abb. 12.

238 liegt der *Schlangenberg,* östlich von Stolberg-Breinigerberg, in dessen Umkreis sich heu-
te noch zahllose Abbauspuren finden. Das reiche Erzvorkommen dieser Gegend hat
179 damals im Bereich der heutigen Ortschaft Breinigerberg einen VICVS entstehen lassen,
der mit gutem Grund als »Knappensiedlung« bezeichnet worden ist. Der Name der Siedlung ist unbekannt. Ausgrabungen der Jahre 1924/25 haben einen Teil der Ortschaft freigelegt, deren Häuser – fast alle mit schmaler Giebelseite zur Straße ausgerichtet – zu beiden Seiten einer Durchgangsstraße lagen, die in westlicher Richtung nach VARNENVM/Aachen-Kornelimünster führte. Der VICVS ist heute fast vollständig überbaut. Zwar fand man während der Grabungen in den zwanziger Jahren keinerlei Hinweise auf den nahen Bergbau, doch belegen inzwischen zahlreiche Schlackenfunde aus den Randbereichen der Siedlung auf eindeutige Weise, worauf die wirtschaftliche Grundlage dieser Gewerbesiedlung beruht hat; offenbar hat man damals Wohn- und Arbeitsbereich strikt voneinander getrennt.

Auch in *Rimburg* (früher Landkreis Aachen, heute zur niederländischen Provinz Limburg gehörend) scheint in römischer Zeit ein ansehnlicher VICVS gelegen zu haben. In den Jahren 1927–29 haben hier Ausgrabungen stattgefunden, die sich vor allem auf die Untersuchung der Brückenkonstruktion konzentrierten, auf der die Straße von IVLIACVM/Jülich nach CORIOVALLVM/Heerlen (NL) den Wurm-Bach überquerte[402]. Die Straßensiedlung Rimburg, deren römischer Name unbekannt ist, entsprach dem üblichen VICVS-Typ mit schmalrechteckigen Häusern, die mit der Schmalseite zur Straße standen. Eines der Häuser enthielt eine Töpferwerkstatt mit fünf Brennöfen, in der offenbar Trinkbecher hergestellt wurden, die man mit einem Firnis überzogen hat. Bei den Grabungen neuerer Zeit sind weitere Häuser dieses Typs freigelegt worden, möglicherweise auch Teile eines Säulenumganges, der zu einem Tempel gehört haben kann. Um 270 wurde der Straßenübergang an der Wurm neu gebaut. Es war keine eigentliche Brücke, die man fand, sondern ein Pfahlrostfundament, auf dem die Kiesschotterpackung der Straße auflag. Beim Neubau des Überganges wurde ein Gräberfeld – wohl des 2. und 3. Jahrhunderts – zerstört, denn es fanden sich in der Steinfüllung

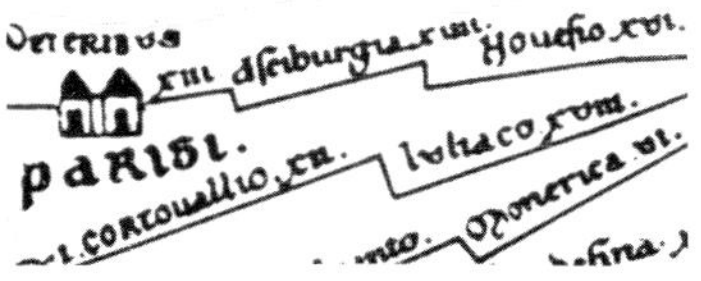

181. CORTOVALLIO. Bezeichnung der Siedlung auf der sog. Tabula Peutingeriana. Vgl. Abb. 85.

des Pfahlrostes zahlreiche Grabdenkmäler und Architekturteile, die absichtlich zerschlagen worden sind. Dabei gelang es auf Grund von Grabinschriften, die Verwandtschaftsbeziehungen dreier Familien zu rekonstruieren, die wohl im 2. Jahrhundert im VICVS von Rimburg gelebt haben – ein Fall, für den es aus römischer Zeit nur wenige Parallelen gibt[403].

Eine bedeutende Ansiedlung scheint CORIOVALLVM/*Heerlen* (NL) gewesen zu sein, 181
die nach den ausgegrabenen Bauten fast schon stadtähnlichen Charakter trug und in ihrer Blütezeit 10–15 ha bedeckt hat[404]. Auch diese Siedlung war rechtlich ein VICVS, auch wenn sie möglicherweise sogar größer war als FORVM HADRIANI/Voorburg-Arentsburg (NL), das zum MVNICIPIVM der CANNANEFATES und damit zur Stadt in juristischem Sinne erhoben wurde. In CORIOVALLVM trafen Straßen aus allen Richtungen zusammen – aus NOVIOMAGVS/Nijmegen (NL) und TRAIANA/Xanten im Norden, AGRIPPINA/Köln im Osten, AVGVSTA TREVERORVM/Trier und AQVAE GRANNI/Aachen im Süden, ADVATVCA TVNGRORVM/Tongeren (B) im Westen. Die Kreuzungen dieser Straßen, die nicht an einem Punkt zusammenliefen, bestimmten Form und Aussehen von CORIOVALLVM, das offensichtlich keine typische Straßensiedlung war. Die bisher freigelegten Bauten entsprechen nicht den charakteristischen VICVS-Häusern, die man damals wohl als TABERNAE (eigentlich »Bude, Bretterhütte«) bezeichnet hat und die sich längs der Straße aneinanderreihten. Es sieht so aus, als hätte CORIOVALLVM einen regelrechten Stadtkern gehabt mit einer relativ verdichteten Bebauung und Häusern, die sich keinem bestimmten Bautyp zuordnen lassen. Kennzeichnend für CORIOVALLVM sind außerdem zahlreiche Töpferöfen im Zentrum und an den Rän- 217
dern, deren Häufigkeit der Siedlung fast den Charakter eines Töpferstädtchens gaben. CORIOVALLVM wird auch von der Fruchtbarkeit des Umlandes profitiert haben, das vor allem südlich des Städtchens von Landgütern dicht besetzt war. Das reichhaltige Fundmaterial, das bisher in Heerlen zutage kam, ist teilweise von bester Qualität und ver-

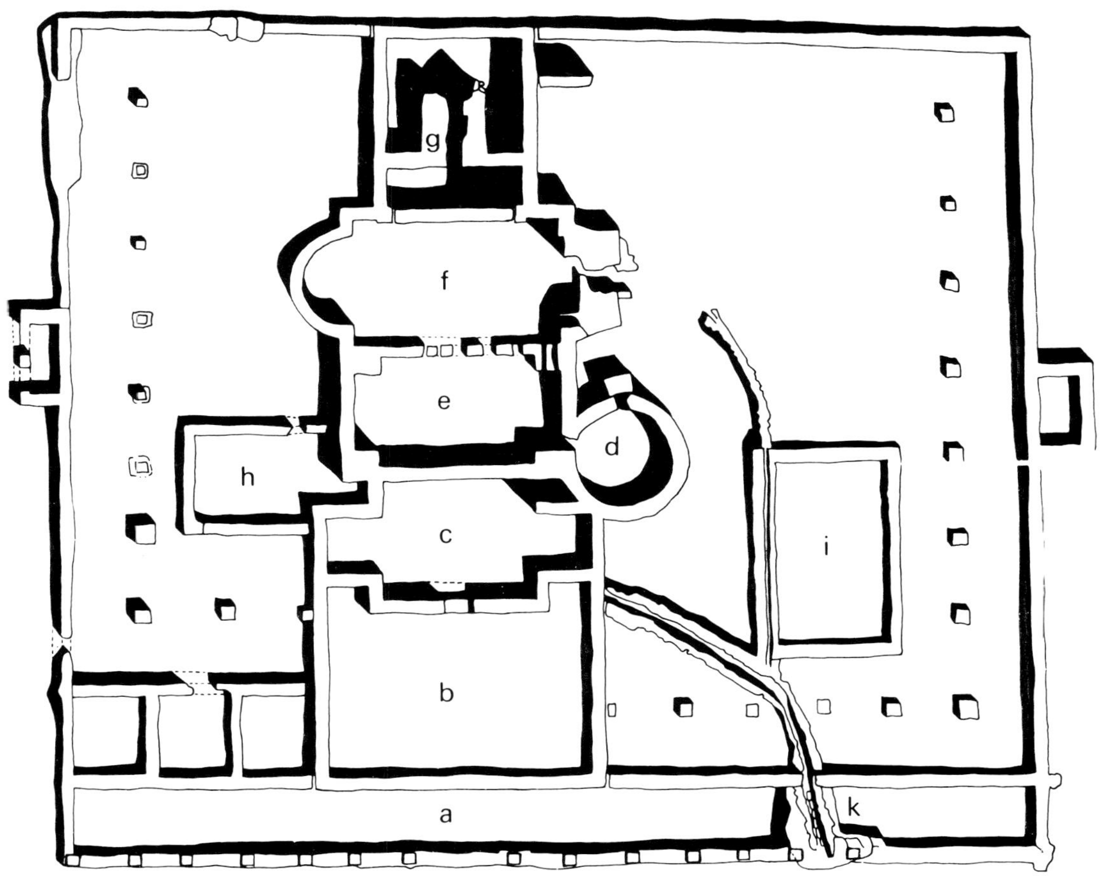

182. CORIOVALLVM/Heerlen (NL). Plan der Thermenanlage.

a Eingang
b Kleiderablage
c Kaltwasserbad
d Sauna
e Warmwasserbad
f Heißwasserbad
g Heizraum
h Toiletten
i Schwimmbecken
k Wasserabfluß

deutlicht den hohen Stand römischer Zivilisation und Lebensweise – auch an einem scheinbar abgelegenen Platz tief in der Provinz.

12 Heerlens römische Vergangenheit kann heutzutage im BALINEVM, dem Stadtbad von CORIOVALLVM, besichtigt werden, das 1977 als »Thermenmuseum« wiedereröff-
180 net worden ist. Man hat den 1941 freigelegten und damals wieder zugeschütteten Thermenbau heute nicht nur mit einem architektonisch sehr ansprechenden Überbau versehen, sondern ihm gleich auch Ausstellungsräume, ein Archiv, eine Bibliothek und einen Raum angefügt, wo man Urkunden und Dokumente studieren kann, und damit ein kulturelles Kommunikationszentrum geschaffen, das manches von dem wieder aufnimmt und in sich vereinigt, was THERMAE oder BALINEA für die Menschen der römischen Zeit gewesen sind. Die Badeanlage, die eine Fläche von 200 qm bedeckte, entsprach dem üblichen Reihentyp, d.h. die eigentlichen Baderäume – FRIGIDARIVM, TEPIDARIVM und CALDARIVM – waren wie in TRAIANA/Xanten oder TOLBIACVM/Zülpich hintereinander angeordnet. Der erste Bau ist wahrscheinlich zu Anfang des 2. Jahrhunderts errichtet worden. Offenbar war aber etwa hundert Jahre später eine umfassende RESTITVTIO (Wiederherstellung) notwendig, deren finanziellen Teil laut Inschrift ein privater Stifter übernahm: Marcus Sattonius Iucundus, Mitglied des Stadtrates von
37 TRAIANA/Xanten (DEC.C.V.T.), der wahrscheinlich – wie andere seines Standes – in der Umgebung von CORIOVALLVM eines oder mehrere Landgüter besaß[405]. Die von ihm
182 wiederhergestellte Anlage entsprach dem üblichen Schema. Auf das APODYTERIVM (b: Kleiderablage) folgten die drei Bäder mit ansteigenden Temperaturen, an das TEPIDARIVM war ein kreisrundes SVDATORIVM (d: Schwitzbad) angebaut, das PRAEFVRNIVM (g: Heizraum) lag an der Rückseite des CALDARIVM und in der PALAESTRA, dem offenen Hof, der von Mauern und Säulengängen umgeben war, lag eine NATATIO, ein offenes Becken mit kaltem Wasser. Als archäologischer Befund sind die Thermen von CORIOVALLVM ausgezeichnet konserviert und beispielhaft präsentiert, nirgendwo sonst im ehemaligen Niedergermanien lassen sich Anlage, Aufbau und Funktionsweise einer römischen Bäderanlage so gut verdeutlichen wie im niederländischen Heerlen.

Nach *Maastricht*, dem römischen TRAIECTVM AD MOSAM (wörtlich »Übergangspunkt an der Maas«), waren es von CORIOVALLVM aus nur etwa 10 LEVGAE (= 22 km); obwohl Name und Station in den überlieferten Verzeichnissen und Karten fehlen, entstand hier in römischer Zeit eine bedeutende Siedlung[406]. TRAIECTVM AD MOSAM lag am linken Ufer der Maas, und der Name bedeutet, daß Reisende hier per Fähre übergesetzt werden konnten; erst in spätrömischer Zeit, im 4. Jahrhundert, gab es hier eine Brücke, in deren Fundamenten u.a. zahlreiche Fragmente von Grabdenkmälern verbaut worden sind. TRAIECTVM AD MOSAM besaß stadtähnliches Aussehen, nahm eine Fläche von 15–20 ha ein, und es ist die Vermutung ausgesprochen worden, daß der Kern der Stadt nach römischem Schachbrettmuster angelegt war. Auch von hier sind
47 Thermen bekannt – kenntlich an den aufgefundenen Hypokaustheizungen –, außerdem zahlreiche Holz- und vor allem Steinbauten, die zeitlich von der Mitte des 1. Jahrhunderts bis weit in das 4. Jahrhundert reichen, als das Städtchen verkleinert und auf eine Festung von ca. 2 ha Fläche beschränkt wurde. Reichtum und Bedeutung von
62 TRAIECTVM AD MOSAM in seiner Blütezeit lassen sich an wertvollen Funden und Steinskulpturen ablesen, die – vor allem letztere – in den vergangenen zwei Jahrzehnten aus der Maas geborgen worden sind, wo sie als Füllmaterial der Pfahlroste dienten, auf denen die Brückenpfeiler standen.

Auch an der Maastalstraße zwischen TRAIECTVM AD MOSAM über NOVIOMAGVS/Nijmegen (NL) nach LVGDVNVM/Katwijk (NL) lagen Straßensiedlungen; die TABVLA PEVTINGERIANA nennt FERESNE/-?-, CATVALINVM/Heel (NL), BLARIACVM/Venlo-Blerick (NL) und CEVCLVM/Cuijk (NL), das noch am besten bekannt ist[407]. Unmittelbar am Maasufer im Zentrum der Stadt *Cuijk* – heute z.T. vom Fluß weggerissen – lag

hier im 2. und 3. Jahrhundert ein VICVS mit breiter, kiesbedeckter Straße, Fachwerk- und Steinbauten, darunter zwei gallo-römischen Umgangstempeln, in ganz ähnlicher
Anordnung, wie sie auch in NOVIOMAGVS/Nijmegen (NL) und AGRIPPINA/Köln 113
ausgegraben worden sind (S. 115); Fragmente einer Monumentalinschrift Trajans 128,
(98–117) weisen auf ein weiteres Gebäude repräsentativen Charakters. Wie die meisten Straßensiedlungen jener Zeit ist auch CEVCLVM im 4. Jahrhundert zur Festung ausgebaut worden.

Zivile Siedlungen hat es an der Rheingrenze sehr wahrscheinlich nicht gegeben, weil diese Zone – von geringen Ausnahmen abgesehen – rechtlich AGER MILITARIS (Militärland) war. Auf den ersten Blick scheint die Siedlung von *Valkenburg-De Woerd* (NL) auch eine solche Ausnahme gewesen zu sein. Sie lag etwas mehr als 1 km südlich des Valkenburger Auxiliarkastells (S. 90 ff.) und ist vermutlich mit der auf der sog. Tabula Peutingeriana bezeugten Ortschaft PRAETORIVM AGRIPPINAE (Rasthaus der Agrippina) identisch[408]. J. E. Bogaers hat hier – direkt am Oude Rijn und etwa 5 km von der Nordseeküste entfernt – eine Nobelunterkunft für besondere Gäste angenommen, de-
ren Bau auf Claudius (41–54) und seine vierte Frau Agrippina zurückgeht und aus der 111
sich in den folgenden zwei Jahrhunderten ein größerer VICVS entwickelt hat. Ältere Grabungen haben an dieser Stelle ein Kastell vermuten lassen, eine Annahme, die immer schon umstritten war, weil sich u. a. die enge Nachbarschaft zweier zeitgleicher Kastelle nicht sinnvoll erklären ließ. Inzwischen haben in Valkenburg-De Woerd umfangreiche Flächengrabungen stattgefunden, die zweifelsfrei erwiesen haben, daß hier kein Kastell, sondern eine zivile Siedlung lag. Sie ergaben außerdem, daß es in römischer Zeit einen Nebenarm des Rheines gab, der nördlich einer Hafenanlage nach Westen floß und eine Schiffsverbindung zur Küste herstellte, das heißt gleichzeitig: nicht das weiter nördlich liegende Kastell, sondern Hafen und die sich daraus entwickelnde Siedlung im Süden lagen direkt am Wasser, eine geographische Situation, die heute genau umgekehrt ist.

Eine ähnliche geographische Situation wie in Valkenburg war auch kennzeichnend für BATAVODVRVM – NOVIOMAGVS/*Nijmegen* (NL), wo auf einem fast 5 km breiten Gebietsstreifen längs der Waal auf den Hügeln im Osten von Nijmegen zu Beginn des 2. Jahrhunderts nebeneinander die Zivilstadt VLPIA NOVIOMAGVS, das Legionslager BATAVODVRVM und die zugehörigen CANABAE LEGIONIS, die »Holzhütten der Legion«, lagen, eine zweite Siedlung mit weitgehend zivilem Charakter[409]. Alle Legionslager in Niedergermanien besaßen solche CANABAE, aber nur in Nijmegen sind sie in größeren Flächen archäologisch untersucht worden. Es war die Lagervorstadt, in der die Kinder und CONCVBINAE der Soldaten lebten, wo sich Werkstätten, Läden und Schenken befanden und alle Menschen wohnten, deren Tätigkeiten auf irgendeine Weise zur Legion in einer Beziehung standen.

Den bisherigen Ergebnissen nach umgaben die CANABAE das Legionslager auf drei 183
Seiten. Östlich der PORTA PRINCIPALIS DEXTRA, dem »rechten Haupttor«, haben die größten Untersuchungen stattgefunden. Hier teilte eine kiesbedeckte Straße von 12–15 m Breite das Gebiet in zwei Teile, nördlich davon standen zwei größere und sechs kleinere Fachwerkbauten, die eine Palisade umgab. Befunde wie ein Holzbecken, das durch ein Bleirohr mit einem anderen Behälter verbunden war, oder eine Abfallgrube voller Glasscherben, die zum Einschmelzen bestimmt waren, machen deutlich, daß die Häuser wohl zu einem Handwerkerviertel gehörten. Südlich der Straße erstreckte
sich ein großes Markt- und Magazingebäude von etwa 100 : 155 m Fläche, das fast zur 184
Hälfte freigelegt wurde; dem Befund nach umschlossen wohl Laubengänge und dahinterliegende Raumzeilen auf allen vier Seiten einen großen Innenhof. Hier waren es zwei Räucheröfen für Fleisch- und Wurstwaren sowie ein Depot von Kanalröhren aus Ton, die auf eine merkantile Nutzung des Gebäudes deuteten; im übrigen hat man bei

den Legionslagern von CARNVNTVM/Deutsch Altenburg in Österreich und VINDONISSA/Brugg-Windisch in der Schweiz ganz ähnliche Anlagen gefunden.

Weitere CANABAE-Bauten lagen westlich des Lagers, ebenfalls an einer Kiesstraße; hier ist allerdings der gewerbliche Charakter der aufgefundenen Holz- und Steinbauten nicht so deutlich ablesbar. Auch im Süden haben CANABAE gelegen, wo 1978 im Zuge

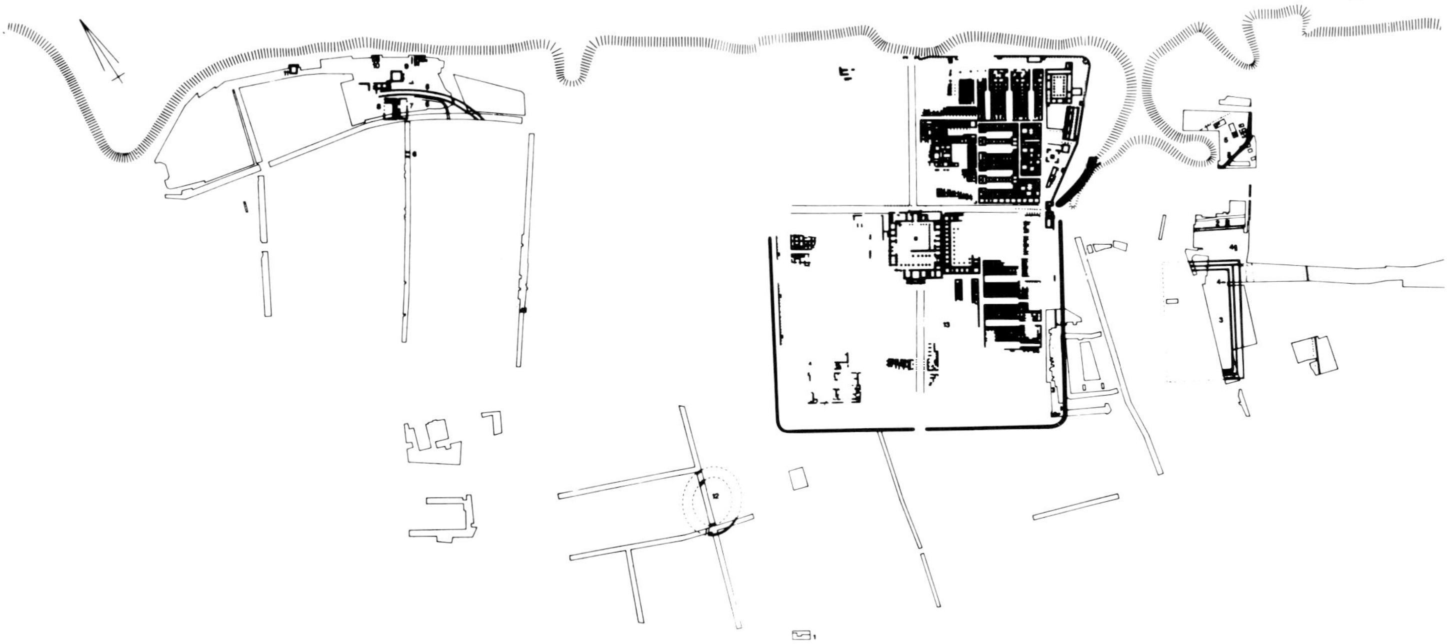

von umfangreichen Kanalisierungen der Stadt Nijmegen Schnitte und Profile in einer Länge von 1500 m aufgenommen werden konnten. Die Dokumentation der Bodenspuren ergab zahlreiche Hinweise auf Holz- und Steinbauten, vor allem jedoch fand man auf diesem Wege das AMPHITHEATRVM des Lagers, eine Anlage – nur noch in tiefliegenden Tuffsteinfundamenten erhalten –, die bis weit in das 16. Jahrhundert hinein als Judenfriedhof diente, dann aufgefüllt und als Bauland genutzt wurde. Ans Tageslicht kamen Teile der ellipsenförmig angelegten Mauer, die Arena und Zuschauer trennte, dazu – im Abstand von 18 m nach außen – die Spur einer breiten, aber ausgebrochenen Mauer, die mit der Außenfassade des Theaters identisch ist. Die ARENA war ungefähr 46 m breit und besaß eine Länge von etwa 58 m, die gesamte Anlage wird etwa eine

183. BATAVODVRVM-NOVIOMAGVS/Nijmegen (NL). Übersicht der Ausgrabungen im Gebiet der CANABAE des Legionslagers (nach J. H. F. Bloemers).

1. Ausgrabungsflächen 1951, 1957–67 und 1971–78
2. Kiesweg mit Entwässerungsgräben
3. Marktgebäude (?)
4. Öfen
5. Holzhäuser mit Werkstätten (?)
6. Kiesweg mit Gräben
7.–9. Steinbauten
10.–11. Grabdenkmäler (?)
12. Amphitheater
13. Legionslager

184. BATAVODVRVM-NOVIOMAGVS/Nijmegen (NL). Bodenspuren vom Grundriß des Marktgebäudes vor dem Osttor des Legionslagers. Ausgrabung 1974. Blick von Süden.

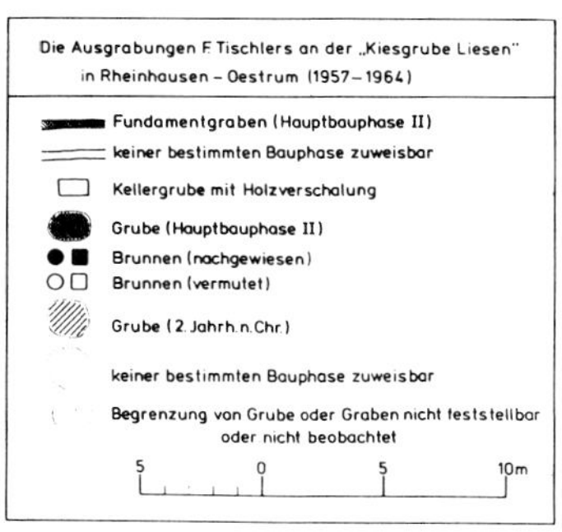

185. ASCIBVRGIVM/Moers-Asberg. Plan der Vicus-Grabung 1957–1964 südlich des Auxiliarkastells (nach Verfasser).

186. Fundamentgräben und Gruben im Vicus-Bereich von ASCIBVRGIVM/Moers-Asberg.

187. Ein Holzbrunnen am Rande einer Sandgrube im Vicus-Bereich von ASCIBVRGIVM/Moers-Asberg.

Ausdehnung von 75 : 90 m gehabt haben; sie war damit nur um weniges kleiner als das Amphitheater in TRAIANA/Xanten, dessen Außenmaße 87,5 : 99 m betrugen und das 11, 26
mehr als 10 000 Besuchern Platz bot (S. 111 f.). Möglicherweise kamen auch die Bewohner der Zivilstadt hierher, um die Kämpfe von GLADIATORES und VENATORES (Tierkämpfer) zu erleben – zumindest belegen die Funde aus dem Bereich der ARENA und eines Kellers, der sich darunter befand, eindeutig, daß die Anlage noch am Ende des 2. Jahrhunderts in Benutzung war, als die letzten Truppeneinheiten längst aus dem Lager abgezogen worden waren.

Die Siedlungen bei den Auxiliarkastellen entsprachen nach Funktion und Gestalt den CANABAE LEGIONIS, aber die Bezeichnung hierfür war VICVS, was wiederum ihrem Charakter als Verkehrssiedlungen an der Limesstraße entsprach. Zu allen Kastellen zwischen LVGDVNVM/Katwijk-Brittenburg (NL) und RIGOMAGVS/Remagen gehörte ein solcher, oft sehr ausgedehnter VICVS. An vielen Orten der Rheingrenze hat man Spuren solcher Militärsiedlungen gefunden, jedoch bisher nirgendwo damit begonnen, systematisch wenigstens einen dieser VICI freizulegen und zu untersuchen. Eine der ganz wenigen Ausnahmen bildet ASCIBVRGIVM/Moers-Asberg, wo im Zuge jahrelanger Notgrabungen am Rande einer Sand- und Kiesbaggerei eine zusammenhängende 185 ff.
Fläche des VICVS von mehr als 3 000 qm freigelegt werden konnte[410]. Die aufgefundenen Grundrisse ergaben typische VICVS-Bauten mit schmalen Giebelfronten, die sich an einer Straße aneinanderreihten, die das südliche Kasteltor verließ. Direkt an der Straße, die vor allem an der breiten Spur eines Abwasserkanals kenntlich war, lagen Brun-

nen und Gruben, die Häuser, relativ schmal und mit einer Tiefe von mehr als 20 m, waren in Holzfachwerk errichtet und gehörten – in mehreren Schichten übereinander – ins 1. Jahrhundert. Die Fläche von etwa 0,3 ha ist nur ein kleiner Ausschnitt der Militärsiedlung von ASCIBVRGIVM, der dazu noch abseits der Limesstraße lag, wo sich der Kern des VICVS befand. Insgesamt wird das Areal des Asberger VICVS mehr als 10 ha betragen haben, wenn nicht sogar mehr.

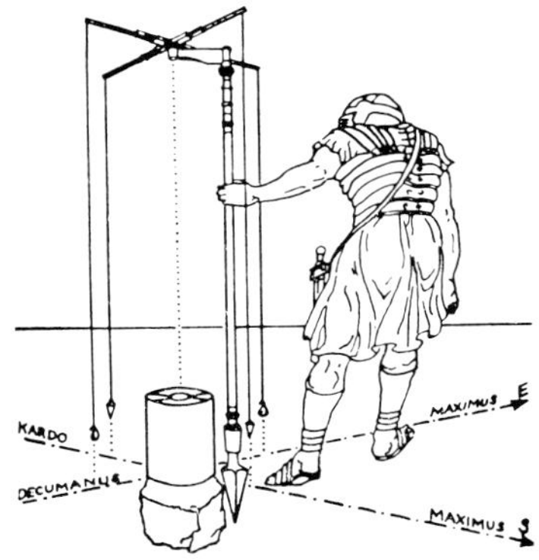

188. Römischer Feldmesser beim Festlegen rechtwinkliger Meßachsen mit Hilfe einer GROMA (nach J. Bradford).

Niedergermanien war in der Hauptsache ein Agrarland. Vor allem auf dem fruchtbaren Lößboden im Süden der Provinz, der vom Rhein bis an die mittlere Maas reichte, gab es zahlreiche *Einzelgehöfte* (VILLAE RVSTICAE), eine Bauform, die nicht nur dem Namen nach italischen Ursprungs war[411]. Grundlage der *Landerschließung* zu Beginn der römi-
188 schen Kaiserzeit war die CENTVRIATIO (auch LIMITATIO), eine Art Flurbereinigung, d. h. Einteilung, Vermessung und Inbesitznahme vor allem des fruchtbaren Ackerbodens einer Provinz[412]. In Niedergermanien hat man an verschiedenen Plätzen Spuren hiervon erkennen wollen, einigermaßen gesichert sind sie jedoch nur für das Gebiet um
190 die Stadt Sittard in der niederländischen Provinz Limburg, wo sich östlich der Maas auf fruchtbarem Löß aufgrund heutiger Karten ein rechtwinkliges Liniensystem abzuzeichnen scheint, das auf Flureinteilungen der römischen Zeit zurückgehen könnte[413]. In anderen Gebieten – vor allem im Bereich der Kölner Bucht – hat man sich vergeblich bemüht, römische LIMITES (Flurgrenzen) nachzuweisen. Es ist deshalb vermutet worden, daß hier – in einem Gebiet, das seit jeher Ackerland war – das schon bestehende Flursystem größtenteils übernommen wurde. Möglicherweise gehören hierzu die im Vorderwald bei Mayen (Eifel) nachgewiesenen Stufenraine nahe einer VILLA RVSTICA, wo das abfallende Gelände in streifenförmig angelegte Parzellen eingeteilt war, die parallel zum Hang lagen[414].

In dieser Hinsicht ist das Gebiet westlich von Köln und am Mittellauf der Erft am besten erforscht[415]. Hier gelang es durch systematische Geländebegehungen nicht nur,

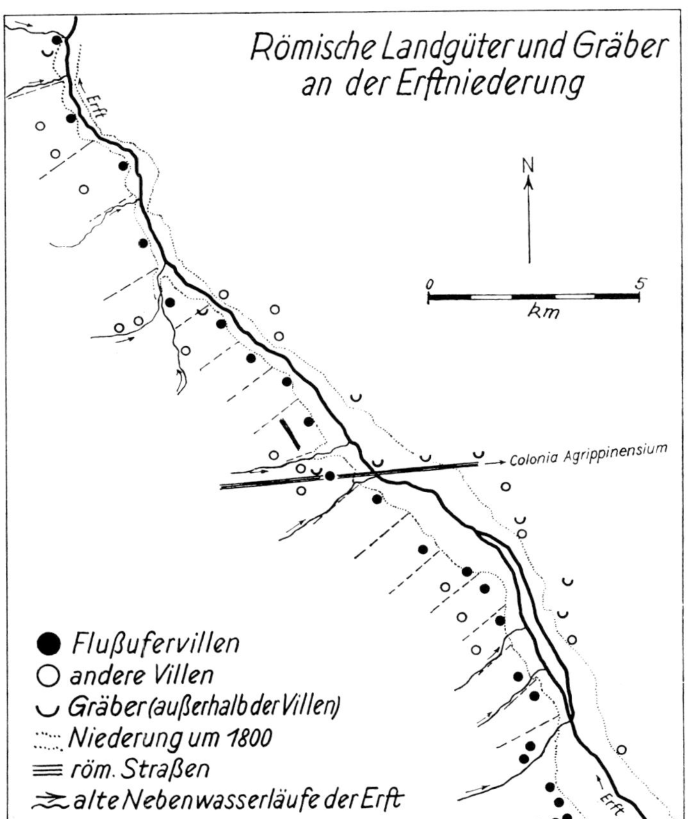

189. Römische Landgüter auf dem linken Ufer der mittleren Erft (nach H. Hinz).

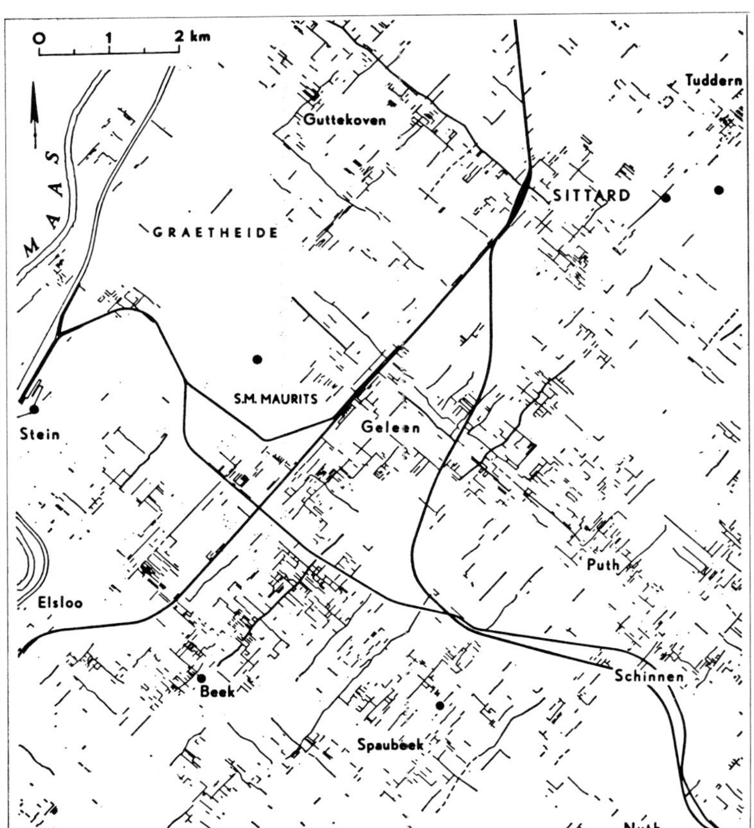

190. Überreste eines möglicherweise römischen Flursystems östlich der Maas bei Sittard/NL (nach C. H. Edelman und B. E. P. Eeuwens).

zahlreiche *Hofstellen* aufzufinden, deren römischer Ursprung allein schon durch Stein- und Ziegelfragmente an der Oberfläche erkennbar war, sondern auch Anhaltspunkte zu gewinnen für die ungefähre Größe eines FVNDVS (Landgut, Bauernhof) jener Zeit und den regelmäßigen Abstand dieser Siedlungsstellen untereinander. Dabei ergab sich in einem Gebiet von etwa 30 qkm südlich des Wiebachs, daß hier – auf bestem Getreideland – ein Landgut neben dem anderen lag und die meisten von ihnen eine Größe von ca. 100 ha besaßen; daneben gab es aber auch größere FVNDI wie die Trümmerstelle Emmerich am Neffelbach – wie der Wiebach ein Nebenfluß der Erft –, die mehr als 1000 ha groß waren. Wenn man bedenkt, daß Ausonius, Rhetorikprofessor und Prinzenerzieher in Trier, im 4. Jahrhundert ein ererbtes Gut von 260 ha als »bescheiden« bezeichnet, so macht dies nur deutlich, daß offenbar ein FVNDVS von 100 ha an der unteren Grenze der Wirtschaftlichkeit lag. Ähnliche Verhältnisse und Betriebsgrößen traf
man auch im Tal der Erft an, wo die Wohnhäuser der Gehöfte – auch hier als Trüm- 189
merstellen kenntlich – in regelmäßigem Abstand von 1–2 km das westliche Flußufer »wie Perlen auf der Kette säumten« (H. Hinz). Ganz ähnlich hat die Siedlungsstruktur im Gebiet des Hambacher Forstes zwischen Jülich und Niederzier (Krs. Düren) ausgesehen, wo in den letzten Jahren eine größere Anzahl von VILLAE RVSTICAE ausgegraben wurde, ebenso wie im Süden der niederländischen Provinz Limburg, wo auf fruchtbarem Lößboden schon in früheren Jahren zahlreiche Landgüter mit z. T. sehr eindrucksvollen Wohnhäusern archäologisch untersucht worden sind[416].

Die meisten VILLAE RVSTICAE, die bisher zwischen Rhein und Maas ausgegraben wurden, stammen aus dem 2.–4. Jahrhundert. Natürlich hat es hier auch vorher schon Bauernhäuser und Gehöfte gegeben, die jedoch – im Unterschied zu den Steinbauten der späteren Zeit – als schlichte Fachwerkbauten errichtet wurden und sich archäologisch nicht so leicht nachweisen lassen, um so mehr, als die späteren Steinbauten wohl in vielen Fällen die älteren Holzbauten überdeckt haben. Nur an wenigen Plätzen ist es bisher gelungen, die bauliche Entwicklung eines Gehöftes vom Ende der La-Tène-Zeit (1. Jahrhundert v. Chr.) bis zum Anfang des 2. Jahrhunderts, dem Beginn der Steinbauweise, kontinuierlich zu verfolgen. Eines der besten Beispiele ist immer noch die VILLA
RVSTICA im Brasilwald bei Mayen (Eifel), wo sich ein schlichter Fachwerkbau seit der 191
Mitte des 1. Jahrhunderts v. Chr. in mehreren Bauphasen nach und nach in eine römische Portikusvilla verwandelte; auch unter anderen Steinbauten der mittleren Kaiser-
zeit fanden sich Spuren älterer Holzbauten – so in Köln-Müngersdorf, Morken und 201
Kaalheide-Krichelberg (NL)[417]. Am reinsten vielleicht verkörpert ein Gehöft in Bedburg-Garsdorf den Typ eines Bauernhofes des 1. Jahrhunderts; kennzeichnend sind Fachwerkbauten, z. T. mit Innenpfosten, um den Firstbalken zu stützen, die sich um einen Hof gruppieren und von Zaun und Gräben umgeben waren[418]. Einer ganz ähnlichen Bau- und Siedlungsweise begegnet man im OPPIDVM CVGERNORVM, der Vor-
gängersiedlung von TRAIANA/Xanten, die zumindest noch bis zur Mitte des 1. Jahr- 55
hunderts aus solchen Einzelgehöften bestand (S. 57 f.).

Der Begriff der VILLA RVSTICA kann irreführend sein, weil er – zumindest in der Vergangenheit – oft allein auf die sehr ansehnlichen Wohnhäuser bezogen wurde und das lateinische Wort VILLA ohnehin Vorstellungen weckt, die in eine ähnliche Richtung gehen. VILLA bedeutete *Landhaus* oder *Landgut* und wurde durch sprachliche Zusätze wie RVSTICA (bäuerlich), FRVCTVARIA (wörtlich »fruchtbringend«, im Sinne von »Frucht enthaltend«) oder auch VRBANA (städtisch) näher charakterisiert; in letzterem
Sinne waren die Dionysos-Villa in AGRIPPINA/Köln (S. 105 f.) oder die Villa A in 117
TRAIANA/Xanten (S. 113) VILLAE VRBANAE, d. h. »Landhäuser in der Stadt«. Am häu- 127
figsten wird bei lateinischen Schriftstellern der Begriff VILLA RVSTICA verwendet, der Wohn- *und* Wirtschaftsbereich umfaßte und die PARS DOMESTICA, den »häuslichen Teil«, von der PARS RVSTICA, dem »ländlichen Teil« trennte[419]. Erst in jüngerer Zeit ist

191. Rekonstruktion des Wohnhauses (mit angebautem Hochspeicher) einer VILLA RVSTICA im Brasilwald bei Mayen (nach H. Mylius).

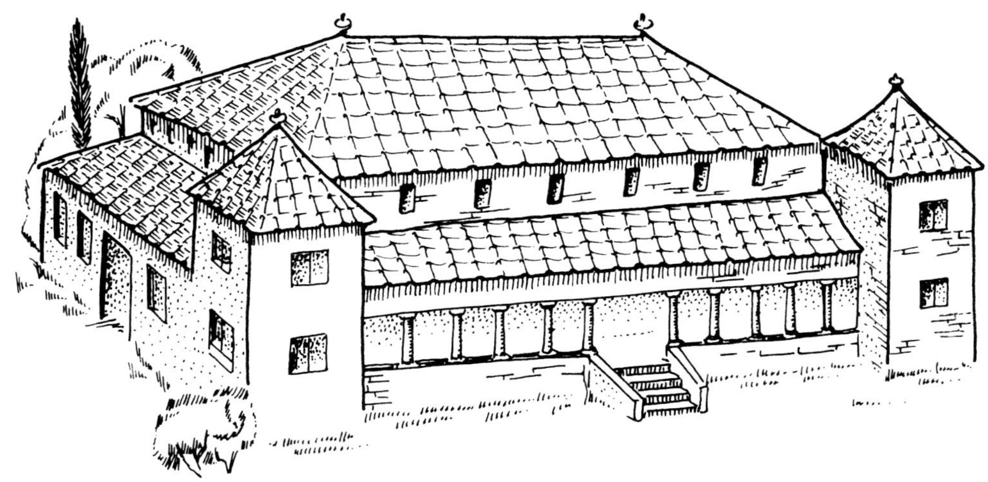

192. Rekonstruktion einer Portikusvilla in Nuth-Vaasrade/NL (nach W. C. Braat).

man dazu übergegangen, sich beim Ausgraben nicht mehr allein auf die repräsentativen Wohnbauten zu beschränken, die mit Hypokaustanlagen, Wandmalereien, Bodenmosaiken, Marmorverkleidungen, Fensterglas und einer Fülle qualitätvoller Funde immer schon begehrte Ausgrabungsobjekte gewesen sind. Inzwischen jedoch gehört solches Schatzdenken der Vergangenheit an. Heute sieht man die Ausgrabung einer VILLA RVSTICA mehr unter wirtschaftlichen und sozialen Gesichtspunkten an als früher. Dies führt in der Praxis dazu, daß man nach Möglichkeit die gesamte Anlage freilegt, um so Aufschluß zu gewinnen über Funktion und Wirtschaftsweise dieser Güter wie über die Lebensweise der Menschen auf dem Lande.

194 Eine VILLA RVSTICA des 2. Jahrhunderts bestand aus einem rechteckigen Areal, das in der Regel von einer Mauer – manchmal auch von einem Zaun – umgeben war und alle notwendigen Wohn- und Wirtschaftsbauten enthielt; sucht man nach heutigen Vergleichen, so bietet sich der spanische cortijo (vom lat. CHORS = Hof) ebenso an wie die me-
191 f. xikanische hacienda. Mittelpunkt der Anlage war das Wohnhaus, das sich mit breiter Front, querliegender Veranda (PORTICVS) und zwei turmartigen Eckbauten jedem zuwandte, der das Anwesen vom Hoftor her betrat. Der Bautyp der Portikusvilla mit Eckrisaliten stammt aus Italien und ist von römischen Architekten nach Germanien verpflanzt worden. Portikusvillen sind in den germanischen und gallischen Provinzen zu Hunderten immer wieder gebaut worden, nach Vermögen und Geltungsdrang ihrer Besitzer mal prächtiger, mal schlichter, aber immer nach dem gleichen Muster. Ausgra-
63, bungen und vor allem zahlreiche Luftbilder, auf denen sich die Mauerfundamente wie
193 auf einem Röntgenbild abzeichnen, beweisen immer wieder aufs Neue, daß es zwischen Rhein und Maas auf dem Lande nur diesen einen Wohnhaustyp gegeben hat.

191 ff. Es ist eine oft diskutierte und immer noch nicht endgültig entschiedene Frage, ob der große, zentrale Raum dieser Häuser überdacht war oder ob er offen dalag; für beide

193. Luftbild eines römischen Landgutes bei Pillig (Krs. Mayen). Freigegeben Reg. Präs. Düsseldorf EL 90.

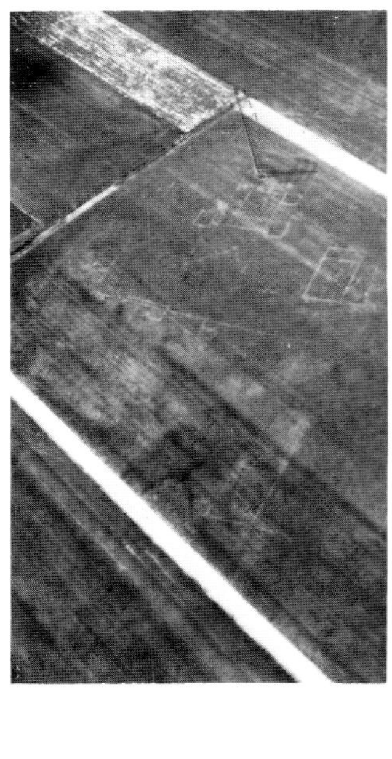

194. Idealansicht einer VILLA RVSTICA (nach D. Baatz).

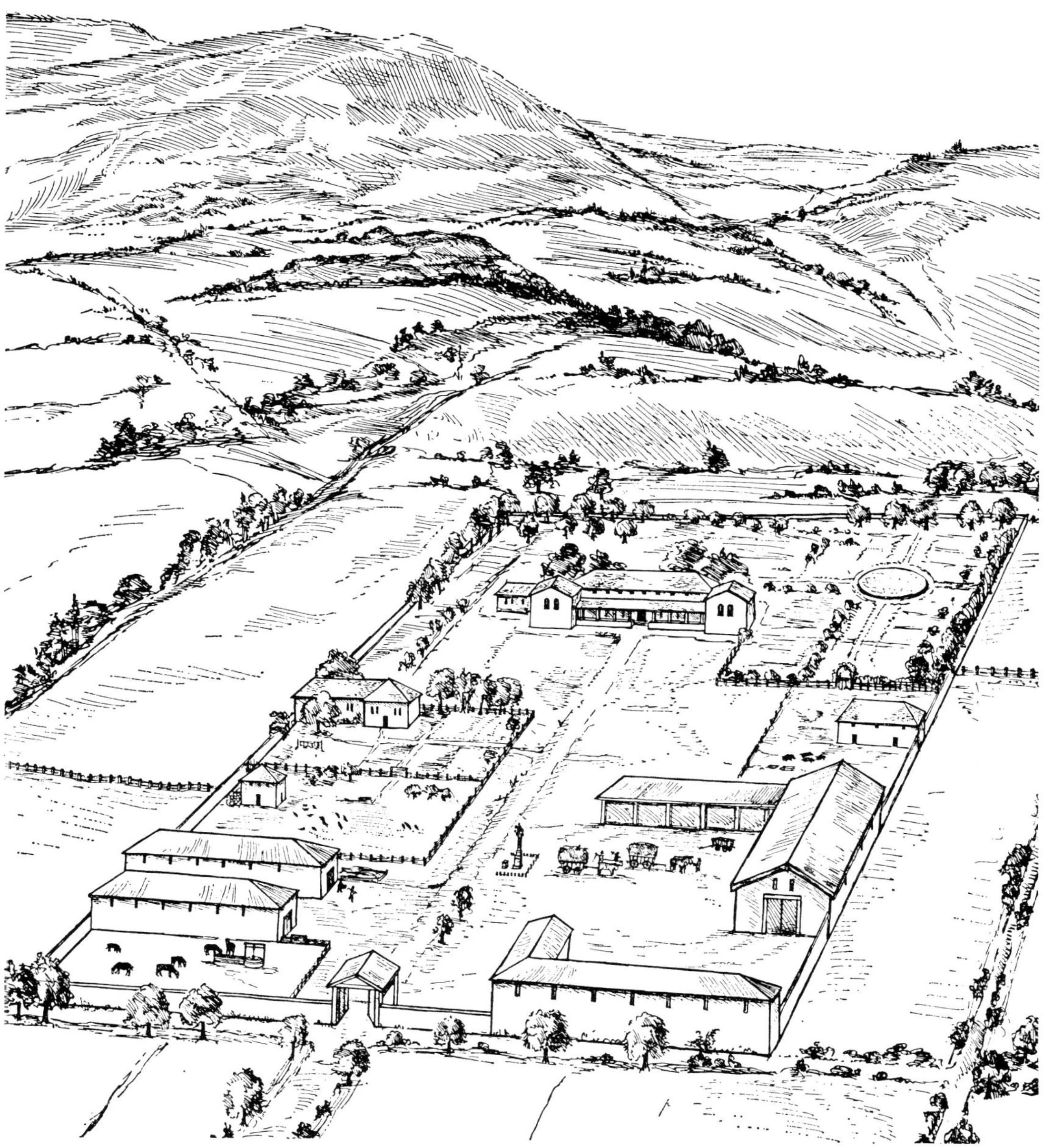

194 a. Grundmauern eines römischen Landhauses in der Trasse der Bundesstraße 266 bei Mechernich-Obergartzem (Krs. Euskirchen). Ausgrabung 1979, Blick von Westen.

Versionen gibt es Argumente, beide Auffassungen werden bis zum heutigen Tag vertreten. Allerdings neigt die Mehrheit der provinzialrömischen Forscher in den Niederlanden, in Belgien und in Deutschland – in erster Linie aus klimatischen Gründen – zu der Annahme, daß die Mauern des Mittelraumes einen hölzernen Dachstuhl getragen haben, der über das Niveau von Veranda und Seitentrakten hinausragte und die Halle über einen Obergaden mit Tageslicht versorgte. In mehreren Fällen hat man in der Halle die Überreste von Herdstellen und Backöfen gefunden und ist dabei zu der Auffassung gelangt, daß hier der zentrale Wohn- und Wirtschaftsraum des Hauses – eine Art Wohnküche – gelegen hat, der meist auf drei Seiten von weiteren Räumen und Korridoren umschlossen war. Oft gehörte auch eine Badeanlage dazu, die in den Wohnbereich integriert war, während die PORTICVS, dazu die Ecktürme und die Treppe, die zur Veranda hinaufführte, dem Bau nach außen sein Gepräge gaben. Den repräsentativen Gesamteindruck der Fassade vervollständigten die roten Ziegeldächer von Halle, Türmen und Seitentrakten, die regelmäßig angeordneten Fensteröffnungen und weißgekalkten Außenwände. 199 f.

Betrachten wir einige Beispiele! Dichtbesetzt mit VILLAE RVSTICAE war das Gebiet zwischen AQVAE GRANNI/Aachen, CORIOVALLVM/Heerlen (NL) und TRAIECTVM

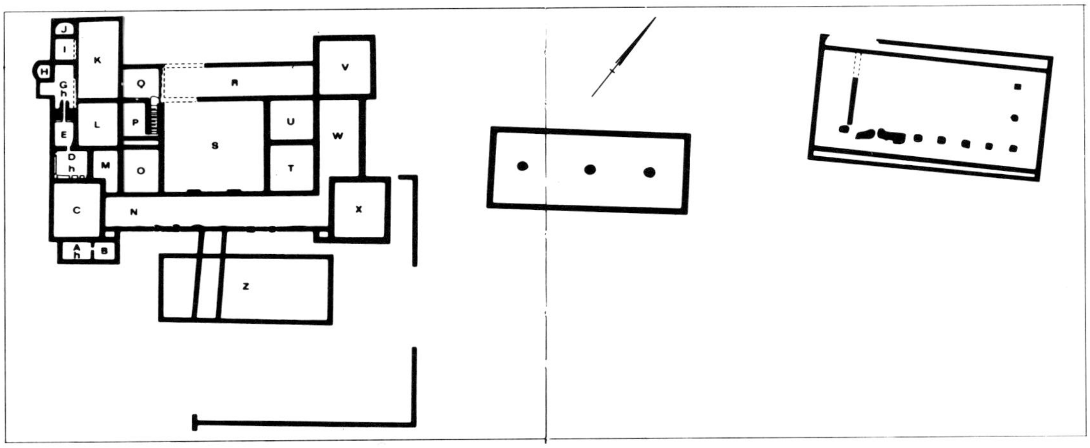

195. Bocholtz-Vlengendaal (NL). Römisches Landgut mit Wohnhaus und Nebengebäuden (nach W. Goossens).

C	Salon mit Anbauten A/B
D	Ankleidezimmer (?)
E	Heizraum
G	Caldarium/ Tepidarium
H	Schwitzbad (?)
I/J	Frigidarium
K/L/M	Schlafräume (?)
N	Veranda
O/P/T/U	Arbeitsräume
Q	Keller
R/W	Ställe (?)
S	Wohnraum/ Küche
V/X	Eckpavillons
Z	Wasserbecken
h	fußboden-beheizte Räume

AD MOSAM/Maastricht (NL), während Bauten dieser Art im mittleren Maastal seltener wurden, je weiter man nach Norden kam. Nicht weniger als 23 VILLAE sind zwischen
195 Heerlen und Maastricht bekannt, eine davon ist die Anlage von *Bocholtz-Vlengendaal,* südlich von Heerlen[420]. Die Fassade des Wohnhauses war nach Süden ausgerichtet und hatte eine Breite von ca. 44 m, davon beanspruchte die langgestreckte Veranda allein mehr als 27 m; davor lag wohl ein Fischteich. Den Mittelpunkt des Hauses bildete der große Raum S, der als Küche, Wohn- und Arbeitsraum mehrere Funktionen in sich ver-

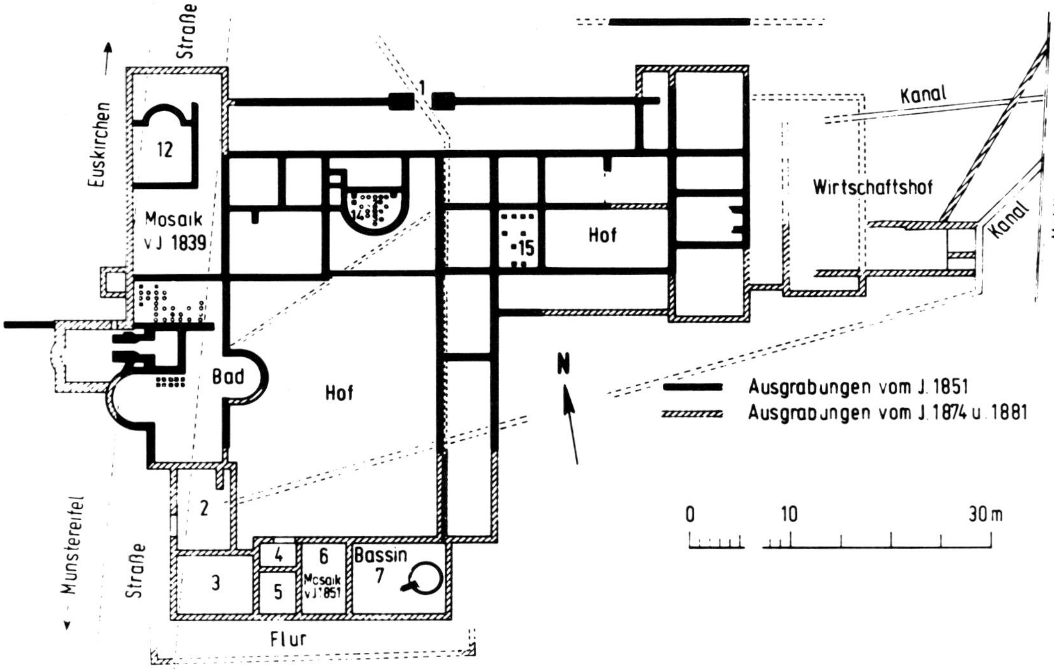

196. Kreuzweingarten (Krs. Euskirchen). Plan der römischen Villa (nach W. Piepers).

einigte. Der eigentliche Wohntrakt lag im Westen, hervorgehoben durch den Einbau eines Bades, das auf engstem Raum die wesentlichen Räume eines BALNEVM enthielt: ein Kaltwasserbad (I/J: FRIGIDARIVM), ein Warmwasserbad (G: TEPIDARIVM) mit angebautem Schwitzbad (H: SVDATORIVM) und ein Heißwasserbad (D: CALDARIVM), dazwischen der Heizraum (E: PRAEFVRNIVM). Nach Süden schloß sich mit Raum C in einem der Ecktürme eine Art Salon an, zu dem auch die Anbauten A/B gehörten, von denen A sogar eine Fußbodenheizung besaß. Die Räume K, L und M werden als Schlafzimmer(?) gedeutet; dagegen sieht man in den Räumlichkeiten O, P, U und T, die den zentralen Raum seitlich flankierten, Arbeitsräume, die verschiedenen Zwecken gedient haben können. Über eine Treppe gelangte man in den Vorratskeller Q, wäh-

197. Kreuzweingarten (Krs. Euskirchen). Mosaikfußboden der römischen Villa Abb. 196 (Ausschnitt). Anfang 3. Jahrhundert. Rheinisches Landesmuseum Bonn.

rend die langgestreckten Räume R und W vielleicht Stallungen gewesen sind. Möglicherweise folgte der Architekt mit dieser Anordnung – der Viehstall gleich neben der Küche – einer Regel Vitruvs, der empfahl, Ställe dort anzulegen, wo es am wärmsten sei[421]. Östlich des Haupthauses standen zwei weitere rechteckige Gebäude, das eine mit einer Frontlänge von 23 m, wahrscheinlich eine Scheune, durch Pfeiler in zwei Schiffe geteilt, das andere, fast 27 m in der Front und im Innern durch Pfeiler und eine Mauer untergliedert, vom Bautyp nicht näher zu bestimmen.

Die VILLA RVSTICA in Bocholtz-Vlengendaal, zu der sicher weitere Wirtschaftsbauten gehörten, könnte einem Manne wie Marcus Sattonius Iucundus, dem Stifter der Thermen in CORIOVALLVM/Heerlen (NL), gehört haben, denn sie zählt zu den weni- 12,
gen, in den Niederlanden aufgedeckten Villen, deren Innenausstattung dem architek- 180
tonischen Zuschnitt entsprach. Einige Räume waren ausgemalt, z.T. waren die Wände mit Platten aus einheimischem Marmor und anderen Steinsorten verkleidet und einige Fußböden waren mit Mosaiken geschmückt. Ähnlich luxuriös war auch das Wohnhaus der VILLA RVSTICA von *Kreuzweingarten,* südlich der Straßensiedlung BELGICA/Eus- 196
kirchen-Billig bzw. -Rheder ausgestattet, dessen einstige Besitzer offenbar der Landwirtschaft weniger als dem nahen Dolomitvorkommen zu verdanken hatten, aus dem 240f.
sich hervorragender Kalk gewinnen ließ[422] (vgl. S. 189f.). Die VILLA RVSTICA von Kreuzweingarten ist schon 1839 beim Bau der Straße Euskirchen-Bad Münstereifel (heutige B 51) gefunden worden – die Straßentrasse führte direkt durch das Badegebäude mit Hypokaustheizung und einem Mosaikfußboden! Kern der Anlage war ein nach Norden ausgerichteter Rechteckbau mit einer Frontlänge von mehr als 60 m, dem eine Veranda (PORTICVS) und zwei Ecktürme vorgelagert waren. Während ein kleiner, im Plan als »Hof« bezeichneter Raum wahrscheinlich überdacht war, wird der große Platz im Süden wohl offen dagelegen haben. Auf der westlichen Hofseite lag ein Bad, dessen Räume größtenteils fußbodenbeheizt waren und in stark reduzierter Form alle Bademöglichkeiten enthielten, die ein römisches BALNEVM charakterisierten. Im Süden lag ein zweiter Wohntrakt, Raum 6 enthielt ein Bodenmosaik, Raum 7 ein Rundbekken. Von einem Hang im Norden kam frisches Quellwasser, das Haus und Bad versorgte, die Entsorgung geschah durch ein Kanalsystem, das die Abwässer nach Osten bzw. Süden dem Mühlbach und der Erft zuführte. Außer den beiden Mosaiken zeigten Teile der Innenausstattung – Wandverkleidungen aus Marmor, verziert mit Reliefbildern, sowie wertvolle Bronzegegenstände –, daß der letzte Besitzer als wohlsituiert gelten durfte.

Seit mehreren Jahren wird im Gebiet des Braunkohletagebaus Hambach I bei Niederzier (Krs. Düren) systematische Bodendenkmalpflege betrieben, nicht in erster Linie aus wissenschaftlichen Erwägungen, vielmehr diktiert von riesigen Baggern, die in gro- 2
ßem Stil den Boden abräumen, um an die tieferliegende Braunkohle zu gelangen[423]. Seit 1977 sind in diesem Gebiet sieben VILLAE RVSTICAE, z.T. mit ihren Wirtschaftsbauten, freigelegt und dokumentiert worden. In Ermangelung geeigneter Ortsbezeichnungen hat man diese Anlagen mit Nummern versehen und ihnen so prosaische Namen wie *Hambach 77/132* gegeben, was bedeuten soll, daß es sich um die laufende Fundstelle Nr. 132 gehandelt hat, die im Jahre 1977 ausgegraben worden ist[424]. Es war eine Notgrabung, für die nur wenig Zeit zur Verfügung stand, doch sie konnte genutzt werden, eine Reihe interessanter Details zu klären. Die Freilegung ergab das Wohnhaus einer 200
VILLA RVSTICA, dazu vier Wirtschaftsbauten; drei weitere Bauten konnten nicht mehr ausgegraben werden, zeichneten sich jedoch als flache Schutthügel deutlich im Gelände ab. Das Wohnhaus 1 entsprach dem üblichen Bautyp der Risalitvilla, es stand auf einer leichten Geländeerhöhung und zeigte mit seiner knapp 26 m breiten Frontseite nach Süden. Der Wohntrakt mit einer kleinen Badeanlage lag im Osten, weitere drei Wohnräume an der Westseite erreichte man über einen Korridor oder indem man den Weg

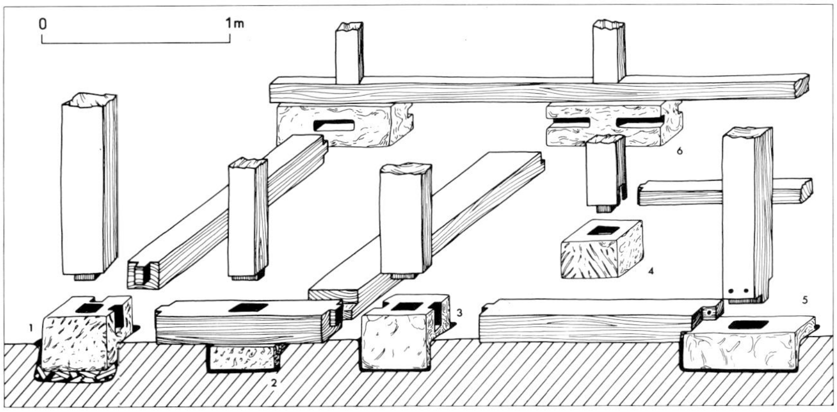

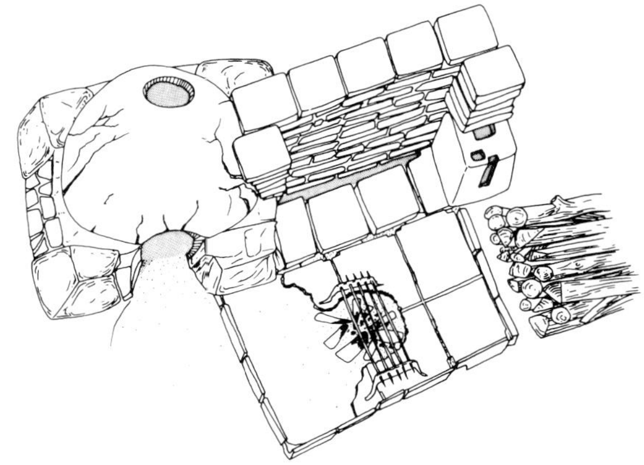

durch die große Mittelhalle nahm, die der Ausgräber – im Gegensatz zur vorherrschenden Meinung – als »offenen Hof« interpretiert hat. Er argumentierte u.a. damit, daß hier die Küche war (die er sich offenbar nur im Freien vorstellen konnte) und daß der Hof – im Gegensatz zu den Räumen, die ihn umgaben – bei seiner Freilegung einen »unaufgeräumten und verwahrlosten Eindruck« gemacht habe, der mit einer möglichen Funktion als Innenraum nicht so recht zu vereinen sei. Andererseits spricht der Ausgräber ausdrücklich von einer gut 30 cm starken Schuttschicht aus heruntergefallenen Dachziegeln, die dafür gesorgt habe, daß mancher wichtige Einzelbefund bestens konserviert worden ist. Man wird deshalb die Interpretation des Ausgräbers mit einiger Zurückhaltung behandeln und auch in diesem Fall davon ausgehen dürfen, daß der zentrale Innenraum des Wohnhauses ein Dach getragen hat.

198. Villa »Hambach 77/132«, Gebäude 5. Rekonstruktion der Fachwerkbauweise mit Basissteinen (nach W. Czysz).

199. Villa »Hambach 77/132«. Die Küche mit Herd und Backofen im Zentrum der Wohnhalle (nach W. Czysz).

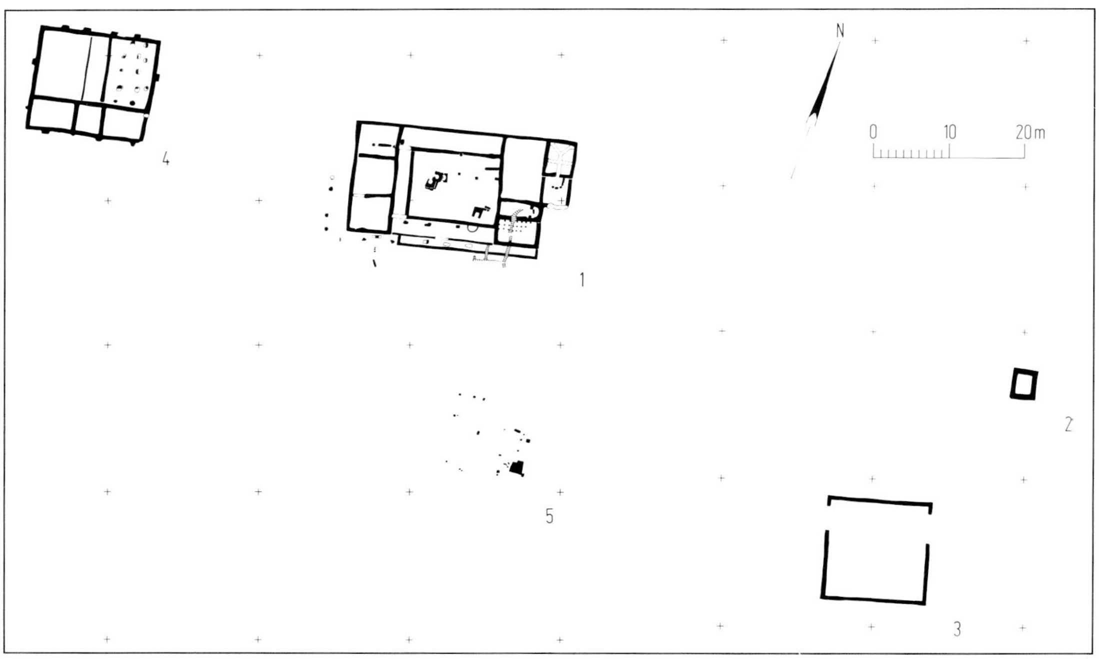

200. Villa »Hambach 77/132«. Übersichtsplan des Landgutes mit Wohnhaus und Nebengebäuden (nach W. Czysz).

1. Wohnhaus
2. Speicher
3. Scheune oder Remise
4. Werkstatt
5. Werkstatt (?)

Was den Hambacher Befund 77/132 über andere stellt, sind zunächst die bemer-
199 kenswert gut erhaltenen Öfen, die man in der Mittelhalle gefunden hat. Zur Linken stand ein Back- und/oder Räucherofen mit halbkugeliger Lehmkuppel und einem Durchmesser von 60 cm, im rechten Winkel dazu fand sich eine niedrige Herdplatte, zusammengesetzt aus Ziegeln mit seitlichen Leisten – sog. TEGVLAE –, die man umgedreht hatte. Die Herdplatte war 100 × 180 cm groß, die Feuerstelle nach vorn durch weitere aufrechtstehende Ziegelfragmente eingefaßt. Beide Öfen verband eine Mauer aus aufeinandergeschichteten Ziegelplatten, die nach Meinung des Ausgräbers viel-

leicht eine Art Windfang bildeten, ebensogut aber auch – vorausgesetzt, die Halle trug ein Dach – als Überreste des Kamins verstanden werden können, durch den der Rauch nach oben abzog.

Auf einer Fläche von ca. 1,8 ha gruppierten sich verschiedene Wirtschaftsbauten um 200
das Haupthaus; vier davon wurden freigelegt. Bau 2 war relativ klein und stark fundamentiert, er ist – aufgrund von Analogien an anderen Plätzen (S. 164) – als wahrscheinlich mehrstöckiger Getreidespeicher zu deuten. Wenige Meter südlich davon stand der quadratische Steinbau 3, der als Scheune oder Wagenremise gedient haben kann. Die Mauern von Gebäude 4 besaßen lisenenartige Außenvorlagen, ein Konstruktionsmerkmal, das auch an anderen Bauten römischer Zeit beobachtet werden konnte und möglicherweise einen Hinweis darauf gibt, daß diese Mauervorlagen eine hölzerne Veranda trugen – vergleichbar mit dem Wehrgang in TRAIANA/Xanten, der auf ähnliche Weise konstruiert war. Gebäude 4 scheint unterteilt gewesen zu sein; der Raum an der Ostseite besaß wahrscheinlich einen Schwebeboden, der auf kleinen Steinpfeilerchen auflag. Das Gebäude hat zumindest zeitweise als FABRICA (Werkstatt) gedient; darauf deuten Schmelztiegel für Buntmetalle ebenso wie Werkzeuge aus Eisen und ein bronzenes Schmiedewerkstück.

Architektonisch am interessantesten war Gebäude 5, unmittelbar südlich des Wohnhauses. Sein Grundriß war nicht mehr zu rekonstruieren, dafür ließ sich hier ein Bild über die Bauweise ebenerdiger Fachwerkbauten gewinnen, die unter normalen Ausgrabungsbedingungen gar nicht nachgewiesen werden können, weil sie keine Spuren im
Erdboden hinterlassen. Gebäude 5 war ein sog. Ständerbau, errichtet in Fachwerkbau- 198
weise, dessen waagerechte Schwellriegel und senkrechte Träger auf Basissteinen ruhten bzw. mit ihnen verzapft waren. Sand- und Tuffsteinwürfel mit den charakteristischen Zapflöchern und Schlitzen sind auch an anderen Orten in Niedergermanien gefunden worden, aber erst der Hambacher Befund hat hier manches Detail klarer werden lassen. Trotz seines zerstörten Zustandes war auch hier die ursprüngliche Funktion des Gebäudes noch zu bestimmen; zwei Tiegel, in denen Glas aufgeschmolzen worden war, sowie ein kleiner Brennofen außerhalb von Gebäude 5, dazu wenige hundert Meter entfernt Öfen einer Glashütte[425], verdeutlichen, daß auch dieser Bau gewerblichen Zwecken diente. Überhaupt läßt sich an diesem Beispiel gut erkennen, daß man dort, wo die Voraussetzungen dafür günstig waren, sich nicht auf die Landwirtschaft beschränkte, sondern darauf gesehen hat, wirtschaftlich auf mehreren Beinen zu stehen und für möglichst viele Produkte autark zu sein.

Den Typ einer stadtnahen VILLA RVSTICA verkörpert die Anlage in *Köln-Müngers-* 201
dorf, eine der größten, die bisher überhaupt untersucht worden sind, und sicher eine der wenigen, von denen sich sagen läßt, daß sie vollständig freigelegt wurden; die Villa liegt heute unter Nebenanlagen des Müngersdorfer Stadions[426]. Bis zu seiner Ausgrabung im Jahre 1926 trug der Platz den bezeichnenden Namen »Auf der Steinrutsch«, d. h. es war bekannt, daß dort Ruinen lagen, die sich gut als Steinbruch eigneten. Vor allem das repräsentative Wohnhaus spiegelt die verschiedenen Phasen wider, die dieser Landsitz unweit der Provinzhauptstadt in seiner etwa 300jährigen Baugeschichte erlebte; insgesamt waren es sechs Perioden, in deren Verlauf aus einer schlichten Risalitvilla durch Anbauten und Erweiterungen ein prachtvoller Herrensitz wurde. Fast 60 m betrug die Breite an den Langseiten, die beide durch langgestreckte Säulengänge und Risaliten an den Ecken architektonisch hervorgehoben waren. Das Raumangebot im Innern des Hauses war reichhaltig und komfortabel. Im Norden befand sich ein Badetrakt, der aus sechs Räumen bestand, es folgte eine große überdachte Halle, ihr schloß sich ein großer Raum an, der von einem Korridor und weiteren Räumen umgeben war; jenseits eines zweiten Korridors im Süden des Hauses lagen wohl Schlafräume. Der kleinere Saal, neben dem auch die Küche lag, war durch seinen Wandschmuck besonders betont und

wird als Speisezimmer (OECVS) gedient haben. Die Wände gliederten sich in leuchtendrote Flächen, die von schmalen, hellgrünen Randstreifen eingefaßt waren. Das Rahmenwerk bildeten waagerechte und senkrechte tiefschwarze Streifenfelder, die als Hintergrund für pflanzliche und bildliche Motive dienten, die in zartem Rosa gehalten und kandelaberartig übereinander angeordnet waren; die Malereien der Fußzone imitierten Marmorverkleidungen in den Farben braun und gelb; die Höhe der gesamten Wanddekoration betrug 3,30 m.

Die VILLA RVSTICA in Köln-Müngersdorf ist wahrscheinlich ein reiner Landwirtschaftsbetrieb gewesen, dessen Überschüsse für die Märkte der nahen Provinzhauptstadt bestimmt waren. Insgesamt umfaßte das Gehöft ein Areal von etwa 1,2 ha und war von einer Hofmauer umgeben. Dem Haupthaus II gegenüber lag das Gesindehaus I, das Wohnhaus für Knechte und Mägde, die Bauten VII bis X sind als Stallungen für Pferde, Schafe, Schweine und Kühe gedeutet worden, Bau III war ein Speicher (HORREVM), offenbar mit Schwebeboden, Bau IV eine große Scheune, ebenso wohl Bau XII. Gebäude V war anscheinend nach Süden offen, könnte also vielleicht ein Wagenschuppen gewesen sein, XI war ein Keller, vielleicht eine CELLA VINARIA (Weinkel-
202 ler), und VI, ein stark fundamentierter und sicher mehrstöckiger Bau, hat als Getreidesilo (GRANARIA) gedient. Dazu kamen mindestens sechs holzverschalte Brunnen, die bis zum Grundwasser in 20 m Tiefe hinunterreichten und später, nachdem sie nicht mehr benutzbar waren, als Abfallschächte dienten. Ein umfangreiches Sortiment an

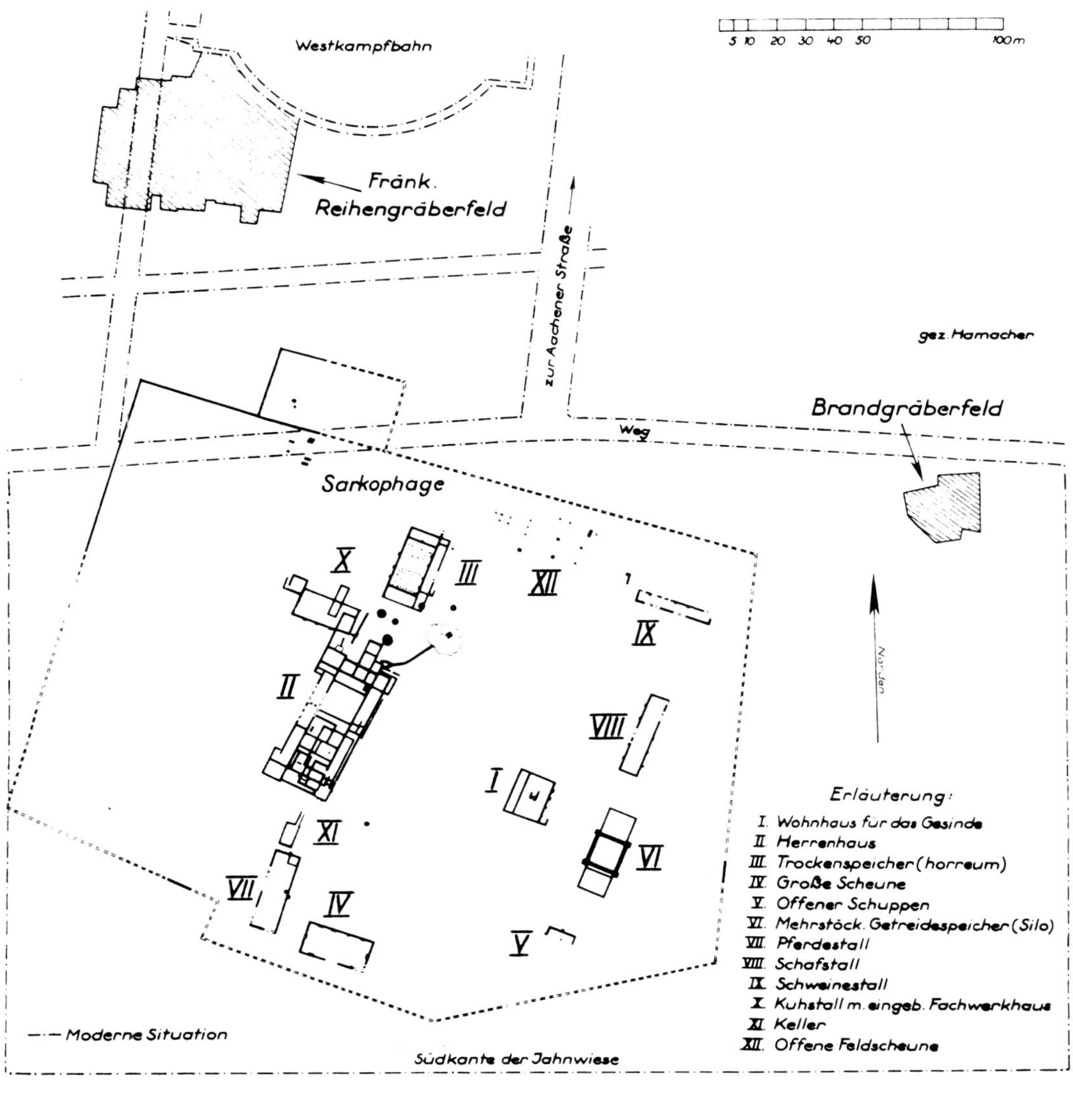

201. Köln-Müngersdorf. Übersichtsplan des römischen Gutshofes (nach F. Fremersdorf).

202. Köln-Müngersdorf. Rekonstruktion des Getreidespeichers (nach H. Mylius).

Eisenfunden ergab einen guten Einblick in den Bestand an Werkzeugen und Geräten, die auf einem Hof jener Zeit und dieser Größe benötigt wurden.

Für die meisten VILLAE RVSTICAE auf den fruchtbaren Lößböden im Süden der Provinz war der *Anbau von Getreide* die Hauptwirtschaftsquelle; Hauptabnehmer waren die Städte und das Militär an der Rheingrenze[427]. Am meisten verbreitet waren Gerste und verschiedene Spelzweizenarten wie Einkorn, Emmer und besonders Dinkel, deren 205
Körner erst von den Spelzen befreit werden mußten, ehe sie zermahlen werden konnten. Inzwischen gibt es auch aus dem ehemaligen Niedergermanien eine Fülle von Getreidefunden. Es scheint sogar nachweisbar, daß offenbar Gerste das Brotgetreide der Soldaten war, während in den Städten und auf dem Land mehr Weizenbrot verzehrt wurde.

Wer neuere Ausgrabungsberichte aufmerksam studiert, gewinnt einen Eindruck davon, in welchem Maße sich nicht nur der Getreideanbau, sondern auch *Gartenwirtschaft und Obstanbau* in römischer Zeit entwickelt haben. Eine ganze Reihe von Nutzpflanzen – z. B. die Weinrebe, der Pfirsichbaum oder Gewürzkräuter wie Dill und Koriander – brachten die Römer mit und machten sie in Niedergermanien heimisch. Nachweisbar sind Hülsenfrüchte wie Bohnen, Erbsen, Linsen und verschiedene Wikkenarten, Gemüse- und Salatpflanzen wie Gartenmelde, Mangold, Grüner Fuchsschwanz, Kohl, Möhren, weiße Rüben, Römischer Sauerampfer oder Knoblauch, dann Gewürzpflanzen wie Thymian, Dill, Koriander, Sellerie, Fenchel oder Bohnenkraut, schließlich Obstarten wie Äpfel, Pflaumen, Süßkirschen, Pfirsiche oder Walnüsse. Eine Gemüsepflanze besonderer Art muß SISER gewesen sein, die – laut Plinius[428] – in GELDVBA/Krefeld-Gellep besonders gut gedieh und an der Tafel des Tiberius (14–37) in Rom nicht fehlen durfte – kein Wunder, daß man intensiv geforscht hat, um dieses Gewächs zu identifizieren. Soviel ist sicher: es muß eine Möhre oder Stoppelrübe gewesen sein. Für die Möhre spricht, daß sie im Innern einen Strang hat, der herausgelöst werden kann, entsprechend der Beschreibung des Plinius, wonach dieser bitter schmeckende Strang sich nach dem Kochen herausnehmen ließ.

Jedes Landgut verfügte über den notwendigen *Wagenpark* und *Gerätebestand*, wovon zahlreiche Einzelfunde Zeugnis ablegen. Vollständige Inventare hat man jedoch nur in Gräbern gefunden, die in naturgetreuen Bronzenachbildungen en miniature alle Gerätschaften enthalten, die damals in Haus, Hof und Feld benötigt wurden[429]. In einem 203
Grab in Köln-Rodenkirchen fanden sich Nachbildungen von Hacken und Mistgabeln,
eine Trage für Stallmist, Harke, Egge und Pflug, Sense, Worfelkorb (um die Spreu vom 204

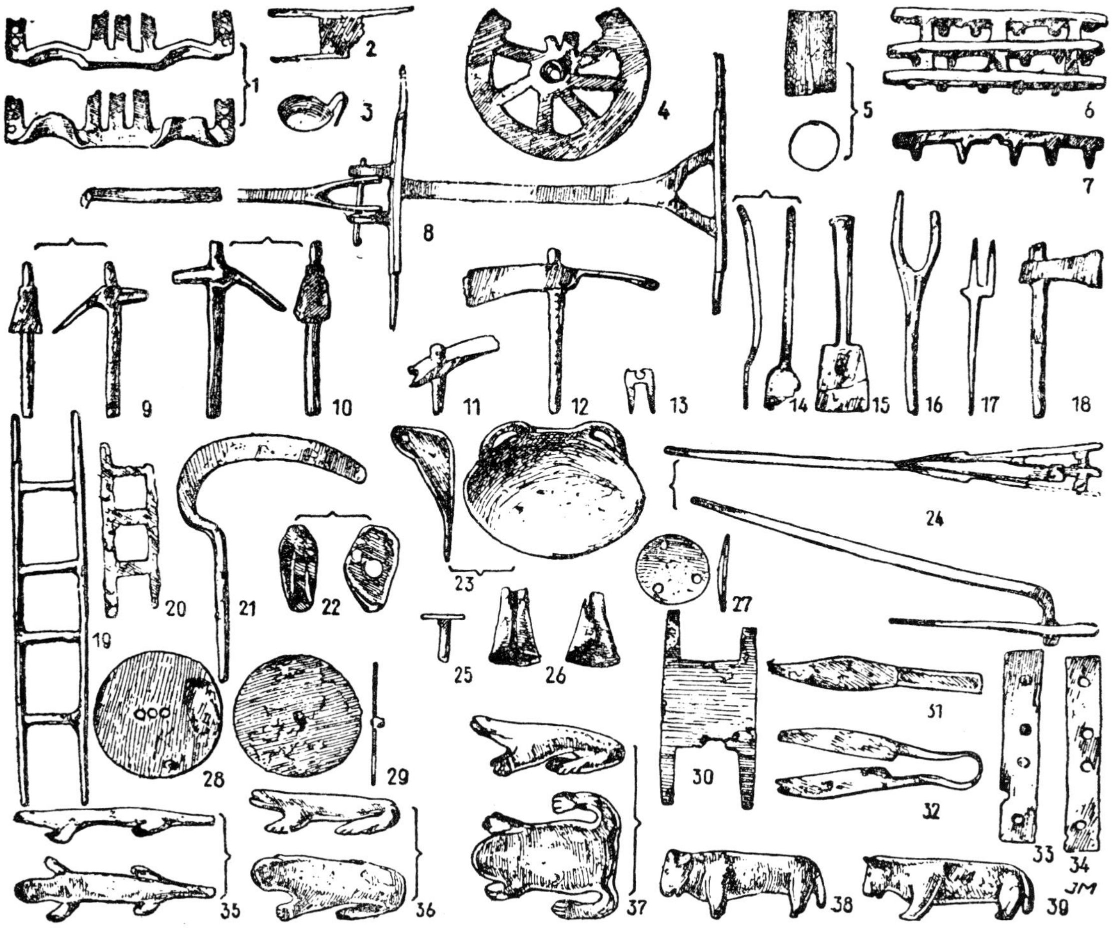

203. Köln-Rodenkirchen. Miniaturnachbildungen von Tieren und landwirtschaftlichem Gerät in einem Grab des 4. Jahrhunderts (nach W. Haberey).

204. »Der Schnitter mit der Sense«. Ausschnitt eines Reliefs aus Bosenbach bei Kusel (dort in der Kirche verbaut). Wahrscheinlich 3. Jahrhundert.

Weizen zu sondern) und ein Erntewagen, der von Ochsen gezogen wurde. Am wichtigsten war der römische Pflug (ARATRVM), der sich in den germanisch-gallischen Provinzen gegenüber dem keltischen »Ard« durchsetzte, weil er die Feldarbeit in mancher Hinsicht erleichterte. Er bestand aus dem Krummbaum (BVRA), an dem die Deichsel (TEMO) für die Zugochsen befestigt war, dem Sterz (STIVA) mit Handgriff (MANICVLA), mit dem gesteuert wurde, dem Scharbaum (DENTALE) und der meist eisernen Pflugschar (VOMER), außerdem konnten Streichbretter (BINAE AVRES) am Scharbaum angebracht sein, mit deren Hilfe die Erdschollen gewendet wurden, mitunter auch ein Sech oder Kolter (CVLTER), ein Messer, das die Erde »vorschnitt«, damit sie sich besser wenden ließ. Gedüngt wurde mit Stallmist, kalkhaltigem Mergel oder auch mit Rasenplaggen, die man umdrehte. Zum Ernten benutzte man die Sichel (FALX), während die Sense (FALX FENATORIA) bei der Heuernte gebraucht wurde. Relativ häufig findet man Wetzsteine (PASSERNICES) – in TRAIANA/Xanten ist 1978 ein ganzes Depot gefunden worden –, walzenförmig geformte Steine, die mit einem Muster überzogen sind, das an Fischgräten erinnert[430].

206 Eine technische Neuerung jener Zeit war die Erfindung einer *Mähmaschine* (VALLVS), die von dem Schriftsteller Palladius im 4. Jahrhundert wie folgt beschrieben wird[431]:

»Im gallischen Flachland gebraucht man das nachstehend beschriebene Hilfsmittel für die Getreideernte, und anstelle von Menschenhand wird damit durch die Kraft eines einzigen Ochsen die gesamte Erntefläche abgeräumt. Man fertigt ein Wagengestell, welches von zwei niedrigen Rädern getragen wird. Der viereckige Boden wird mit Brettern versehen, die nach außen geneigt oben einen weiteren Raum schaffen. An der Vorderseite dieses Wagenkastens sind die Bretter etwas weniger hoch. Hier wird eine Reihe zahlreicher Greifzähne angebracht, die für die Getreidehalme nur schmale Lücken lassen und leicht nach oben ge-

krümmt sind. An der Rückseite dieses Fahrzeugs befinden sich zwei kurze Deichseln wie die Tragstangen einer Sänfte. Hierzu wird ein Ochse mit dem Kopf zum Wagen hin angespannt mit Hilfe von Joch und Strängen, ein sanftes Tier natürlich, welches dem Treiber gehorcht. Sobald dieser das Fahrzeug über das Ährenfeld lenkt, wird jede Ähre von den Zähnen ergriffen und dann in den Wagenkasten geschoben, wobei die Halme abgerissen werden und zurückbleiben. Der Fuhrmann kann von hinten je nach Bedürfnis die Höhe oder Tiefe der Zähne einstellen. So kann durch wenige Touren hin und her in kurzer Zeit ein ganzes Feld abgeerntet werden. Dieses Gerät ist nützlich in offenem und ebenem Gelände für diejenigen, die keinen Bedarf an Stroh haben«.

Es gibt mehrere Reliefdarstellungen, auf denen die römische Mähmaschine abgebildet 207
ist. Sie bestand aus einem kastenartigen Wagen, langen eisernen Messern an der Vorderseite und zwei Deichselarmen, an die ein Maulesel oder Ochse angeschirrt war, der das Vehikel vor sich herschob. Während ein Mann am Ende der beiden Deichselarme die Maschine und das Tier führte, sorgte vorne ein zweiter dafür, daß die Messer auch alle Ähren erfaßten und nichts verlorenging. Die Erfindung des VALLVS stellte ohne Zweifel für damalige Verhältnisse einen großen Fortschritt dar, vor allem konnte so die Erntezeit entscheidend verkürzt werden, außerdem benötigte man nicht so viele Saisonarbeiter, um die Ernte einzubringen.

205. Dinkelfeld im botanischen Garten in Stuttgart-Hohenheim.

206. Rekonstruktion einer gallischen Erntemaschine (nach J. Mertens).

207. Buzenol b. Arlon (B). Reliefblock mit Ernteszene. 2./3. Jahrhundert. Arlon (B), Musée Luxembourgeois.

Die *Viehzucht* spielte in den südlichen Provinzteilen, wo der Getreideanbau überwog, nur eine untergeordnete Rolle. Anders war dies im Norden der Provinz, wo auf Sand- und Kiesböden, dazu in den Wäldern, die damals noch weite Gebiete am Niederrhein bedeckten (S. 24), die Viehwirtschaft vorherrschte. Berühmt waren in der damaligen Zeit Fleisch- und Wurstwaren aus den gallischen Provinzen, die aber nachweislich auch in Niedergermanien hergestellt worden sind[432]. Hauptfleischlieferant war das Rind, dessen Knochen an allen römischen Fundplätzen der Provinz am stärksten vertreten sind[433]. Der Blick auf eine damalige Kreisstadt wie TRAIANA/Xanten, die ihren Bedarf an Fleisch und Milchprodukten aus dem Umland deckte, belegt dies auch in Zahlen. Unter 18 ermittelten Tierarten stand Rindfleisch an erster Stelle (mehr als 60%), gefolgt von Schweine- und Pferdefleisch (jeweils etwas mehr als 10%). Dagegen scheinen Ziegen und Schafe als Fleischlieferanten nur eine untergeordnete Rolle gespielt zu haben; nachgewiesen ist auch Geflügel (Hühner, Gänse, Enten). Auch diese Zusammenhänge sind heute schon eine Wissenschaft für sich, seit sich Paläozoologen und Züchtungsbiologen mit dem Tierbestand vergangener Zeiten beschäftigen. Sie haben u. a. herausgefunden, daß es in römischer Zeit gelungen ist, Rinder zu züchten, die mit einer Widerristhöhe bis zu 1,4 m größer waren als die Tiere, die es vorher gab. Auf diese Weise konnte nicht nur der Fleischertrag erheblich gesteigert werden, sondern auch die Größe der Felle, die u. a. zur Anfertigung von Mannschaftszelten beim Militär benötigt wurden (S. 73). Ähnliche Züchtungserfolge erreichte man auch bei Schweinen, die allerdings wesentlich kleiner waren als die Rassen, die wir heute kennen. Die Viehzucht spielte auch in den Siedlungen der einheimischen Bevölkerung im Mündungs-
208 ff. gebiet von Rhein und Maas eine gewichtige Rolle. Sie entsprach z. B. in Rijswijk (NL), einer bäuerlichen Siedlung östlich von Den Haag, die aus mehreren Hofanlagen bestand, der Anteil der Tierknochen etwa einem Viertel des gesamten Fundmaterials, das

208. Rijswijk b. Den Haag (NL). Fundamentspuren einer Hofgruppe der einheimischen Siedlung.

209. Rijswijk b. Den Haag (NL). Rekonstruktion der Grundrisse dreier aufeinanderfolgender Bauernhäuser, zuerst aus Holz, später aus Stein. Vgl. Abb. 210 (Bau 19 II).

210. Rijswijk b. Den Haag (NL). Übersichtsplan der Bauphase III b (Anfang 3. Jahrhundert).

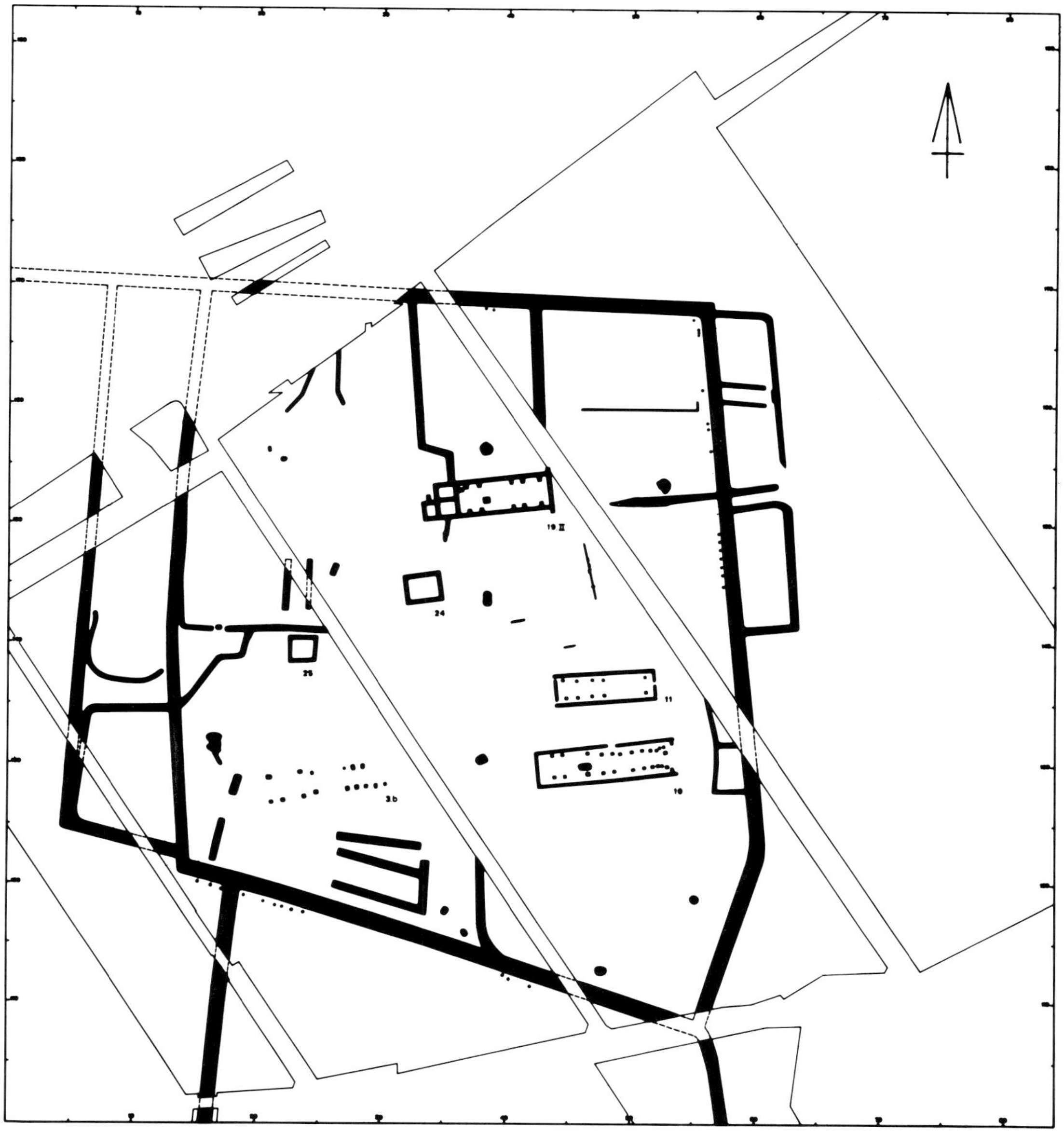

an diesem nahezu vollständig ausgegrabenen Siedlungsplatz von über 3,5 ha Fläche in mehrjähriger Arbeit geborgen wurde[434]. Die Zusammensetzung war ähnlich wie in TRAIANA/Xanten: Rinderknochen waren in großer Zahl vertreten – in Periode III der Siedlung betrug der Anteil mehr als 70% –, eine gewisse Rolle spielte das Fleisch von Pferden, Schafen und Ziegen, während Schweineknochen verhältnismäßig selten waren.

Die Niederlassung in *Rijswijk* verkörperte eine Siedlungsform, die vor allem für das 210
damalige Stammesgebiet der CANNANEFATES (S. 55) in der niederländischen Provinz Zuid-Holland charakteristisch war. Seit mehr als einem Jahrzehnt beschäftigen sich niederländische Archäologen systematisch mit diesen Ansiedlungen, die ihrem Ursprung nach germanisch sind und ihren einheimischen Charakter auch in römischer Zeit bewahrt haben[435]. Es waren keine eigentlichen Dörfer, sondern jeweils mehrere Gehöfte, die in relativ lockerer Streuung eine Art Siedlungsgemeinschaft bildeten und von Gräben und Zäunen eingeschlossen waren; dazu gehörten Wiesen und Äcker, die in Parzellen eingeteilt waren und etwa in Rijswijk eine Fläche von etwa 20 ha bedeckten. Am ehesten wird man diese Bauernschaften als »Weiler« bezeichnen können, ein Wort, das sich wahrscheinlich aus dem lateinischen VILLA entwickelt hat. Nach Funk-

tion und wirtschaftlicher Bedeutung entsprachen diese Niederlassungen den VILLAE RVSTICAE, die weiter südlich in großer Zahl über das Land verteilt waren, während sie im äußersten Norden der Provinz offenbar nur ganz vereinzelt nachweisbar sind. Sicher wird man auch im Gebiet der CANNANEFATES von staatlicher Seite aus – schon aus Sicherheitsgründen – auf die Erschließung, Verteilung und Besiedlung des Bodens, gerade im unmittelbaren Grenzgebiet, Einfluß genommen haben. Andererseits scheint jedoch die römische Verwaltung die einheimische Bevölkerung nicht gezwungen zu haben, die ihr vertraute Siedlungsform aufzugeben und sich römischen Bauvorstellungen zu beugen, vielmehr belegt ihre Beibehaltung einmal mehr, wie anpassungsfähig die römische Administration in vielen Fällen gewesen ist.

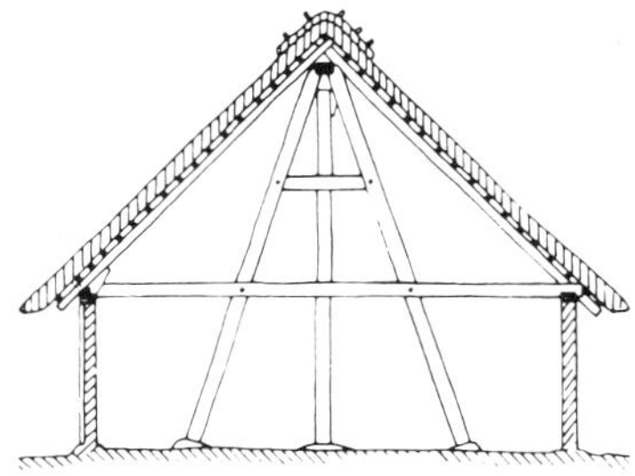

211. Konstruktionsschema eines Hauses in einheimischer Bauweise (nach A. Zippelius).

Weiter östlich in der Betuwe, dem Stammesland der BATAVI (S. 54 f.), sind die Siedlungsverhältnisse nicht so klar. Aber auch hier ist deutlich, daß die einheimisch-germanische Siedlungs- und Bauweise überwiegt und Landgüter römischer Prägung weitgehend fehlen. Manche der bisher untersuchten Bataversiedlungen, die man sich – einem Stoßseufzer des niederländischen Archäologen W. C. Braat zufolge – gar nicht »rommelig en onregelmatig genoeg« vorstellen kann, haben in der Grundrißform der Häuser viel Ähnlichkeit mit der einheimischen Siedlung von Weeze-Baal (S. 54), für die zahlreiche kleine Holzbauten kennzeichnend sind, die gewöhnlich als Speicher interpretiert werden – eine Deutung, die allerdings von niederländischen Archäologen nicht geteilt wird. Sie sind vielmehr der Auffassung, daß die meisten dieser Bauten Wohnzwecken dienten, demnach die Holzhäuser der BATAVI relativ klein und von einfacher Bauart waren. Rekonstruierbar sind sie lediglich aus kleinen, rechteckigen Pfostenlöchern sowie weiteren Bodenspuren im Innern der Häuser; diese deuten auf das Vorhandensein von Pfosten, die den Dachfirst trugen und das Innere in zwei Hälften unterteilten.

211 Im wesentlichen unverfälscht hat sich die einheimische Bauweise im *dreischiffigen Hallenhaus* erhalten, das besonders im ehemaligen Stammesgebiet der CANNANEFATES verbreitet war[436]. Vom Grundriß her waren es langgestreckte Häuser, die 5–8 m breit und mehr als 30 m lang sein konnten. Das mächtige Dach wurde von Pfosten gestützt, die in mehreren Reihen angeordnet waren; meist waren es zwei, die das Hausinnere in

212. Kethel-Schiedam (NL). Freilegung zweier übereinanderliegender Hallenhäuser, die in drei Schiffe unterteilt waren.

drei Schiffe unterteilten. Kennzeichnend war die Doppelfunktion als Wohn- und Stallhaus, d.h. Menschen und Tiere lebten unter einem Dach. Es gibt die Theorie (die sehr wahrscheinlich ist), daß dieser Haustyp, der bis nach Südnorwegen Verbreitung fand, aus den nördlichen Landesteilen der heutigen Niederlande etwa um Christi Geburt durch friesische Einwanderer importiert worden ist und sich in der Folgezeit im römischen Grenzgebiet rasch ausgebreitet hat. In Rijswijk ist dieser Haustyp in allen Perio- 210
den von ca. 30 bis 250/270 fast ausschließlich gebaut worden, ebenso wie in Vlaardingen, Kethel-Schiedam und anderen Plätzen dieses Grenzgebietes[437]. 212

213. Druten-Klepperhei (NL). Übersichtsplan der Siedlung. Holzbauten (schwarz und gestrichelt), Steinbauten (gepünktelt), Brunnen (Gruben mit waagerechten Strichen). Maßstab 1 : 1000 (nach R.S. Hulst).

In der Hauptsache wurde Holz als Baumaterial verwendet. Erst mit fortschreitender Romanisierung errichtete man Hallenhäuser auch in Stein wie z.B. den Bau 19 II in 210
Rijswijk, der zu Beginn des 3. Jahrhunderts nicht nur in Stein erbaut wurde, sondern – als Anbau – auch ein kleines Bad erhielt und im Innern farbig ausgemalt war[438]. Deutlich sind hier einheimischer Bautyp und römische Bauweise miteinander verschmolzen worden. Darüberhinaus verdeutlicht die architektonische Gestaltung und Hervorhebung dieses Hauses zum einen die sozialen Unterschiede, die sich im Laufe von mehr als 150 Jahren innerhalb der Ansiedlung herausgebildet haben, zum anderen die besondere gesellschaftliche Stellung, die offenbar sein Besitzer in ihrem Sozialgefüge eingenommen hat.

Schon Rijswijk trug deutliche Züge der Romanisierung. Noch prägnanter sind solche Einflüsse in der landwirtschaftlichen Siedlung von *Druten-Klepperhei,* westlich von Nij- 213
megen (NL), faßbar, wo in der Zeit des Vespasian (69–79) eine ähnliche Siedlung wie in Rijswijk entstand, die nach Charakter und Funktion eine römische VILLA RVSTICA war, nur daß man in der Bauweise der Häuser einheimischen Vorstellungen folgte[439]. Deutlich hebt sich im Grundplan der Siedlung das Gebäude 1 heraus, betont durch ve-

randaartige Portiken, Wandmalerei im Inneren und ein Badegebäude (Bau 2), das sich unmittelbar nördlich anschloß. Das Haus war mit breiter Front auf einen Hofplatz ausgerichtet, der im Norden und Süden von weiteren Portikusbauten, z.T. auch von Säulenstellungen, flankiert war. An der Ostseite des Hofes lagen Wirtschaftsbauten, deutlich durch Gräben und Pfostenstellungen vom Wohnbereich getrennt, die quer über den Hof gezogen waren. Man kann nach Auffassung des Ausgräbers regelrecht von einer PARS VRBANA bzw. DOMESTICA, dem Wohnbereich im Westen, und der PARS RVSTICA, dem Wirtschaftsbereich im Osten, sprechen, die axial und relativ symmetrisch aufeinander bezogen sind; als zusätzliches Argument ist anzuführen, daß weitaus die meisten der zahlreichen Wandmalereifragmente, die in dieser Ansiedlung zutage traten, im Westteil gefunden wurden.

Die Bauweise der hier meist zweischiffigen Hallenhäuser entspricht einheimischen Vorstellungen, die sich – ähnlich wie in Rijswijk – auch in Druten-Klepperhei bis weit in das 3. Jahrhundert hinein gehalten haben. Römische Einflüsse offenbaren sich dagegen in der Anordnung der Bauten, die einer klaren Konzeption folgen, in der – für damalige Verhältnisse – luxuriösen Innenausstattung des Wohnhauses sowie in der Anlage von Portiken, Kolonnaden und eines Badegebäudes. Den wirtschaftlichen Hintergrund dieser Anlage bildete das etwa 18 km entfernte NOVIOMAGVS/Nijmegen. Es spricht viel dafür, daß die VILLA RVSTICA von Druten-Klepperhei – wie offenbar weitere Ansiedlungen dieser Art entlang der Waal westlich von Stadt und Lager – zu einem Zeitpunkt angelegt wurden, als durch die Stationierung der LEGIO X GEMINA im Lager auf dem Hunerberg (S. 92) der Marktflecken BATAVODVRVM, das spätere VLPIA NOVIOMAGVS, einen stürmischen Aufschwung nahm und in der Versorgung seiner Bewohner zunehmend auf landwirtschaftliche Produkte aus dem Umland angewiesen war; möglicherweise war sogar einer der Stadträte von NOVIOMAGVS Besitzer dieses Landgutes.

214. Relief eines ausfahrenden Wagens vom Grabmal der Secundinier in Igel/Mosel. Mitte 3. Jahrhundert. Rheinisches Landesmuseum Trier.

Infrastruktur und Geldwesen

Die Römer haben der Welt den Frieden gebracht: Ohne Furcht wandern wir auf den Straßen und reisen per Schiff, wohin immer wir wollen. Irenaeus, Bischof von Lyon (2. Jahrhundert)

Der Erdkreis trägt nicht mehr Waffen, sondern ein Festgewand. Die Gebirge sind erschlossen, Ströme überbrückt, Wüsten besiedelt. Stadt liegt neben Stadt. Ein freier, ungehinderter Verkehr verbindet die fernsten Länder. Unsicherheit und Gefahr sind zur Legende geworden. Die Meere sind voll von Schiffen, die Straßen voll von Menschen und Wagen. Jede neueste Errungenschaft, jeder Komfort dringt sofort in alle Winkel des Reiches. Aelius Aristeides (ca. 117–187)

Alle Nationen treiben ihren Handel mit römischem Geld, von einem Ende der Erde zum anderen. Dieses Geld wird von allen bewundert, zu welchem Reich sie auch immer gehören, weil in keinem anderen Land der Welt eine solche Währung existiert. Kosmas Indikopleustes (6. Jahrhundert)

Römische und griechische Autoren sind voll des Lobes über all jene staatlichen Bauten und Einrichtungen, die Lebensstandard, öffentliche Sicherheit, Wirtschaftsentwicklung und Reisemöglichkeiten im Reich spürbar verbesserten und die wir heute unter dem Begriff »Infrastruktur« zusammenfassen, der – trotz seiner Herleitung aus dem Lateinischen – eine moderne Prägung ist. Dieses heute gern und oft gebrauchte Schlagwort bedeutet soviel wie »Unterbau« und umfaßt den Bau von Verkehrseinrichtungen, Krankenhäusern, Schulen oder Fabriken ebenso wie Anlagen der Energieversorgung oder Abfallbeseitigung. Vieles von dem, was heute unter diesem Sammelbegriff verstanden wird, gehörte in römischer Zeit zu den OPERA PVBLICA, den öffentlichen Bauten, deren Errichtung und Instandhaltung – zumindest ursprünglich – eine Aufgabe der Zentralverwaltung war[440]. Es gab in Rom staatliche Beamte, vom Kaiser ernannt, die sich als CVRATORES VIARVM um die Beaufsichtigung und Instandhaltung der VIAE PVBLICAE, der öffentlichen Straßen, als CVRATORES AQVARVM um die Wasserzufuhr und -entsorgung und als CVRATORES OPERVM PVBLICORVM um Bau und Verwaltung öffentlicher Gebäude zu kümmern hatten; in den Städten nahmen die gewählten Magistrate diese Funktion wahr. Viele dieser Bauten und Anlagen, mit denen römische Feldmesser, Ingenieure und Architekten neues Provinzland erschlossen und die Grundlagen für Fortschritt, Wohlstand und blühendes Leben schufen, wurden zu großen Teilen aus dem FISCVS, der kaiserlichen Finanzkasse, bezahlt, oft genug übernahmen aber auch reiche Privatleute – Unternehmer, Ratsherren, Bürgermeister – diese öffentliche Aufgabe, durchaus nicht ohne Eigennutz, sondern um ihr persönliches Ansehen in der Öffentlichkeit zu steigern.

Seine *Straßen* haben Rom berühmt gemacht[441]. Grundlage war die Landesvermes- 188
sung (S. 156), dann folgten die wichtigsten Verkehrsachsen. Ursprünglich waren es VIAE MILITARES (Militärstraßen), doch dienten sie bald auch friedlichen Zwecken, wenn auch – vor allem in Grenznähe – ihr militärischer Charakter erhalten blieb. Auch in Niedergermanien gehen die wichtigsten Fernverbindungen auf die Okkupationszeit kurz vor Christi Geburt zurück. Die eine Straße führte von LVGDVNVM/Lyon (F) über DIVODVRVM MEDIOMATRICORVM/Metz (F) und AVGVSTA TREVERORVM/Trier nach AGRIPPINA/Köln, die andere folgte als Limesstraße von MOGONTIACVM/Mainz dem linken Rheinufer und verband das Mittelrheingebiet mit dem äußersten Nordwesten der Provinz zwischen VLPIA NOVIOMAGVS/Nijmegen (NL) und LVGDVNVM/Katwijk an der niederländischen Nordseeküste. Die ältesten Meilensteine, die an dieser Straße standen, stammen aus der Zeit des Claudius (41–54), ein möglicher Hinweis darauf, daß die Straße erstmals während seiner Regierung eine feste Decke (PAVIMENTVM) erhalten hat[442]. Auf seine Regierungszeit geht wahrscheinlich auch die wichtigste Ost-West-Verbindung der Provinz zurück, die AGRIPPINA/Köln mit Gallien ver-

band und über ADVATVCA TVNGRORVM/Tongeren (B), BAGACVM/Bavay (F) nach GESORIACVM/Boulogne-sur-Mer (F) führte, von wo man damals nach Britannien übersetzte. Auch die Maastalstraße, die von TRAIECTVM AD MOSAM/Maastricht (NL) über VLPIA NOVIOMAGVS/Nijmegen (NL) nach FORVM HADRIANI/Voorburg-Arentsburg (NL) führte, wird sehr alt sein; sicher ist sie ebenfalls schon im 1. Jahrhundert ausgebaut worden.

Straßen mit Steinpflasterung bildeten die Ausnahme und waren in Niedergermanien auf Städte wie AGRIPPINA/Köln beschränkt, wo 1969 ein stattliches Stück der Hafenstraße freigelegt wurde, die mit grauschwarzen Basaltblöcken gepflastert war. Die Überlandstraßen dagegen besaßen mehrere Packlagen aus Kiesschotter und waren zur Mitte hin gewölbt, um das Regenwasser abfließen zu lassen. Oft waren Straßenfundament und Kieslagen so solide, daß sie bis heute den Unterbau moderner Römerstraßen bilden – Beispiele sind die schnurgerade B 55 zwischen Elsdorf und Jülich, die seit jeher »Steinstraße« heißt, sowie große Teile der B 57 zwischen Krefeld und Xanten, die man im späten Mittelalter auch »Hochstraß« genannt hat, weil sie sich in der flachen niederrheinischen Landschaft deutlich herauswölbte. Dort, wo man den römischen Straßenkörper untersucht hat – im Staatsforst Ville östlich von Bergheim, in Rimburg (NL),
220 Moers-Asberg oder zuletzt im Hambacher Forst –, bot sich stets ein ähnliches Bild[443]: ein durchschnittlich 5–7 m breiter und mehr als 1 m hoher Fahrdamm, bestehend aus mehreren Lagen Kiesschotter, der viel Eisen enthielt, dazwischen immer wieder Ausgleichsschichten aus Sand oder Lehm, dazu breite Sommerwege zu beiden Seiten der Fahrbahn für Reiter, Tragtiere, Herden und Reisende zu Fuß. Nach damals gültiger Vorschrift betrug die gesamte Breite einer VIA PVBLICA (öffentliche Straße) mindestens 40 Fuß (= 11,84 m), andererseits ist in Niedergermanien oft mehr als das Doppelte gemessen worden. Es spricht deshalb einiges für die Vermutung, daß wir uns römische Überlandstraßen ähnlich wie Straßen in Nordafrika oder im Vorderen Orient vorzustellen haben, wo sich neben verhältnismäßig schmalen Asphaltbändern oft breite Sandstreifen entlangziehen, die in erster Linie von Nomaden und ihren Herden benutzt werden[444].

Gerade der neueste Straßenbefund aus dem Hambacher Forst, an dem sich erstmals Fahrspuren bis zu einer Tiefe von 30 cm ablesen lassen, macht deutlich, daß es nicht der Mangel an Steinen war, der die Straßenbauer zwang, Eisenkies zu nehmen, sondern reine Zweckmäßigkeit. Kiesgedeckte Straßen stellten zwar hohe Anforderungen an die Zugtiere, weil die Räder oft tief den Kies durchmahlten, aber sie erlaubten damit auch ein ruhigeres Fahren im Wagen, ein Umstand, der Menschen und empfindlichen Waren zugutekam. Vor diesem Hintergrund klingt es durchaus verständlich, wenn wir hören, daß Politiker, Schriftsteller und Dichter auf ihren Reisen nicht nur diktierten, sondern auch selbst Traktate und Gedichte verfaßten, und auch das Würfelbrett, das sich Kaiser Claudius in seinem Reisewagen einbauen ließ, gewinnt so an Glaubwürdigkeit (S. 142).

Gemessen wurde in römischen MILIA PASSVVM (1 000 Doppelschritte = 1,48 km) und
214 gallischen LEVGAE (= 2,22 km), die sich unter Septimius Severus (193–211) gegenüber der römischen Zählung einheitlich in Gallien und Germanien durchsetzten; eine LEVGA (L) entsprach 1,5 römischen Meilen (MP). Für die meisten Straßenverbindungen Niedergermaniens war AGRIPPINA/Köln der Ausgangspunkt, hier begann auch meist die Zählung. Insgesamt sind bisher 19 Meilen- und Leugensteine aus Niedergermanien bekannt, die meisten davon an der Straße, die nach AVGVSTA TREVERORVM/Trier führte; bis auf eine Ausnahme zählten sie nach Leugen[445]. Von der Luxemburger Straße in Köln stammt ein Leugenstein mit der Ziffer I, die Aufschrift [L]EVG(ae) VI trug eine Wegesäule, die bei Villenhaus gefunden wurde, ein dritter Stein stand 13 LEVGAE von AGRIPPINA/Köln entfernt, im heutigen Marienholz nordöstlich von Zülpich, und ein vierter mit der Ziffer XVI fand sich 1965 in Zülpich-Hoven, exakt 35 km von Köln ent-

215. Nettersheim (Eifel). Wiederaufgerichteter römischer Meilenstein an der Straße Köln-Trier. Mitte 3. Jahrhundert. Die Inschrift lautet übersetzt: »Für Imperator Caesar Caius Quintus Messius Decius Traianus, den Unbesiegten, Frommen, Glücklichen . . .«

fernt[446]. Noch weiter südlich stand eine Säule, die Marcus Aurelius und Lucius Verus im Jahre 162 setzen ließen und auf der die Entfernung in MILIA PASSVVM angegeben war: A COL(onia) AGRIPP(ina) M(ilia) P(assuum) XXXIX (von Colonia Agrippina aus 39000 Doppelschritte), d. h. Meilen- und Leugensteine gaben – anders als heute – Entfernungen stets *von* einem bestimmten Orte an[447]. Eine Vorstellung von den *Wegweisern* jener Zeit gibt der Abguß eines Leugensteines des Kaisers Traianus Decius 215
(249–251), der 1977 an der »Steinrütsch« in Nettersheim aufgestellt wurde, ebenfalls an der Straße nach Trier[448].

Auch an der Limesstraße zwischen RIGOMAGVS/Remagen und VLPIA NOVIOMAGVS/Nijmegen (NL) standen Meilen- bzw. Leugensteine; nur zwei sind erhalten, die auch Entfernungen nennen, beide stammen aus der Gegend von Remagen und geben die Entfernung von AGRIPPINA/Köln mit M(ilia) P(assuum) XXX an (= 44,4 km)[449]. Nur zwei Wegesäulen nennen einen anderen Ausgangspunkt, beide Male ist es der Zentralort der CANNANEFATES im äußersten Nordwesten der Provinz, der einmal als M(unicipium) A(elium?/Aurelium?) C(annanefatium), zum anderen als [HADR(iani)] F(orum) bezeichnet wird[450]. Ein inschriftliches Zeugnis besonderer Art ist der Leugenstein aus Tongeren (B), ursprünglich wohl ein achtseitiges Steinprisma aus 216

216. ADVATVCA TVNGRORVM/Tongeren (B). Fragment eines achtseitigen Itinerars, das vor dem Westtor der Stadt aufgestellt war. Brussel, Koninklijke Musea voor Kunst en Geschiedenis.

schwarzem Basalt, das 1817 am Westtor der römischen Stadt gefunden wurde und für alle Routen, die von ADVATVCA TVNGRORVM ausgingen, Zielpunkte und Entfernungen aufzählt[451]. Drei Seiten dieses Steines sind teilweise erhalten, darunter ein Ausschnitt der Strecke von ADVATVCA nach ARGENTORATE/Straßburg (F), die über AGRIPPINA führte; lesbar sind Stationen zwischen RIGOMAGVS/Remagen und BORBETOMAGVS/Worms.

Wer sich auf Reisen begab, benötigte *Karten* und *Routenverzeichnisse* – sog. ITINERARIA. Dies konnten einfache Verzeichnisse sein, die wie das ITINERARIVM ANTONINI, eine unter Caracalla (211–217) zusammengestellte Straßenübersicht des ganzen Reiches, lediglich Zielorte und Distanzen aufzählten. Andere Wegebeschreibungen wie das ITINERARIVM BVRDIGALENSE, das den Verlauf einer Pilgerreise von BVRDIGALA/Bordeaux (F) nach HIEROSOLYMA/Jerusalem (IR) wiedergibt, waren ausführlicher und nannten MANSIONES und MVTATIONES, Stationen, wo man übernachten und die
85 Pferde wechseln konnte. Noch ausführlicher waren Karten wie die sog. Tabula Peutingeriana, eine Karte des 3.–4 Jahrhunderts, die das gesamte Reich von Spanien bis nach Persien auf das Format einer 34 cm breiten und fast 7 m langen Buchrolle – im wahrsten Sinne des Wortes – »zusammenpreßte«[452]. Wiedergegeben sind Straßen, Orts-, Länder- und Stammesnamen sowie Distanzangaben in Meilen bzw. Leugen, dazu kommen zahlreiche Vignetten, optische Symbole für Städte, Heiligtümer, Bäder, Hafenanlagen, Leuchttürme und Rasthäuser. Am häufigsten erscheint eine Doppelturm-Vignette, die ein Rasthaus anzeigt, siebenmal ist dieses Symbol an den Straßen Niedergermaniens belegt, aber es ist sehr fraglich, ob diese Aufzählung vollständig ist.

Die *Raststätten* jener Zeit mit Herbergen, Bädern, Stallungen, Scheunen, Stellmacherei und Unterkünften für das Personal dienten in erster Linie den Kurieren des CVRSVS PVBLICVS, der staatlichen Post, deren Einrichtung auf Augustus zurückgeht[453]. Wer eine EVECTIO oder TRACTORIA besaß, eine mit kaiserlichem Siegel versehene *Fahrkarte,* konnte die Einrichtungen der Post unentgeltlich benutzen; zu diesem Kreis gehörte auch der niedergermanische Statthalter, der – wie alle seine Amtskollegen im Reich – pro Jahr etwa 50 Reisepässe (DIPLOMATA) für Freifahrten erhielt. Die Kehrseite war, daß die Gemeinden, die an der Straße lagen, dafür zu sorgen hatten, daß Stationsgebäude und Wagenpark unterhalten bzw. gewartet wurden und stets eine angemessene Zahl von Reit-, Last- und Zugtieren zur Verfügung stand – eine Einrichtung, die von der Provinzbevölkerung während der gesamten Kaiserzeit als drückende Last empfunden wurde.

Oft – aber nicht immer – waren Raststationen mit *Militärposten* gekoppelt, die von BENEFICIARII CONSVLARIS befehligt wurden, Soldaten, die der Statthalter (CONSVLARIS) hierher abkommandiert hatte; sie kontrollierten Straßenzustand und Verkehr und überwachten die Märkte, die in grenznahen Gebieten abgehalten wurden (S. 42). Außerdem konnten hier auch HORREA (Speicher) stehen, wo die ANNONA MILITARIS abzuliefern war, jährliche Naturalsteuern, vor allem Getreide, die in zunehmendem Maße seit Ende des 2. Jahrhunderts von der Provinzbevölkerung erbracht werden mußten[454].
221 In ADVATVCA TVNGRORVM/Tongeren (B) – an der Straße von AGRIPPINA nach BAGACVM/Bavay (F) – scheint eine solche STATIO ausgegraben worden zu sein, die HORREA für Getreide und andere Naturalien und MANSIO (Raststation) miteinander vereinigte[455]. Weitere Straßenstationen – allerdings ohne Speicherbauten – sind in Niedergermanien bisher nur in Monreal (Krs. Mayen), Bergheim-Kenten, ASCIBVRGIVM/Moers-Asberg und auf dem Dachsberg in Duisburg-Baerl nachgewiesen worden; andere Stationen, vor allem militärische, lassen sich aus Inschriften und Ziegelstempeln erschließen[456].

Über Aussehen und Konstruktion römischer *Reisewagen* sind wir relativ gut unterrichtet, vor allem durch bildliche Darstellungen auf Grabreliefs, aber auch durch Funde

217. CORIOVALLVM/Heerlen (NL). Brennraum und Lochtenne eines Töpferofens. Der Ansatz der Kuppel aus rotverziegeltem Lehm ist noch sichtbar.

218. FECTIO/Bunnik-Vechten (NL). Ritzzeichnung eines römischen Kriegsschiffes (LIBVRNA) mit Rammsporn, Riemen und Steuerbordruder. 1. Jahrhundert. Centraal-museum Utrecht (NL).

219. Halder b. St. Michielsgestel (NL). Unterbau eines römischen Töpferofens aus rotverziegeltem Lehm. Vorn der Feuerraum, hinten ein Unterzug aus Lehm und Scherben, auf dem die Lochtenne ruhte (vgl. Abb. 217).

220. Querschnitt durch die römische Limesstraße in ASCIBVRGIVM/Moers-Asberg. Ausgrabung 1975.

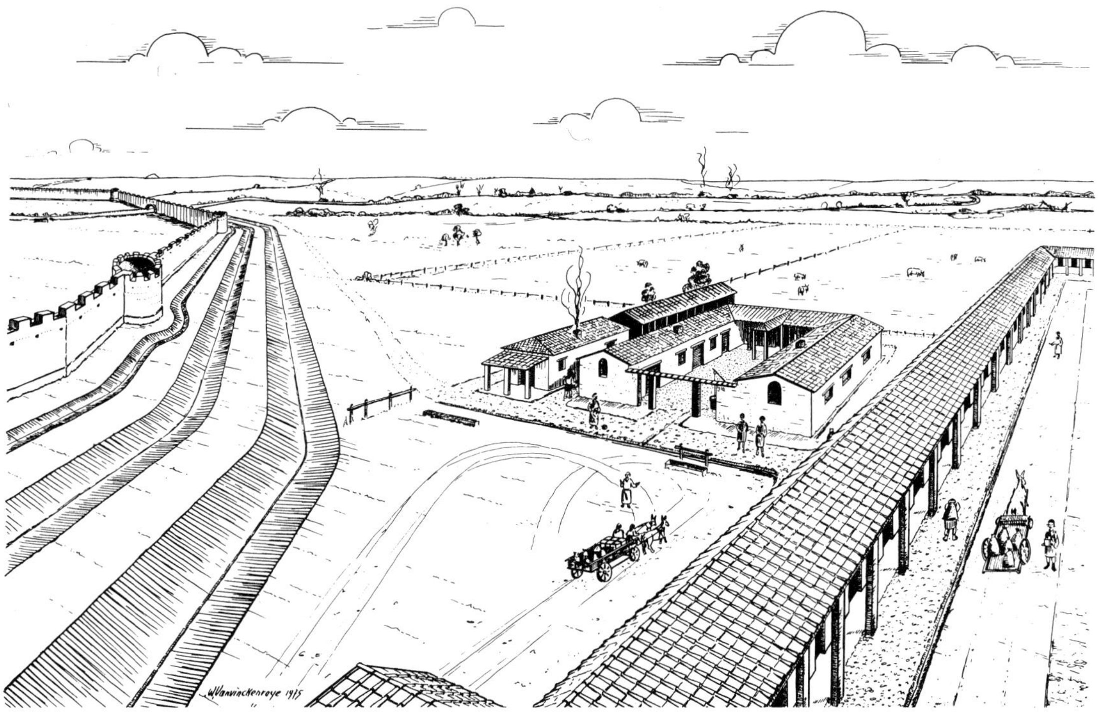

221. ADVATVCA TVNGRORVM/Tongeren (B). Speicherbauten und Raststation an der Straße nach BAGACVM/Bavay (nach W. Vanvinckenroye).

von Eisen- und Bronzeteilen. Es gab zwei- und vierrädrige Wagen. Zu den Einachsern gehörten das CISIVM, die BIROTA und das ESSEDVM, letzteres ursprünglich ein keltischer Streitwagen; eine Art Nobelkutsche war das CARPENTVM, das Frauen und Priestern vorbehalten war. Auf der Igeler Säule scheint eine BIROTA dargestellt zu sein, die von zwei Maultieren gezogen wird; ein Leugenstein gibt die Entfernung von Trier nach
214 Igel mit IIII an (= 8,88 km)[457]. Die eigentlichen Reisewagen waren die Zweiachser – die offene RAEDA, in der man mit Gepäck und Begleitung reiste, die aber keinen Wetterschutz bot, und die CARRVCA, ein geschlossener Wagen, der auf längeren Strecken auch als CARRVCA DORMITORIA (Schlafwagen) genutzt werden konnte; beide Wagen wurden vierspännig gefahren, meist mit Pferden. Die Rekonstruktion einer CARRVCA im Römisch-Germanischen Museum Köln gibt ein anschauliches Bild einer Postkutsche von damals. Als Baumaterial wurde Eiche verwendet, die Länge des Wagens betrug 2,6 m, seine Höhe 2,35 m. Technologisch bemerkenswert waren die drehbare Vorderachse und die ausgezeichnete Federung des Wagenkastens, der an vier breiten Lederriemen aufgehängt war.

Die *Reisegeschwindigkeiten* waren für damalige Verhältnisse beachtlich. Berühmt ist die Blitzreise des Tiberius, der von TICINVM/Pavia (I) aus in 24 Stunden per Wagen mehr als 350 km zurücklegte, um seinen in Germanien verunglückten Bruder Drusus noch lebend anzutreffen (9 v. Chr.); auch Caesar war ein schneller Reisender und benötigte eine Woche, um von Rom nach Südgallien zu gelangen. Kaiserliche Postboten wechselten 5–8mal die Pferde und erreichten Tagesleistungen bis zu 90 km, bei Eilnachrichten, die auf schnellstem Weg nach Rom gelangen sollten, wurde auch mehr als das Doppelte erreicht. Zu Fuß ging es wesentlich langsamer, hier scheinen 30–40 km pro Tag das Durchschnittsmaß gewesen zu sein, das der täglichen Marschleistung römischer Soldaten ebenso entsprach wie dem durchschnittlichen Abstand zweier MANSIONES, wie er sich aus den Angaben des ITINERARIVM ANTONINI ergibt. Alle Straßen, Kreuzungen und Abzweigungen standen unter göttlicher Obhut. Wer sicher sein wollte, daß ihm unterwegs kein Unglück zustoßen würde, gelobte den Wegegöttinnen einen Altar wie Marcus Cocceius Dasius aus AGRIPPINA/Köln, der sein VOTVM (Gelübde) gleich an alle richtete – die göttlichen Mächte der Straßenkreuzungen (QVADRIVIAE), der Gabelungen (TRIVIAE), überhaupt aller Straßen (VIAE) und Pfade (SEMITAE)[458].

Flüsse und Sümpfe wurden überbrückt. Aus Sechtem und neuerdings aus Köln sind
Brücken (PONTES) inschriftlich bekannt, archäologisch sind sie u.a. in Haltern und
Rimburg (NL) nachgewiesen[459]. Das größte Bauwerk dieser Art war die Rheinbrücke, 222
die AGRIPPINA/Köln mit DIVITIA/Köln-Deutz verband; im Gegensatz zu allen anderen bekannten Brückenbauten aus Niedergermanien, die reine Holzbauten waren, ruhte die Kölner Rheinbrücke auf Steinpfeilern und trug einen hölzernen Oberbau[460]. Die Brücke war mehr als 400 m lang und etwa 10 m breit. Von den ursprünglich wohl

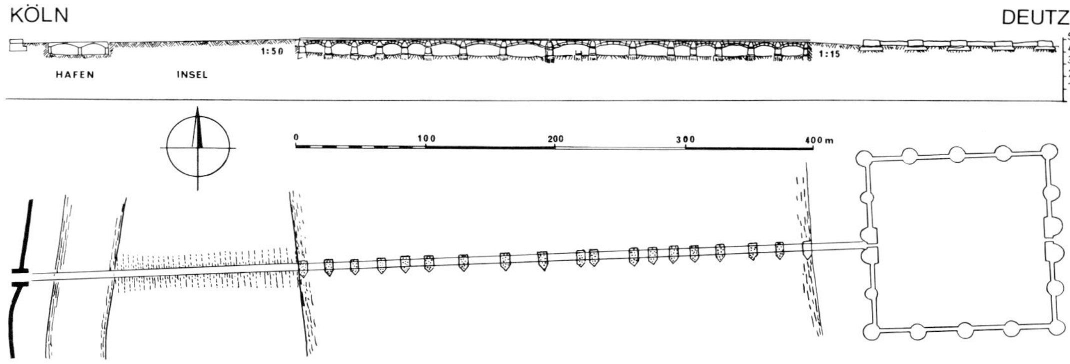

222. Grund- und Aufriß der konstantinischen Rheinbrükke, die von AGRIPPINA/Köln nach DIVITIA/Köln-Deutz führte (nach O. Kraus und O. Doppelfeld).

19 Brückenpfeilern, deren Abstände unregelmäßig waren, sind insgesamt 15 Fundamente nachgewiesen worden. Die Steinpfeiler ruhten auf mächtigen Eichenpfählen – etwa 80 Balken je Pfeiler –, die eine Länge bis zu 7,5 m hatten und bis zu 3 m tief in das Flußbett gerammt waren; noch heute kann man einige dieser Pfähle im Römisch-Germanischen Museum bestaunen. Die Pfeiler selbst waren aus großen Steinblöcken zusammengefügt – ohne Mörtel, nur verklammert – und gegen den Strom bugartig geformt. Aus einer Lobrede, die im Jahre 310 gehalten worden ist, geht hervor, daß Konstantin d. Gr. (306–337) der Erbauer der Brücke war. Lange hat man geglaubt, daß Baujahr und Zeitpunkt der Rede identisch seien, doch hat man hierbei übersehen, daß der Redner lediglich davon spricht, die Brücke sei damals begonnen worden. Inzwischen gibt es für acht der ursprünglich mehr als 1500 Fundamentpfähle mit dem Jahr 336 ein sicheres dendrochronologisches Datum, d.h. die Bauarbeiten an diesem Jahrhundertwerk der konstantinischen Zeit dürften sich mehrere Jahrzehnte hingezogen haben[461].

Der *Gütertransport* zu Lande war teuer; so konnte sich z.B. der Kaufpreis einer Ölpresse, die aus einer sechs Tagesfahrten entfernten Stadt herbeigeschafft werden mußte, um fast 60% verteuern[462]. Sehr viel billiger war der Wasserweg, und es erstaunt deshalb auch nicht, daß die Fluß- und Küstenschiffahrt vor allem für den Handel eine große Rolle spielte, zumal in einer Provinz wie Niedergermanien, die über ein bedeutendes Netz von Wasserstraßen verfügte. Der Schiffsverkehr auf Maas und Rhein wird vor allem zu Tal sehr dicht gewesen sein, weil hier wohl Strömung, Segel und Steuerruder gereicht haben werden, um Fahrt zu machen, während die Schiffe zu Berge gerudert, gestakt, meist jedoch mit Menschenkraft getreidelt werden mußten. An vielen Plätzen des linken Rheinufers wurden *Uferbefestigungen* und *Kaianlagen* gefunden – so in
GELDVBA/Krefeld-Gellep, ASCIBVRGIVM/Moers-Asberg, FECTIO/Bunnik-Vechten
(NL), NIGRVM PVLLVM/Alphen-Zwammerdam (NL) und neuerdings in Velsen
(NL)[463]. Natürlich besaß auch AGRIPPINA/Köln einen Hafen – wahrscheinlich den 113
ältesten in Niedergermanien –, eine langgestreckte Hafenrinne in hervorragend
geschützter Naturlage zwischen Stadtmauer und vorgelagerter Rheininsel, die heute

zugeschüttet und überbaut ist[464]. Gleiches wird auch für die Hafenanlage des Flotten-
kastells der CLASSIS GERMANICA in Köln-Alteburg gelten, die der Strom weggerissen
25 hat; einen Hafen gab es aber auch unterhalb von Rüdenet und Drachenfels, wo der
für die damalige Bauwirtschaft sehr bedeutsame Trachyt gebrochen und verschifft
223 wurde[465]. Das eindrucksvollste Beispiel einer römischen Kaianlage steckt im Sumpf
der Pistley-Niederung bei Xanten, einem ehemals schiffbaren Nebenarm des Rheines,
der seit etwa 80 für die Siedlung der CVGERNI wie für die spätere Kolonie TRAIANA
als Hafenbecken gedient hat[466]. In den Jahren 1934–36 ist vor dem sog. Hafentor der
römischen Stadt ein Hafenbollwerk freigelegt worden, das mehr als 45 m lang war und
aus senkrecht eingerammten und waagerecht übereinandergeschichteten Eichenstäm-
men bestand.

In den Häfen gab es Schiffergilden, Berufsgenossenschaften ähnlich den COLLEGIA
315 in den Städten (S. 142), in denen sich etwa die Schiffer zusammenschlossen, die in FEC-
TIO/Bunnik-Vechten (NL) ansässig waren (NAVTAE, QVI FECTIONE CONSISTVNT),
um gemeinsame Interessen besser durchsetzen zu können[467]. Seit einigen Jahren sind
uns auch die *Schiffe* besser bekannt, die damals den Rhein befuhren; vor allem in den
Niederlanden sind hierzu in jüngster Zeit bedeutende Funde gemacht worden[468]. In Al-
226 phen-Zwammerdam fanden sich im ehemaligen Hafengelände des Auxiliarkastells
NIGRVM PVLLVM (S. 80) insgesamt sechs Schiffe, darunter drei Einbäume mit Längen
bis zu 10,40 m, die aus Eichenstämmen herausgehauen waren und in erster Linie wohl
als Fischereifahrzeuge gedient haben. Die drei anderen Boote – alle drei mehr als 20 m
lang – würde man heute als Plattbodenschiffe bezeichnen. Es waren Lastkähne mit
Prahmsteven und Plattgattheck, d. h. Bug und Heck liefen nicht spitz zu, sondern wa-
ren abgeplattet. Schiff 2 – Länge 22,75 m, größte Breite 2,8 m – besaß nur einen kurzen
224 Mast, der zum Treideln benutzt wurde, Schiff 4 dagegen – mit 34 m Länge und einer
Breite bis zu 4,4 m das größte Exemplar dieser Bootsgattung, das bisher gefunden wur-
de – hatte einen stabil verankerten Mast und war – entsprechend damaliger Tradition –
wohl mit einem Rahsegel ausgestattet (vgl. S. 145). Auch in Druten (NL) und Kapel-
Avezaath (NL) sind Transportschiffe ähnlicher Form und Konstruktion gefunden und
untersucht worden.

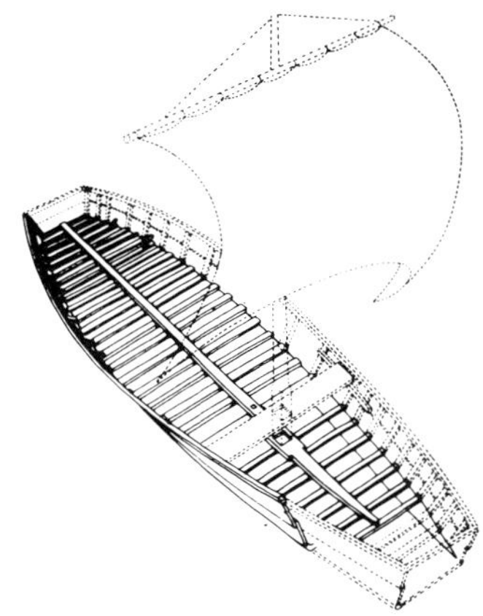

224. Rekonstruktion eines römischen Lastenseglers aus Alphen-Zwammerdam/NL (nach M. D. de Weerd). Ende 1. Jahrhundert.

223. TRAIANA/Xanten. Kaianlage der römischen Stadt aus Eichenbalken. Erbaut um 80.

225. Steuerruder eines Schiffes aus Alphen-Zwammerdam (NL) mit einer erhaltenen Länge von 5,15 m.

226. Alphen-Zwammerdam (NL). Freilegung von Schiff 2 im Jahre 1972. Erbaut Ende 1. Jahrhundert.

Die Rheinkähne aus Zwammerdam sind eine römische Weiterentwicklung keltisch-germanischer Flußboote, gebaut gegen Ende des 1. Jahrhunderts[469], als die Handelsschiffahrt auf dem Rhein einen enormen Aufschwung nahm und Schiffe mit größerem Fassungsvermögen gefragt waren; gleichzeitig führte man neue Fortbewegungsarten ein. Die kleineren Schiffe der vorrömischen Zeit konnte man staken, segeln oder – unter Zuhilfenahme des Ruders – mit der Strömung treiben lassen. Flußaufwärts blieb jedoch nur das Staken, das Fortbewegen an langen Stangen, die in den Flußgrund gestoßsen wurden, wie es auf einem Relief aus Colijnsplaat (NL) bildlich überliefert ist; auch 266
das Segeln flußaufwärts dürfte bei Gegenströmung und vorherrschenden West- und Südwestwinden bei der damaligen Takelung und Besegelung fast unmöglich gewesen sein. Damals kam das Treideln (TRAGVLARE) auf, und zwar – soweit wir wissen – nicht mit Pferde-, sondern allein mit Muskelkraft; auch der Riemen (REMVS) ist von den Römern eingeführt worden[470]. In Zwammerdam fand sich auch ein Steuerruder, heute 225
noch 5,15 m lang. Erhalten sind Ruderschaft (Länge 2,8 m) und Ruderblatt (Breite 1,24 m), es fehlen Ruderkopf und -pinne, mit der das Ruder geführt wurde; die Relief-

230, bilder aus Colijnsplaat und neuerdings auch aus Köln verdeutlichen seine Handha-
266 bung[471]. Auch Anker sind gefunden worden, darunter ein Exemplar, das die Inschrift
227 LV trägt, d.h. möglicherweise Eigentum der LEGIO V ALAVDA war, die bis 69 in CASTRA
VETERA/Xanten-Birten stationiert war (S. 68)[472]. Nach Form und Funktion ähneln sie
dem heutigen Stockanker, die älteren bestehen aus Holz (Schaft/Arme) und Blei
(Stock/Flunken) und folgen damit einer mittelmeerischen Tradition, die jüngeren Anker, die etwa seit der Mitte des 1. Jahrhunderts in Gebrauch sind, bestehen dagegen ganz aus Eisen.

Zu den öffentlichen Dienstleistungen gehörte damals auch der Bau von *Wasserleitungen* (AQVAEDVCTVS), allerdings versorgten sich die meisten Siedlungen aus Brunnen, die bis zum Grundwasser reichten. Gemauerte Wasserleitungen – größtenteils unterirdisch geführt, wenn nötig aber auch auf Pfeilern ruhend – sind bisher nur für TRAIANA/ Xanten und AGRIPPINA/Köln nachweisbar[473], mit Sicherheit werden aber auch andere Städte Niedergermaniens mit Quellwasser aus der Umgebung versorgt worden sein.
229 Das Wasser von TRAIANA kam aus Quellen der Hees und des Sonsbecker Berges, süd-
westlich des heutigen Xanten. Wahrscheinlich waren es zwei Wasserleitungen. Die eine
verlief zunächst unterirdisch längs des Südwest- bzw. Nordwesthanges der Hees und
nahm die Quellen dieses Höhenzuges auf. Das letzte Stück der Leitung zwischen Hees
und dem Südosttor der römischen Stadt ruhte auf Pfeilern und Bögen – ähnlich dem
Aquädukt bei Vussem/Eifel –, war 3–5 m hoch und folgte im wesentlichen der Limes-
228 straße. Die zweite Leitung – wahrscheinlich gebaut, als die Hees-Leitung den erhöhten
Bedarf nicht mehr decken konnte – führte das Quellwasser des Sonsbecker Berges teils
unter-, teils oberirdisch zum Südwesttor von TRAIANA, wo die vornehmeren Stadthäuser lagen, die über eigene Anschlüsse verfügten (S. 113). Beide Leitungen waren hervorragend fundamentiert, die Rinne bestand aus Gußmauerwerk, war gegen Hitze und Frost isoliert und mit Schieferplatten abgedeckt; ihr Gefälle lag bei etwa 0,002%, gemessen am Nordosthang des Sonsbecker Berges.

231 Ein ähnlich niedriges, aber stetiges Gefälle besaß auch die Eifelwasserleitung, die –
aus vielen Quellen gespeist – von den Bergen der Voreifel nach AGRIPPINA/Köln führ-

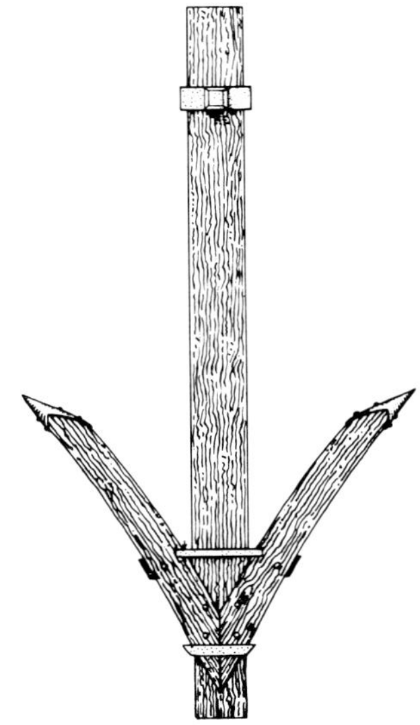

227. Rekonstruktion eines römischen Ankers aus dem Rhein bei Duisburg-Homberg (nach W. Piepers).

228. Erhaltener Strang der Xantener Wasserleitung in der Gegend von Sonsbeck (Krs. Wesel).

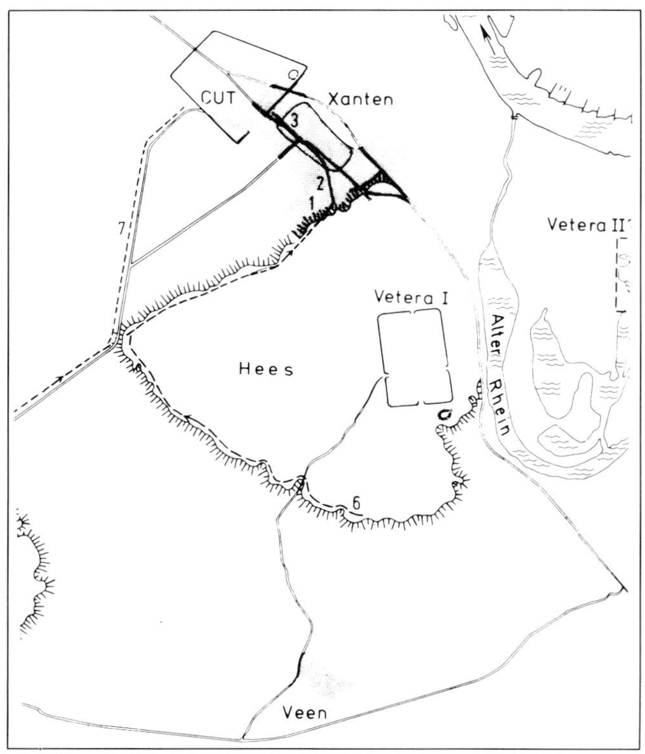

229. TRAIANA/Xanten. Die Wasserleitungen der römischen Stadt (nach H. H. Wegner und U. Heimberg).

230. Das Heck eines römischen Rheinschiffes mit Steuermann, großem Heckruder und zwei Rudergängern. Reliefblock von einem Grabmonument, gefunden im Winter 1980/81 in Köln. Römisch-Germanisches Museum Köln. Vgl. auch Abb. 266.

te. Mit etwas mehr als 100 km Gesamtlänge war sie eine der längsten Frischwasserleitungen des Römischen Reiches, denn auch der berühmte AQVAEDVCTVS, der täglich ungeheure Mengen an Wasser aus dem Djebel Zaghouan in die damalige Weltstadt CARTHAGO brachte, war mit 132 km nur um ein Drittel länger. Zur Zeit der Stadtgründung versorgte sich AGRIPPINA aus einer 8 km langen und unterirdisch geführten Lei-

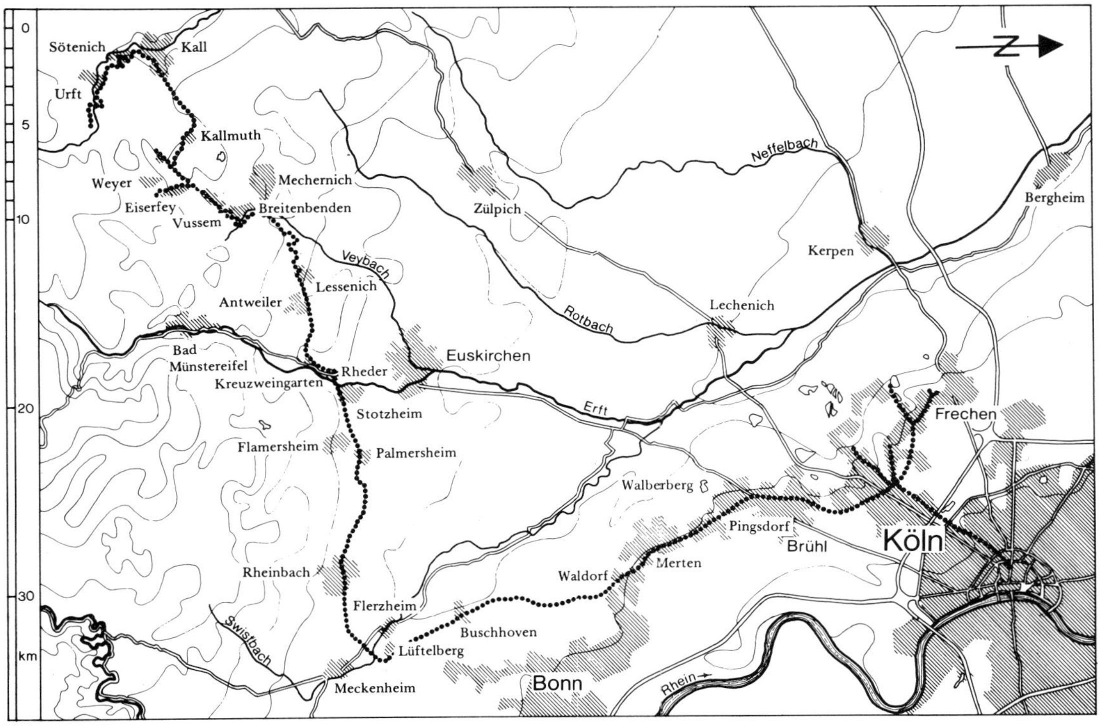

231. Verlauf der römischen Wasserleitungen aus der Eifel nach Köln (nach W. Haberey).

tung, die das Wasser aus fünf Quellen im nahegelegenen Vorgebirge sammelte und in die Stadt brachte. Wachsender Bedarf, die Versorgung der öffentlichen Brunnen und Bäder in der Stadt, machten im 2. Jahrhundert einen Ausbau notwendig, bei dem man sich die kalkhaltigen Quellen der Voreifel bei Weyer, Eiserfey, Kallmuth und im Urfttal zunutze machte. Noch heute kann man römische Brunnenstuben bei Kallmuth (»Klausbrunnen«) und an der Urft (»Grüner Pütz«) sehen, die nach ihrer Freilegung wiederaufgebaut wurden, die meisten Quellfassungen oder Sammelbecken sind jedoch nicht mehr zugänglich, weil sich die heutige Frischwasserversorgung der Stadt Köln u. a. aus den alten Quellen speist und sie damit unzugänglich macht.

Die Erbauer des Eifel-Aquäduktes hatten von geographischen Gegebenheiten auszugehen. Günstig war die Höhenlage der zahlreichen Quellen. Die höchstgelegene Quellfassung war mit fast 421 m über Meereshöhe der »Grüne Pütz« im Urfttal; andererseits mußte aber auch das über 100 m hohe Vorgebirge, westlich der Provinzhauptstadt, überquert werden. So wird erklärlich, warum die Trasse des Kanals nicht auf dem kürzesten Wege – etwa über TOLBIACVM/Zülpich – nach Köln geführt wurde, sondern das
232f. Vorgebirge in einem weiten Bogen nach Osten umging. Große Teile der Leitung verliefen unterirdisch. Der gemauerte Kanal besaß eine lichte Weite bis zu 76 cm, die Höhe variierte, sie war jedoch stets so bemessen, daß ein Mann, der durch einen der zahlreichen Kontrollschächte einstieg, gebückt darin stehen konnte. Die z. T. tief eingeschnittenen Täler von Urft, Veybach, Erft und Swist wurden auf Pfeilern und Bögen überbrückt, wovon der teilweise wiederaufgebaute Aquädukt bei Vussem eine Vorstellung gibt, der in einer Höhe von 10 m das Tal des Veybaches 75 m weit überspannte. Ungeheure Steinmengen sind damals verbaut worden – fast 2 Millionen Handquader hat man pro km errechnet –, und auch die geförderte Wassermenge konnte sich sehen lassen: täglich flossen damals bis zu 20 000 m^3 Quellwasser nach AGRIPPINA, was gleichbedeutend war mit mehr als 200 l pro Sekunde; rechnet man 100 l pro Kopf der Bevölkerung, so konnten auf diese Weise bis zu 200 000 Menschen täglich mit frischem Quellwasser versorgt werden – auch für heutige Verhältnisse eine bewundernswerte Leistung!

232. Die Eifelwasserleitung nach Köln in einer Baugrube in Bornheim-Walberberg.

233. Der freigelegte Strang der Eifelwasserleitung bei Mechernich-Breitenbenden mit erhaltenem Einstiegsschacht.

234. Rekonstruktion einer römischen Geldbörse, gefunden 1952 bei Bargercompascuum/NL (nach K. Schlabow).

Handel, Wirtschaft und Politik lebten damals nicht nur von einer intakten Infrastruktur, sondern vor allem vom *Geld;* nur wer Vermögen besaß, kam auch zu Macht und Ehren. Wenn man vergleicht, daß der römische Staatshaushalt jährlich nicht mehr als eine Milliarde Sesterzen betrug, eine Summe, die uns heute fast lächerlich anmutet, andererseits Augustus während seiner Regierungszeit privat mehr als zwei Milliarden Sesterzen für öffentliche Zwecke ausgab, gewinnt man eine Vorstellung, wie hoch die Vermögen Einzelner gewesen sein müssen[473a]. Gemessen an den 240 Sesterzen, die ein Legionar im Jahr für Lebensmittel abzuführen hatte (S. 75), wird das jährliche Existenzminimum einer Normalfamilie der damaligen Zeit bei etwa 400 Sesterzen gelegen haben.

Der Umgang mit Münzgeld war vor allem für die Gallier nicht neu, andererseits verschwanden ihre Prägungen relativ schnell, nachdem sie anfangs noch dem römischen 234

Münzsystem angeglichen worden waren und zumindest noch in der Zeit des Augustus als Kleingeld kursierten[474]. Tausch- und Naturalienhandel verschwanden wohl auch in Niedergermanien völlig, nachdem seit Augustus mit Legionen und Auxilien viel Geld in die Provinz gelangte. Immerhin betrugen die staatlichen Aufwendungen für eine Legion jährlich etwa 8 Millionen Sesterzen, die zu einem großen Teil bar ausgezahlt wurden und in den Umlauf gelangten; es muß deshalb auch nicht wundern, wenn gerade die ehemaligen Militärstützpunkte an der Rheinlinie besonders ergiebige Münzfundstätten sind. Von Augustus stammt auch die endgültige Festlegung der Wertverhältnisse, die – trotz fortschreitenden Wertzerfalls – bis weit in das 3. Jahrhundert hinein Gültigkeit besaß: 1 AVREVS (Gold/7,8 g) = 25 DENARII (Silber/3,8 g) = 100 SESTERTII (Messing/25 g) = 200 DVPONDII (Messing/12 g) = 400 ASSES (Kupfer/11 g) = 1600 QVADRANTES (Kupfer/3 g). Man muß sich vor Augen halten, daß dieses Währungssystem auf einem Territorium galt, auf dem heute 20 west- und osteuropäische, 5 vorderasiatische und 5 nordafrikanische Staaten liegen, d. h. daß man damals mit ein und demselben Börseninhalt von LONDINIVM/London (GB) über AQVINCVM/Budapest (H) bis nach DAMASCVS/Dimasq-es-sham (SYR) oder SELEVCIA/Tell Umar (IRQ) gelangen konnte, das am rechten Tigrisufer lag. Natürlich gab es, vor allem im Osten des Reiches, zahlreiche örtliche Prägungen, aber alle standen sie zur römischen Gold-, Silber-, Messing- und Kupferprägung in einem festen Wertverhältnis; so entsprach eine Drachme meist 12 ASSES bzw. einem ¾ DENARIVS. Vor allem im 1. Jahrhundert scheint es einen fast chronischen Mangel an Kleingeld gegeben zu haben, dem man dadurch beizukommen suchte, daß man Kupfermünzen halbierte, drittelte oder gar in vier Stükke teilte.

(235 am Rand neben „stätten sind. Von Augustus stammt auch die endgültige Festlegung der Wertverhältnis-")

Die Münzen der römischen Kaiserzeit waren nicht nur Geld-, sondern auch Propagandamittel. Fast immer schmückte das Bild des Kaisers die Vorderseite, der sich so mit Ämtern und Titeln stets nachhaltig in Erinnerung brachte, ergänzend dazu kündeten die Rückseitenbilder und -legenden von kaiserlichen Programmen und politischen Ereignissen. Die Möglichkeit, Münzen der römischen Kaiserzeit anhand dieser Merkmale mitunter aufs Jahr datieren zu können, hat sie zu begehrten Fundobjekten bei Ausgrabungen gemacht, weil sich mit ihrer Hilfe Kastelle, Siedlungen, Gehöfte oder Gräberfelder zeitlich genau bestimmen lassen; gleichzeitig sind bei systematischer Erfassung aller Fundmünzen eines Gebietes Aussagen über Geldmengen oder Umlaufgeschwindigkeit möglich, auch wenn solche Studien noch ganz in den Anfängen stehen[475].

Die Menschen, die sich damals mit MONETAE (Geld) oder NVMMI (Münzen) beschäftigten, waren neben den ARGENTARII, den eigentlichen Bankbesitzern, vor allem die NVMMVLARII, von denen zwei auf Kölner Grabsteinen verewigt sind[476]. Sie sind sicher mehr gewesen als kleine Wechsler, zumal sich der eine – Titus Aelius Viperinus – NEGOTIATOR NVMMVLARIVS nannte, d. h. er betrieb alle damals üblichen Bankgeschäfte – wie ein Bankier. Steigende Bedeutung erlangten die NVMMVLARII offenbar in der Zeit allgemeiner Münzverschlechterung seit dem Ende des 2. Jahrhunderts; sie galten mindestens seitdem als die Leute, die »durch das Silber das Kupfer schimmern sehen«[477]. Großes Vertrauen hat man offenbar in dieser Zeit zu den Banken nicht mehr gehabt. Viele Menschen behielten ihr Erspartes zu Hause, horteten ihr Silber- und das seltene Goldgeld und zahlten Steuern und Abgaben in minderwertigem Kupfer oder Messing. Dies und eine zunehmende politische Unsicherheit werden die Gründe gewesen sein, warum mancher seine Wertgegenstände und Barmittel vergrub – sei es ein Privatmann, dessen mit 312 Denaren gefüllte Geldbörse im Jahre 1952 bei Bargercompascuum (NL) wiedergefunden wurde, seien es die Priester eines Matronenheiligtums in TRAIANA/Xanten, die in der Zeit der Frankeneinfälle gegen Ende des 3. Jahrhunderts den Tempelschatz dem Boden anvertrauten[478].

235. Römische Münzsorten des 1.–2. Jahrhunderts. Maßstab 1:1. Museumszentrum Burg Linn, Krefeld.

AVREVS

DENARIVS

SESTERTIVS

DVPONDIVS

AS

QVADRANS

Berufe und Produkte

Alle Handwerker betreiben einen schmutzigen Beruf, denn in einer Werkstatt ist kein Raum für erhabene Gedanken. Am meisten sind jene Berufe zu verachten, die nur sinnlichen Genüssen dienen: Fisch- und Geflügelhändler, Metzger und Köche, die Verkäufer von Kosmetika, Tänzer und Schausteller. Ehrenhafte Berufe sind jene, die besondere Fähigkeiten erfordern und gemeinnützig sind wie Medizin, Architektur und Unterricht in wissenswerten Dingen. Der Kleinhandel ist ebenfalls ein unsauberes Geschäft, aber der kapitalkräftige Großhandel, der die Waren aus aller Welt herbeischafft und ohne großen Schwindel den Massen zuteilt, ist durchaus nicht zu verachten . . .

Marcus Tullius Cicero (106–43 v. Chr.)

In römischen Augen war die Provinz zwischen Rhein und Maas »Entwicklungsland«, aber auch ein Gebiet, das Investitionen lohnend machte. Im Gegensatz zu großen Teilen des freien Germanien, wo aus wirtschaftlicher Sicht nur der Handel Gewinn brachte, verfügte Niedergermanien über wichtige Bodenschätze und eine gut entwickelte Land- und Viehwirtschaft. Ausdrücklich werden die VBII im Gebiet der Kölner Bucht von Plinius als fortschrittliche Ackerbauern gelobt, die ihre schweren Lößböden mit Kalk, Kreide oder Mergel düngten; hochgeschätzt waren laut Plinius aber auch die germanischen Gänse, nicht so sehr als Festtagsschmaus, sondern ihrer Daunen wegen[479]. Trotz mancher Möglichkeiten, die das neue Land bot, war seine Wirtschaft zunächst in starkem Maße importabhängig. Militärische und zivile Ansiedlungen im Grenzgebiet, verbunden mit einer schnell wachsenden Bevölkerung, schufen eine hohe Nachfrage nach Gütern und Produkten jeglicher Art, die zumindest in den ersten Jahrzehnten der römischen Zeit aus der Landesproduktion nicht gedeckt werden konnte. Die starke Abhängigkeit von Importen aus Gallien und Italien scheint jedoch auch Ansporn gewesen zu sein, die Wirtschafts- und Infrastruktur der Provinz möglichst rasch auszubauen, Handel und Güterverkehr zu verstärken, um so wirtschaftlich autark zu werden und den Bedarf aus eigener Kraft zu decken. Der wirtschaftlichen entsprach die technische Weiterentwicklung, insbesondere bei Töpfern, Steinmetzen, Metall- und Bauhandwerkern – Produktionsbereichen, an deren Hinterlassenschaft der Archäologe auch heute noch das Wirtschaftswunder jener Zeit ablesen kann. Praktisch hat es etwa drei Generationen gedauert, bis sich niedergermanische Produkte gegenüber gallischen und italischen Importen durchsetzten und ihre Hersteller damit beginnen konnten, selbst in bescheidenem Maße zu exportieren. Nach wie vor war manches qualitätvoller, was aus dem Süden oder Westen kam, aber niedergermanische Handwerker produzierten billiger, vor allem, weil für sie die weiten und teuren Transportwege entfielen.

236. Sog. Hemmoorer Eimer aus Messing. 2. Jahrhundert. Rijksmuseum G. M. Kam Nijmegen (NL).

Der *Abbau von Bodenschätzen* war kaiserliches Privileg. Sichtbarer Ausdruck hierfür sind Bleibarren mit Stempeln der 16. und 19. Legion, die im Auftrag des Statthalters die kaiserlichen Nutzungsrechte ausübten[480]. Ein Zentrum des Bleiabbaues scheint zwischen Kommern, Mechernich und Keldenich in der Nordeifel gelegen zu haben, wo auch einer der beiden Legionsstempel gefunden wurde. Beiderseits der Rur gab es bedeutende Eisenerzvorkommen. Systematische Untersuchungen südlich von Berg vor Nideggen in der Nordeifel haben in einem nur 9 qkm großen Gebiet mehrere Schmelzöfen und fast hundert Pingen ergeben, d.h. Einsturztrichter an der Erdoberfläche, die darauf hindeuten, daß an diesen Stellen im Tagebau nach Rot- und Brauneisenstein gegraben worden ist[481]. Auch Steinkohle ist damals schon – etwa im Revier zwischen Aachen und Eschweiler – abgebaut und an vielen Orten als Hausbrand verwendet worden; belegt ist aber auch die Verwendung als Brennmaterial zum Aufkohlen von

Eisen[482]. Eine gewisse Bedeutung besaß auch die Gewinnung von Gold und Kupfer.
Der Rhein galt damals als AVRIFER (Gold mit sich führend), und auch im Hohen Venn
westlich von Monschau/Eifel ist damals nach Gold geschürft worden; dagegen scheint
Kupfer u.a. rechtsrheinisch abgebaut worden zu sein, wo sich bei Rheinbreitbach (Krs.
Neuwied) römische Abbauspuren gefunden haben.

Wirtschaftlich am bedeutsamsten war die Gewinnung von Galmei, den die Römer
CADMIA nannten. Zinkerze wurden zur Herstellung von Messing benötigt, dem römi-
schen AVRICHALCVM (Goldkupfer), woraus u.a. SESTERTII und DVPONDII geschlagen
wurden (S. 186). Die wichtigsten Lagerstätten befanden sich bei Gressenich und Breini-
238 gerberg, östlich von Aachen, wo sich um den Schlangenberg heute noch zahlreiche ein-
gestürzte Stollen finden und in römischer Zeit ein ansehnlicher VICVS bestand
236 (S. 149 f.)[483]. Aus Messing fertigte man auch die sog. Hemmoorer Eimer – genannt nach
einem Fundort in Niedersachsen –, die entweder in der Aachener Gegend oder in der
Provinzhauptstadt selbst hergestellt und von hier aus – offenbar in großen Stückzahlen
– ins freie Germanien exportiert worden sind, wo sie mit Vorliebe als Graburnen Ver-
wendung fanden[484]. Vier dieser Eimer stammen aus Köln, ein besonders prachtvolles
Exemplar mit reich verziertem Rand hat sich vor einigen Jahren in einem Brunnen in
TRAIANA/Xanten gefunden, und auch als Kultgefäß scheint er eine Rolle gespielt zu
237 haben, wie das Seitenbild eines Matronensteines aus Vettweiß bei Zülpich zeigt, das ei-
nen mit Früchten gefüllten Eimer dieser Art wiedergibt[485].

Ein bedeutender Faktor war die *Bauwirtschaft*, in der sich unter römischem Einfluß
der entscheidende Schritt vom Holz- zum Steinbau vollzog und für viele Menschen
z.T. völlig neue Berufs- und Arbeitsmöglichkeiten geschaffen wurden. Neu waren die

237. Vettweiß b. Zülpich. Schmalseite eines Weihesteins für den Matronenkult mit Wiedergabe eines sog. Hemmoorer Eimers, der mit Früchten gefüllt ist. 2./3. Jahrhundert. Rheinisches Landesmuseum Bonn.

238. Der »Schlangenberg« bei Stolberg (Krs. Aachen), an dessen Hängen in römischer Zeit Galmei (Zinkerz) abgebaut worden ist. Freigegeben Reg. Präs. Düsseldorf Nr. 43 L 79.

239. Römischer Steinbruch bei Kruft (Krs. Mayen) mit Relief eines Steinbrucharbeiters. Etwa 2. Jahrhundert.

Berufe des ARCHITECTVS (Baumeister) oder des LAPIDARIVS (Steinmetz), neu das Bre-
chen, Zuschlagen und Transportieren von Steinmaterial über weite Strecken, neu der
Bau mehrstöckiger Steinhäuser, die Herstellung von Kalk, Traß, Ziegeln, Fensterglas
oder Türschlössern und die Ausschmückung der Häuser im Innern mit Bodenmosaiken
und Wandmalereien. In der ersten Generation werden truppeneigene Handwerker die
notwendigen Entwicklungsdienste geleistet haben, um einheimische Kräfte anzulernen
und auszubilden; dabei wird die starke Zuwanderung von Galliern, deren handwerk-
liche Fähigkeiten bereits hohes Niveau besaßen, bevor sie unter römischen Einfluß ge-
rieten, diesen Prozeß nur noch beschleunigt haben.

Der Bedarf an Steinmaterial war gewaltig. Allein für das Amphitheater in TRAIANA/ 11, 26
Xanten sind 20 000 cbm Stein errechnet worden, die gebrochen und transportiert wer-
den mußten. Alle Steinbrüche lagen im Süden der Provinz, im Norden wurde lediglich 239
am Liedberg östlich von Mönchengladbach Kalksandstein abgebaut, der jedoch für
Bauzwecke nur bedingt geeignet war; ähnlich scheint es mit dem Rotsandstein gewesen
zu sein, den man an den Katzensteinen bei Mechernich-Katzvey in der Nordeifel ab-
baute[486]. Die wichtigsten Bausteine jener Zeit waren Grauwacke, Basalt, Trachyt und
Tuff. Grauwacke – ein grobes Sedimentgestein – wurde oberhalb der Provinzhaupt-
stadt direkt am Strom gebrochen und ist in großen Mengen in der Stadtmauer von
AGRIPPINA/Köln verbaut worden. Vulkanischer Basalt – in der Form des leicht zu bre-
chenden Säulenbasalts – stammte aus der Mittelrheingegend zwischen Remagen und
Oberwinter, Abbaustellen lagen auf der rechten Rheinseite bei Unkel und Erpel (beide
Krs. Neuwied). Trachyt, ebenfalls ein Vulkangestein, wurde am Drachenfels und am 25
Rüdenet bei Königswinter gewonnen und ist einer Inschrift zufolge von der Rheinflotte
u. a. bis TRAIANA/Xanten transportiert worden, wo das Steinmaterial für das FORVM
der Stadt bestimmt war[487]. Die Steinbrüche lagen direkt am Rhein, z. T. sind sie heute
überspült, und das gebrochene Material konnte so ohne große Schwierigkeit flußab-
wärts verschifft werden; das römische Hafenbecken lag direkt unterhalb des Rüdenet.
Am häufigsten jedoch wurde vulkanischer Tuff als Baustein verwendet, der sich leicht
zuschlagen ließ; er ist im Brohltal und in der Pellenz nördlich und südlich des Laacher
Sees in großen Mengen abgebaut worden[488]. Für Steinmetzarbeiten führte man Jura- 156,
kalkstein ein, der bei Pont-à-Mousson, südlich von Metz, dicht an der Mosel abgebaut 230
wurde und auf dem Wasserwege nach Niedergermanien gelangte; viele Grab-
und Weihesteine sind aus diesem Material gearbeitet worden, das seines hellen und
warmen Farbtons wegen sehr geschätzt war. Import waren auch alle damals bekannten
Marmorarten, die aus Nordafrika, Westanatolien, Griechenland, Italien und Gallien
kamen und – zu Platten und Leisten geschnitten – als Wandverkleidung dienten; die
Werkstatt eines solchen MARMORARIVS ist vor einigen Jahren in Köln gefunden
worden[489].

Bauholz lieferten die Laubwälder in Fülle, und die Kunst der TIGNARII (Zimmerleu-
te) im Zurichten der Hölzer war hoch entwickelt (vgl. S. 90); auch an Kies und Sand 97 f.
war kein Mangel. Kalk dagegen mußte gebrannt werden – eine industrielle Produktion,
die sich vor allem in der Nordeifel im Gebiet der Sötenicher Kalkmulde lohnte, wo –
beim heutigen Iversheim/Erft – der hierfür geeignete Dolomit in großen Bänken an die 241
Oberfläche tritt. In den Jahren 1966–69 ist hier eine vollständige CALCARIA (Kalkfa-
brik) nicht nur ausgegraben worden, sondern es gelang auch, einen der sechs Öfen wie-
der funktionsfähig zu machen, ihn mit Dolomit zu beschicken und diesen in einem
mehrtägigen Versuch zu Kalk zu brennen[490]. Die Anlage an der Hohe Ley bei Ivers-
heim bestand aus einer Werkhalle (6 × 30 m), in der nebeneinander sechs birnenförmi-
ge Öfen standen, die Wände aus Grauwacke und Ton gemauert, mit einer Tiefe von
4 m und einem Volumen von 15 cbm. Was die Experten verblüffte: die Ofenschnauze
befand sich nicht auf der Höhe der Brennsohle, sondern 2 m darüber; so gab es ernste

Zweifel, ob der Ofen wirklich brennen und die Temperaturen entwickeln würde, die notwendig waren, Dolomit zu Kalk zu brennen.

240 Der Ofen, der im April 1969 mit einer Füllung von etwa 500 Zentnern Dolomit gezündet wurde, nachdem er seit 1700 Jahren nicht mehr benutzt worden war, ließ ein Stück antiker Technologie wieder lebendig werden, das schon vergessen war. Die Windgeschwindigkeit von 3 m pro Sekunde, die an der Ofenschnauze gemessen wurde, reichte aus, die Temperaturen des Holzfeuers im Laufe einer Woche auf 1050 Grad ansteigen zu lassen. Die entscheidende Frage war jedoch, ob der Himmel, die zentnerschwere Dolomitpackung, die als freitragendes Gewölbe über einem hölzernen Lehrgerüst konstruiert war, nicht in sich zusammenstürzen und das Feuer unter sich ersticken würde. Nach wenigen Tagen hatte man Gewißheit: der Himmel hielt, die Glut kletterte gleichmäßig bis zum Ofenrand, anschließend verschloß man alle Öffnungen und ließ den Kalk schmoren, bis er gar und abgekühlt war. Die Analyse ergab, daß in den sechs Öfen von Iversheim monatlich 200 Tonnen Stückkalk erzeugt werden konnten und daß 9–10 Tage nötig waren, um einen Ofen zu fahren, d.h. ihn zu beschicken, brennen und abkühlen zu lassen und zu entleeren.

240. Iversheim b. Bad Münstereifel (Krs. Euskirchen). Rekonstruierter römischer Kalkofen beim Brennversuch. Blick von oben auf die Dolomitpackung, die bei Temperaturen von etwa 1000° schon fast völlig durchglüht ist.

Die wirtschaftlichen Voraussetzungen, die das Sötenicher Kalkgebiet bot, waren in dreierlei Weise günstig: in unmittelbarer Nähe der Öfen konnte Dolomit gebrochen werden, in der Flußniederung wuchsen reichlich Weiden und Pappeln und die Erft bildete einen ausgezeichneten Transportweg, um den Baukalk zum Rhein und bis in den Norden der Provinz zu bringen. Die Organisation der Kalkfabriken war militärisch, d.h. auch diese Betriebe waren staatlich und wurden von Arbeitskommandos der niedergermanischen Armee geführt. Die zahlreichen Weihinschriften, die man hier gefunden hat, nennen CALCARII (Kalkbrenner), einen MAGISTER CALCARIORVM (Brennmeister) und einen ARCHITECTVS DISCENS, einen »angehenden Baumeister«, dessen Ausbildung noch nicht abgeschlossen war; einmal ist auch vom Bau eines Ofens (FVRNVS) die Rede[491]. Auch militärische Ränge werden genannt, die deutlich machen, daß hier Soldaten arbeiteten, die man für diese Spezialaufgabe ausgebildet hatte; selbst ein MILES MEDICVS, ein Soldat, der gleichzeitig Arzt war, ist hier bezeugt. Den Inschriften nach gehörten die Kalkbrenner der LEGIO I MINERVIA aus BONNA/Bonn und LEGIO XXX VLPIA VICTRIX aus VETERA/Xanten an. Eine Weihung bezieht sich aber auch auf einen SIGNIFER (Standartenträger) der LEGIO III CYRENAICA, die in BOSTRA/Bosra-Eski-Scham (SYR) stationiert war und offenbar um 260 mit einer Abteilung an der niedergermanischen Grenze stand, als die Völkerwanderung begonnen hatte und die Provinz von den ersten Einfällen der Franken heimgesucht wurde. Bei einer solchen Gelegenheit scheint die Iversheimer Anlage auch zerstört worden zu sein. Der Abmarsch muß so übereilt geschehen sein, daß einer der Öfen nicht mehr geleert wurde; es war jener, der 1969 wieder brannte!

Neuartig war auch die Produktion von Ziegeln, auch hier waren die größten TEGVLARIA (Ziegeleien) in staatlicher, d.h. militärischer Hand, wie die Legionsziegeleien in
82 DVRNOMAGVS/Dormagen, VETERA/Xanten und jenseits des Rheines (TEGVLARIA TRANSRHENANA)[492]. In Dormagen, wo die in BONNA/Bonn stationierte LEGIO I GERMANICA bis zum Jahre 69 Ziegel herstellte, fanden sich 1963 drei Öfen – der größte 8,8 m lang und 7,2 m breit – sowie ein 36 m langer Trockenschuppen; aus Ritzinschriften auf Ziegeln war ablesbar, daß dort offenbar die Zahl CCXX (= 220) das Tagessoll eines Ziegelstreichers darstellte. In Xanten ist das Gebiet der Legionsziegelei schon seit dem 19. Jahrhundert bekannt. Der erste Ziegelofen wurde 1901 ausgegraben, weitere Öfen kamen 1978 dazu. Geziegelt haben dort alle Xantener Legionen, die seit der Zeit des Claudius (41–54) in VETERA standen und Ziegel mit ihren Namen stempel-
242f. ten. Ein weiteres Produktionszentrum lag auf dem Holdeurn, südöstlich von Nijmegen (NL), wo zwischen 1938 und 1942 bei Berg en Dal eine größere Anzahl von Ziegel-

241. Iversheim b. Bad Münstereifel (Krs. Euskirchen). Gesamtansicht der römischen Kalkbrennerei nach ihrer Freilegung.

und Töpferöfen freigelegt wurde[493]. So waren in einem Fall neun Öfen auf engstem Raum hufeisenförmig um eine Werkhalle von 16 m Länge gruppiert, von wo aus sie befeuert und beschickt werden konnten. Der größte Ziegelofen besaß eine Länge von
243 10 m, und bei einigen war der Feuerungskanal so hoch, daß ein Mann darin aufrecht stehen konnte. Auch auf dem Holdeurn scheint die Tagesproduktion eines Ziegelstreichers bei etwa 220 Stück gelegen zu haben, wie aus einer Ritzinschrift hervorgeht, die besagt, daß ein gewisser Quartus an einem 1. Juni (KALENDIS IVNIIS) insgesamt 214 LATERC(V)LI (Ziegel) gefertigt hat. Überwacht wurden die Arbeiten vom MAGISTER FIGV-
245 LORVM, Töpfermeistern wie Iulius Victor, der auf dem Holdeurn der Göttin VESTA ei-
246 nen Altar setzte; der DVCTOR Victorinus wird als »Ziegelmacher« in einer Ziegelei östlich von AQVAE GRANNI/Aachen eine ähnliche Funktion gehabt haben[494].

Ziegel wurden für viele Zwecke gebraucht, vor allem dort, wo es – wie im Norden der Provinz – keine natürlichen Steinvorkommen gab. Man deckte nicht nur Dächer, sondern baute ganze Häuser damit, vor allem Bäder, man formte das Material zu Boden- und Wandplatten, rechteckigen Hohlziegeln und runden Tonrohren mit Muffe und Falz, um sie ineinanderfügen zu können, man baute daraus Fußbodenheizungen, Ofenanlagen und verwendete große Flachziegel zur Stabilisierung von Bruchsteinmauern. Es wundert deshalb nicht, wenn bei Ausgrabungen immer häufiger Ziegelöfen gefunden werden, die von Privatleuten betrieben wurden. So hat Marcus Valerius Sano im 2. Jahrhundert seine Ziegel wahrscheinlich in GELDVBA/Krefeld-Gellep hergestellt und vorzugsweise an das niedergermanische Militär geliefert, ähnlich wie im 1. Jahrhundert der Ziegler mit dem Markenzeichen MLB, der in AGRIPPINA/Köln arbeitete und von dem man lediglich weiß, daß er MARCVS mit Vornamen hieß[495].

Auch manche VILLA RVSTICA zwischen Rhein und Maas wird eigene Ziegelöfen unterhalten haben, zumal in jener Zeit, als man auch auf dem Lande dazu überging, Fachwerkbauten in Steinhäuser umzuwandeln. So wird es auch südwestlich der Ortschaft Bedburg/Garsdorf (Erftkreis) gewesen sein, wo in einiger Entfernung zu einer römi-

243. Holdeurn bei Berg en Dal ▷ (NL). Römischer Ziegelofen mit Blick in den Feuerungskanal, in dem ein Mann aufrecht stehen konnte. Ausgrabung 1938. 2. Jahrhundert.

242. Holdeurn bei Berg en Dal (NL). Römischer Ziegelofen mit Blick auf die Unterzüge aus aufgeschichteten Ziegelplatten, auf denen die Lochtenne ruhte (vgl. Abb. 244). Ausgrabung 1938. 2. Jahrhundert.

schen Siedlungsstätte, die nicht näher untersucht werden konnte, zwei Töpfer- und ein
244 Ziegelofen ausgegraben wurden[496]. Der Ziegelofen hatte Abmessungen von 3,6 × 4,6 m, einen Feuerungskanal von 2,1 m Länge und 0,86 m Breite. Er war ebenso wie die z. T. sehr viel größeren Anlagen in Dormagen, Xanten oder auf dem Holdeurn bei Nijmegen nach dem Prinzip stehender Öfen konstruiert, d. h. Feuerungs- und Brennraum waren übereinander angeordnet. Der überdachte und im Boden eingetiefte Arbeits- und Bedienungsraum – die sog. Küche – befand sich am Ende des Feuerungskanals, der aus Ziegelplatten gebaut war und ein kleines Tonnengewölbe aus Ziegeln trug. Kanalgewölbe und je acht quergestellte Ziegelmäuerchen auf beiden Seiten trugen eine Art Schwebeboden aus Ziegelplatten, eine Lochtenne mit zahlreichen Pfeifen, durch die Heißluft nach oben gelangen konnte. Der Brennraum war von einer Tonne aus Ziegelplatten überwölbt, die eine Spannweite von 3 m besaß; an seiner Rückseite erhob sich die Gicht, der Kamin, durch den die Heißluft entweichen konnte.

Nach dem gleichen Prinzip arbeiteten auch die Öfen der *Töpfereien*, die an fast allen Siedlungsplätzen jener Zeit gefunden wurden, wo es geeignete Tonvorkommen gab. Meist findet man nur den unteren Teil des Ofens – Feuerungskanal und Heißluftkammer, fast stets durch eine Zwischenmauer unterteilt. Mitunter ist auch die hierauf ruhende Lochtenne erhalten, auf der das Brenngut gestapelt war, während sich von der eingestürzten Lehmhaube meist nur stark verziegelte Bruchstücke finden. Immer sind Töpferöfen – ebenso wie Ziegelöfen – daran erkennbar, daß sich in ihrem Umkreis große Halden mit Fehlbränden und Keramikabfall gebildet haben. Die birnenförmigen Öfen waren selten höher als 3 m und größer als 2 m im Durchmesser; dies hing im wesentlichen mit der Lehmbauweise zusammen. Oft mußten sie auch ausgebessert oder gänzlich neu gebaut werden, wenn ein Ofen unbrauchbar geworden war; man findet

244. Bedburg-Garsdorf (Erftkreis). Rekonstruktion eines Ziegelofens (nach W. Piepers).

245. MAG(ister) FIG(ulorum). Weihaltar für die Göttin VESTA, gesetzt von dem »Töpfermeister« Iulius Victor. Gefunden auf dem Holdeurn b. Berg en Dal (NL). 2. Jahrhundert. Rijksmuseum van Oudheden Leiden (NL).

246. VICTORINVS/DVCTOR. Vor dem Brennen eingeritzte Inschrift des »Ziegelmachers« Victorinus auf einem Flachziegel aus Aachen. 2. Jahrhundert. Rheinisches Landesmuseum Bonn.

dann die Spuren von drei oder vier übereinanderliegenden Öfen, die nacheinander in Gebrauch waren.

Überall in Niedergermanien gab es Töpfereibezirke in den Siedlungen, in einigen Fällen kann man sogar von richtigen Töpferdörfern sprechen. In CORIOVALLVM/
Heerlen (NL) sind zahlreiche Öfen ausgegraben worden, in denen Gebrauchsgeschirr 217
hergestellt wurde, das für die Märkte der Umgebung bestimmt war (S. 151); andere Töpfereizentren waren der Holdeurn bei Nijmegen (NL), wo neben Ziegeln auch sehr viel Tongeschirr produziert wurde, die VICI von Sinzig (Rhein), Soller (Krs. Düren) und der Hauptort der CVGERNI, die Vorgängersiedlung von TRAIANA/Xanten, wo u. a. auch Tonlampen hergestellt worden sind[497]. Meist lagen die Töpfereien EXTRA MVROS (außerhalb der Mauern) und bildeten mit anderen feuergefährlichen Betrieben ein eigenes Gewerbegebiet. Für die Anlage einer solchen Gewerbesiedlung konnten aber – wie bei dem VICVS südöstlich von TRAIANA – auch andere Gründe ausschlaggebend sein[498]. Hier war es die Lage direkt an der Limesstraße und die unmittelbare Nähe eines Friedhofes, die günstige Verkaufsmöglichkeiten boten. Während die Xantener Töpfer namenlos blieben, versahen andere FIGVLI (Töpfer) ihre Ware mit Stempeln wie
ADIVTOR, dessen Werkplatz 1973 in Halder, westlich von Sint-Michielsgestel (NL), 219
gefunden worden ist[499].

Die *Wirtschaftsmetropole* jener Zeit war AGRIPPINA/Köln. Hier sind keramische Wa- 249
ren nicht nur für den regionalen Bedarf, sondern auch für den Export produziert worden. Schon in der ersten Hälfte des 1. Jahrhunderts – noch vor der Stadtgründung – gab es ein reiches Angebot an Küchen- und Tafelgeschirr, glasierten, reliefverzierten und
bemalten Gefäßen und Tonlampen mit bildlichen Darstellungen; mindestens vier Töp- 247
fereibezirke mit sicher mehr als 20 Öfen, davon allein 12 an der Ecke Lungengasse/Thieboldsgasse, sind aus dieser frühen Periode bekannt[500]. Nachdem aus dem OPPIDVM VBIORVM (Stadt der Ubier) die römische Veteranenkolonie AGRIPPINA geworden war, verlagerte sich der Schwerpunkt der keramischen Produktion nach Westen,

wo vor der Stadt zu beiden Seiten der Straße in Richtung IVLIACVM/Jülich ausgedehnte Töpfereien entstanden mit zahlreichen Öfen, Schlämmgruben und meterhohen Abfallhalden; unmittelbar vor dem Westtor der Stadt – südlich der Kirche St. Aposteln – gab es ein weiteres Töpfereizentrum[501]. Ein größerer Töpfereibezirk lag auch vor der Nordmauer, an der Straße, die nach NOVAESIVM/Neuss führte; allein acht Öfen liegen unter dem heutigen Bahnhofsvorplatz[502]. Es ist kennzeichnend, daß Töpfereien seit der Koloniegründung im Jahre 50 ihrer Feuergefährlichkeit wegen nur außerhalb der Stadtmauern zu finden sind, und zwar fast ausnahmslos an den Ausfallstraßen, an denen sich auch die Friedhöfe entlangzogen, die allerdings die Töpfereibezirke aussparten und diese erst überdeckten, als dort nicht mehr produziert wurde – gegen Ende des 2. Jahrhunderts.

Die keramische Ware, die in den Öfen der AGRIPPINENSES gebrannt wurde, war vielgestaltig. Bevorzugten die Töpfer der Frühzeit noch Formen und Verzierungen, die ihre Wurzeln in der gallisch-keltischen Kultur hatten, so setzte sich seit der Koloniegründung römisches Formengut immer stärker durch, bis es schließlich das einheimische Element überdeckte und fast ganz verdrängte. Am reichhaltigsten war das Warenangebot der Töpfereien vom Rudolfplatz. Es umfaßte nicht nur weiß- und rottoniges Gebrauchsgeschirr oder Trinkbecher mit den verschiedensten Überzügen und Verzierungen, darunter die sog. Arenabecher, sondern auch Reliefware, Tonlampen, Leuchter und Räucherkelche, die bei Begräbnissen benutzt und den Toten mitgegeben wurden. Viele Töpfer, die im 2. Jahrhundert vor dem Westtor der Stadt tätig waren, sind namentlich bekannt, weil sie ihre Produkte stempelten oder ihre Namen – mitunter auch die Ortsbezeichnung CCAA – in den noch feuchten Ton ritzten. Ihre Namen waren ACCEPTVS, ALFIVS, ARVER(NICVS?), CAPITO, FABRICIVS, IANETVS, LVCIVS, MAR(CIVS?), PRIMIANVS, PRISCVS, SATTVS(?), SERVANDVS und VINDEX. Zu den bekanntesten
248 sten Töpfern zählten FABRICIVS und SERVANDVS, die beide außer Geschirr und Lampen auch Terrakotten schufen, Statuetten aus Ton, die Götter, Menschen und Tiere darstellten[503]. Sehr rege war offenbar der Handel mit Devotionalien, kleinen Götterfiguren, die zu jeder Gelegenheit als Votivgaben geweiht wurden, sei es, um etwas gutzumachen oder etwas zu erbitten. Einige dieser »Götter zum Mitnehmen« sind sogar auf

247. Köln, Töpfereibezirk Richmodstraße/Neumarkt (nach M. Riedel). Bildszenen auf Tonlampen, die in dieser Töpferei produziert wurden. 1. Hälfte 1. Jahrhundert. Römisch-Germanisches Museum Köln.

248. CCAA IPSE/FABRICIVS F(ecit), d. h. »hat Fabricius in Köln selbst verfertigt«. Firmenstempel eines Töpfers, der in der Gegend des heutigen Rudolfplatzes gearbeitet hat. 2. Jahrhundert. Römisch-Germanisches Museum Köln.

249. Köln, Töpfereibezirk Waidmarkt. Grundriß zweier Öfen (nach M. Riedel).

247

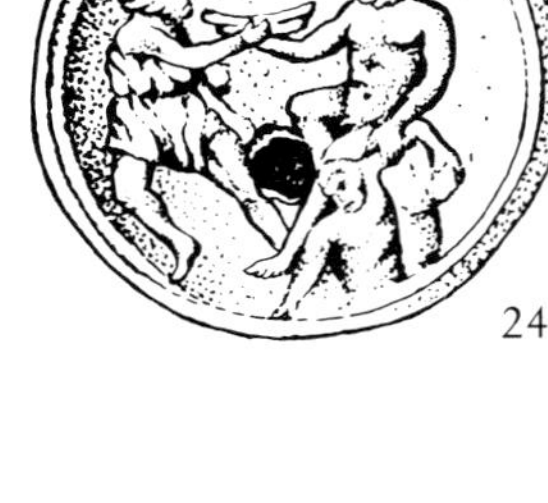

248

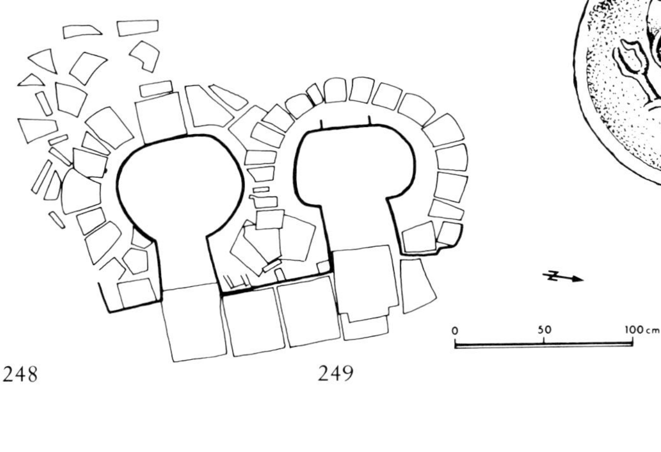

249

247

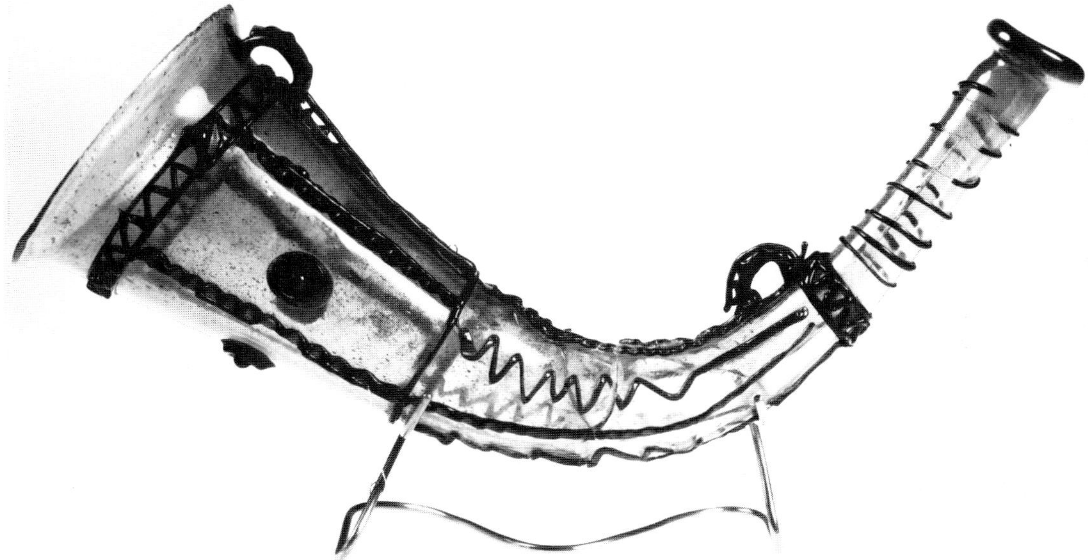

251. Gläsernes Trinkhorn mit Schlangenfadenverzierung. Kölner Fabrikat, gefunden in Aachen. 3. Jahrhundert. Rheinisches Landesmuseum Bonn.

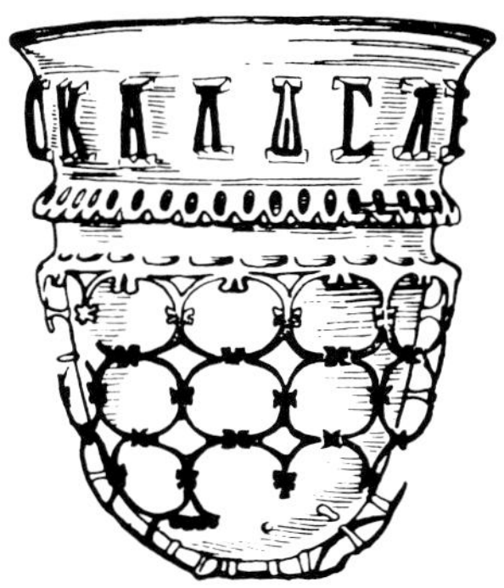

250. Diatretglas aus Köln-Braunsfeld (Höhe 12 cm). 4. Jahrhundert. Römisch-Germanisches Museum Köln.

Jahr und Tag datiert; danach sieht es so aus, als habe das Jahr 164 – namentlich der 25. Februar und 13. September – im Leben der Stadt eine besondere Bedeutung gehabt. Auch Masken aus weißem Pfeifenton sind in den Töpfereien vor dem Westtor der Stadt hergestellt worden, Masken mit gefletschten Zähnen, faltiger Stirn und mächtigem Nasenrüssel; man trug sie bei Theateraufführungen vor dem Gesicht (S. 140)[504].

Die Tonwaren aus AGRIPPINA/Köln haben eine relativ weite Verbreitung in Niedergermanien gefunden und sind nachweislich bis nach Britannien exportiert worden, wo sie z. T. sogar nachgeahmt worden sind. Noch berühmter jedoch waren die AGRIPPINENSES für ihre *Glasfabrikation*[505]. Gemessen an Reichtum und Vielfalt der Gläser, die 250 ff.
heute das Römisch-Germanische Museum füllen, sind allerdings die archäologischen Überreste der wenigen Glashütten, die man an der Helenenstraße, Gereonstraße und am Eigelstein in Köln gefunden hat, eher unscheinbar. Es kommt hinzu, daß Glasöfen wesentlich schwerer nachweisbar sind als Töpfer- oder Ziegelöfen, weil sich in ihrem Umkreis keine Abfallhalden gebildet haben, Glasbruch und Fehlbrände vielmehr eingeschmolzen und im nächsten Arbeitsgang gleich wiederverwendet wurden – ein klassisches Beispiel für antikes »recycling«! Die Voraussetzungen für eine exportorientierte Glasproduktion waren günstig. Westlich der Stadt – bei Frechen, Buschbell und Großkönigsdorf – findet man heute noch fast reinen Quarzsand, der als Rohstoff für die Herstellung von Gläsern unerläßlich war; das notwendige Brennmaterial lieferten die Wälder der Voreifel und des Erfttales. Entscheidend für die Entwicklung der Kölner Glasmanufakturen aber war die Einführung der Glasbläserpfeife, die einige Jahrzehnte vor der Zeitenwende wahrscheinlich in SIDON/Saida (Libanon) erfunden wurde, einem Zentrum der Glasindustrie, das damals schon seit Jahrhunderten bestand. Bis dahin hatte man sich der aufwendigen Sand- und Tonkerntechnik bedient oder Glasmasse – eine Mischung aus Kieselsäure (Quarzsand), Calcium und Soda – in Formen gepreßt. Jetzt war es nicht nur möglich, Gläser in großer Zahl in jede gewünschte Form zu blasen, sondern mit Hilfe der neuen Technik Phantasie und Formenreichtum zu entfalten, wie sie nur im freien Blasverfahren möglich sind. Erst damit war die Grundlage zur industriellen Fertigung geschaffen, die es den Besitzern der Kölner Glashütten erlaubte, ihre Produkte weit über die Grenzen ihrer Stadt zu verbreiten.

Keiner der Kölner VITRIARII (Glasbläser) ist namentlich bekannt; um diesem Mangel abzuhelfen, hat man ihnen Namen wie »Lynkeus-Meister« oder »Meister des Kölner Schnörkels« gegeben. Typische Fabrikate der Agrippinenser, die seit dem 2. Jahrhun-

252. Sog. Kopfgefäß aus grünem Glas. Hergestellt in einer Kölner Glashütte. 1./2. Jahrhundert. Römisch-Germanisches Museum Köln.

253. Sog. Balsamarien, d. h. Fläschchen für verschiedene Öle, die in Gräbern gefunden wurden. 1. Jahrhundert. Thermenmuseum Heerlen (NL).

dert mit eigenen Schöpfungen hervortraten, waren Flaschen in Faß-, Muschel-, Trauben- oder Kopfform, Gefäße, die nicht frei geblasen waren, sondern in mehrteiligen
252 Formen und u. a. – wie etwa die sog. Kopfgefäße – als Parfümbehälter gedient haben. Kölner Produkte waren auch die sog. Eau-de-Cologne-Flaschen, sechskantig oder in Zylinderform, mit kleinen Henkeln in der Gestalt von Delphinen, ebenso flachbauchige Zierflaschen wie die sog. Viertaubenflasche, frei geblasen und mit vier Öffnungen versehen, in denen Tauben schweben. Am bekanntesten sind die Glaswerkstätten, die sich
251 seit dem 3. Jahrhundert des »Kölner Schnörkels« bedient haben, d. h. ihre frei geblasenen Gefäße – je nach der Grundfarbe des Glaskörpers – mit farbigen oder farblosen Glasfäden verzierten, die – freihändig aufgetragen – in schlangenartigen Linien das ganze Gefäß bedecken konnten. Besondere Meisterwerke waren auch die sog. Konchylienbecher (CONCHYLIVM, ein griechisches Lehnwort = Muscheltier, Purpurschnekke) mit aufgesetzten Schnecken und Meeresgetier.

Eine andere Art der Verzierung und Gestaltung war der Glasschliff. In dieser Technik sind flache Schalen graviert worden, die Jagdszenen oder Wagenrennen ebenso wiedergeben wie Bildmotive christlichen Inhalts. Vor allem aber sind in dieser Technik
250 die sog. Diatretgläser hergestellt worden (griech. diátretos = durchbrochen), deren Netzmuster in einem mühevollen und zeitraubenden Verfahren mit Hilfe einfachster Schleifrädchen aus einem ursprünglich 6–8 mm starken Glaskelch herausgeschliffen werden mußte, bis Gefäß und Netzmuster nur noch durch schmalste, von außen kaum mehr sichtbare Stege verbunden waren. Schließlich ist die Glasmalerei zu nennen, das Auftragen oder Einbrennen von Farben, handwerkliche Techniken, die damals ebenfalls in AGRIPPINA heimisch waren. Ein besonders gut erhaltenes Beispiel dieser Gefäßgattung – eine kugelige Flasche mit trichterförmigem Hals und der Darstellung eines Wagenrennens – ist südöstlich von TOLBIACVM/Zülpich gefunden worden; mit Emailmalerei verzierte Becher sind als Exportartikel auf dem Wasserwege sogar bis in das Ost- und Nordseegebiet gelangt[506]. So marktbeherrschend die Glashütten von AGRIPPINA in Niedergermanien und darüberhinaus sicher waren – man wird vorsichtig mit der Bestimmung als Kölner Fabrikat umgehen müssen, vor allem bei schlichten Gebrauchs-

254. [NE]GOT(iator) PISTOR/ . . . (»Backwarenhändler«). Ausschnitt einer Kölner Grabinschrift. 2./3. Jahrhundert. Rheinisches Landesmuseum Bonn.

255. NEGOTIATOR CRETARIVS (»Geschirrwarenhändler«). Ausschnitt einer Bonner Weihinschrift des Caius Victorius Liberalis. 2. Jahrhundert. Rheinisches Landesmuseum Bonn.

256. NEG(otiator) FRV(mentarius), d. h. »Getreidehändler«. Ausschnitt einer Weihinschrift des Marcus Liberius Victor aus Nijmegen (NL). 2. Jahrhundert. Rijksmuseum G. M. Kam Nijmegen (NL).

257. [N]EGOTIATOR VEST(iarius)/[I]MPORTATOR (»Kleiderhändler (und) Importeur«). Ausschnitt einer Neusser (?) Grabinschrift. 2./3. Jahrhundert. Stadtgeschichtliches Museum Düsseldorf (heute nicht mehr vorhanden).

258. Kontorszene auf einem neugefundenen Kölner Grabdenkmal. 2. Jahrhundert. Römisch-Germanisches Museum Köln.

gläsern. Früher neigte man gern dazu, den Kölner Glasexport zu überschätzen, heute beginnt sich das Bild zu differenzieren, nachdem man Glasproduktionen u. a. auch im Hambacher Forst bei Niederzier (Krs. Düren), Goch-Asperden (Krs. Kleve) und in Nijmegen (NL) archäologisch nachgewiesen hat[507].

Das Angebot an Produkten und Leistungen, das Handwerk und Gewerbe zu bieten hatten, war vor allem in den Städten sehr reichhaltig[508]. Vorherrschend war der Familien- und Kleinbetrieb, überschaubar für den, der ihn leitete, und groß genug, um produktiv zu sein. Wuchsen Ansprüche und Nachfrage in der Bevölkerung, vergrößerten sich nicht die Betriebe, sondern es entstanden neue. Kennzeichnend waren Spezialisierung und Arbeitsteilung. Die Belegschaften bestanden zumeist aus Freien, die für Lohn arbeiteten, Sklaven waren teuer und bildeten – den Inschriften zufolge – in Niedergermanien offenbar nur eine kleine gesellschaftliche Gruppe[509]. Mancher Berufszweig war neu, viele paßten sich veränderten Anforderungen und Bedürfnissen an, neu war insbesondere die Reichhaltigkeit des Angebots, die Fülle der importierten Waren und die Steigerung der handwerklichen Produktion durch rationelle Serienherstellung. Handwerks- und Dienstleistungsbetriebe gab es aber auch in den Siedlungen längs der Straßen – überall dort, wo ein Bedarf entstand. Auf diese Weise bildeten sich an vielen Orten kleine, leistungsfähige Märkte, die mit ihrem Warenangebot ein größeres Gebiet versorgen konnten. Dagegen waren viele Höfe auf dem Land – in wirtschaftlicher Hinsicht – fast eigene Betriebsgrößen und im wesentlichen Selbstversorger.

Das Bild, das inschriftliche und archäologische Zeugnisse von der damaligen *Berufs-* 258
welt entwerfen, ist unvollständig und zufällig; weitaus die meisten Inschriften sind in Köln gefunden worden. Inschriftlich gut belegt ist das Baugewerbe mit den Zünften der TIGNARII (Zimmerleute) und TECTORES (Verputzer), auch ein PICTOR (Wandmaler) 139,
wird genannt, außerdem ein NEGOTIATOR ARTIS LAPIDARIAE (Händler mit Steinmetz- 270
arbeiten) und ein NEGOTIATOR LIGNARIVS (Holzhändler); nachweisbar sind auch ein TESSELARIVS (Fliesenleger) sowie die Hersteller von Ziegeln und Kalkmörtel[510]. Ähnlich gut ist die Berufsgruppe vertreten, die für das leibliche Wohl der Bevölkerung sorgte. Genannt werden die COLLEGIA (Berufsvereine) der FOCARII (Küchenjungen) und

259. Augenarztstempel des Marcus Ulpius Heracles aus NOVIOMAGVS/Nijmegen (NL), der als Heilmittel DIAMYSVS (Vitriolsalbe?) empfahl. 2. Jahrhundert. Rijksmuseum van Oudheden Leiden (NL). Die Inschrift ist spiegelbildlich zu lesen: MARCI VLPI HERA/CLETIS DIAMYSVS, d. h. »Vitriolsalbe (?) des Marcus Ulpius Heracles«.

254 PIST(o)RICII, die als Müller zugleich auch Bäcker waren, daneben aber auch der NEGO-
256 TIATOR PISTORICIVS, der Backwaren weiterverkaufte, zwei NEGOTIATORES FRVMEN-
TARII (Getreidehändler) und ein NEGOTIATOR LANIO, ein Metzger, der vielleicht nicht
nur Kaufmann war, sondern auch selber schlachtete[511]. In den gleichen Zusammenhang
gehören ein NEGOTIATOR VINARIVS (Weinhändler) sowie die mehrfach bezeugten NE-
319 GOTIATORES ALLECARII und SALARII, die mit ALLEC (Fischsauce) bzw. SAL (Salz) han-
delten und ihre Hauptniederlassung in AGRIPPINA/Köln hatten[512]. Dem leiblichen
Wohl auf andere Weise diente der NEGOTIATOR SEPLASIARIVS, der mit Salben (SEPLA-
252f. SIA) und anderen Kosmetikartikeln Handel trieb und die Glasbehälter hierfür gleich mit
angeboten haben wird[513]. Die Bekleidungsindustrie ist durch den Leiter oder Besitzer
257 einer Walkerei (MAGISTER ARTIS FVLLONIAE) und einen NEGOTIATOR VESTIARIVS
IMPORTATOR vertreten, der nicht nur VESTES (Kleidung) verkaufte, sondern sie auch
importierte; Schuhe aus Leder fertigten CALCEARII (Schuhmacher) wie der Agrippinen-
ser QVADRATVS, dessen Firmenstempel sich auf einer Schuhsohle – zusammen mit an-
deren Lederabfällen – am Altermarkt in Köln wiederfand, wo in römischer Zeit der
Hafen lag[514].

Viele der genannten Berufe – u. a. Köche, Metzger und Kosmetikhändler – galten
damals als schmutzig und unsauber – zumindest, wenn man dem Urteil von Marcus
Tullius Cicero folgt[515]. Hierzu zählten auch der Kleinhandel und das Schaugewerbe,
das auf niedergermanischen Inschriften mehrfach vertreten ist – so die GLADIATORES
(Fechter) der germanischen Flotte, ein Gladiatorenausbilder (DOCTOR GLADIA-
TORVM), vielleicht ein THRAX, d. h. ein Gladiator, der in thrakischer Rüstung kämpfte,
und die Brüder Versulatius, die in AGRIPPINA/Köln wahrscheinlich eine Gladiatoren-
165 schule leiteten (S. 140), außerdem ein ESSEDARIVS (Wagenkämpfer) sowie ein Wagen-
lenker mit seinem Starpferd HELIODROMVS (S. 140)[516]. Als ehrenhaft und gemeinnützig
galten nach dem Urteil Ciceros alle geistigen Berufe. Zu dieser Gruppe zählten die ME-
260 DICI (Ärzte), deren Tätigkeit sich nicht nur inschriftlich, sondern auf Grund von Fun-
den wie ärztlichen Bestecken und Heilkräutern auch archäologisch nachweisen läßt;
auch ein MEDICVS PEQVARIVS (Tierarzt) wird genannt sowie zahlreiche OCVLISTI
(Augenärzte), deren Arzneistempel in Gallien wie in Niedergermanien gefunden wor-
den sind[517]. Eines der Mittel, das Augenärzte wie Saturnius aus AQVAE GRANNI/
Aachen verschrieben, war CROCODES (Safransalbe), ein anderes DIAMYSVS (Vitriolsal-
259 be), das Ärzte wie Marcus Ulpius Heracles in VLPIA NOVIOMAGVS/Nijmegen (NL)
oder Caius Cassius Doryphoros in AGRIPPINA/Köln ihren Patienten »zur Klarheit der
Augen« (AD CLARITATEM OCVLORVM) empfahlen[518]; auffallend ist die Häufigkeit

261. PHILOSOPHVS. Grabstein des »Philosophen« Quintus Aelius Egrilius Euaretus aus Köln-Wesseling. 2. Hälfte 2. Jahrhundert. Rheinisches Landesmuseum Bonn. Die Übersetzung der Inschrift lautet: »Für Quintus Aelius Egrilius Euaretus, den Philosophen und Freund des Salvius Iulianus, (hat) Aelia Timoclia (seine) Frau, zusammen mit den Kindern (das Grabmal gesetzt)«.

260. MEDICV(s). Ausschnitt der Weihinschrift eines »Arztes« aus Xanten. 2./3. Jahrhundert. Rheinisches Landesmuseum Bonn.

griechischer Namen, die darauf hindeuten, daß in damaliger Zeit die griechische Medizin eine führende Rolle spielte. Zu den geistigen Berufen im engeren Sinne zählten der SC(h)OLASTICVS, der – im damaligen Sprachgebrauch – sowohl RHETOR (Rhetoriklehrer) wie Rechtsanwalt sein konnte, und ein PHILOSOPHVS wie Quintus Aelius Egrilius
Euaretus, der sich auf seinem Grabstein AMICVS (Freund) des Salvius Iulianus nannte 261
und zum engeren Beraterkreis dieses niedergermanischen Statthalters gehörte[519]. Ob MVSICI (Musiker) wie der Grieche Ruphus aus Mylasa (heute Türkei), der als CHORAVLES (Chorflötist) bei Theateraufführungen oder öffentlichen Opfern die Doppelflöte blies, in ähnlich hohem Ansehen standen, ist fraglich; dem Urteil Ciceros nach gehörten sie zu den Schaustellern[520].

Am häufigsten erscheinen NEGOTIATORES (Händler, Kaufleute) auf den Inschriften jener Zeit, ein sicheres Zeichen dafür, daß sich die Vertreter dieser Berufsgruppe aufwendige Weihaltäre und Grabdenkmäler leisten konnten. Die meisten Inschriften nennen auch die Güter, mit denen der NEGOTIATOR seinen Handel trieb, jedoch sagen sie – mit einer Ausnahme – nichts darüber aus, ob einer IMPORTATOR oder EXPORTATOR war, seine Waren ein- oder ausführte, oder aber als NEGOTIATOR PIST(o)RICIVS oder LANIO, als Bäcker oder Metzger, mit seinem An- und Verkauf auf einen örtlichen Markt beschränkt war. Ob diese Frage im nachhinein beantwortet werden kann, hängt im Einzelfall von der Beschaffenheit der verkauften Ware oder vom Fundort einer Inschrift ab. Der NEGOTIATOR SEPLASIARIVS bezog seine Salben und Kosmetika größtenteils wohl aus anderen Provinzen des Reiches, war also ein IMPORTATOR, ähnlich wie die NEGOTIATORES, die ALLEC (Fischsauce) oder SAL (Salz) von der Kanalküste oder VINVM (Wein) einführten, der an der Mosel oder in Gallien wuchs[521]. Dagegen läßt sich nicht entscheiden, ob der NEGOTIATOR ARTIS LAPIDARIAE seine Sarkophage, Grab- und Weihesteine in halbfertigem Zustand importierte oder ob seine Steinmetzarbeiten in örtlichen Werkstätten – etwa nach italischen Vorbildern – hergestellt wurden.
Ebensowenig läßt sich sagen, ob die mehrfach vertretenen NEGOTIATORES CRETARII 255

262. Tolsum b. Leeuwarden (NL). Beschriftete Holztafel, die einen Kaufvertrag zwischen einem Römer und einem Friesen enthält. 2./3. Jahrhundert. Fries Museum Leeuwarden (NL).

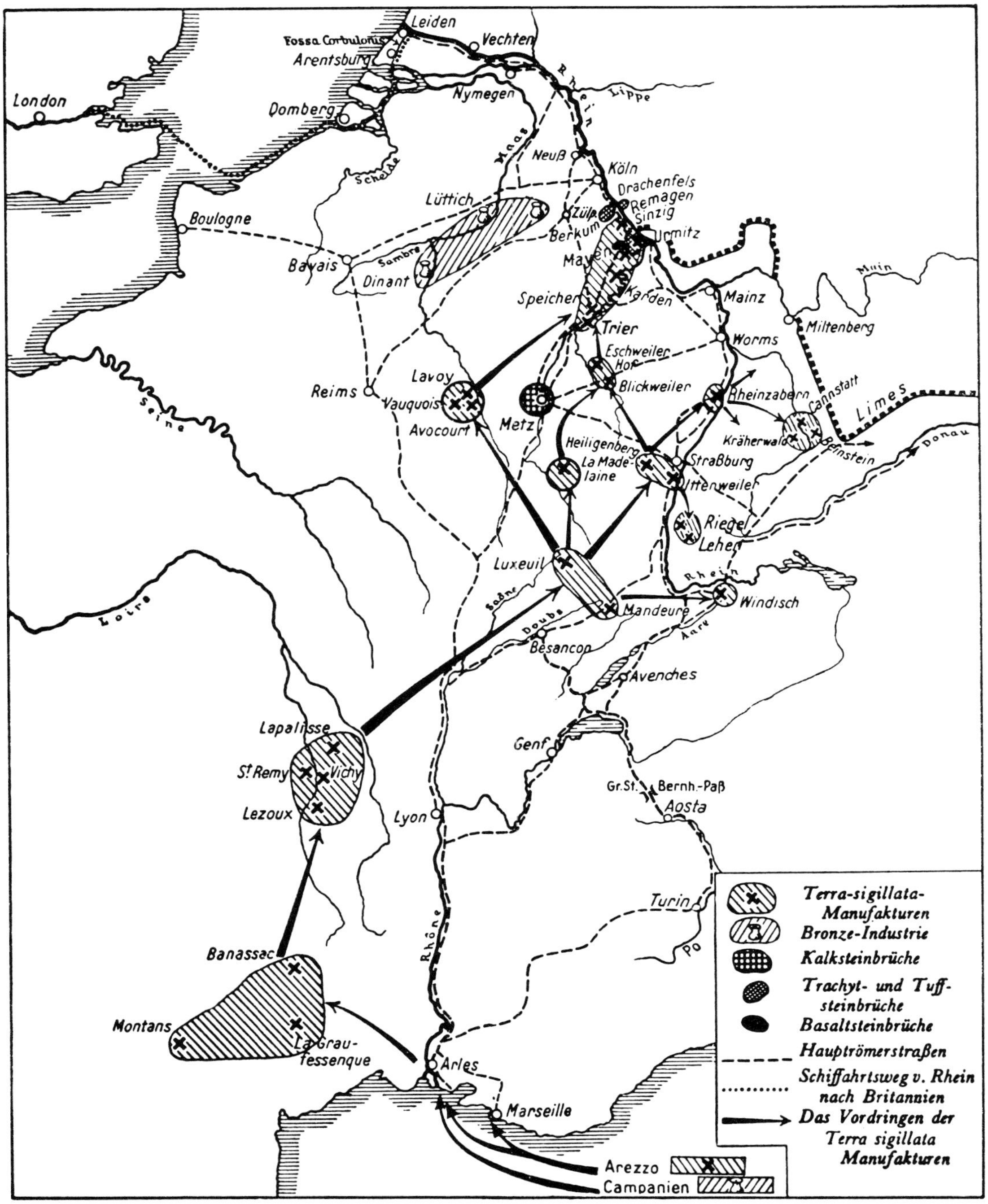

263. Gallien-Germanien-Britannien. Wirtschaftszentren und Haupthandelswege (nach H. Schmitz).

264. Die Göttin NEHALLENNIA, die zum Zeichen ihrer Schutzfunktion den linken Fuß auf einen Schiffsbug gesetzt hat, auf einem Weihaltar von Colijnsplaat (NL). Um 200. Rijksmuseum van Oudheden Leiden (NL). Vgl. Abb. 319.

bzw. REI CRETARIAE (Tonwarenhändler) etwa rotglänzendes Tafelgeschirr – die sog. Terra sigillata – aus Gallien einführten oder aber einheimische Töpferwaren nach Britannien exportierten; dem Fundgut nach scheinen sie beide Geschäfte betrieben zu haben[522].

263 *Handelsbeziehungen* bestanden vor allem mit Britannien und dem freien Germanien – offenbar die beiden Hauptabnehmer für Exportgüter aus Niedergermanien. Der germanische Handel ist zwar inschriftlich bisher nicht belegt, läßt sich jedoch anhand von Ausfuhrwaren wie Gläsern, Tongeschirr oder Messingeimern, die auf dem Wasserwege nach Germanien gelangten, archäologisch sicher nachweisen. Wie wir von Tacitus und aus zahlreichen römischen Münzfunden jenseits des Rheines wissen, schätzten die Germanen das römische Silbergeld, besonders den SERRATVS, einen gezahnten Denar, bei dem sie sicher zu sein glaubten, daß das Geldstück echt und nicht gefüttert war[523]. Daß

265. NEGOTIAT(ores) BRITANN(iciani), d. h. »Britannienkaufleute«. Ausschnitt einer Weihinschrift von Colijnsplaat (NL). Um 200. Rijksmuseum van Oudheden Leiden (NL).

die Germanen das Geldgeschäft dem Tauschhandel vorzogen, zeigt auch der Text einer Wachstafel, die in Tolsum, nahe der Stadt Leeuwarden (NL), gefunden worden 262
ist[524]. Es geht darin um den Kauf einer friesischen Kuh, der irgendwann im 1. Jahrhundert zwischen einem römischen Offizier und einem Einheimischen vollzogen wurde. Der Kaufpreis betrug 115 N(ummi) (Geldstücke), wie es im Text heißt, womit wahrscheinlich Denare gemeint sind; dies war immer noch ein guter Preis, denn im Reich betrug der Preis für ein Rind etwa 200 Denare. Den Rechtscharakter der Urkunde bekräftigte nicht nur die Unterschrift eines römischen CENTVRIO, sondern vor allem die Zusatzklausel R(edhibitio) I(us) C(ivile) A(bsunto), die nicht nur eine eventuelle Rückgabe (REDHIBITIO) ausschloß, sondern auch die Anwendung des römischen Zivilrechtes (IVS CIVILE).

Für die Außenwirtschaft der Provinz GERMANIA INFERIOR spielte offenbar der Bri- 265
tannienhandel eine besondere Rolle. Mehrfach werden NEGOTIATORES BRITANNICIANI (Britannienkaufleute) auf Inschriften genannt[525]. Ihre Schutzpatronin war NEHALENNIA, die bei Domburg (NL) auf der Insel Walcheren und bei Colijnsplaat (NL) an 264,
der Oosterschelde zwei Heiligtümer besaß, die wohl jeder Handelsfahrer aufgesucht 319
haben wird, der sicher sein wollte, seine Waren unversehrt über den Kanal zu bringen (S. 230 f.)[526]. Die inzwischen mehr als 200 Weihesteine, die seit längerem aus Domburg bekannt bzw. seit 1970 bei Colijnsplaat aus der Oosterschelde gefischt wurden, sind 318
nicht nur einzigartige Zeugnisse für die Art und Weise, in der man damals mit seinen Göttern umging und versuchte, sie durch Gebete, Gelübde und Weihungen gnädig zu stimmen, sondern sie geben mit ihren Angaben auch Einblick in manches wirtschaftsgeschichtliche Detail. Danach besaßen die BRITANNICIANI eine Handelsniederlassung in AGRIPPINA/Köln, das gleich fünfmal als Heimat- oder Wohnort genannt wird. Hierbei fällt auf, daß die AGRIPPINENSES offenbar den Salzhandel in Händen hatten, der – ob- 319
wohl Staatsmonopol – für die Kölner Großhändler, die den begehrten Rohstoff von den Küsten des Kanals heranschafften, lukrative Gewinne abwarf[527].

266. Ein Schiff, beladen mit Weinfässern, auf einem Weihestein von Colijnsplaat (NL). Um 200. Rijksmuseum van Oudheden Leiden (NL). Vgl. auch Abb. 230.

Nicht jeder Kaufmann, Reeder oder Schiffsführer, der NEHALENNIA einen Weihaltar gelobte, war ein BRITANNICIANVS; streng genommen sind es nur drei, die sich nachweisbar so bezeichnen. Darunter ist der Keramikhändler Marcus Secundinius Silvanus, der Mitglied einer Handelsfamilie war, die Kölner Tonwaren nach Britannien exportierte, und der – für alle Fälle – gleich in beiden Heiligtümern Weihaltäre mit gleichlautenden Inschriften aufstellen ließ[528]. Auch der aus einer Kölner Inschrift seit langem bekannte BRITANNICIANVS mit der bislang ungedeuteten Berufsbezeichnung MORIT(...?) hatte möglicherweise mit dem Keramikhandel zu tun, wenn man davon ausgeht, daß Caius Aurelius Verus möglicherweise mit Reibschüsseln (MORTARIA) ge-
319 handelt hat[529]. Andere Kaufleute wie die mehrfach belegten ALLECARII oder auch SALARII, die mit Fischsauce oder Salz handelten, müssen nicht bis Britannien gefahren sein, sondern können ihre Handelsgüter auch an der gallischen oder friesischen Küste gela-
266 den haben; dagegen wird der VINARIVS (Weinhändler), der sein mit Fässern beladenes Schiff abbilden ließ, Mosel- oder Rheinwein, vielleicht sogar Importwein aus Süd- oder Westgallien (Bordeaux!), nach Britannien transportiert haben[530]. Welcher Gesellschaftsschicht die NEGOTIATORES wohl in ihrer Mehrheit angehörten, belegen Inschriften, in denen DECVRIONES (städtische Ratsherren) und SEVIRI AVGVSTALES genannt werden, deren Reichtum fast sprichwörtlich war (S. 48)[531]. Sie passen damit genau in das damalige Berufsbild, wie es Cicero überliefert, wonach der Großhandel für die Angehörigen der Oberschicht als »durchaus nicht zu verachten« galt[532].

267. Maasbracht-Steenakker (NL). Fragment einer Wandmalerei mit dem Kopf eines jungen Mannes. Gefunden im Sommer 1982 im Keller eines römischen Landhauses. Ende 2./Anfang 3. Jahrhundert.

268. Trier. Sog. Zirkusmonument mit wiederhergestellter Bemalung des Steines (Ausschnitt).

269. Bad Neuenahr-Ahrweiler. Freilegung und Teilrestaurierung einer römischen Villa am Silberberg. Sichtbar sind Malereien der Sockelzone eines Raumes, an denen ein Restaurator arbeitet. Ausgrabung 1981.

Kunst und Kunsthandwerk

Übrigens glauben sie (die Germanen), daß es der Hoheit der Himmlischen nicht entspreche, die Götter in . . . irgendeiner menschlichen Gestalt abzubilden . . . Publius Cornelius Tacitus (ca. 60–120)

Die Trennung zwischen »Kunst« und »Kunsthandwerk« ist modernen Ursprungs und im Grunde willkürlich, zumal kein Mensch objektiv und sicher sagen kann, wo Kunst aufhört und Kunsthandwerk beginnt. Eine Unterscheidung dieser Art war in der Antike unbekannt, denn der ARTIFEX (wörtlich »Kunst-Macher«) war beides – schöpferischer Entwerfer und ausführender Handwerker. Kunst war Handwerk, und in diesem Sinne waren alle antiken Künstler, ob sie als Bildhauer, Goldschmied, Glasbläser oder Töpfer arbeiteten, Kunst-Handwerker im weitesten Sinne. Allerdings stand damals – und dies gilt insbesondere für die römische Zeit – nicht so sehr das einzigartige Kunstwerk, die originale Schöpfung des Einzelkünstlers im Vordergrund, vielmehr arbeitete man in Werkstätten und Ateliers nach Vorlagen und Musterbüchern, die aus Rom und Italien stammten. Unbekannt waren auch Vorstellungen wie künstlerisches Eigentum oder Urheberschutz. Einmal gefundene künstlerische Lösungen wurden beliebig oft nachgeahmt, abgewandelt und weiterentwickelt. Die Zeit dachte klassizistisch, d.h. man kopierte und wählte aus, was man als »klassisch«, als vollendet und unübertreffbar ansah, Originalität, eigenes Erfinden und Gestalten waren selten. Dazu paßt, daß die römische Kunst – in Italien wie in den Provinzen – weitgehend anonym war und der Künstler hinter dem Auftraggeber zurücktrat. Ausnahmen bildeten hier vor allem die Töpfer – so auch in Niedergermanien –, dagegen kennen wir von dort keinen Bildhauer, Steinmet-
270 zen, Bronzeschmied oder Glasmacher mit Namen, nur einen PICTOR (Wandmaler), dessen Grabstein in Xanten gefunden worden ist[533].

Niedergermanien war sicher keine »Kunstprovinz«, wenn man darunter eine Landschaft mit eigenen, unverwechselbaren Kunstmerkmalen versteht. In dieser Hinsicht war das Gebiet zwischen Rhein und Maas »ein Land zwischen den Völkern«. Allerdings sind die Spuren, die germanische und keltisch-gallische Einflüsse in dieser Region hinterlassen haben, sehr gering[534]. Keltischer Einfluß beschränkte sich auf die Kunst des Ornaments, für das die Gallier eine besondere Vorliebe besaßen, germanischer Einfluß ist überhaupt nicht erkennbar (auch wenn man darüber früher anders dachte). Beiden Völkerschaften ist gemeinsam, daß ihre Figuralkunst, d.h. die Fähigkeit, Menschen- und Götterbildnisse zu schaffen, auf relativ niedrigem künstlerischen Niveau stand und
273 sich auf sehr einfache, stark stilisierte Holzfiguren beschränkte[535]. Wie gering etwa der Einfluß dieser Kunst westlich des Rheines gewesen sein mag, geht aus der Feststellung des Tacitus hervor, wonach es bei den Germanen nicht üblich gewesen sei, die Götter menschenähnlich darzustellen[536]. Im Grunde war Niedergermanien eines jener Reichsgebiete, in denen bildnerisches Ausdrucksvermögen und künstlerische Eigenständigkeit bei weitem nicht so ausgeprägt waren wie etwa in Griechenland, Kleinasien oder Ägypten, wo die Römer auf Kulturen stießen, die ihr endgültiges Gepräge schon gefunden hatten, bevor sie römisch wurden. Niedergermanien war auch in dieser Hinsicht Entwicklungsland. Es war deshalb nicht schwer, römische Kunstvorstellungen in diesem Gebiet heimisch zu machen, und es ist bezeichnend, wie bereitwillig sich die Bevölkerung den neuen Einflüssen gegenüber öffnete und sie in sich aufnahm.

270. PICTOR (»Maler«). Grabinschrift des Tiberius Iulius Tertius aus Xanten. Mitte 1. Jahrhundert. Rheinisches Landesmuseum Bonn. Die Übersetzung lautet: »Für Tiberius Iulius Tertius, den Maler, hat der Erbe laut Testament getan, was zu machen war« (vgl. Abb. 336).

Römische Kunst kam als Import nach Niedergermanien. Ihre Übermittler waren rö-
mische Legionare und Verwaltungsbeamte aus Italien und dem südlichen Gallien, und
sie brachten ihre Architekten, Bildhauer und Spezialhandwerker gleich mit, als sie ihren
Dienst am Rhein antraten. Ein Grabdenkmal wie z.B. der Caelius-Stein aus Xanten, 24
hergestellt in einer militärischen Bildhauerwerkstatt und die älteste, sicher datierbare
Steinplastik, die am Rhein entstanden ist, hätte auch auf dem Friedhof einer römischen
Stadt in der Poebene oder im Rhônedelta stehen können. Vor allem aber sind zu Be-
ginn der Kaiserzeit Kunstwerke direkt importiert worden, besonders solche, die der
Präsentation politischer Inhalte dienen sollten. Hierzu zählten in erster Linie Statuen
und Reliefs, die römische Kaiser und Amtsträger darstellten und den römischen Macht-
anspruch verkörperten. So hat sich in Nijmegen (NL) ein lebensgroßer Caesarkopf ge- 18
funden, aus Köln stammt ein Relieffragment, das wahrscheinlich Augustus wiedergibt,
und auch der weit überlebensgroße Marmorkopf des Agrippa – ebenfalls ein Kölner
Fund – sind Bildwerke, die nicht in Niedergermanien entstanden sind[537]. Ebenso sind
Bauwerke der Frühzeit wie die ARA VBIORVM (Altar der Ubier), ein mächtiger Altar-
block, der ähnlich ausgesehen haben mag wie der Altar, der seit 12 v.Chr. in 289
LVGDVNVM/Lyon stand, das sog. Ubiermonument in Köln – der älteste Steinbau nörd- 115
lich der Alpen –, Mauern und Toranlagen in AGRIPPINA/Köln oder NOVAESIVM/
Neuss, wo sich erst kürzlich bei Ausgrabungen Fragmente eines Rankenfrieses gefun- 271
den haben, sicher nicht von einheimischen Architekten, Ingenieuren und Steinmetzen
geplant und ausgeführt worden[538]. Ganz ähnlich verhält es sich auch bei vielen kunstge-
werblichen Erzeugnissen, Gegenständen aus Gold, Silber, Bronze, Glas, Ton oder
Edelsteinen, die vorzugsweise aus Italien eingeführt wurden, weil von Anfang an eine
Gesellschaftsschicht da war, die sich gerne mit diesen Dingen umgab und sie auch be-
zahlen konnte.

Die Einflüsse der römischen Reichskunst, die überall im Westen des Reiches viel Ähnlichkeit besaßen, waren in Niedergermanien von vornherein so dominierend, daß sich einheimische Formensprache daneben nur unvollkommen behaupten konnte – so u.a. in der Töpferei. In fast allen anderen Bereichen der Kunst aber galt Römisches als Vorbild, und es dauerte nicht länger als zwei Generationen, bis sich gallische und germanische Künstler angepaßt und die notwendigen handwerklichen Fähigkeiten erworben hatten. Vieles von dem, was in dieser Zeit in Niedergermanien geschaffen wurde, wirkt provinziell, d.h. steif, ein wenig ungelenk und schematisch, so als hätten die Bildhauer erst lernen müssen, das neue Metier in den Griff zu bekommen. Vor allem ist diese Unsicherheit an manchen Grabdenkmälern ablesbar, am augenfälligsten vielleicht an
den Figuren des Nickenicher Familiengrabmals oder an der Statue des Lucius Poblicius 65, 355
in Köln[539]. Mit Recht ist ausdrücklich darauf hingewiesen worden, daß dieser Mangel an bildnerischem Können nicht auf die Naivität gallischer oder germanischer Künstler, also auf eine einheimische Kunstrichtung zurückzuführen ist, sondern schlicht mangelnde Beherrschung des bearbeiteten Materials verrät[540]. Spätestens in flavischer Zeit, vielleicht schon unter Nero (54–68) war diese Übergangsphase beendet; von dieser Zeit an waren die meisten niedergermanischen Kunstprodukte in nichts mehr von dem zu unterscheiden, was zu gleicher Zeit in Britannien, Gallien, Hispanien oder dem westlichen Nordafrika geschaffen und gebaut worden ist.

271. NOVAESIVM/Neuss. Teil eines Rankenfrieses von der PORTA PRAETORIA (Nordtor) des Legionslagers. Etwa Mitte des 1. Jahrhunderts. Rheinisches Landesmuseum Bonn.

Am stärksten zeigte sich römischer Herrschaftsanspruch in der *Architektur*[541]. OPERA PVBLICA, öffentliche Bauten wie Fora, Tempel, Basiliken, Säulenhallen, Ehrenbögen, Thermen oder Theater ebenso wie auch militärische Bauten waren Ausdruck der MAIESTAS IMPERII, der »Majestät des Reiches«, d.h. sie verkörperten eine politische Idee. Äußere Form und Gestalt hatten in ihrer Großartigkeit diesem Anspruch zu genügen, sie waren jedoch in künstlerischem Sinne zweitrangig – praktisch Mittel zum Zweck – und hatten sich dem, was sie ausdrücken und vermitteln sollten, unterzuordnen. In ihrem Erscheinungsbild folgte die römische Architektur jenem klassizistischen Ideal, das sich aus Übernahme und Umbildung griechischer und etruskischer Bauformen und Darstellungsweisen entwickelt hatte. Beides – Zielsetzung und Gestaltung – haben zu der starken Gleichförmigkeit geführt, die vor allem im Westen des Reiches für römische Bauten kennzeichnend war.

Man kann sich heute nur noch schwer vorstellen, daß es zwischen Rhein und Maas bis hinauf an die Nordsee ähnliche Monumentalbauten gegeben haben soll wie in Oberitalien, Südfrankreich oder Nordafrika, wo solche Architekturen heute noch aufrecht stehen. Totale Überbauung wie in Köln, Bonn, Aachen oder Tongeren (B) und radikaler Steinraub in Xanten, Neuss oder Nijmegen (NL) haben überall im ehemaligen Niedergermanien bewirkt, daß heute praktisch kein römischer Bau mehr über dem Erdboden erhalten ist, und es erst der Archäologie bedurfte, römische Architektur hierzulande wieder sichtbar zu machen. Immerhin beweisen zahlreiche Architekturteile wie Bögen, Kapitelle, Gesimsfragmente, Säulenreste und riesige Fundamente in Museen und an Ausgrabungsstätten, daß öffentliche Bauten in den städtischen und militärischen Zentren der Provinz nicht anders ausgesehen haben als in anderen Teilen des Reiches.

Wesentlich größer ist die Zahl der erhaltenen *Steindenkmäler;* in der Hauptsache sind es Götterbilder, Weihesteine und Grabdenkmäler[542]. Natürlich haben niedergermanische Künstler damals auch in Bronze gearbeitet, doch hat sich von großplastischen Werken dieser Art außer dem sog. Lüttinger Knaben aus Xanten und einem weit über-
6 lebensgroßen Kopf, der von verschiedenen Forschern für ein Portrait Trajans gehalten wird, nur wenig erhalten. Denn Bronze war in nachrömischer Zeit ein begehrtes Metall, das man umschmelzen konnte, um daraus Waffen und Rüstungsteile herzustellen; immerhin geben zahlreiche Statuetten eine gewisse Vorstellung von der Bronzekunst

272. AQVAE GRANNI/ Aachen. Säulenarchitektur aus einem Kultbezirk der römischen Stadt, wiederaufgerichtet im Rheinischen Landesmuseum Bonn. Vgl. Abb. 133 f.

274. Links: Grabstein des Legionars Quintus Petilius Secundus aus Bonn. Mitte 1. Jahrhundert. Rheinisches Landesmuseum Bonn. – Rechts: Grabstein des Reitersoldaten Marcus Aemilius Durises aus Bonn. 2. Hälfte 1. Jahrhundert. Rheinisches Landesmuseum Bonn. Die Inschrift lautet übersetzt: »Marcus Aemilius Durises, Reiter der Ala Sulpicia, von der »Schwadron« des Nepos, 36 Jahre alt, nach einer Dienstzeit von 16 Jahren. Die Erben haben gemäß Testament das zu Tuende besorgt«.

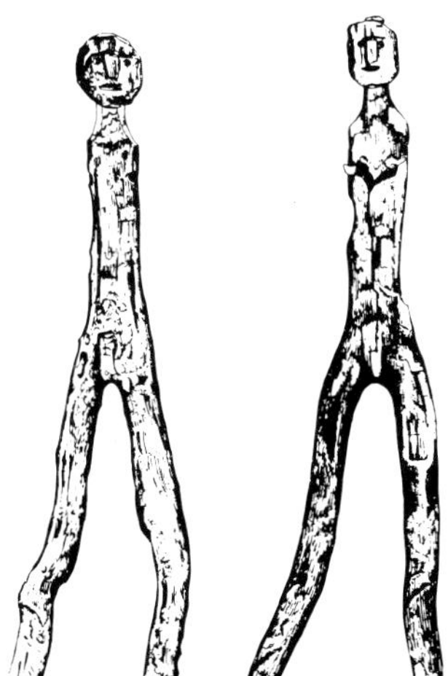

273. Germanisches Götterpaar aus Holz, gefunden in Braak (Krs. Eutin). Höhe fast 3 m. Wahrscheinlich 5. Jahrhundert v. Chr. Landesmuseum Schleswig.

jener Zeit[543]. Die ersten Steinplastiken wurden eingeführt und von einheimischen Bildhauern zunächst noch unvollkommen nachgeahmt. Erstmals in neronischer Zeit deutet sich ein Wandel an: die Gestalten scheinen sich von ihrem Hintergrund zu lösen, sie stehen freier und gewinnen an Körperlichkeit und plastischem Ausdruck. Diese Fähigkeit ist in den Bildhauerwerkstätten am Rhein gegen Ende des 1. Jahrhunderts voll ausgebildet und läßt sich anhand weniger Steindenkmäler leicht nachvollziehen – etwa bei der Betrachtung der beiden Familienszenen auf den Kölner Grabsteinen des Maternus
und Celerinus – die eine Darstellung flach, fast linear, die andere lebendig und plastisch 141,
gearbeitet – oder aber beim Vergleich der stehenden Gestalten auf den Grabsteinen der 155
Soldaten Petilius Secundus und Durises im Bonner Landesmuseum, die deutlich ma- 274
chen, wie im Laufe zweier Generationen die bildhauerischen Möglichkeiten gewachsen sind, sich die dargestellten Figuren aus ihrer starren Frontalität gelöst und an Plastizität gewonnen haben[544].

Der Höhepunkt in der Bildnisplastik wird um die Mitte des 2. Jahrhunderts erreicht, in einer Zeit tiefsten Friedens und wirtschaftlicher Blüte. Die künstlerischen Mittel haben sich weiter verfeinert, hinzugekommen ist in den Kreisen, die sich in dieser Kunst repräsentierten, eine Vorliebe für die griechisch-hellenistische Formensprache, die – für uns erkennbar – vor allem in einer Werkstatt gepflegt wurde, die in BONNA/Bonn gearbeitet und für die Verehrung der MATRONAE AVFANIAE (S. 228 ff.) zahlreiche Weihedenkmäler geschaffen hat, die sich – in zweiter Verwendung – bei Ausgrabungen unter

275. BONNA/Bonn. Fragment einer Wandmalerei im Kandelaberstil aus dem Legionslager. Auf dem Kandelaberschirm eine hockende Sphinx.

dem Bonner Münster wiedergefunden haben[545]. Das qualitätsvollste Stück ist der Altar
312 des Kölner Ratsherren und Kämmerers Quintus Vettius Severus, gestiftet im Jahre 164 und in der verfeinerten Wiedergabe der schlanken, zartgliedrigen Figuren fast schon etwas manieristisch – kunstgeschichtlich gesehen fast immer ein Zeichen dafür, daß eine Entwicklung zu Ende geht. Schon in severischer Zeit (um 200) setzt in der Steinplastik eine starke Vergröberung der künstlerischen Ausdrucksmittel ein, die sich im Zuge einer krisenhaften Epoche zeitweise ins Pathetische steigert, jedoch im ganzen den Verlust von Körperhaftigkeit und Detailgenauigkeit bedeutet. Letzte Beispiele einer gewissen Rückbesinnung auf das griechisch-römische Ideal, wenn auch pathetisch übersteigert, sind Löwenfiguren, die als Grabwächter dienten und u.a. in Köln gefunden wurden[546]. Danach scheint es zwischen Rhein und Maas kaum noch Großplastiken gegeben zu haben – zumindest ist nichts davon erhalten.

Eine Besonderheit römischer Architektur- und Bildnisplastik wird leicht übersehen – ihre Farbigkeit, eine Tradition, die – wie so vieles – auf griechische Vorbilder zurückgeht. Heute sind die Farben auf Säulen, Gesimsen, Reliefs und Statuen verblaßt und nur noch in Resten nachweisbar, d.h. der Eindruck, den uns römische Bildnisse heute vermitteln, ist zumindest unvollständig, wenn nicht falsch, und wesentlich durch Farbe und Oberflächenstruktur des Steines geprägt, der als Werkstoff gedient hat. Zur Zeit, als die Bauten aufrecht standen und Götterstatuen religiöse Verehrung genossen, waren Tempel und Bildnisse – für unsere Begriffe – knallbunt bemalt, auch wenn sich die Farbgebung immer auf bestimmte Flächen oder Körperpartien beschränkte. Wie ungewohnt, fast fremd, der Eindruck farbig bemalter Steindenkmäler unter diesen
268 Voraussetzungen sein muß, zeigt die Neuaufstellung der Steinplastiken im Trierer Landesmuseum, wo alle Denkmäler, deren Farben in Resten noch vorhanden waren, konsequent in alter Pracht wiederhergestellt worden sind; nur hier erhält man einen wirklich authentischen Eindruck von der Wirkung römischer Steinplastik[547]!

Wie stark in römischer Zeit nach Vorlagen gearbeitet wurde, ist vor allem an *Mosaiken* und *Wandmalereien* ablesbar, die an weit auseinanderliegenden Plätzen ein fast gleiches Aussehen haben konnten[548]. Ausgemalte und mit Mosaiken ausgelegte Räume

276. Rijswijk b. Den Haag (NL). Wandmalereien in einem Haus des 3. Jahrhunderts (nach J. H. F. Bloemers).

waren damals so etwas wie Statussymbole und ein Ausdruck für Wohlhabenheit. Wer es
sich leisten konnte, bestellte einen PICTOR (Wandmaler) oder TESSELARIVS (Mosaik- 270
leger), ließ sich – wie heute bei Tapeten oder Auslegeware – Muster vorlegen und wähl-
te aus dem Angebot Gliederungssystem und farbige Dekorationselemente für seine
Wände aus, die dann originalgetreu ausgeführt wurden. Auch in Niedergermanien
hat es Malerateliers gegeben, und wie vor allem neuere Ausgrabungen gezeigt haben,
blieb ihr Einfluß nicht auf die großen Städte beschränkt, sondern breitete sich auch auf
dem Lande aus, wo ebenfalls Wandmalereien gefunden worden sind wie etwa in
Rijswijk (NL), Druten-Klepperhei (NL) oder neuerdings in Maasbracht-Steenakker 276
(NL) und am Silberberg in Bad Neuenahr-Ahrweiler[549]. 267,

Besonders beliebt und verbreitet waren Kandelaberwände, so genannt nach den als 269
Bildmotiv verwendeten schirmartigen Ständern, die CANDELABRA hießen und – in Me-
tall gearbeitet – Kerzen oder Lampen trugen. Malerisch abgewandelt schmückten sie –
meist hell auf dunklem Grund – friesartige Bildstreifen, die als vertikale und horizontale
Rahmung für große einfarbige Wandfelder dienten. Wandgliederungen dieser Art, wie
sie z. B. in der Villa von Köln-Müngersdorf und in einem Kölner Haus südwestlich des 277
Domes, aber in ganz ähnlicher Weise auch in Bonn, Xanten oder Elst (NL) gefunden 275
worden sind, besaßen eine meist dunkel gehaltene Sockelzone, die mit pflanzlichen
Motiven bemalt sein konnte oder – wie in der Müngersdorfer Villa – eine Marmorver-
kleidung vortäuschte[550]. Die eigentliche Wanddekoration bestand aus großen, oft roten
Feldern, die selten Bildschmuck trugen, sowie schmalen, meist schwarzen Trennstrei-
fen, die mit Schirmkandelabern, Figuren und Pflanzen bemalt waren. Den besten Ein- 277
druck von Aussehen und Technik einer solchen Dekoration vermittelt eine fast 8 m lan-
ge und ca. 2,75 m hohe Wand, die im Römisch-Germanischen Museum Köln rekon-
struiert worden ist[551]. Daneben waren in Stadt und Land auch einfachere Dekorations-
systeme bekannt, sog. Tapetenmuster, die sich über die ganze Fläche ausbreiteten, wie
in Rijswijk (NL) und Nijmegen (NL) oder pastellfarbene Felderdekorationen auf wei- 276
ßem Grund wie in Druten-Klepperhei (NL), deren schlichter Charakter wohl weniger
eine Frage der Qualität, als des Geschmackes war[552]. Seine PIGMENTA (Farbstoffe) be-
zog der Wandmaler aus der Natur[553]. Untersuchungen in Köln haben ergeben, daß die
Farbe Rot aus Mineralien gewonnen wurde, die eine bestimmte Form von Eisenoxyd
enthielten, daß Kohlenstoff für Schwarz, Ocker (Brauneisenerz), das bei Vitruvius
Berggelb heißt[554], die Grundlage für Gelb und Braun bildete und daß seltener benötigte
Farbstoffe wie Grün oder Ägyptisch Blau eingeführt wurden. Um die Farben wasserfest
zu binden, verwendete man tierischen Leim, große einfarbige Flächen wurden mit viel
Aufwand geglättet, um ihnen den damals so geschätzten Oberflächenglanz zu geben,
nur beim Auftragen der einzelnen Putzschichten hat man wohl des öfteren geschludert;
zumindest entsprachen die Beobachtungen, die man in Köln gemacht hat, nicht den
Vorschriften Vitruvs[555].

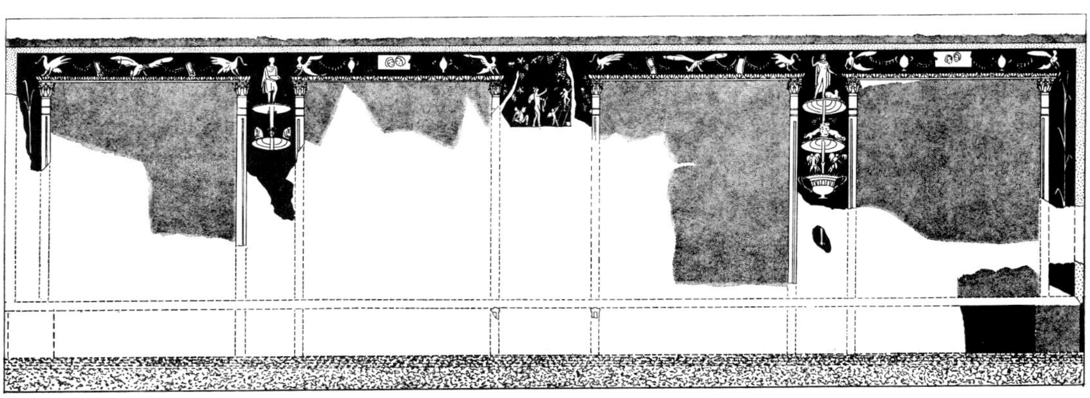

277. Köln, Haus am Dom. Wandmalereien im sog. Kandelaberstil (nach A. Linfert).

Es ist auffallend, daß Niedergermanien relativ arm an *Mosaiken* ist, deren Verbreitung offenbar – von Ausnahmen abgesehen – auf die Provinzhauptstadt beschränkt war[556]. Weder aus den Niederlanden noch aus dem belgischen Randgebiet der römischen Provinz sind nennenswerte Fragmente von Mosaikfußböden bekanntgeworden. Auch der Xantener Boden, der jahrhundertelang auf der Suche nach Steinmaterial durchwühlt wurde, hat bisher keine Mosaikreste freigegeben. Auf dem Lande gab es Mosaikböden vereinzelt in den großen Villen – so in Kreuzweingarten, südlich von
197 Euskirchen (S. 161), wo schon im 19. Jahrhundert zwei Mosaikböden gefunden und gehoben wurden[557]. Ein weiteres Mosaik ist seit 1958 aus ASCIBVRGIVM/Moers-Asberg bekannt, jedoch damals wieder zugeschüttet worden. Der Boden besaß ornamentalen Charakter, war aus weißen Kalksteinchen und roten Ziegelwürfeln zusammengesetzt und gehörte wohl zu einem Badegebäude, das noch auf seine Freilegung wartet.

278 ff. Weitaus die meisten Mosaikfunde sind in Köln gemacht worden[558]. Sie fanden sich dort nicht nur fast gleichmäßig über das gesamte ehemalige Stadtgebiet verteilt, sondern auch vor den Mauern – dort, wo in römischer Zeit Vorstadtvillen (VILLAE SVBVRBANAE) lagen; insgesamt ließen sich 35 Fundstellen festlegen. Auffallend ist u. a. die Häufung von Mosaikresten im Bereich der Töpfereien vor dem Westtor der Stadt,
248 wo Meister wie FABRICIVS und SERVANDVS gearbeitet haben und sicher zu Wohlstand gekommen sind; an der Straße nach Süden ist aufgrund der dortigen Funde sogar eine Mosaikwerkstatt vermutet worden[559]. Die großartigsten und vollständigsten Mosaikfußböden sind im Peristylhaus vor dem Südportal des Domes aufgedeckt worden, das

278. Köln, Dionysos-Villa. Mosaikfußboden mit Szenen aus dem Dionysos-Mythos (Ausschnitt). Anfang 3. Jahrhundert. Römisch-Germanisches-Museum Köln.

279. Köln. Sog. Philosophenmosaik (Ausschnitt). Anfang 3. Jahrhundert. Römisch-Germanisches Museum Köln.

280. Köln. Sog. Haus mit den Hakenkreuzmosaiken. Ausgrabung 1969.

281. CORIOVALLVM/Heerlen (NL). Flacon aus Gold, gefunden in einem Grab. Ende 2. Jahrhundert. Rijksmuseum van Oudheden Leiden (NL).

heute größtenteils vom Römisch-Germanischen Museum überdeckt wird[560]. Diese ca. 3 500 qm große Stadtvilla, deren Grundriß inzwischen fast vollständig bekannt ist, enthielt mindestens sechs Räume, die mit Mosaiken ausgelegt waren, darunter den Speisesaal im Westtrakt des Hauses, der sich zum Gartenhof hin öffnete und das Dionysos-
Mosaik enthielt. Dieser wohl bekannteste Mosaikfußboden Niedergermaniens – zufäl- 278
lig 1941 beim Bau eines Luftschutzbunkers ans Licht geholt und heute im Museum immer noch an seinem ursprünglichen Platz – bedeckt eine Fläche von 74 qm und zeigt in seinen Bildfeldern Szenen und Figuren, die den Weingott Dionysos – den römischen BACCHVS – inmitten seines Gefolges wiedergeben, hingegeben dem Tanz, der Musik, der Liebe und der Trunkenheit. Man hat herausgefunden, daß für die Herstellung des sehr eng gesetzten Bodens ca. 1,5 Millionen Mosaiksteinchen notwendig waren, und daß aufgrund technischer und stilistischer Unterschiede wohl mehrere Hände am Werk gewesen sind. Inzwischen glaubt man auch sicher zu sein, daß die Werkstatt des Dionysos-Meisters in AGRIPPINA selbst gestanden hat. Kennzeichnend für seine Setzweise ist die Struktur des hellen Hintergrundes, dessen Steinchen nicht einfach nebeneinandergesetzt, sondern zu kleinen Kreissegmenten angeordnet worden sind, mit dem Ziel, eine gewisse Raumwirkung zu erzielen und damit die Figuren plastischer zu gestalten. Diese Setzweise findet sich auch auf weiteren fünf Kölner Mosaiken wie z. B. auf dem
sog. Philosophenmosaik, dagegen nur vereinzelt und in viel gröberer Technik auf Bö- 279
den, die außerhalb Kölns entstanden sind.

Auf ähnlich hohem Niveau stand auch das römische *Kunstgewerbe* in Niedergermanien, dessen Umfang und Bedeutung – vor allem auf dem Gebiet der Herstellung von Metall-, Glas- und Tongefäßen – bereits in anderem Zusammenhang hervorgehoben wurde (S. 187 ff.)[561]. Einheimisch keltische oder germanische Einflüsse sind auch in diesen Bereichen – mit Ausnahme der Töpferei und der Vorliebe für farbige Emailarbeiten – kaum spürbar, so daß nicht nur zu Beginn der römischen Zeit italischer und gallischer Import fast ungehindert einströmen konnte, sondern sich in der Folgezeit römische Technik, römischer Formwille und Geschmack fast überall durchsetzten. So schuf die Glaspfeife neue gestalterische Möglichkeiten für die Glasbläser, man lernte, hochwertige Materialien wie Gold, Silber, Bernstein oder Gagat kunstvoll zu verarbeiten und zu
gestalten, machte sich im Metallhandwerk Techniken zu eigen wie das Tauschieren 103
(Einhämmern von Gold- oder Silberfäden) und Niellieren (Ausgießen von Vertiefun-
gen im Metall mit Schwefelsilber) oder entdeckte die auf alte keltische Traditionen zu- 303
rückgehende Emailtechnik neu und damit den Sinn für Farbe.

282. Stevensweert (NL). Reliefverzierter Kantharos aus Silber. Wahrscheinlich um die Mitte des 1. Jahrhunderts in Alexandria (Ägypten) hergestellt. Rijksmuseum G. M. Kam Nijmegen (NL).

Auf allen diesen Gebieten haben niedergermanische Kunsthandwerker Höchstleistungen vollbracht, die allerdings ohne römische Entwicklungshilfe kaum möglich gewesen wären. Besonders deutlich zeigt sich dies im Schmuckhandwerk, dessen Formgebung stets dem griechisch-römischen Ideal verpflichtet war und keinerlei einheimische

283. Silberne Kasserollen mit reliefverzierten Griffen. 1. Jahrhundert. Rijksmuseum G. M. Kam Nijmegen (NL).

284. Medaillon aus Gagat mit den Büsten eines Ehepaares. Gefunden in Köln. 1. Hälfte 4. Jahrhundert. Rheinisches Landesmuseum Bonn.

285. Millingen b. Nijmegen (NL). Boden einer Griffschale mit dem Bild der Gorgo Medusa. 2. Jahrhundert. Rijksmuseum G. M. Kam Nijmegen (NL).

Tradition in sich aufnahm[562]. Auch auf diesem Gebiet scheint AGRIPPINA/Köln das
Hauptherstellungszentrum gewesen zu sein – so u.a. für Arbeiten aus Bernstein und 302
Gagat, die in auffällig großer Zahl dort gefunden wurden. Exotische Materialien wie 284
Elfenbein oder Schildplatt sind selten verarbeitet worden, Gegenstände, zu deren Herstellung sie benötigt wurden, sind wahrscheinlich Importstücke wie das Kästchen aus
Sievernich (Krs. Düren), dessen Belagplatten aus Schildpatt auf einer Seite den Kaiser- 287

sohn Lucius Septimius Geta (189–212) im Triumphwagen zeigen[563]. Aus Gagat, einem 284
Braunkohlematerial, das sich leicht verarbeiten ließ, hat man Medaillons, Ringe, Haarnadeln und Messergriffe geformt[564]. Ob auch Gemmen, Kameen und andere aus Edel- und Halbedelsteinen geschnittene Gegenstände wie z. B. Salbgefäße oder Messergriffe aus Achat in niedergermanischen Werkstätten entstanden sind, ist nicht sicher; möglicherweise ist in Köln für das 3. Jahrhundert eine Edelsteinschleiferei nachweisbar[565]. Schmuck diente im übrigen nicht nur dazu, sich darin zu gefallen oder den Neid anderer zu erwecken, fast noch wichtiger waren die magischen Kräfte, die man Edelsteinen und Metallen nachsagte. Viele Schmuckgegenstände besaßen Amulettcharakter, halfen in einer Zeit, die von tiefem Aberglauben geprägt war, gegen Unheil, Zauber und böse

286. Bronzegeschirrgarnitur aus einem Grab bei Rheinberg (Krs. Wesel). 2./3. Jahrhundert. Stadtgeschichtliches Museum Düsseldorf.

287. Sievernich (Krs. Düren). Belagplatte eines Kästchens aus Schildpatt mit der Darstellung eines kaiserlichen Triumphzuges. Anfang 3. Jahrhundert. Rheinisches Landesmuseum Bonn.

288. Neuss. Ring aus Bergkristall mit der Darstellung des Gottes MARS. 2./3. Jahrhundert. Rheinisches Landesmuseum Bonn.

Geister, verliehen aber auch Kraft, Lebensmut und machten die Götter gewogen. Selbst den Toten konnten sie noch schützen, wenn man ihm – wie z. B. in Neuss – einen Ring
288 aus Bergkristall mitgab, dem man kühlende Wirkung zuschrieb und der dem Toten helfen sollte, auf seiner Wanderung das PYRIPHLEGETON, den Feuerstrom in der Unterwelt, ungefährdet zu überwinden[566].

Staatskult, Göttervielfalt und Christentum

Der größte Vorzug des römischen Gemeinwesens aber scheint mir in ihrer Ansicht von den Göttern zu liegen, und was bei anderen Völkern ein Vorwurf ist, eben dies die Grundlage des römischen Staates zu bilden: eine beinahe abergläubische Gottesfurcht . . . Polybios (205–123 v. Chr.)

Unmöglich ist es, alle Namen der Götter und Göttinnen anzuführen, die man kaum in dicken Büchern hat aufführen können. Hat doch fast ein jedes Ding seinen besonderen göttlichen Patron.
Aurelius Augustinus (354–430)

Wir haben beschlossen, daß der Kult der Gottheit über alles zu stellen ist und daß daher die Christen wie jedermann ihre Religion frei ausüben sollen, damit alle Götter des Himmels uns und allen, die unter unserer Herrschaft stehen, günstig sind.
Konstantin d. Große im Toleranzedikt von Mailand (313)

289. ROM(ae) ET AVG(usto), d. h. »für Roma und den Kaiser«. Wiedergabe des Altars für den Kaiserkult in Lyon (F) auf einem As des Augustus. Um 10/3 v. Chr. Museumszentrum Burg Linn, Krefeld.

In Niedergermanien – wie im ganzen römischen Reich – konnte jeder »nach seiner Fasson« selig werden. Aber die vielzitierte TOLERANTIA (Duldung), die Rom gegenüber anderen Religionen übte, besaß ihre Grenzen. Sie lagen dort, wo Sittlichkeit und öffentliche Moral verletzt oder der Staat, der als etwas Heiliges (SACRVM) galt, gefährdet und in Frage gestellt wurde. Dies geschah vor allem dann, wenn den drei Staatsgöttern
IVPPITER, IVNO und MINERVA die vorgeschriebenen Opfer versagt wurden. Eine derar- 292
tige Mißachtung war gleichbedeutend mit der Auflehnung gegen die Einheit des Staates und Grund genug, diejenigen zu verfolgen, die sich weigerten, vor den Augen anderer die gewünschten Opferfeierlichkeiten zu vollziehen; die Christen haben dies mit aller Härte erfahren müssen. Grundsätzlich konnte alles verehrt werden, »was dem Menschen den Aufstieg in den Himmel ermöglichte« (Cicero)[567], entscheidend war, daß der entsprechende Kult – ob rein oder in angepaßter Form – vom Staat aufgenommen und offiziell anerkannt war.

Aus der Vielzahl von Götterweihungen und -darstellungen, die sich bis in unsere Zeit erhalten haben, spricht nicht so sehr eine tiefe Religiosität der Menschen jener Zeit, als vielmehr der ausgeprägte Wunsch, die außerirdischen Kräfte zu binden, sie festzulegen und zu beeinflussen, das zu tun, was aus menschlicher Sicht wünschenswert war. Dahinter stand die Vorstellung, daß jedes Ding, das Teil des menschlichen Daseins war,
ein NVMEN besaß, einen Geist und göttlichen Willen, der von sich aus handelte, und die 308
fast abergläubische Furcht, diese Mächte nicht unter Kontrolle bringen zu können. Es war nicht so wesentlich, in welcher Gestalt man sich diese Kräfte vorzustellen hatte, entscheidend war ihre Existenz, die Anrufung der richtigen Gottheit in der richtigen, d. h. vorgeschriebenen Weise und die Abhaltung von Gebeten und Opfern am richtigen Ort und in der richtigen Reihenfolge. Dieser Vorgang – die peinlich genaue Einhaltung uralter, oft schon unverständlicher Riten – hieß RELIGIO (eigentlich »sorgfältige und gewissenhafte Erwägung und Beobachtung«), und nur sie sicherte das göttliche Wohlwollen für den Staat und für jeden Einzelnen.

290. Christogramm einer Grabplatte aus der Friedhofskapelle unter dem Bonner Münster. Um 400. Rheinisches Landesmuseum Bonn.

Römischer Gottesdienst war demnach oft nichts anderes als eine Art Rechtsgeschäft zwischen Mensch und Gott – nach dem Motto DO VT DES (ich gebe, damit du gibst).
Die gebräuchlichste Form war das Gelübde (VOTVM). So gelobte der Britannienkauf- 291
mann aus AGRIPPINA/Köln der Göttin NEHALENNIA vor seiner Abfahrt einen Altar für den Fall, daß seine Waren sicher nach LONDINIVM/London (GB) gelangen würden[568]. Der göttlichen Gegenleistung folgte die Erfüllung des Gelübdes, das nach einer alten Formel LIBENS (gern) und MERITO (nach Gebühr), d. h. wie es der Gottheit zukommt,

eingelöst wurde; mit der Aufstellung des gelobten Altarsteines im Heiligtum der Göttin war der kultische Rechtshandel – offenbar zur Zufriedenheit beider – abgeschlossen. Religion im heutigen Verständnis war dies nicht, auch gab römische Kultpraxis dem Einzelnen nur wenig. Sie vermittelte keine Wärme, keine Geborgenheit oder geistige Anregung, beantwortete keine Fragen nach Leben und Tod oder nach dem Wesen der Götter, sie war starr, kalt und formelhaft, bot wenig innere Erbauung, und es wundert nicht, daß sich während der Kaiserzeit immer mehr Menschen von dieser Art der Religionsausübung innerlich entfernten und sich anderen Kulten zuwandten, die Gefühl und Geist ansprachen und mehr waren als ein »Spektakel nostalgischer Altertümelei« (B. Cunliffe)[569].

Was der römischen Religion vor allem fehlte, waren Bilder und Mythen, die Griechenlands Götter in Fülle besaßen. Je mehr sich Rom politisch im griechisch-hellenistischen Osten des Mittelmeerraumes festsetzte, um so mehr fanden griechische Vorstellungen, griechische Bildhaftigkeit und griechischer Mythenreichtum Zugang zu den Menschen im römischen Westen. Roms Götter erhielten Gestalt, die sie zuvor nicht hatten, und diese Gestalt war griechisch. IVPPITER wurde Zeus angeglichen und erhielt Szepter, Blitzbündel und Adler als Zeichen seiner allumfassenden Macht, IVNO erhielt

ihr Bild von Hera, aus Athene wurde MINERVA mit Helm, Lanze und Aegis, dem schuppenartigen Brustpanzer, und MERCVRIVS erschien in der Gestalt des Hermes. Alle Götter – auch diejenigen, die wie VESTA, die Beschützerin des Herdfeuers, oder der Waldgott SILVANVS nicht umgedeutet oder angeglichen wurden – erhielten menschen-

291. V(otum) S(olvit) L(ibens) M(erito), d. h. »hat sein Gelübde gern (und) nach Gebühr erfüllt«. Standardformel auf römischen Weihesteinen des 1.–3. Jahrhunderts. Ausschnitt einer Bonner Weihinschrift. Rheinisches Landesmuseum Bonn.

292. Staatsopfer für Juppiter Optimus Maximus (IOM). Wandmalerei aus Trier. 2. Jahrhundert. Rheinisches Landesmuseum Trier.

293. Juppitersäule aus Lövenich-Kleinbouslar (Krs. Heinsberg) und Bildnis eines sitzenden Juppiter, gefunden in Bonn. 3. Jahrhundert. Rheinisches Landesmuseum Bonn.

294. ADVATVCA TVNGRORVM/Tongeren (B). Juppiter-Giganten-Gruppe aus dem Tempelbezirk Abb. 132. 2. Jahrhundert. Gallo-Romeins Museum Tongeren (B).

ähnliche Gestalt nach griechischen Vorbildern – ein Vorgang, der Roms gestaltlose
Götter vermenschlichte und sie den Gläubigen jener Zeit näherbrachte. 295,
Der höchste Gott war IVPPITER, meist mit IVNO und MINERVA als Dreiheit (TRIAS) 297
verehrt und mit der Abkürzung IOM als »bester« (OPTIMVS) und »größter« (MAXIMVS) 49

295. MINERVA, IVPPITER und IVNO, die kapitolinische Trias, auf einem Relief des Trajansbogens in Benevent. Um 114–117.

besonders hervorgehoben. Er wurde – wie MINERVA – auch als Einzelgottheit verehrt,
während IVNO, die auf offiziellen Denkmälern den Beinamen REGINA (Königin) trug,
312 angesichts der Vielzahl einheimischer Muttergottheiten in den Hintergrund trat
(S. 228 ff.). Besonders verbreitet war MINERVA, die als Göttin kriegerischer Tugenden, der Künste und des Handwerks mehrere Funktionen in sich verkörperte und von vielen Menschen für ihre Zwecke angerufen wurde. Als römische Reichs- und Schutzgötter, deren Haupttempel auf dem Kapitolshügel in Rom stand, repräsentierten sie den Staat, in jeder neugegründeten COLONIA stand ihr Tempel, das CAPITOLIVM, und noch heute heißt die Kirche, die in Köln auf den Fundamenten des römischen Haupttempels steht – St. Maria im Kapitol.

Auf dem Kapitolshügel in Rom stand seit 63 v. Chr. auch eine Säule, bekrönt von einer Statue des IVPPITER, die etwa seit der Zeit Neros (54–68) in den germanischen und nordgallischen Provinzen zum Vorbild vieler ähnlicher Monumente wurde[570]. Besonders auf dem Lande waren Juppitersäulen Mittelpunkte kultischer Verehrung wie in
49 IVLIACVM/Jülich, wo die VICANI, die Bewohner dieser Siedlung, ein Göttermal dieser
Art errichteten (S. 50). Oben stand oder thronte IVPPITER, die Säule schmückten ein blattartiges Schuppenmuster und mehrere Götterfiguren, die meist auch den Sockel

Legenden zu Seite 221 unten

297. Weihaltar aus Xanten für die »Götter des Kapitols«, gesetzt am 1. Juli des Jahres 239 von dem Standartenträger Titus Quartinius Saturnalis. Rheinisches Landesmuseum Bonn. Die Übersetzung der Inschrift lautet: »Dem besten und größten Juppiter, der (Himmels)-Königin Juno und der Minerva hat Titus Quartinius Saturnalis, Standartenträger der 30. ulpischen (und) siegreichen Legion, das Gelübde für sich und die Seinen gern und nach Gebühr erfüllt. Unter dem Konsulat unseres Kaisers Gordianus und des Aviola, an den Kalenden des Juli«.

298. Weihestein für den germanischen Gott GEBRINIVS aus Bonn, der mit MERCVRIVS gleichgesetzt wurde. 2. Jahrhundert. Rheinisches Landesmuseum Bonn. Die Inschrift lautet übersetzt: »Für Mercurius Gebrinius (und) auf sein Geheiß (haben) Caius Anaillius Atto und Anaillius Attonius für sich und die Ihren gern und nach Gebühr (ihr Gelübde erfüllt)«.

296. I(ovi) O(ptimo) M(aximo), d. h. »für Juppiter, den besten und größten«. Weihinschrift aus Köln mit der Abbildung eines achtspeichigen Rades, einem Symbol des keltischen Sonnen- und Himmelsgottes Taranus. 2./3. Jahrhundert. Rheinisches Landesmuseum Bonn.

zierten; in unserem Beispiel, das aus Lövenich-Kleinbouslar, südlich von Erkelenz (Krs. 293
Heinsberg) stammt, sind es IVNO, MINERVA und MERCVRIVS[571]. Eine Besonderheit für
den ostgallischen Raum waren Säulen mit dem Bild des reitenden Himmelsgottes, zu 294
dessen Füßen ein Gigant kauert, der entweder niedergeritten wird oder sich schon ergeben hat. Hier mischten sich römische und keltische Vorstellungen: der keltische Taranus, dessen Symbol auch das Rad war und der – einer antiken Überlieferung zufolge[572] 296
– in Gestalt einer Eiche verehrt wurde, und der römische IVPPITER, der mit ihm gleichgesetzt wurde.

Diesen Vorgang nannte Tacitus INTERPRETATIO ROMANA (römische Deutung)[573]. Er umschrieb damit Praxis und Fähigkeit seiner Landsleute, die Götter anderer Völker den eigenen anzugleichen, ihnen lateinische Namen zu geben, die Bezeichnungen beider Gottheiten sprachlich zu verbinden – HERCVLES MAGVSANVS oder MERCVRIVS
GEBRINIVS sind solche Schöpfungen – oder aber einheimische Gottheiten wie VAGDA- 298
VERCVSTIS oder NEHALENNIA dadurch zu romanisieren, daß ihren Namen die Be- 316,
zeichnung DEA (Göttin) vorangestellt wurde. Dieser Umschmelzungsprozeß verlief 317
keineswegs einseitig, zumal den Römern missionarischer Eifer fernlag. Vielmehr scheint das Bestreben, gallisch-germanische und römische Göttervorstellungen und Kultpraktiken zu harmonisieren, von beiden Seiten ausgegangen zu sein. Es muß dabei

offen bleiben, auf welcher Seite die eigentliche Initiative lag, doch spricht einiges dafür, daß Germanen und Gallier, soweit sie unter römischer Herrschaft lebten, auch weiterhin ihren alten Göttern anhingen, auch wenn sie jetzt z.T. lateinische Namen trugen,
289 und daß sie darüberhinaus als loyale Reichsbewohner den römischen Staatsgöttern, dem Kaiser und der mit ihm im Kult verbundenen Göttin ROMA die notwendige Reverenz erwiesen.

Große Beliebtheit besaß MERCVRIVS, der mehrere Funktionen in sich vereinigte. Mit den Attributen des griechischen Hermes und dem Geldbeutel in der Hand war er der Gott der Kaufleute (bezeichnenderweise auch der Diebe!), sein Beistand verhieß Gewinn und Reichtum, er schützte die Reisenden auf den Straßen und galt in den nördlichen Provinzen – ähnlich wie MINERVA, MARS und VICTORIA – als Schutzgott und Träger des römischen Kolonisationsgedankens. Gerade dieser Gott hat zahlreiche Angleichungen erfahren. Tacitus verglich ihn mit dem germanischen Wotan, der Epiker Lucanus stellte ihn einmal dem keltischen Teutates, ein andermal dem Esus gleich[574]. Tatsächlich geht aus einer Kölner Weihinschrift hervor, daß man dort dem MERCVRIVS Kraniche opferte, die auch Esus zustanden[575]. Auch verschiedenen Stammes- und Lokalgöttern lieh er Gestalt und Funktion, ob sie nun ursprünglich CISSONIVS, ARVERNVS, FRIAVSIVS, LEVDANVS oder SVSVRRIO hießen[576]. Einer von ihnen war GE-
298 BRINIVS, der in der Bonner Gegend verehrt wurde und dem als MERCVRIVS GEBRINIVS zahlreiche Denkmäler gesetzt worden sind, von denen sich einige bei Ausgrabungen unter dem Bonner Münster wiedergefunden haben[577].

Andere römische Hauptgötter spielten in Niedergermanien eine eher untergeordnete Rolle, wenn man die Zahl ihrer Denkmäler zugrundelegt, die auf uns gekommen sind. Zu ihnen gehörten der Heilgott AESCVLAPIVS (mit einer griechischen, wenn auch fehlerhaften Inschrift in Köln), die Hausgöttin VESTA, die Unterweltsgötter PLVTO und PROSERPINA, der Meeresgott NEPTVNVS oder CERES, die Göttin des Ackerbaues; gemeinsam ist ihnen, daß sie nicht mit einheimischen Gottheiten gleichgesetzt wurden[578].

299. Der Gott VOLCANVS auf einem Sockelrelief einer Juppitersäule aus Köln-Weiden. 2./3. Jahrhundert. Rheinisches Landesmuseum Bonn.

300. Bronzestatuette der Göttin VICTORIA aus Xanten. 2./3. Jahrhundert. Rheinisches Landesmuseum Bonn.

301. Bronzestatuette des Gottes MARS, gefunden in Pommern/Mosel. 2./3. Jahrhundert. Rheinisches Landesmuseum Bonn.

302. Esch b. 's-Hertogenbosch (NL). Dionysos-BACCHVS mit Thyrsosstab und Panther (liegend), gestützt auf einen Satyrknaben. Bernstein, Höhe 10 cm. 1. Hälfte 3. Jahrhundert. Centraal Noord Brabants Museum 's-Hertogenbosch (NL).

303. NOVIOMAGVS/Nijmegen (NL). Broschenfibeln mit farbigen Emaileinlagen. 2./3. Jahrhundert. Rijksmuseum G. M. Kam Nijmegen (NL).

288, Anders ist es mit MARS, dem jugendlichen Kriegsgott und Wahrer des römischen Frie-
301 dens. Er besaß u. a. in AGRIPPINA/Köln einen Tempel, an den heute noch Bezeichnun-
gen wie »Marsplatz« oder »Marspforten« erinnern[579]. Auch er hat einheimische Inter-
pretationen erfahren – als MARS HALAMARDVS (in der Gegend der heutigen Stadt
Roermond/NL) und MARS CAMVLVS, dem die aus DVROCORTORVM/Reims stam-
menden Bürger (CIVES REMI) zur Zeit Neros (54–68) in HARENATIVM/Kleve-Rindern
27, einen Tempel bauten[580]. Zu MARS gehörte VICTORIA, die Siegesgöttin, dargestellt mit
300 Kranz und Palmwedel in den Händen und auf einer Kugel stehend; auch sie verkörper-
te das Reich und die Segnungen seiner Zivilisation. Der dritte im Kreis der sieghaften
305 Götter war HERCVLES, dessen Kampf mit dem Löwen von Nemea gleichsam das Sym-
bol für die Überwindung von Schwierigkeiten aller Art gewesen ist. Ähnlich wie
MERCVRIVS galt er als Schutzgott der Kaufleute, die zu Lande und auf dem Wasser un-
terwegs waren. Die Germanen erkannten in ihm ihren Gott Donar wieder, als HERCV-
LES SAXANVS (der felsenharte) war er Schutzpatron der Arbeiter in den Steinbrüchen,
als HERCVLES MAGVSANVS wurde er am Niederrhein verehrt und als COMES AVGVSTI
(Gefährte des Kaisers) ließ Postumus im Jahre 265 sein Bild auf Goldmünzen prägen,
zum Zeichen dafür, daß er seine Herrschaft unter den besonderen Schutz dieses Gottes
gestellt habe[581].

304 APOLLO war der einzige Gott der griechischen Welt, der seinen Namen in römi-
schem Gewand nicht änderte, während seine Zwillingsschwester Artemis zu DIANA
(auch DEANA) wurde. Der mächtige Licht- und Orakelgott aus Griechenland, der alles Schädliche vernichtete, Krankheiten heilte und mit den Klängen seiner Kithara die Götter des Olymps erfreute, wurde in Niedergermanien vor allem als Heil- und Gesundheitsgott verehrt. In dieser Funktion verschmolz er mit Grannus, dem keltischen Heilgott, dem u. a. die Aachener Thermalquellen heilig waren und der diesem Platz den Namen gab (AQVAE GRANNI = Heilquellen des Grannus)[582]. Eine seiner Partnerinnen war SALVS, Göttin der Gesundheit, die auch nach ihrem griechischen Vorbild HYGIA genannt wurde. Auch DIANA wurde ihm manchmal an die Seite gestellt, doch meist war sie die Göttin des Waldes und der Jagd und damit Partnerin des SILVANVS, Gott der

304. Der Gott APOLLO auf dem Sockel einer Juppitersäule aus Maastricht (NL). 2./3. Jahrhundert. Bonnefantenmuseum Maastricht (NL).

305. Der Halbgott HERCVLES auf dem Sockel der Juppitersäule Abb. 304. Bonnefantenmuseum Maastricht (NL).

Wälder und Fluren, dem der Bärenfänger Cessorinius in VETERA/Xanten-Birten eine Statue stiftete. In ganz ähnlicher Weise wurde auch DIANA angerufen, die als DIANA NEMESIS, als Göttin der Vergeltung und heiligen Zucht, besonders von den Kämpfern in den Amphitheatern verehrt wurde[583].

Der Gott des Feuers war VOLCANVS, der seine Gestalt von Hephaistos erhielt. Er war 299
Schutzpatron der Schmiede und Feuerwehrleute und entsprach nach Wesen und Funktion einem keltischen Gott, dessen Name nicht bekannt ist und der nach seinen Attributen als Schlägel- oder Hammergott bezeichnet wird. Vielfach verehrt wurde FORTVNA, die zum Zeichen von Glück und Erfolg, die sie verhieß, stets das Füllhorn trug – mitunter auch zwei, wie bei den Statuetten des Kölner Töpfers SERVANDVS (S. 196 f.). FORTVNA beschützte die öffentlichen Bäder, war Heilgöttin im Gefolge des APOLLO, städtische Schutzgottheit und entsprach in ihren verschiedenen Wesenszügen einer ganzen Anzahl einheimischer Mutter- und Fruchtbarkeitsgöttinnen, denen sie angeglichen wurde und Gestalt gab. In einer ähnlichen Situation befand sich auch VENVS, ursprünglich ebenfalls eine Glücks- und Gnadengöttin, ehe sie von Aphrodite Gestalt und Funktion erhielt. Als VENVS GENETRIX (Schöpferin) galt sie als Stammutter der julischen Familie, die den ersten römischen Kaiser hervorgebracht hatte. Sie war nicht einfach Liebesgöttin, sondern sie verkörperte ganz allgemein weibliche und auch mütterliche Tugenden, die sie mit einheimischen Muttergottheiten gemeinsam hatte.

306. DEA VIRTVS. Weihaltar aus Köln mit der Darstellung der Göttin VIRTVS. 3. Jahrhundert. Römisch-Germanisches Museum Köln.

307. GENIVS LOCI (»Schutzgeist des Ortes«). Wiedergabe auf dem Sockel einer Juppitersäule aus Köln. 2. Jahrhundert. Rheinisches Landesmuseum Bonn.

Die Römer besaßen einen ausgeprägten Sinn dafür, Begriffe zu Personen zu machen. So wurden menschliche Eigenschaften – Tugenden, nicht Laster, wie Cicero ausdrücklich betont[584] – zu göttlichen Wesen erhoben, erhielten Gestalt, ebenfalls nach griechischen Vorbildern, und wurden in Tempeln und an Altären verehrt. Die Rückseiten kaiserzeitlicher Münzprägungen sind voll solcher Einzelpersonifikationen wie PIETAS (Frömmigkeit), IVSTITIA (Gerechtigkeit), SPES (Hoffnung), LIBERTAS (Freiheit) oder CONCORDIA (Eintracht)[585]. Flüsse wie RHENVS (Rhein) oder RVRA (Rur) konnten zu Personen werden ebenso wie ABNOBA oder ARDVINNA, die Göttinnen des Schwarzwal-

308. NVMINI SANCTO (»dem heiligen Willen«). Ausschnitt einer Weihinschrift aus Bonn. 2. Jahrhundert. Rheinisches Landesmuseum Bonn.

des oder der Ardennen, die damals das Eifelgebiet einschlossen[586]. Es gab Altäre für FAMA, den guten Leumund, für FATAE, die Göttinnen des unheilvollen Schicksals, HONOS (Ehre, Ruhm) und FAVOR (Gunst) wurden göttlich verehrt, die SORS CLASSICANA,
306 das Schicksal der Rheinflotte, beschworen und der DEA VIRTVS, der personifizierten Tapferkeit und militärischen Tauglichkeit, Weihesteine errichtet, auf denen die Göttin als Kriegerin erscheint[587].

307 Am deutlichsten zeigt sich römische Denkweise am Begriff des GENIVS, des Schutzgeistes, der jeder Körperschaft und jedem Ort etwas Persönliches gab. Jeder Einzelne hatte seinen GENIVS – eine Art geistiges Ich –, das ihn leitete und schützte, jede Vereinigung, ob Volk, Staat, Legion, Familie oder Feuerwehrverein, besaß ihren Schutzgeist, den man sich gern als jungen Mann mit Füllhorn und Opferschale vorstellte. Fast sprichwörtlich ist auch in unserem Sprachgebrauch der GENIVS LOCI, der gute Geist,

309. TRAIANA/Xanten. Rekonstruktion des sog. Hafentempels (nach G. Precht). Ansicht von Südosten.

der einem Platz anhaftet! Am höchsten stand der GENIVS AVGVSTI oder IMPERATORIS, der Schutzgeist des Kaisers, der auf offiziellen Denkmälern beschworen wurde und der in seiner Bedeutung nur noch überboten werden konnte, wenn man den kaiserlichen Namen mit einer Gottheit verband, in dem Bestreben, die göttlichen Fähigkeiten auf den Herrscher zu übertragen. Wahrscheinlich ist in diesem Sinne die Bauinschrift für MERCVRIVS AVGVSTVS zu verstehen, die in der Nähe des Kölner Domes gefunden wurde, wo der Kaiser – in diesem Falle Titus (79–81) – und MERCVRIVS in einem gemeinsamen Tempel verehrt worden sind[588].

Das FANVM – auch CELLA (Kammer) genannt –, der geweihte Ort, an dem das Kultbild (SIMVLACRVM) stand, galt als Wohnung und heiliger Besitz einer Gottheit. Es war kein Gotteshaus im christlichen Sinne, denn geopfert wurde an einem Altar, der außerhalb des Tempels stand, d.h. der eigentliche Gottesdienst fand vor dem Tempel statt. 310,
Das äußere Aussehen der *Heiligtümer* war unterschiedlich. Römische Gottheiten wur- 312
den in Tempeln verehrt, die nach Bauschmuck und äußerer Gestalt griechisch aussa- 309
hen, jedoch dem architektonischen Grundgedanken nach eine römische Bauschöpfung waren. Denn im Gegensatz zum griechischen Tempel, der immer als in sich geschlossener Baukörper aufgefaßt wurde, der rings von Säulen umgeben war und keine eigentliche Vorder- oder Rückseite hatte, war der römische Tempel von Anfang an richtungsgebunden, d.h. auf einen Platz und damit auf den Betrachter ausgerichtet. Die CELLA, die man durch ein hohes Portal betrat, erhob sich auf einem mächtigen Fundament (PODIVM), zu dem eine Treppe hinaufführte, und war in der Regel auf drei Seiten von Säulen umgeben, auf denen Giebel, Gebälk und Dach ruhten. Derartige Tempel hat es in allen römischen Provinzen gegeben – in Nordafrika, wo sie heute z.T. noch aufrechtstehen, ebenso wie in Niedergermanien, wo man bei Ausgrabungen im günstigsten Falle – wie unlängst in Xanten – noch das Podium findet, auf dem der Tempel gestanden hat; ganz ähnlich haben wohl auch die Kapitolstempel in AGRIPPINA/Köln und TRAIANA/Xanten ausgesehen, von denen nur noch Fundamentreste erhalten sind[589].

Die FANA einheimischer Götter besaßen dagegen ein anderes Aussehen. Die CELLA 311
bestand hier aus einem turmartigen Gebäude, das zwei Stockwerke enthielt und auf allen vier Seiten von einem offenen Säulengang umgeben war. Man bezeichnet ein solches Heiligtum auch als »gallo-römischen Umgangstempel« und meint damit, daß hier eine keltisch-gallische Bautradition bewahrt und in römische Steinbauweise übersetzt worden ist. Die Überreste solcher Tempel waren in Niedergermanien sehr zahlreich und folgten alle dem gleichen Baumuster. Sie standen in Städten wie auf dem Lande und sind deutliche Zeichen für die weite Verbreitung einheimischer Kulte und Göttervorstellungen. Besonders interessant ist der Befund in Elst (NL), wo 1947 unter der

310. »Gottesdienst« vor einem gallo-römischen Heiligtum (vgl. Abb. 313).

311. Elst (NL). Rekonstruktion eines gallo-römischen Umgangstempels unter der dortigen Kirche.

312. MATRONIS AVFANIABVS (»den Aufanischen Matronen geweiht«). Bildfeld einer Matronenweihung aus Bonn, über den drei Göttinnen die Familie des Stifters Quintus Vettius Severus (vgl. Abb. 41). Aus dem Jahre 164. Rheinisches Landesmuseum Bonn.

dortigen Kirche zwei Tempel dieser Art ausgegraben wurden, dazu Knochen von Schweinen, Schafen und Rindern, die auf Reinigungsopfer nach dem Vorbild römischer SVOVETAVRILIA hindeuten, bei denen je eines dieser Tiere geopfert wurde; offenbar folgte in Elst auf die römische Deutung eines einheimischen Kultes später eine INTERPRETATIO CHRISTIANA, die sich äußerlich im Bau der ersten Kirche ausdrückte[590].
132 Ein weiterer Tempel dieser Art, der in Tongeren (B) aufgedeckt wurde, ist deshalb von Bedeutung, weil er in einer Mischform gebaut wurde, die Elemente der einheimischen Bauweise mit denen des römischen Tempels verband; auf diese Weise wurde aus einem gallischen Umgangstempel ein römischer Podiumstempel (S. 117).

Oft waren Tempelanlagen in einheimischer Bauweise Heiligtümer von MATRONAE oder MATRES, mütterlichen Segens- und Fruchtbarkeitsgöttinnen, deren Kult von Oberitalien bis Britannien verbreitet war[591]. Das Zentrum ihrer Verehrung scheint Niedergermanien gewesen zu sein, wo nicht nur Matronenweihungen in großer Zahl gefunden, sondern auch mehrere Heiligtümer aufgedeckt worden sind – vor allem im nördlichen Eifelgebiet. Es waren fast immer drei Muttergöttinnen, die gemeinsam verehrt und angerufen wurden, auf Weihesteinen meist sitzend dargestellt, mit Blumen, Fruchtkörben, Füllhörnern und anderen Attributen ihrer schützenden und segensreichen Tätigkeit. Ihre Beinamen sind sehr vielfältig (mehr als 100 hat man gezählt), und nicht in allen Fällen sind sie deutbar. Sie konnten sich auf Stämme oder Stammesteile, Örtlichkeiten oder Sippen beziehen und besaßen offenbar immer nur eine eng begrenzte regionale Bedeutung. Am bekanntesten sind die Kultstätten der VACALLINEHAE, die ihr Heiligtum in Nöthen-Pesch bei Bad Münstereifel hatten, die FA(c)HINE(i)H(i)AE,

313. Opferszenen auf einem Matronen-Weihaltar aus Bonn. Links Opferdiener, der ein Schwein herbeiträgt. Daneben Opferszene, mit dem Priester rechts des Altars, daneben ein Knabe mit Kästchen, ein Doppelflötenspieler und ein Opferdiener mit Kanne und Griffschale. 2./3. Jahrhundert. Rheinisches Landesmuseum Bonn.

die in einem heiligen Bezirk bei Zingsheim und die AVFANIAE, die bei Nettersheim und 312
in BONNA/Bonn verehrt wurden, wo ihr Tempelbezirk wohl unter dem späteren Münster gelegen hat – auch dies ein Fall christlicher Umdeutung[592]. Ein weiteres, sicher lokalisierbares Matronenheiligtum ist erst kürzlich auf dem Domerberg bei Fronhoven, nördlich von Eschweiler (Krs. Aachen), aufgedeckt worden, eine Anlage – ähnlich wie

314. Opferdiener mit Kasten auf der Schmalseite eines Weihaltars für NEHALENNIA von Colijnsplaat (NL). Um 200. Rijksmuseum van Oudheden Leiden (NL).

315. DEAE [VIR]ADEGD[I] (»für die Göttin Viradegdis«). Weihaltar aus FECTIO/Bunnik-Vechten (NL). 2./3. Jahrhundert. Rijksmuseum van Oudheden Leiden (NL). Die Inschrift lautet übersetzt: »Für Viradegdis haben die tungrischen Bürger und Schiffer, die in Fectio ansässig sind, ihr Gelübde gern und nach Gebühr erfüllt«.

316. DEAE/VAGDAVERCVSTI (»für die Göttin Vagdavercustis«). Ausschnitt einer Kölner Weihinschrift. 2. Hälfte 2. Jahrhundert. Römisch-Germanisches Museum Köln.

317. Tonstatuette der Göttin EPONA aus Bonn. 2./3. Jahrhundert. Rheinisches Landesmuseum Bonn.

in Pesch – mit zwei Tempeln und einer langgestreckten Halle und nach dem Zeugnis
zahlreicher Inschriftreste Heiligtum zweier Matronenkulte, der ALAFERHVIAE und AM-
FRATNINAE, die dort gemeinsam verehrt wurden[593]. Des öfteren scheint MERCVRIVS
der männliche Partner der Matronen gewesen zu sein; in solchen Fällen hat er Gotthei-
298 ten wie LEVDANVS oder GEBRINIVS, über die wir sonst nichts wüßten, Gestalt und
Funktion gegeben[594].

Groß war auch die Zahl jener *einheimischen Gottheiten,* die nicht im römischen Göt-
terhimmel aufgingen, sondern ihren Namen behielten, dem – als Zeichen ihrer ROMA-
NITAS – ein DEVS (Gott) oder DEA (Göttin) vorangesetzt wurde. Welche Bedeutung
und Funktion sie im einzelnen besaßen, läßt sich eigentlich nur in den Fällen nachvoll-
ziehen, in denen sie römischen Göttern gleichgestellt wurden; von allen übrigen kennen
wir oft nicht mehr als ihre Namen. Sie hießen REQVALIVAHANVS, VARNENO, HLVDA-
315 NA, HVRSTRGA, ISENEVCAEGA, VIRADEGDIS, APADEVA oder SANDRAVDIGA, für deren
Kult beim heutigen Zundert, südlich von Breda (NL), ausdrücklich Tempelpfleger
(CVLTORES TEMPLI) bezeugt sind[595]. Von der Göttin SVNVXAL (auch SVNVXSAL) wird
angenommen, daß sie die Stammesmutter der SVNVCI war, deren Hauptort wohl das
316 heutige Aachen gewesen ist; größere Bedeutung besaß offenbar auch die Göttin VAG-
DAVERCVSTIS, die am Niederrhein verehrt wurde und der in Köln sogar ein Prätoria-
nerpräfekt aus Rom einen Altar gestiftet hat[596].

Zwei weibliche Gottheiten aus diesem Kreis sind deutlicher erkennbar – EPONA,
Schutzgöttin der Reisenden, vor allen aber der Zug-, Last- und Reittiere, ihrer Führer,
Stallungen und Unterkünfte, sowie NEHALENNIA, Beschützerin der Kaufleute und
317 Händler, die mit ihren Schiffen die Route Köln-London-Köln befuhren[597]. EPONA, eine
keltische Göttin, wurde ursprünglich in Tiergestalt – als Stute – verehrt, ehe sie unter
griechisch-römischem Einfluß zur Reitergöttin wurde, dargestellt entweder zwischen
zwei Pferden oder Maultieren sitzend, die ihr aus der Hand fressen, oder im Damensitz
reitend, in der Hand die Mähne oder die Zügel des Tieres. Ihr Kult war nicht auf den
germanisch-gallischen Raum beschränkt, sondern ist über Oberitalien bis nach Rom
gelangt. Dagegen besaß die germanische NEHALENNIA nur regionale Bedeutung. Zwei
ihrer Heiligtümer, zu denen aufgrund von Inschriften ein drittes in der Provinzhaupt-
stadt angenommen werden kann, lagen an der Nordseeküste bei Domburg (NL) und
318 Colijnsplaat (NL), dort, wo sich die Britannienkauffahrer anschickten, den Kanal zu
überqueren (S. 203 f.)[598]. Mehr als 200 vollständige oder bruchstückhafte Weihesteine
sind inzwischen vor Colijnsplaat aus der Oosterschelde geborgen worden, wo sich in
römischer Zeit – offenbar dicht am Ufer – ein Heiligtum befand, das schon in spätrömi-
scher Zeit durch eine Flußverlagerung unterwaschen wurde und in den Fluten versank,
wo heute zahlreiche Weihesteine – und wohl auch Tempelreste – in einer Tiefe von
319 25 m liegen. Meist ist die Göttin – in der Art der Matronen – sitzend dargestellt, mit ih-
rer linken Hand umfaßt sie – als Symbol ihrer segensreichen Tätigkeit – einen Früchte-
korb, während sie in der Rechten eine große Frucht oder ähnliches hält. Zu ihren Füßen
kauert ein Fuchshund als persönlicher Begleiter, dem auf der anderen Seite des Thrones
ein zweiter Korb entspricht, der von Früchten überquillt. Andere Darstellungen zeigen

318. Colijnsplaat (NL). Das Heiligtum der NEHALENNIA im 3. Jahrhundert (oben), im 4. Jahrhundert (Mitte) und die heutige Geländesituation (unten). Nach L. P. Louwe Kooijmans.

319. DEAE NEHALENNIAE (»für die Göttin Nehalennia«). Weihaltar von Colijnsplaat (NL) mit dem Bild der Göttin. Um 200. Rijksmuseum van Oudheden Leiden (NL). Vgl. Abb. 264. Die Übersetzung der Inschrift lautet: »Für die Göttin Nehalennia hat Marcus Exgingius Agricola, treverischer Bürger (und) Salzhändler aus Köln, sein Gelübde gern und nach Gebühr erfüllt«.

die Göttin stehend, den linken Fuß auf einen Schiffsbug gesetzt, der ihre besondere Rolle verdeutlicht; manchmal ist auf einer Altarseite auch ein Steuerruder abgebildet. Wie die Inschriften zeigen, gehörten zu denen, die sich unter den Schutz Nehalennias begaben, nicht nur Kauffahrer und Reeder, sondern auch NAVTAE (Seeleute) und ACTORES NAVIVM (Schiffsführer).

Trotz einer Vielzahl von Göttern, die für alle Lebenslagen und für jeden Augenblick zur Verfügung standen, vermochten die offiziellen Kulte den Menschen der damaligen Zeit nicht das zu vermitteln, was sich viele eigentlich wünschten: Religionen, zu denen man sich persönlich bekennen konnte und die Verstand, Gefühl und Gewissen in gleicher Weise ansprachen; hierzu waren die hellenistisch-orientalischen *Mysterienkulte* in besonderer Weise geeignet[599]. Schon verhältnismäßig früh fanden diese Götter Einlaß in den römischen Götterhimmel, anfangs nur widerwillig geduldet – wie im Fall der Kulte des Dionysos und der Kybele –, spätestens jedoch zu Beginn der Kaiserzeit auch offiziell anerkannt, nachdem römische Kaiser Tempel zu ihren Ehren in Rom errichten ließen. Allen östlichen Kulten lagen uralte Vegetationsmythen zugrunde – das Sterben und Wiedererwachen der Natur, gleichsam als Bild und Verheißung für den Menschen, der stirbt und zu neuem Leben erweckt wird. Zu diesen Göttern gehörte Dionysos mit 302,
seinem Gefolge, der griechische Gott aus Thrakien, früh mit dem italischen Land- und 320
Saatgott BACCHVS gleichgesetzt, dessen Name auch LIBER PATER war (übersetzt etwa »der Gott, der frei macht«). Dionysos-BACCHVS war mehr als nur der irdische Gott des

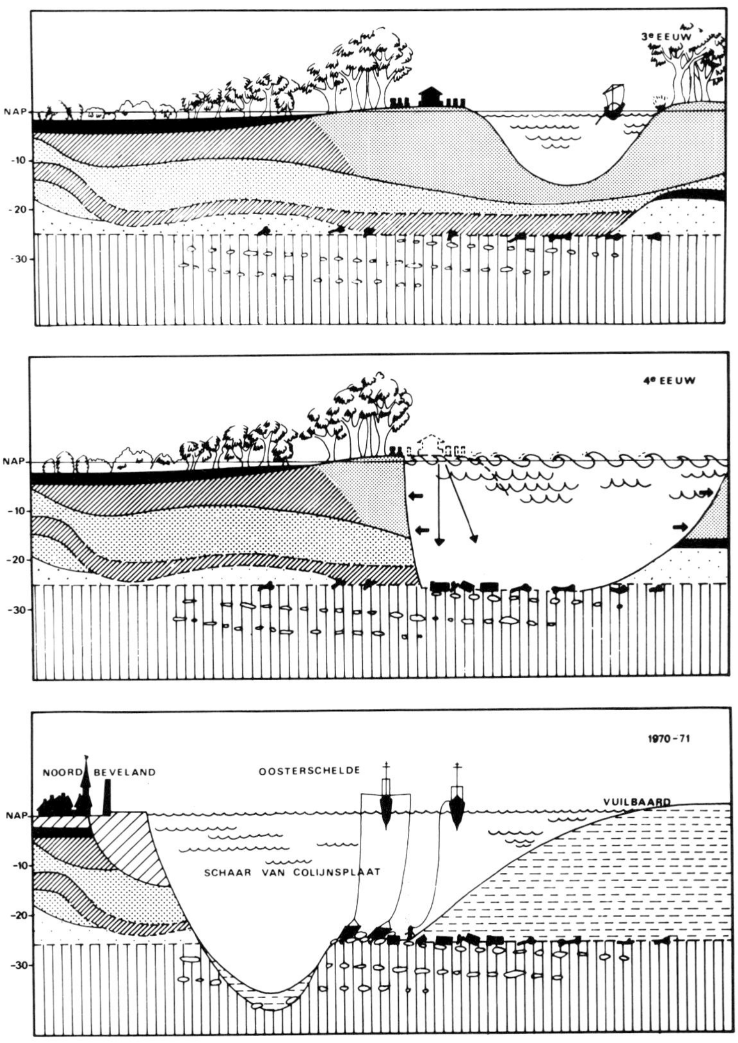

320. Quaderblock mit dem Reliefbild einer tanzenden Mänade. Von einem neugefundenen Kölner Grabdenkmal. 1. Jahrhundert. Römisch-Germanisches Museum Köln.

321. Die Göttin CYBELE mit Adler, Mauerkrone und Ährenbündel auf einem Relief, das aus Neuss stammt. 2./3. Jahrhundert. Reiss-Museum Mannheim.

Weines, der mit einer lärmenden und sinnenfreudigen Schar von Satyrn, Silenen und Mänaden durch Wald und Flur zog. Er war dem Diesseits als Gott allen Wachstums, der Spiele und des Theaters ebenso verbunden wie dem Jenseits als Unterwelts- und Auferstehungsgott. Diese Funktion verband ihn mit Orpheus, der mit seinem Gesang damals in der Vorstellung der Menschen die Macht des Todes überwand.

Große Verbreitung fanden auch die orientalischen Mutterkulte der CYBELE und der ISIS. Die Göttin CYBELE, von den Römern auch MAGNA MATER (große Mutter) genannt, stammte aus Phrygien in Kleinasien (heute Türkei) und war bereits gegen Ende des zweiten Punischen Krieges (204 v. Chr.) in Rom eingeführt worden, um mit ihrer Hilfe den Ausgang des Kampfes gegen Hannibal positiv zu beeinflussen[600]. Sie war
321 gleichzeitig Fruchtbarkeits- und Stadtgöttin, worauf die Mauerkrone deutet, die sie auf vielen Abbildungen trägt. Ihre Begleiter sind der Löwe und manchmal der Adler, in der Hand hält sie ein Ährenbüschel, zum Zeichen, daß sie es ist, die als Erdmutter alles
322 wachsen läßt. Im Kult war ihr der Jüngling ATTIS zur Seite gestellt, dessen Tod und Wiedergeburt von jedem Eingeweihten in den alljährlichen Mysterienfeiern durchlebt und nachvollzogen werden konnte. Symbol des ATTIS und damit Zeichen neugewonne-
324 nen Lebens war die Fichte. Im Frühling wurde ein solcher Attis-Baum gefällt, zum Tempel getragen, geschmückt und aufgerichtet. Höhepunkt für den Gläubigen war das
323 TAVROBOLIVM, die Blutstaufe, die durch einen Ausgrabungsbefund aus Neuss auch in Niedergermanien bezeugt ist[601]. Nach einer antiken Überlieferung stieg der Myste hinab in eine ausgemauerte Grube, die FOSSA SANGVINIS (Blutsgrube) genannt wurde, ab-

322. Bronzestatuette des tanzenden ATTIS. Aus dem Rhein bei Nijmegen (NL). Um 200. Rijksmuseum G. M. Kam Nijmegen (NL).

323. Die FOSSA SANGVINIS (»Blutsgrube«) in Neuss, Gepaplatz. 3./4. Jahrhundert.

324. VETERA/Xanten-Birten. Bronzekrone eines Götterbildes mit Darstellung der CYBELE (Ausschnitt). 1. Hälfte 1. Jahrhundert. Rheinisches Landesmuseum Bonn.

gedeckt mit hölzernen Bohlen, die durchlocht waren. Dann wurde unter Flöten- und Zymbelspiel auf dieser Plattform ein Stier (TAVRVS) geschächtet, dessen Blut »wie Tau« – so der spätantike Dichter Prudentius – auf den Mysten herabtroff. Dieser ließ sich überströmen, trank auch von dem Blut und entstieg der Grube als »für die Ewigkeit Wiedergeborener« (IN AETERNVM RENATVS): er hatte das Mysterium durchlebt und war einsgeworden mit seiner Gottheit.

Dem Kult der ägyptischen ISIS lag ein ähnlicher Mythos zugrunde wie dem CYBELE-Kult. Hier waren Tod und Wiedergeburt des OSIRIS, der später mit dem Fruchtbarkeits- und Unterweltsgott SERAPIS verschmolz, Sinnbild für das alljährliche Vergehen und Wiedererwachen der Natur. Der Isiskult war gekennzeichnet durch Meditation und strenge ethische Grundsätze, die den Gläubigen auf ein vollkommenes Leben im Jenseits vorbereiten sollten. ISIS war Weltherrin, Himmelsgöttin und Herrscherin der Unterwelt, kenntlich an ihrer Krone aus Sonnenscheibe und Kuhhörnern, dazu dem SISTRVM, der Isisklapper, die als rituelles Musikinstrument diente. Sie war »eine Göttin, die für sich alles ist«, wie man damals sagte, die als PANTHEA (Allgöttin) – dann auch
mit Füllhorn und Steuerruder in Händen – mit FORTVNA oder VENVS gleichgesetzt 325
wurde. Hergeleitet von der ursprünglichen Bedeutung ihres Namens (ISIS = »Thron«) stellte man sie sitzend dar, ihren Sohn HORVS auf dem Schoß; damit wurde sie zum Urbild christlicher Madonnengestalten. Das Zentrum ihrer Verehrung in Niedergermanien scheint AGRIPPINA/Köln gewesen zu sein, wo sie als MYRIÓNYMA, als »Isis mit den zehntausend Namen«, im Bereich der späteren Kirche St. Gereon ein Heiligtum besaß, ebenso wie bei der Kirche St. Ursula, wo die Statuette eines Apisstieres und eine Sitzstatue der Göttin gefunden wurde – ISIDI INVICT(a)E, »für Isis, die unbezwingbare«, wie es auf der Basis steht[602]. Eine gewisse Bedeutung besaß auch der Kult des ägypti-
schen Himmels- und Sonnengottes AMMON, der mit Juppiter gleichgesetzt wurde und 326
dessen Bild annahm, kenntlich nur an den Ohren und Hörnern des Widders, in dessen Gestalt er ursprünglich verehrt wurde.

Aus der nordsyrischen Stadt Doliché (heute Dülük bei Gaziantep/Südost-Türkei) kam der Sturm- und Gewittergott Hadad, den die Römer mit IVPPITER gleichsetzten und als IVPPITER OPTIMVS MAXIMVS DOLICHENVS verehrten – als Himmelsgott aus Doliché[603]. Offenbar wurde seinem Wirken ein entscheidender römischer Sieg an der

Euphratgrenze zugeschrieben, was seine außerordentliche Beliebtheit im Heer erklärt. Er galt – in Verbindung mit IVPPITER – als Erhalter der Welt und Vorkämpfer römischer Herrschaft. Seine Heiligtümer lagen über Italien und den gesamten Donauraum verstreut und konzentrierten sich an den nördlichen Grenzen des Reiches bis hinauf
327 nach Britannien. Dargestellt wurde er als Gott auf dem Stier, angetan mit der phrygischen Mütze, Doppelaxt und Blitzbündel in den Händen. Kultstätten sind in Niedergermanien in VETERA/Xanten-Birten, AGRIPPINA/Köln und RIGOMAGVS/Remagen inschriftlich bezeugt, die beiden ersten Inschriften nennen je ein TEMPLVM des Gottes –
45 einen heiligen Bezirk –, die dritte einen Priester (SACERDOS DOLICHENI) namens Arcias Marinus, der dem Namen nach Orientale war[604]. Als Weihgeschenke für den Gott sind u. a. bronzene Hände bekannt, die reich mit symbolischen Darstellungen verziert waren und die – als sog. Kulthände – auch dem sonst in Niedergermanien nicht bezeugten kleinasiatischen Gott SABAZIOS zugeschrieben werden, der ebenfalls mit IVPPITER gleichgesetzt wurde[605].

328 Die größte Gemeinde konnte der persische Lichtgott MITHRAS um sich sammeln, der mit SOL INVICTVS, dem unbesiegbaren Sonnengott, eine kultische Einheit bildete[606]. Dieser Mysterienkult fand unter Kaufleuten und Soldaten viele Anhänger, die sich strengen Gesetzen und harten Prüfungen zu unterwerfen hatten und sich langsam über verschiedene Weihegrade empordienen konnten, die mit dem CORAX (Raben) begannen und mit Namen und Funktion eines PATER endeten, des Vaters und Hirten einer Kultgemeinde. MITHRAS verkörperte das Licht, das die Finsternis besiegt. Sein Heilswerk begann am 25. Dezember mit der Geburt aus einem Felsen, der den Himmel oder den Gipfel eines Berges versinnbildlichte, anschaulich wiedergegeben in einem Relief-

325. ISIS FORTVNA (»Isis, die Glücksgöttin«). Bronzestatuette aus Valkenburg (NL). 2./3. Jahrhundert.

326. Kopf einer Statue des Gottes AMMON aus Bonn-Lechenich. 2./3. Jahrhundert. Rheinisches Landesmuseum Bonn.

327. Juppiter Dolichenus im Schuppenpanzer. Zeichnung nach einem Silbertäfelchen aus Frankfurt-Heddernheim (nach M. P. Speidel).

bild, das 1969 vor dem Südportal des Kölner Domes gefunden wurde: der Gott mit der 331
phrygischen Mütze, in den erhobenen Händen ein Ährenbündel – als Zeichen erwachenden Lebens – und den Dolch, mit dem er den Stier tötet, um aus seinem Blut neues Leben entstehen zu lassen.

Die Stiertötung war das zentrale Thema der Kultlegende. Dargestellt ist der Augen- 329
blick, in dem MITHRAS den Stier bezwungen hat, auf seinem Rücken kniet und ihm den Dolch bis ans Heft in den Hals stößt. Dieses Bild der neuen Schöpfung ergänzen Tiergestalten, die einen bestimmten, nicht immer sicher deutbaren Symbolgehalt verkörpern: der Hund, der den Stier anspringt und sein Blut leckt, der Skorpion, der die Genitalien des Stieres erfaßt, und die Schlange als Erdsymbol. Begleiter des Gottes sind CAVTES und CAVTOPATES, dargestellt wie MITHRAS in persischen Hosen oder gegürtetem, weit fallendem Gewand, dazu die phrygische Mütze. Sie verkörperten Tag und Nacht, Leben und Tod, verdeutlicht durch die Haltung ihrer Fackeln – die brennende und emporgerichtete des CAVTES, die gesenkte des CAVTOPATES. Heiligtümer des MITHRAS sind auch aus Niedergermanien bekannt, wenn auch nicht in so großer Zahl wie aus der Nachbarprovinz GERMANIA SVPERIOR (Obergermanien). Die Kultstätten waren klein und einer SPELVNCA (Höhle) nachgebildet, die das Himmelsgewölbe darstellte. Wuchs die Gemeinde, wurde nicht die Kultstätte erweitert, sondern eine neue Kultgemein-

329. DVRNOMAGVS/Dormagen. Kultbild des stiertötenden MITHRAS aus dem dortigen Heiligtum. 3. Jahrhundert. Rheinisches Landesmuseum Bonn. Die Weihinschrift lautet übersetzt: »Auf Geheiß des unbesiegbaren Sonnengottes hat Caius Amandinius Verus, Bläser der Bucina, sein Gelübde gern, freudig und nach Gebühr erfüllt«.

328. »Gottesdienst« in einem Mithrasheiligtum: der Augenblick der Verwandlung (nach D. Baatz).

329

330

schaft gegründet. Drei Mithräen sind allein in Köln gefunden worden, weitere sind inschriftlich aus der Ortschaft BELGICA (zwischen Euskirchen-Billig und -Rheder),
329 DVRNOMAGVS/Dormagen und TRAIANA/Xanten bekannt[607]. Der Mithraskult, zu dem nur Männer zugelassen waren, erwies sich lange als ernsthafter und hartnäckiger Konkurrent des aufkommenden Christentums; wie erbittert der Glaubenskrieg zwischen beiden geführt wurde, ist allein daran zu erkennen, daß viele Mithraskultstätten nach dem endgültigen Sieg des Christentums systematisch zerstört worden sind.

330 ff. In den Augen der Zeitgenossen war das *Christentum* anfangs auch nur eine Mysterienreligion unter vielen. Zu Beginn waren die beiden monotheistischen Bekenntnisse – das Juden- und das Christentum – kaum voneinander zu unterscheiden[608]. Als man erkannte – frühestens mit der Verfolgung unter Nero (64) –, daß hier etwas Eigenständiges entstand, war das Christentum bösartigen Nachreden und Mißverständnissen ausgesetzt und galt – wie das Wort des jüngeren Plinius aus dem Jahre 112 zeigt – als »verderbter, maßloser Irrglaube«[609]. Was den amtlichen Stellen auffiel, war die ungeteilte und hartnäckige Hingabe der Christen an ihren Gott, die dazu führte, daß sie religiösen Festen fernblieben und sich weigerten, öffentliche Ämter zu übernehmen oder zum Militär zu gehen. Mit solcher Starrsinnigkeit – zumindest in den Augen der damaligen Öffentlichkeit – machten sie sich verdächtig, und man argwöhnte sogar, sie planten den sozialen Umsturz oder strebten nach einem Staat im Staate.

Damit wurde ihre Sache politisch, denn der christliche Anspruch, man müsse Gott mehr dienen als den Menschen, schien sich gegen den Staat zu richten. Das Zwangsmittel, das der Staat anwandte, zeugt vom gegenseitigen Mißverständnis. Gefordert wurde das Opfer für ROMA und den Kaiser, in römischen Augen keine eigentlich religiöse Handlung, sondern ein politisches Bekenntnis zu staatlicher Loyalität, für die Christen jedoch ein rein religiöser Akt, der im Widerspruch zu ihrem Bekenntnis stand. Nur auf diesem geistigen Hintergrund sind die grausamen Verfolgungen verständlich, die sich bis zum Ende des 3. Jahrhunderts um so mehr steigerten, je mehr der Staat durch äußere politische Ereignisse in Frage gestellt wurde. Erst Konstantin d. Gr. (306–337) zog die Konsequenz daraus, nachdem alle Verfolgungen, Verbote und Edikte nichts gefruchtet hatten, vielmehr die Christen als kirchliche Organisation immer stärker und einflußreicher geworden waren. Das sog. Toleranzedikt von Mailand (313) garantierte die religiöse Neutralität des Staates, Kaiser Gratianus lehnte 375 als erster den heidnischen Titel PONTIFEX MAXIMVS (Oberpriester) ab, und Theodosius schließlich verwandelte Tempel in Museen; jetzt war CHRISTVS, der Weltenheiland, der wahre SOL INVICTVS!

Die ersten christlichen Gemeinden soll es »in Germanien« – so berichtet Irenaeus, Bischof von Lyon – schon gegen Ende des 2. Jahrhunderts gegeben haben[610]. Warum es hierfür aus keiner Stadt jener Zeit archäologische oder inschriftliche Zeugnisse gibt,

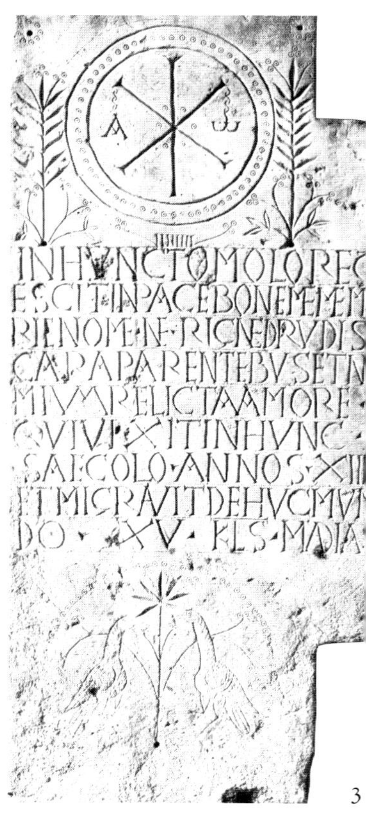

3

330. Trier, sog. Agritiussarkophag mit biblischen Szenen. Links Adam und Eva, in der Mitte Christus als »guter Hirte«, rechts die drei Jünglinge im Feuer. 4. Jahrhundert. Rheinisches Landesmuseum Trier.

331. Christlicher Grabstein mit Christogramm und Taubenpaar aus Köln. 6. Jahrhundert. Rheinisches Landesmuseum Bonn. Die Übersetzung der Inschrift lautet: »In diesem Grab ruht in Frieden guten Angedenkens Rignedrudis. Sie war den Eltern teuer und ließ allzuviel Liebe zurück. Sie lebte in dieser Zeit 16 Jahre und verließ diese Welt 15 Tage vor den Kalenden des Mai (= 17. April)«.

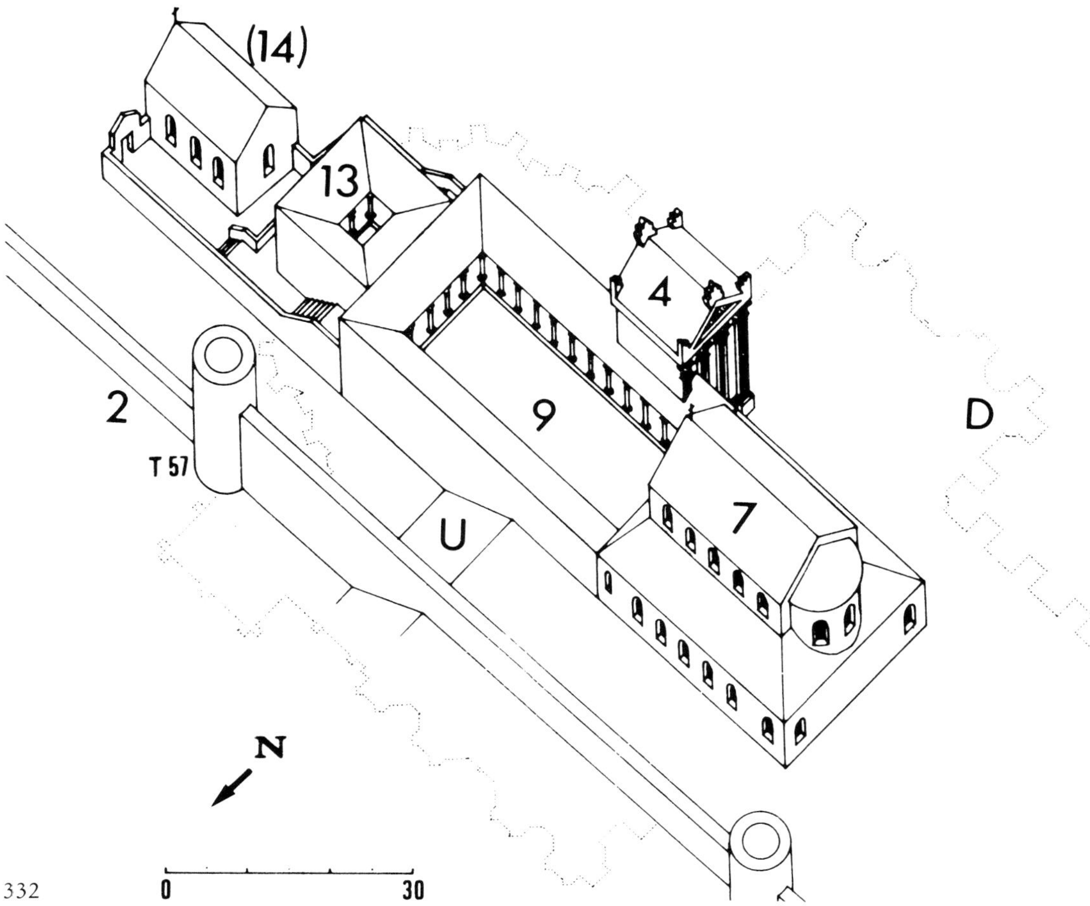

332

332. Köln. Die frühchristliche Bischofskirche unter dem heutigen Dom gegen Ende des 4. Jahrhunderts (nach A. Wolff).
2. Römische Stadtmauer
4. Römischer Tempel
7. Bischofskirche
9. Atrium
13. Bischofs- oder Gemeindehaus (?)
(14) Taufkapelle
D. Umriß des heutigen Domes
U. Geländekante

mag seinen Grund darin haben, daß das Christentum, solange es um seinen Bestand kämpfen mußte, mehr im Verborgenen blühte und keine Spuren hinterließ. Die ersten christlichen Kirchen standen – soweit wir heute wissen – in den Städten, die älteste wohl in Köln, wo ihre Überreste unter dem heutigen Dom wiedergefunden wurden[611]. Zu 332

333. Bonn, Münsterkirche. Rekonstruktion der frühchristlichen Gedächtniskapelle (CELLA MEMORIAE) für zwei Märtyrer unter dem heutigen Münster. Auf der umlaufenden steinernen Bank nahmen die Gläubigen Platz, in der Mitte zwei gemauerte Tische, einer mit eingelassener Terra-sigillata-Schüssel. 2. Hälfte 3. Jahrhundert. Rheinisches Landesmuseum Bonn (dort z. T. rekonstruiert).

334. AQVINCVM/Budapest. Inschriftplatte eines Grabmals. 2. Jahrhundert. Aquincum-Museum Budapest. Die Inschrift lautet übersetzt: »Zu dieser Grabstätte haben Kölner Bürger 72 Denare gesammelt«.

dieser Anlage gehörten – in axialer Anordnung – ein etwa 30 m langer Kirchenbau, ein Atrium, d. h. ein offener Hof mit Säulengängen, eine Art Bischofs- oder Gemeindehaus und eine Taufkapelle, die ein Becken mit achteckigem Grundriß enthielt, das der damals noch üblichen Ganzheitstaufe diente; mit dem Südtrakt des Atriums war ein römischer Tempel verbaut, der bis zu den Fundamenten abgetragen wurde, nachdem Theodosius im Jahre 391 alle heidnischen Kulte verboten hatte.

Weitere Kölner Kirchen lagen an den Ausfallstraßen der Stadt inmitten spätrömischer Gräberfelder: St. Ursula an der Straße nach NOVAESIVM/Neuss, St. Gereon an der Straße, die nach Nordwesten führte, St. Severin an der Straße nach BONNA/ Bonn[612]. Die ältesten Kirchen waren CELLAE MEMORIAE, Gedächtniskapellen, die auf den Friedhöfen standen und an bestimmte Tote erinnern sollten. Fast alle frühchristlichen Kirchenbauten zwischen Rhein und Maas – ob St. Viktor in Xanten, die Stiftskir-
333 che am Bonner Münsterplatz oder St. Quirinus in Neuss – waren ursprünglich wohl Friedhofskirchen; alle waren sie mit Leben oder Martyrium von Heiligen verbunden und wuchsen in der Folgezeit zu bedeutenden Kirchen- und Klosteranlagen heran[613]. Wie bestimmend manche dieser Bauten für die spätere städtische Entwicklung – etwa in Neuss oder Xanten – gewesen sind, ist daran ablesbar, daß nicht die römischen Ansiedlungen, sondern die frühchristlichen Kultstätten zu Keimzellen und Zentren der mittelalterlichen Städte wurden. So entstand die frühmittelalterliche Siedlung in Xanten nicht
118, im Kern der römischen Stadt TRAIANA, sondern südlich davon AD SANCTOS (bei den
123 Heiligen), d. h. bei den Gräbern zweier Männer, die um das Jahr 355 wohl den Märtyrertod erlitten und deren Grab fortan zum Mittelpunkt christlicher Verehrung wurde; heute ist dieser Platz in der Krypta von St. Viktor wieder sichtbar gemacht.

Tod und Jenseits

Gräber sprechen, wo die Geschichte schweigt. Sprichwort aus Italien

Heilig sind die traurigen Gräberfelder, die Lebenden versöhnen die Toten und bringen ihnen auch auf den Gräbern – wenn auch kleine – Opfer dar. Der Tote ist nicht anspruchsvoll, er braucht kein reiches Opfer, nur Pietät: am Ufer des Styx gibt es keine Wünsche. Es genügt, wenn du das Grabmal mit einem Blumenkranz schmückst, auch etwas Obst bringst, kleine Salzkörner streust, einige Veilchen und mit Wein getränktes Getreide; dies alles stelle in einer Schüssel in die Mitte des Weges. Auch mehr kannst du opfern, doch dem Toten genügt auch das Wenige; mach ein Feuer und flehe zu den Göttern, sprich das Grabgebet und die hierfür bestimmten Worte!

Publius Ovidius Naso (43 v.–17/18 n.Chr.) zum Fest der FERALIA

HOMINEM MORTVVM IN VRBE NE SEPELITO NEVE VRITO – *Einen toten Menschen soll man innerhalb einer Stadt weder bestatten noch verbrennen.*

Rechtsgrundsatz des Zwölf-Tafel-Gesetzes (5. Jahrhundert v. Chr.)

Leben und Tod bildeten in der römischen Zeit eine fast selbstverständliche Einheit[614]. Es gab keine Friedhöfe in Ruhe und Abgeschiedenheit, charakteristisch war vielmehr, daß sich ausgangs von Siedlungen und Städten vornehme Landhäuser, Werkstätten, Läden, Herbergen *und* Grabbauten aneinanderreihten und die Toten auf diese Weise ihren Platz im Leben behielten. Wer damals eine Stadt betrat oder sie verließ, zog meilenweit an Gräbern vorbei, die die Straßen säumten und sich den Vorüberziehenden zuwandten. Dahinter stand der Wunsch des Einzelnen, im Bewußtsein der Nachwelt weiterzuleben und alles zu tun, um sich von der Masse der namenlosen Totengeister abzuheben. Kennzeichnend für dieses Bemühen ist die testamentarische Verfügung Trimalchios, der den Architekten seines Grabmals anweist, eine Sonnenuhr so anzubringen, daß »jeder, der nach der Stunde sieht, ob er will oder nicht, meinen Namen liest«[615].

Nach römischer Vorstellung gingen die Toten ins Reich der DI MANES ein, gestaltlosen *Totengöttern,* die es galt, durch genaue Beachtung und Einhaltung vorgeschriebener Riten und Opfer versöhnlich zu stimmen. Ihnen gehörten die Gräber – auch im rechtlichen Sinne –, was in der Anfangsformel DIS MANIBVS (den göttlichen Totengeistern ge- 335
weiht) zum Ausdruck kam, mit der seit dem Ende des 1. Jahrhunderts die allermeisten Grabinschriften begannen (meist D M abgekürzt). Die Vorstellung von einer Seelen- 141
wanderung der Toten war griechischen Ursprungs und entsprach nicht römischer Denkweise, die auch in dieser Hinsicht karg und nüchtern war. Danach lebte der Tote im Grabe weiter, nicht leiblich, sondern als ANIMA (Schatten, Seele) in einem kraft- und

335. DIS MANIBVS (»den Totengeistern geweiht«). Ausschnitt einer Grabinschrift aus Nijmegen (NL). Ende 1. Jahrhundert. Rijksmuseum G. M. Kam Nijmegen (NL).

336. H(eres) E(x) T(estamento) F(aciendum) C(uravit), d. h. »der Erbe hat laut Testament getan, was zu machen war«. Ausschnitt der Grabinschrift Abb. 270 aus Xanten. Mitte 1. Jahrhundert. Rheinisches Landesmuseum Bonn.

freudelosen Dasein, aus dem er für kurze Zeit nur dadurch erlöst werden konnte, daß man seiner gedachte, Gedächtnismahlzeiten an seinem Grabe abhielt und ihn daran teilhaben ließ. Dies geschah anläßlich der PARENTALIA, dem Seelenfest für die PARENTES, die Eltern, Verwandten und Vorfahren, in einer neuntägigen Feier, die am 13. Februar begann und am 21. Februar mit den FERALIA endete, an denen man ein Opfer darzubringen hatte (FERRE »darbringen«); nach Ovid war es »der letzte Tag, die Totengeister zu versöhnen«[616]. Man schmückte das Grabmal mit einem Blumenkranz, stellte Früchte, Salz, in Wein getauchtes Brot und einige Veilchen in einer Schüssel auf den Weg zum Grab, entzündete ein Feuer und sprach ein Gebet, wie es die Priester vorschrieben[617]. Versäumte man dies, so mußte man damit rechnen, daß sich die Ahnen aus den Gräbern erheben und ruhelos umherirren würden. Die abergläubische Furcht, daß dies geschehen könnte, saß tief, und so sind wohl gerade diese Riten, die die Familien unmittelbar betrafen, besonders ernstgenommen worden.

Das *Grab* galt als Haus für die Ewigkeit (DOMVS AETERNA), und es entsprach der Denkweise jener Zeit, sich möglichst früh darum zu kümmern. Trimalchio drückt dies aus, wenn er sagt, nichts sei unverständiger, als zu Lebzeiten ein wohlbestelltes Haus zu haben und sich nicht um die Wohnung zu kümmern, in der man so viel länger lebe[618]. Wer es sich also leisten konnte, sorgte schon zu Lebzeiten für sein Grabmal, und oft
141, heißt es deshalb auch in den Grabinschriften VIVVS FECIT (hat er zu Lebzeiten ge-
337 macht). Diese Inschriften, die man TITVLI nannte, besaßen rechtlichen Charakter und enthielten oft Verfügungen des Verstorbenen, die im Testament niedergelegt waren. Trimalchio etwa verfügte, daß sein Grabmal nicht vererbbar sei, und tatsächlich findet
335 sich die entsprechende Formel z. B. auf der Grabinschrift des Lucius Poblicius aus Köln, in der es heißt: H(oc) M(onumentum) H(eredem) N(on) S(equitur), d. h. »dieses Grabmal fällt nicht dem Erben zu«[619]. Geregelt waren natürlich auch die Pflichten der Erben, die Grab und Grabmal errichteten, die Grabpflege versahen und für die Einhaltung der
336, Totenriten sorgten. In den Inschriften heißt es dazu meist lakonisch: EX TESTAMENTO
338 HERES FACIENDVM CVRAVIT (meist in der Abkürzung EX. T. H. F. C.), d. h. »dem Testament gemäß hat der Erbe das zu Machende besorgt«. Damit war alles umschrieben, wozu er verpflichtet war, und jedermann konnte sich davon überzeugen, daß alles seine Ordnung hatte. Viele Menschen – vor allem die weniger Vermögenden – sparten ein Leben lang für eine würdige Grabstätte, die ihr Fortleben nach dem Tode sicherte, und gehörten zu diesem Zweck einem COLLEGIVM FVNERATICIVM (Begräbnisverein) an. Wo es nötig war, trugen solche und andere Kollegien auch selbst zu den Kosten bei.

337. VIVOS (= VIVVS) FECIT (»hat er zu Lebzeiten gemacht«). Ausschnitt einer Grabinschrift aus Köln (vgl. Abb. 155). Anfang 2. Jahrhundert. Römisch-Germanisches Museum Köln.

338. HER(edes) EXS TESTA(mento) FECE(runt) PIE, d. h. »die Erben handelten pflichtgemäß entsprechend dem Testament«. Ausschnitt einer Bonner Grabinschrift (vgl. Abb. 72). Um das Jahr 40. Rheinisches Landesmuseum Bonn.

339. ASCIBVRGIVM/Moers-Asberg. Bustum-Bestattung mit Beigaben im südlichen Gräberfeld an der Römerstraße. Ausgrabung 1977. Ende 1. Jahrhundert. Niederrheinisches Museum der Stadt Duisburg.

340. NOVIOMAGVS/Nijmegen (NL). Ustrina-Bestattung mit besonders reichen Grabbeigaben im Gräberfeld »onder Hees«. Ausgrabung 1982. 2. Jahrhundert.

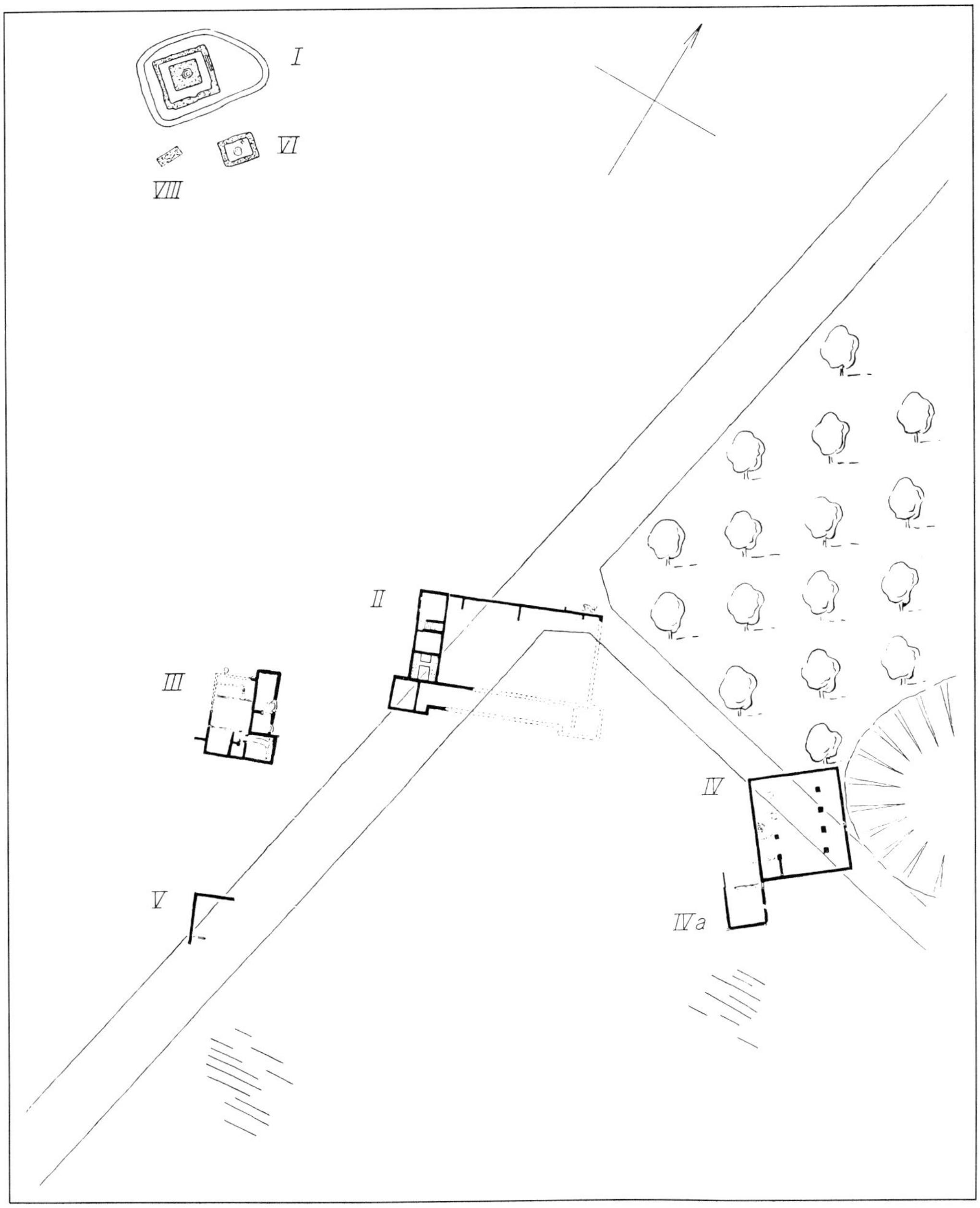

341. Römischer Gutshof bei Berg vor Nideggen/Krs. Düren (nach H. v. Petrikovits). Topographische Übersicht.
I., VI. u. VIII. Grabanlagen
II. Wohnhaus
III. Gesindewohnhaus (?)
IV. Getreidespeicher mit Anbau IV a.

334 So heißt es in einer Inschrift, die in Budapest (H) gefunden worden ist: AD HOC SEPVLCRVM CONTVLER(unt) CIVES AGRIP(p)INENS(es) X LXXII, d.h. »zu dieser Grabstätte haben Kölner Bürger 72 Denare gesammelt«[620]. Offenbar war einer ihrer Landsleute in AQVINCVM gestorben und mußte »in fremder Erde« bestattet werden[621].

Gräber waren SPECVLA VITAE – Abbilder des Lebens, in denen sich menschliche Eitelkeit und menschlicher Geltungsdrang ebenso spiegeln konnten wie der wirtschaftliche und gesellschaftliche Rang, den der Verstorbene in seinem Leben eingenommen hatte. Sicherste Indizien hierfür sind die Grabbauten und die entsprechende Ausstattung mit Beigaben aus dem Besitz des Toten, eine Sitte, die gerade in den gallisch-germanischen Provinzen sehr verbreitet war. Charakteristisch sind die Verfügungen im Testament eines Lingonen aus ANDEMATVNNVM/Langres (F), wahrscheinlich ein Angehöriger der Oberschicht dieses Stammes, der ausdrücklich vermerkt, daß seine gesamte Jagdausrüstung, dazu sein Binsenboot, die Straßensänfte, alle Kleider aus Damast und Brokat und vieles andere mit ihm auf dem Scheiterhaufen verbrannt werden

sollen[622]. Tatsächlich hat man, soweit es Niedergermanien betrifft, gerade im gallisch-
germanischen Grenzgebiet – auf belgischem und niederländischem Boden – besonders 350
reich ausgestattete Gräber gefunden, während der Beigabenreichtum zum Rhein hin
offenbar allmählich abgenommen hat.

Der Grundsatz des Zwölf-Tafel-Gesetzes, wonach ein Toter innerhalb einer Stadt
weder bestattet noch verbrannt werden dürfe, ist konsequent gehandhabt worden.
Überall dort, wo bisher in Niedergermanien Gräber aus römischer Zeit gefunden wur-
den, lagen sie außerhalb von Städten, Siedlungen und Gehöften und fast ausnahmslos
an öffentlichen Straßen. War dies einmal nicht der Fall wie etwa in Xanten, wo sich in-
nerhalb der Mauern von TRAIANA Gräber fanden, war man in der Lage, nachzuweisen,
daß diese Bestattungen aus der Zeit vor der Stadtgründung stammten, als dieses Gebiet
von locker gestreuten Gehöften besiedelt war, zwischen denen die Gräber lagen (S. 57).
Auch Stadterweiterungen konnten dazu führen, daß ein nahegelegenes Gräberfeld
überdeckt wurde. So steht etwa die Porta Nigra in Trier – erbaut gegen Ende des
2. Jahrhunderts – auf einem römischen Friedhof, auf dem noch etwa bis zur Mitte dieses
Jahrhunderts Bestattungen vorgenommen worden waren[623].

Einige Beispiele: In Köln gruppierten sich die *Friedhöfe* um die Stadt und konzen- 113
trierten sich an den Straßen, die nach Neuss, Aachen, Trier und Bonn führten; lediglich
das Gräberfeld Gereonsdriesch – um die Kirche St. Gereon – scheint nicht an einer
Straße gelegen zu haben, wahrscheinlich deshalb nicht, weil die Belegungen an diesem
Platz bis in die Zeit vor der Stadtgründung (vor 50) zurückreichen[624]. In TRAIANA/
Xanten erstreckte sich der Hauptfriedhof entlang der Straße, die nach Süden führte,
ähnlich war es in den zahlreichen Verkehrs- und Militärsiedlungen im Land und an der
Grenze, die ohnehin – oft lang auseinandergezogen – an den Straßen lagen[625]. Typisch
ist die Lage der Friedhöfe in ASCIBVRGIVM/Moers-Asberg, wo die Gräber sowohl im
Norden wie im Süden der dortigen Militärsiedlung mehrere Kilometer weit die Limes-
straße säumten; dabei konnte im südlichen Gräberfeld nachgewiesen werden, daß der
Friedhof – vom Straßenrand aus gemessen – eine Tiefe von 70 m besaß[626]. Auch auf den
Gehöften achtete man darauf, daß der vorgeschriebene Abstand gewahrt blieb, nur fin-
det man es hier seltener, daß die Gräber an Straßen oder Wegen liegen. In der VILLA
RVSTICA von Köln-Müngersdorf lag ein Brandgräberfeld mit 61 Bestattungen außer- 201
halb der Hofmauer, die das Anwesen umgab, während einige Sarkophage aus dem
4. Jahrhundert an der Innenseite der Mauer standen – ein möglicher Hinweis darauf,
daß die alten heidnischen Vorschriften gegen Ende der römischen Zeit nicht mehr so
strikt befolgt wurden[627]. In der Regel jedoch – dies zeigt ein weiteres Beispiel eines
Gutshofes bei Berg vor Nideggen (Krs. Düren)[628] – wahrten die Grabmäler einen ge- 341
wissen Abstand zu den Bauten des Gehöftes, stets nahe genug, um gesehen zu werden,
aber auch weit genug entfernt, um den rituellen Vorschriften zu genügen und die To-
tenruhe zu gewährleisten.

Aus dem Text des Zwölf-Tafel-Gesetzes geht hervor, daß beide *Bestattungsarten* –
das Zu-Grabe-Tragen (SEPELIRE) wie das Verbrennen (VRERE) – schon seit frühester
Zeit bekannt waren. Körper- und Brandbestattungen kamen auch in Niedergermanien
schon zu Beginn der römischen Kaiserzeit nebeneinander vor, wobei sich natürlich ein-
heimisches und römisches Brauchtum miteinander mischte und heute nicht mehr ein-
deutig zu klären ist, welche Elemente auf den Einfluß der einen oder anderen Kultur
zurückzuführen sind. Grundsätzlich kann man wohl davon ausgehen, daß sich gerade
in diesem Bereich jahrhundertelang geübte Praktiken länger gehalten haben als auf an-
deren Gebieten. Wenn dennoch – soweit heute noch archäologisch nachweisbar – eine
kontinuierliche Entwicklung bei den Bestattungsarten von der ausgehenden La-Tène-
Zeit (etwa 300 v. Chr. bis Christi Geburt) bis in die römische Epoche feststellbar ist, so
kann dies eigentlich nur heißen, daß die römischen Bräuche denen der Germanen und

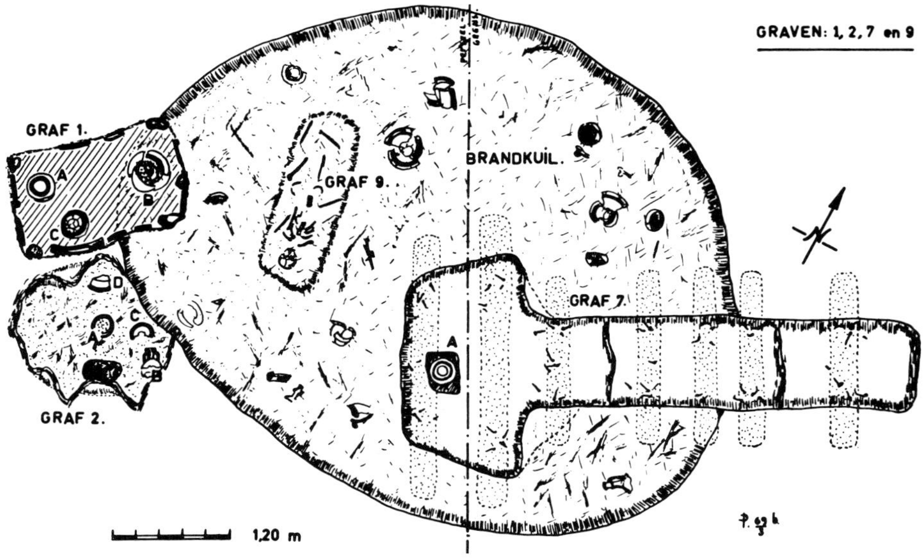

342. NOVIOMAGVS/Nijmegen (NL). Tuffsteinkiste mit Beigaben aus dem Gräberfeld »onder Hees«. 2./3. Jahrhundert. Rijksmuseum G. M. Kam Nijmegen (NL).

343. ADVATVCA TVNGRORVM/Tongeren (B). Verbrennungsplatz (VSTRINA) im Gräberfeld vor der SW-Mauer der Stadt (nach W. Vanvinckenroye).

Gallier in vielem verwandt waren. Generell läßt sich sagen, daß die Totenverbrennung während der ersten beiden nachchristlichen Jahrhunderte deutlich überwog.

In der römischen Antike unterschied man bei den Brandbestattungen grundsätzlich zwei Arten[629]. Entscheidend war, ob der Tote an dem Platz, auf dem der Scheiterhaufen stand, auch bestattet wurde, oder ob man seine sterblichen Überreste an einem anderen, vom Verbrennungsplatz getrennten Ort beisetzte. Den Platz, an dem der Tote verbrannt *und* bestattet wurde, nannte man BVSTVM (»Leichenbrandstätte«, entstanden aus dem Wort COMBVRERE »verbrennen«). Die lateinische Bezeichnung für die andere Bestattungsart ist nicht überliefert, lediglich der Name für die Verbrennungsstätte, die VSTRINA hieß, hergeleitet von dem seltenen Wort VSTRINARE, das ebenfalls »verbrennen« hieß. Überträgt man diese Begriffe in die deutsche Sprache, könnte man – römischem Brauch folgend und um beide Arten der Beisetzung deutlich voneinander zu trennen – von »Bustumbestattungen« und »Ustrinabestattungen« sprechen.

340 Weitaus am häufigsten werden heutzutage Bestattungen freigelegt, die von einer VSTRINA ihren Ausgang nahmen. Bisher ist es nur selten gelungen, einen solchen Verbrennungsplatz archäologisch innerhalb eines Gräberfeldes nachzuweisen, möglicherweise deshalb, weil die Scheiterhaufen, die dort errichtet wurden, ebenerdig waren und deshalb im Boden keine Spuren hinterließen. Nur dort, wo eine VSTRINA als Grube in den Boden eingetieft oder von Gräben oder einer Mauer umzogen war, ist ein derartiger Nachweis überhaupt möglich. In Tongeren (B) und möglicherweise in Krefeld-
343 Gellep gibt es solche Befunde[630]. Im südwestlich von Tongeren gelegenen Friedhof – an der Straße nach BAGACVM/Bavay – fand sich eine ovale Grube von mehr als 6 m Durchmesser, die zwei ältere Gräber, darunter ein Körpergrab, überdeckte bzw. anschnitt und in die zwei weitere Gräber eingetieft worden waren, nachdem die Grube nicht mehr ihrem ursprünglichen Zwecke diente. Sie enthielt eine Menge verbrannter Scherben, verschmolzene Münzen, Nägel, Bronzereste und von der Hitze verformtes Glas, dazu viel Holzkohle und verziegelte Lehmbrocken – alles Spuren und Überreste, die von Einäscherungen herrührten.

Es kann wohl nicht davon ausgegangen werden, daß die Menschen, die in der damaligen Zeit ihre Toten verbrannten und bestatteten, sich jener feinsinnigen Unterscheidungen bewußt waren, die heute in wissenschaftlichen Katalogen bei der Klassifizierung römischer Brandgräber vorgenommen werden. Gewiß hat man sich etwas dabei gedacht, wenn man die Grabgrube mit Brandresten und Überbleibseln der Verbrennung füllte oder lediglich ein Gefäß (VRNA), das den Leichenbrand des Verstorbenen enthielt, hineinstellte und mit Erde bedeckte. Aber ob es für die Menschen damals von

Bedeutung war, daß man heutzutage den Leichenbrand als »Knochenlager«, d. h. angehäuft an einer oder mehreren Stellen im Grab, oder aber »verstreut« unter den Überresten des Scheiterhaufens findet, dürfte mehr eine Frage gelehrten Streites sein als ein Ausdruck unterschiedlicher Bestattungsriten und -vorstellungen. Grundsätzlich wird man unterscheiden müssen zwischen Brandbestattungen, die Brandschutt enthalten, und solchen, in denen er fehlt, und wenn man klassifizieren will – und die Wissenschaft benötigt solche Kategorien – spricht man am besten von »Brandschuttgräbern« und »Urnengräbern«.

Sehr viel näher ist man den Menschen und ihren Vorstellungen, wenn man Erklärungen dafür sucht, warum das Gefäß, das den Leichenbrand enthält, ein Loch im Boden hat, umgestülpt im Grabe steht oder mit einem Stein oder Ziegelstück, einer großen Scherbe oder einfach mit Sand verschlossen worden ist. Die Löcher im Gefäßboden, die man auch als Seelenlöcher bezeichnet hat, ohne dafür eine Erklärung zu finden – könnten auf den Brauch der LIBATIO hindeuten, das rituelle Ausgießen von Getränken über einem Grab, verbunden mit dem Wunsch, der Tote möchte daran teilhaben, während das Verschließen der Urne deutlich macht, wie ernst man die Vorschriften des Grabrechts nahm, wonach der Tote bzw. das, was nach der Einäscherung von ihm blieb, bedeckt werden mußte, um kultisch rein zu werden und seine Ruhe zu finden[631]. TERRA CONDERE (mit Erde bestatten) hieß dieser Vorgang, und wahrscheinlich haben Gegenstände wie Steine, Ziegel oder Scherben den gleichen Zweck erfüllt; vielleicht geschah dies aber auch aus der abergläubischen Furcht heraus, der Tote könne wiederkommen. Als Urnen dienten vor allem einfache Küchengefäße, Töpfe, die mitunter beschädigt waren oder deutliche Spuren eines mißglückten Brennvorgangs trugen, als Leichen-
brandbehälter aber offenbar ausreichten. Seltener waren deshalb wohl auch Glasgefä- 155
ße, üblich waren auch kleinere Blei- und Steinkisten, die das Gefäß mit dem Leichen- 342
brand enthielten und verschlossen wurden.

Ähnliche Vorgänge lassen sich auch bei Brandbestattungen beobachten, die man in 339
römischer Zeit als BVSTVM bezeichnet hat. Es ist die seltenere Art der Verbrennung eines Toten, die in Niedergermanien frühestens um die Mitte des 1. Jahrhunderts nachweisbar ist. Ein BVSTVM ist im Boden daran zu erkennen, daß die Grabränder, und oft auch die Sohle, rot verziegelt sind, sofern der anstehende Boden Lehm enthält. Dieses Merkmal ist darauf zurückzuführen, daß der Scheiterhaufen, auf dem der Tote verbrannt wurde, über der offenen Grabgrube – vielleicht auf einem eisernen Rost – aufgeschichtet wurde. Untersuchungen haben ergeben, daß hierbei unterhalb des Scheiterhaufens eine Strahlungshitze bis zu 900 Grad Celsius entstehen konnte, die die offenliegenden Flächen der Grabgrube – Wände wie Sohle – in einem mehrstündigen Vorgang fast ziegelhart brennen konnte[632]. Die archäologischen Befunde, die vor allem in den letzten Jahren u. a. in Neuss, Moers-Asberg, Nijmegen (NL) oder Tongeren (B) freigelegt wurden, machen nicht den Eindruck, als seien die Überreste des niedergebrannten Scheiterhaufens regellos in die Grabgrube gestürzt, vielmehr sieht es so aus, als habe man gewartet, bis Scheiterhaufen und Grabgrube sich abgekühlt hatten, um dann – möglicherweise erst am nächsten Tag – die eigentliche Beisetzung vorzunehmen. Jedenfalls ist an den Ausgrabungsbefunden deutlich ablesbar, daß ein BVSTVM ebenso von Hand mit Erde und Brandschutt gefüllt worden ist wie andere Brandgräber.

Man weiß bis heute nicht sicher, auf welchem Wege diese Bestattungsform nach Niedergermanien gelangt ist, vermutet wird sowohl italischer wie einheimisch gallischer oder auch germanischer Ursprung. Gewisse Urtümlichkeiten lassen an einen gallisch-belgischen Brauch denken, der in römischer Zeit wiederbelebt und möglicherweise erst durch Truppeneinheiten, die aus diesem Gebiet stammten, an den Rhein verpflanzt wurde[633]. Immerhin ist auffällig, daß etwa in ASCIBVRGIVM/Moers-Asberg 40% der dort 1977/78 aufgedeckten Gräber BVSTA waren, daß bis zum Jahre 69 eine ursprünglich aus Tungrern gebildete Reitereinheit dort in Garnison lag und auf Inschriften, die Soldaten und Angehörige der Zivilbevölkerung in Tassen und Teller ritzten, für diese Zeit auffällig viele gallische Namen erscheinen – allerdings kann dies z. Zt. nicht mehr als eine Vermutung sein.

Die Sitte, die Toten zu verbrennen, ist etwa seit der Mitte des 2. Jahrhunderts allmählich von der Körperbestattung verdrängt worden, bis sie sich in der zweiten Hälfte des 3. Jahrhunderts fast überall durchgesetzt hatte. Früher hat man gemeint, der maßgebende Einfluß auf diese Entwicklung sei vom Christentum ausgegangen, doch hat man dabei übersehen, daß außer einem so streitbaren Geist wie Tertullianus (etwa 160–220) damals niemand gefordert hat, die Totenverbrennung aufzugeben. Mit Sicherheit spielten jedoch religiöse Vorstellungen eine Rolle, die sich – auf dem Hintergrund orientalischer Mysterienkulte (S. 231 ff.) – mit dem Leben nach dem Tode beschäftigten, und es wird so gewesen sein, daß man sich diesem Ziele näher fühlte, wenn der Körper unversehrt bestattet wurde. Natürlich können auch einheimische Bräuche wieder lebendig geworden sein und an ältere Traditionen angeknüpft haben, die etwa durch frühkaiserzeitliche Körpergräber auf dem Friedhof Gereonsdriesch in Köln oder in Tongeren (B) bezeugt sind[634].

Eindeutiger als Brandgräber können Körperbestattungen Stand und Bedeutung eines Toten widerspiegeln. So hat man die Leichname der Ärmeren – oft ohne Beigaben – schlicht in die Erde gelegt und höchstens mit einem Holzbrett abgedeckt. Am verbrei-
345 tetsten war die Sitte, die Toten in Holzkisten zu legen, wie es etwa in Nijmegen (NL), Tongeren (B) und im Kölner Gräberfeld von St. Severin vielfach belegt ist[635]. Die anspruchsvollste Art war die Beisetzung in Bleisärgen, Steinsarkophagen und Grabkammern mit gemauerten Sargbehältern, wie man sie unter dem Kreuzgang von St. Severin in Köln gefunden hat. Dort, wo man in letzter Zeit durch Zufall Steinsarkophage entdeckte, die nicht von Grabräubern geplündert waren – wie im Kölner Gräberfeld Lu-
344 xemburger Straße, in Zülpich-Enzen oder im Hambacher Forst (Fundstelle 500) –, haben die reichhaltigen und wertvollen Grabinventare deutlich gemacht, daß hier in spätrömischer Zeit Angehörige der Oberschicht bestattet worden sind, die – trotz unruhiger Zeiten – immer noch sehr wohlhabend gewesen sein müssen (vgl. S. 259)[636].

Eine bestimmte Bedeutung erlangte jetzt auch die Ausrichtung der Gräber in eine bestimmte Himmelsrichtung, ohne daß hierbei feste und einheitliche Regeln erkennbar

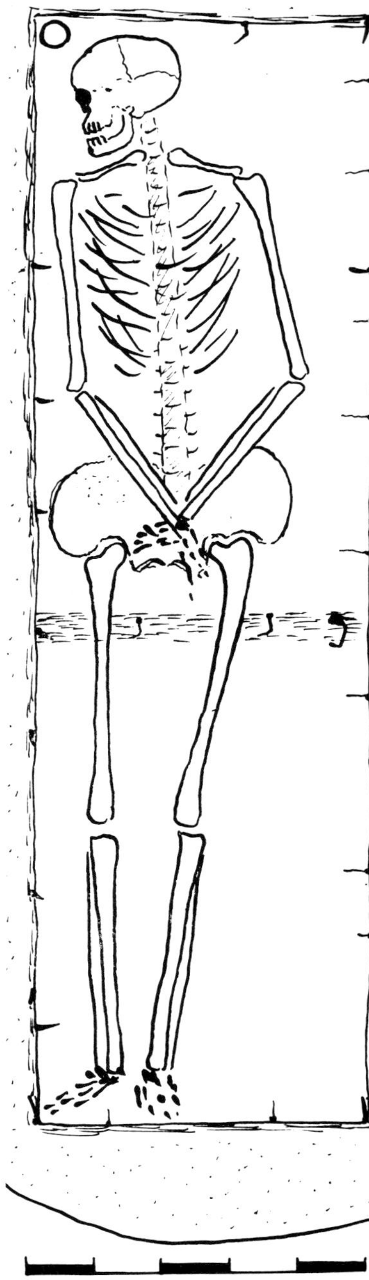

345. ADVATVCA TVNGRORVM/Tongeren (B). Körperbestattung in einer Holzkiste (nach W. Vanvinckenroye). Etwa Mitte 3. Jahrhundert. Gallo-Romeins Museum Tongeren (B).

344. Fundplatz »Hambach 500«. Spätrömischer Sarkophag in Fundlage. Im Vordergrund Grabbeigaben. Mitte 4. Jahrhundert. Rheinisches Landesmuseum Bonn.

347. Sarkophag von Simpelveld (NL) mit Innenreliefs (vgl. Abb. 148). 2./3. Jahrhundert. Rijksmuseum van Oudheden Leiden (NL).

wären. Offenbar hat man die Toten – nach wie vor römischen Vorstellungen folgend – mit dem Blick zur Straße hin orientiert[637]. Ob die Ausrichtung nach Westen oder Osten christlicher Brauch war, ist ebenfalls nicht sicher. Interessant ist in diesem Zusammenhang ein Befund im Gräberfeld Marienburg in Nijmegen (NL), wo bei den Toten, die man dort im 3. und 4. Jahrhundert begraben hat, zunächst die Orientierung zur untergehenden Sonne nach Westen vorherrschte, während die jüngeren Gräber offenbar gegen Ende dieses Zeitraums nach Osten ausgerichtet wurden, der aufgehenden Sonne zugewandt[638]. Es kann vermutet werden, daß diese Orientierung auf christlichen Einfluß zurückgeht, zumal die West-Ost-Richtung im frühen Mittelalter bestimmend wird und sich in den späten Nijmegener Gräbern keinerlei Beigaben gefunden haben – eine Sitte, die allgemein als christlich angesehen wird.

In Gallien und Germanien sind viele Gräber aufgedeckt worden, die besonders reich mit *Beigaben* ausgestattet waren. Die Sitte, die Toten mit Speisen und Getränken zu versorgen und ihnen Dinge aus ihrem persönlichen Besitz mitzugeben, wurzelte in dem Glauben, daß der Tote in irgendeiner Weise im Grabe weiterlebe und dort auch weiterhin all jener Dinge bedürfe, die er schon zu Lebzeiten benötigt und verwendet hatte[639]; dazu kam wohl die abergläubische Furcht vor der Wiederkehr des Toten, die durch peinlich genaue Einhaltung der vorgeschriebenen Riten wettgemacht wurde. Grundlegend war hier die Vorstellung vom Grab als Haus des Toten, die in den Reliefs eines 148,
Sarkophages ihren sinnfälligen Ausdruck findet, der 1930 im Gräberbezirk einer VILLA 347
RVSTICA bei Simpelveld – südlich von Heerlen (NL) – ausgegraben worden ist[640]. Man sieht die Tote, auf einem Kanapee ruhend, den linken Arm aufgestützt und in eine Dekke eingeschlagen – so, als hätte sie sich zur Mittagsruhe niedergelegt. Der Raum, der sie umgibt, enthält Mobiliar aus ihrem einstigen Wohn- und Lebensbereich – außer dem LECTVS (Bett) einen zweiflügeligen Garderobenschrank, eine große Truhe mit Riegel und Schloß, einen Tisch, der auf Löwenfüßen steht, eine Waschgarnitur mit großen Bronzeschüsseln und -kannen und einen Korbsessel mit runder Rückenlehne. Dazu kommt offenbar ein kultischer Bereich mit insgesamt elf Nischen, bestimmt wohl für jene Gottheiten, die der Toten Schutz und Frieden geben sollten, und schließlich wird durch die Abbildung dreier großer Glasflaschen und zweier Speicherbauten en miniature zumindest angedeutet, welcher Gesellschaftsschicht die Tote angehörte. Ähnliche Vorstellungen werden mitgespielt haben, wenn man – wie bei einer Beisetzung aus Köln-Rodenkirchen geschehen – dem Besitzer einer VILLA RVSTICA praktisch den ge- 203
samten Gerätebestand seines Anwesens, wenn auch in stark verkleinertem Maßstab, in sein Grab mitgab (S. 165 f.)[641].

Man macht es sich bei der Charakterisierung von Brandbestattungen zu einfach, wenn man die Dinge, die einem Toten mitgegeben wurden, danach unterscheidet, ob sie mit dem Toten verbrannt wurden, also Brandspuren tragen, oder erst bei der eigentlichen Beisetzung im Grab niedergelegt oder aufgestellt worden sind. Die entsprechen-

346. GELDVBA/Krefeld-Gellep. Draufsicht und Querschnitt des Grabes 4187 mit Nische für die Beigaben (nach J. Giesler).

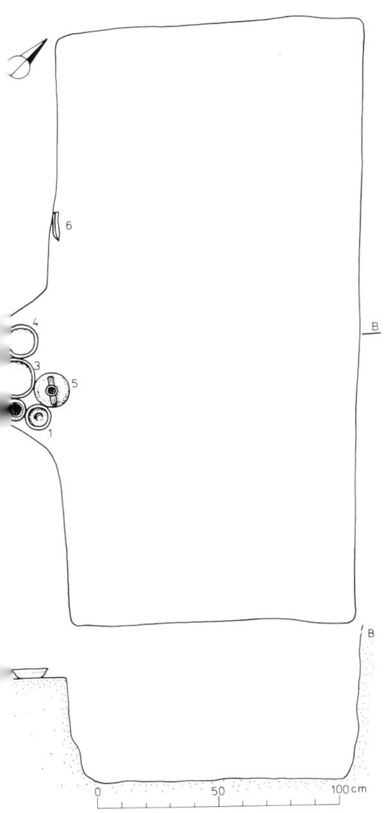

de Einteilung nach »Primärbeigaben« und »Sekundärbeigaben«, d.h. solchen, die als erste, und solchen, die als zweite mitgegeben wurden, mag für die wissenschaftliche Katalogisierung von Grabfunden dienlich sein, sie ist jedoch viel zu schematisch, um das Wesen einzelner Beigaben zu erfassen und die Funktionen zu verdeutlichen, die einzelne Dinge für den Bestattungsritus und das Fortleben des Toten besaßen. Es kommt hinzu, daß die Grenzen zwischen den eigentlichen Opferspenden und der persönlichen Ausstattung des Toten nicht immer klar zu ziehen sind[642] – ein Beispiel mag dies verdeutlichen: Münzen, die man den Toten mitgegeben oder nachgeworfen hat, sind oft angeschmolzen, d.h. sie haben auf dem Scheiterhaufen gelegen, gehören also zu den Primärbeigaben. Es gibt aber auch Fälle, in denen Münzen keine Brandspuren aufweisen. Sind sie dann eine Sekundärbeigabe? – Man sieht, die Grenzen sind fließend, und man tut gut daran, die Frage stärker in den Vordergrund zu rücken, welche Rolle und Funktion eine bestimmte Beigabe hatte und welche religiöse Vorstellung womöglich dahinterstand.

Generell kann man bei Grabbeigaben zwischen Dingen aus dem persönlichen Besitz des Toten unterscheiden, Speisebeigaben mit den hierfür notwendigen Gefäßen und solchen Dingen, die wie Lampen, Münzen, Tonfiguren oder Glasfläschchen, gefüllt mit wohlriechenden Flüssigkeiten, eine besondere Bedeutung für den Grabritus besaßen. Man kann davon ausgehen, daß die Toten mit ihren Kleidern verbrannt wurden, von denen sich allerdings nur jene Teile erhalten haben, die aus Metall waren. In erster
158 Linie sind dies Fibeln, die des öfteren paarweise in den Brandresten eines Grabes gefunden werden und damit gewisse Hinweise auf ihre ursprüngliche Tragweise geben (S. 136). Frauen konnte ein Kästchen mitgegeben werden, das Schmuckstücke, einen Kamm oder sogar einen Metallspiegel enthielt. Typische Gegenstände in Männergräbern sind dagegen sehr selten. Ehemaligen Soldaten ihre Waffen mitzugeben, was man an der Rheingrenze vielleicht erwarten könnte, war im römischen Grabbrauch nicht üblich, zumal sie vom Staat gestellt wurden und nicht Privateigentum waren. Ganz selten finden sich Geräte oder Werkzeuge, ein Brauch, der keltischen Ursprungs ist und nur dort vorkam, wo sich in römischer Zeit keltisches Brauchtum gehalten hat. So ist etwa aus der Siedlung, die in Xanten zeitlich der Stadt TRAIANA vorausgeht, ein Grab bekannt, das Treibhämmer enthielt, die darauf deuten, daß der Verstorbene Metallhandwerker war; ähnlich ist auch das Barbierbesteck zu beurteilen, das 1930 in einem Grab in Köln gefunden wurde[643].

Weit häufiger sind Speisebeigaben in den Gräbern, die man den Toten zur Kräftigung mitgab und die Bestandteil der Totenmahlzeit waren, die von den Hinterbliebenen am Grabe abgehalten wurde. Dies erklärt auch, warum die Gefäße, die hierfür verwandt wurden, keine Brandspuren haben. Mit Vorliebe hat man die gefüllten Teller, Krüge, Schüsseln und Becher in eine Nische oder auf einen erhöhten Absatz der Grabgrube oder aber unmittelbar daneben gestellt, ein Brauch, der selbst bei einfacheren
346 Brandgräbern zu beobachten ist, die in den letzten Jahren in Krefeld-Gellep, Moers-Asberg oder Nijmegen (NL) freigelegt wurden. Oft sind es ganze Geschirrsätze, die man den Toten mitgab, die Trinkbecher gern mit aufmunternden Sprüchen wie REPLE
349 OLA (füll' den Becher erneut), OLA TENE BIBE (nimm den Becher und trink) oder – etwas makaber – GAVDEAS (viel Vergnügen). Meist sind Speisen und Getränke vergangen oder finden sich noch in Überresten, aus denen Paläobotaniker oder Osteologen immer noch sehr viel herauslesen können. Ein sehr eindrucksvoller Befund hierzu stammt aus
348 Nijmegen (NL), wo sich in einem Grab eine Schüssel fand, die noch Knochen eines Spanferkels enthielt[644]. Detailuntersuchungen an anderer Stelle haben ergeben, daß man die Toten offenbar mit Fleischstücken zweiter Wahl abzuspeisen pflegte, während man für sich selbst die besten Stücke nahm; offenbar wurde dadurch niemand erzürnt[645].

Eindeutig religiösen Charakter und damit eine besondere Funktion besaßen Lampen und Räucherkelche. Lampen – meist aus Ton, seltener aus Bronze – waren Lichtträger für das Jenseits und sollten dem Toten als Lichtquelle im Dunkel des Grabes dienen[646]. Dieser Brauch war römisch ebenso wie die Verwendung von Räucherkelchen, in denen – nach äußeren Brandspuren zu urteilen – schon auf dem Scheiterhaufen wohlriechende Harze wie Myrrhe oder Weihrauch verbrannt worden sind. Eine ähnliche Rolle

348. NOVIOMAGVS/Nijmegen (NL). Schüssel mit Resten eines Spanferkels, gefunden in einem Grab im Friedhof »Marienburg«. 2./3. Jahrhundert. Rijksmuseum G. M. Kam Nijmegen (NL).

349. OLA TENE BIBE (»Nimm den Becher und trink«). Ritzinschrift auf einem Becher, der in Nijmegen (NL) in einem Grab gefunden wurde. 2. Jahrhundert. Rijksmuseum G. M. Kam Nijmegen (NL).

spielte der wohlriechende Inhalt gläserner Balsamarien, die über dem Scheiterhaufen entleert und dann ins Feuer geworfen wurden, wo sie zu unförmigen Glasklumpen zerschmolzen; wie Ovid schreibt, wurden Spezereien auch über die Gräber versprengt[647]. Gegenstände mit Jenseitscharakter waren Statuetten aus Ton oder Bronze, die VENVS, FORTVNA oder irgendein anderes göttliches oder menschliches Wesen darstellten. Sie behüteten das Grab und waren wohl so etwas wie Garanten für ein friedvolles Jenseits; in diesem Sinne ist etwa auch die Beigabe eines SISTRVM, des Kultsymbols der Göttin ISIS, in einem Gelleper Grab zu verstehen (S. 233)[648].

Von den Grabgefäßen, die für Speisebeigaben verwendet wurden, sind die Gefäße zu trennen, die man während der Verbrennung absichtlich zerschlug, um die Scherben dann ins Feuer zu werfen[649]. Ein Großteil der Scherben, die sich in den Brandfüllungen der Gräber finden, sind mehr oder weniger stark dem Feuer ausgesetzt gewesen. Da beim Zerschlagen der Gefäße sicher nicht alle Stücke auf den Scheiterhaufen fielen, muß es nicht wundern, wenn geschmauchte und überflammte Scherben Bruch an Bruch mit Gefäßfragmenten zusammenpassen, die nicht mit dem Feuer in Berührung gekommen sind. Offensichtlich ist man aber auch beim Aufsammeln der Scherben sehr großzügig gewesen, denn selten findet man von einem Gefäß mehr als eine Handvoll Einzelscherben. Eine eindeutige Erklärung für diesen Vorgang gibt es nicht. Wahrscheinlich machte man auf diese Weise das Geschirr unbrauchbar, das man zuvor bei einer von Angehörigen und Gästen gemeinsam am Grab zubereiteten und eingenommenen Mahlzeit benutzt hatte, und gab es dem Toten mit[650].

Bleiben die Münzen, die für Gräber nicht nur eine willkommene Datierungshilfe sind, sondern sicher auch eine bestimmte Funktion für den Bestattungsritus hatten[651]. Deutungsmöglichkeiten gibt es viele, natürlich auch die des Fährgeldes für Charon, der die Toten über den Styx ruderte. Doch diese Vorstellung ist griechisch und widersprach ihrem Wesen nach römischem Glauben, wonach der Tote keine Seelenwanderung unternahm, sondern im Grabe weiterexistierte. Andererseits kennen wir die religiöse Vorstellungswelt der einheimischen Bevölkerung viel zu wenig, um sicher sagen zu können,

ob und inwieweit sich hier – und die Kelten kannten etwas Ähnliches wie Seelenwanderung – einheimisches Gedankengut mit römischem vermischt hat. In jedem Fall ist die Sitte, Münzen mitzugeben, römischen Ursprungs. Da viele Münzen nicht mit dem Feuer in Berührung kamen und in Brandgräbern meist mehr zufällig zwischen anderen Beigaben liegen, ist wohl am ehesten an den Brauch von Streu- und Wurfmünzen zu denken, die nach der Verbrennungszeremonie ins offene Grab geworfen wurden –
335 möglicherweise als OBOLVS für die DI MANES (Totengötter), in deren Welt der Tote einging[652]. Wie vielfältig die Funktionen von Grabmünzen sein konnten, zeigen Körpergräber noch viel besser, weil sich hier bei der Freilegung die ursprüngliche Lage der Münzen sehr oft noch exakt bestimmen läßt, ohne daß wir in der Lage wären, den religiösen Vorstellungen im einzelnen auf die Spur zu kommen, die die Menschen damals bewegten und dazu veranlaßten, Münzen an den verschiedensten Plätzen im Grab niederzulegen[653].

Besonders reich waren Gräber ausgestattet, die man heute mit dem lateinischen Begriff TVMVLVS (Erdhaufen, Grabhügel) bezeichnet und die nach bisherigen Erkenntnissen vor allem im Gebiet westlich der mittleren und unteren Maas verbreitet waren, wo sie möglicherweise auf einheimisch-keltische Einflüsse zurückgehen. Der bisher nördlichste Fundort solcher Tumulusgräber, die heute noch als abgeflachte Hügel sichtbar sein können, ist die Ortschaft Esch, südlich von s'-Hertogenbosch in der niederländischen Provinz Noord-Brabant, wo in den Jahren 1959–61 vier Grabhügel mit reichem Inventar entdeckt und freigelegt worden sind[654]. Unter den Hügeln aus Heideplaggen lagen rechteckige und quadratische Grabgruben, in denen holzgezimmerte Kästen standen, der kleinste davon 2 × 2 m groß und mindestens 65 cm hoch. Unter den Grabbeigaben waren zahlreiche Glasgefäße, z. T. unzerbrochen, trotz der Erdlast, die auf den Grabkisten lastete, außerdem goldgefaßte Broschen, Reste eines perlengeschmückten Täschchens sowie Gegenstände aus Bernstein, unter denen eine 10 cm
302 hohe Figur des BACCHVS, der sich weinselig auf einen Satyr stützt und mit seiner Rechten den Thyrsosstab umklammert, besonders hervorgehoben werden muß[655].

350. Helshoven b. Hoepertingen (B). Beigaben eines Tumulusgrabes. 1. Hälfte 2. Jahrhundert. Gallo-Romeins Museum Tongeren (B).

351. Typen römischer Grabstelen des 1. Jahrhunderts aus Köln (nach P. Noelke). Maßstab 1:20.

352. ASCIBVRGIVM/Moers-Asberg. Grabstein eines Reiters, dem sein Pferd symbolisch mitgegeben wurde (s. unteres Bildfeld). Ende 1. Jahrhundert. Rheinisches Landesmuseum Bonn.
Die Inschrift lautet übersetzt: »Dom(itius?) …, Reiter der Ala Moesica, »Schwadron« des Rufinus, Bürger der …?, 43 (?) Jahre alt, nach 23 (?) Dienstjahren, liegt hier begraben …«.

350

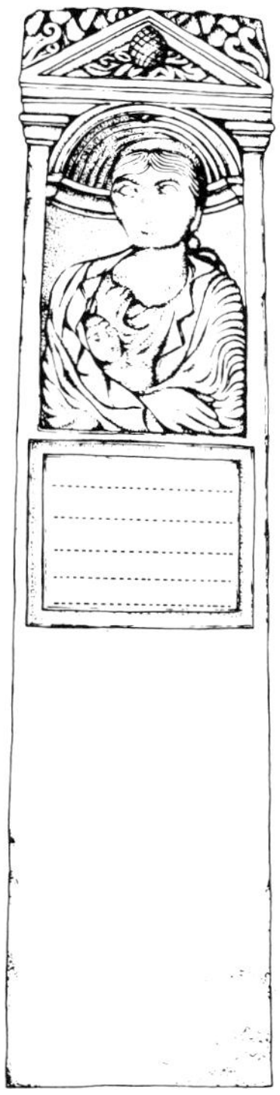

Ein Zentrum dieser Bestattungssitte scheint der Haspengouw gewesen zu sein, eine fruchtbare Landschaft westlich von Liège/Lüttich (B), wo Tumulusgräber an insgesamt sechs Plätzen dieses Gebietes archäologisch untersucht worden sind – in Eben-Emael-Kanne, Gors-Opleeuw, Berlingen, Helshoven b. Hoepertingen, Rosmeer und 350
Riemst[656]. Allen Grabplätzen ist gemeinsam, daß den Toten ein großer Teil ihres persönlichen Besitzes mitgegeben wurde, soweit dieser – nach damaliger Vorstellung – für das Weiterleben im Grab von Nutzen sein konnte. So enthielt z. B. eines der beiden Frauengräber in Helshoven ursprünglich mehr als fünfzig Gegenstände aus Ton, Glas, Bein, Leder und Eisen. Dazu kamen eine große Anzahl unverbrannter Tonscherben sowie Knochen von Tieren, darunter das Gebiß eines jungen Ebers, die als Überreste des Totenmahls zu erklären sind, das vor oder während der Bestattung zubereitet und verzehrt wurde. Es ist wahrscheinlich, daß die reichen Beigaben dieser Gräber den sozialen Status der Verstorbenen widerspiegeln und die Toten, die auf diese Weise bestattet wurden, zur einheimischen Oberschicht zu zählen sind.

352

Ein Grabhügel, ob als winziger Erdhaufen über dem Grab eines Tagelöhners oder als markanter, die Landschaft beherrschender TVMVLVS eines Großgrundbesitzers, war seinem Wesen nach anonym, und leicht konnten schon nach kurzer Zeit Name und Stand eines Toten vergessen sein – eine Vorstellung, die für die Menschen römischer Zeit undenkbar war. Sichtbarer Ausdruck hierfür war das MONVMENTVM (Denkmal), das an den Toten erinnern sollte (MONERE = mahnen, erinnern), sowie der TITVLVS (Inschrift), der Auskunft gab über Name, Familie, Alter, Herkunft, Berufsstand oder gesellschaftliche Stellung. Steinerne *Grabdenkmäler* gehörten auch in Niedergermanien seit der Zeit kurz nach Christi Geburt »zu den augenfälligsten Zeichen der Romanisierung« (L. Berger)[657]. Die ersten Grabsteine wurden importiert wie das in Xanten gefundene Grabmal des Marcus Caelius aus Bologna, aber schon bald entstanden in den Gar- 24

nisonsstädten an der Rheingrenze eigene Werkstätten, in denen germanische und galli-
sche Handwerker angelernt und zu römischen Steinmetzen ausgebildet wurden
(S. 207). Grabsteine bilden neben Götterweihungen das Gros der Inschriftsteine, die
heute die Museen Europas füllen, und sie sind eine unerschöpfliche historische Quelle
für jeden, der sich darum bemüht, mehr über die Lebensumstände und Vorstellungswelt
der Menschen jener Zeit zu erfahren (worum es ja der Archäologie eigentlich geht)[658].

Mehr noch als die Beigaben waren die oberirdischen Grabbauten »Spiegelbilder des
Lebens« (SPECVLA VITAE), an denen sich – auch heute noch – Geschmack, Geltungs-
drang und gesellschaftlicher Rang ablesen lassen. Ihre Vielgestaltigkeit war sehr groß,
denn offenbar gab es für Grabdenkmäler – anders als in der öffentlichen Architektur –
keinerlei reglementierende Vorschriften. Ein Überblick über die Grabbauten, die wäh-
351 rend der ersten drei Jahrhunderte etwa im römischen Köln gearbeitet und auf den
Friedhöfen vor den Toren der Stadt aufgestellt worden sind, verdeutlicht die Vielfalt
der Formen, die damals möglich waren und die von einfachen Inschriftplatten über
Grabaltäre bis zu vielfältigen bildnerischen Darstellungen reichten, unter denen das
Bildmotiv des sog. Totenmahls – gemessen an der Zahl der wiedergefundenen Grab-
141, steine – eines der beliebtesten war; mitunter ist auch eine ganze Familie beim gemeinsa-
155 men Mahl abgebildet worden[659]. Totenmahlszenen auf Grabsteinen sicherten mögli-
cherweise die Teilnahme des Toten am Gedächtnismahl, das sich alljährlich im Februar
am Grabe wiederholte (S. 240). Charakteristisch ist auch die Kombination gerade dieses
352 Bildmotivs mit einer Szene, in der von einem Reitknecht ein gesatteltes Pferd vorge-
führt wird. Die Verbindung beider Bildszenen beschränkt sich auf Soldatengrabsteine,
die ehemaligen Reitern gewidmet sind und denen so – zumindest symbolisch – ihr Pferd
mitgegeben wurde. Diese Vorstellung, die nach Auffassung von P. Noelke durch römi-
sche Hilfstruppenreiter aus Thrakien (heute Nordgriechenland und südliches Bulga-
rien) nach Niedergermanien gelangte, konnte im Einzelfall auch konkrete Form an-
nehmen, dann nämlich, wenn Roß und Reiter gemeinsam bestattet wurden, wie dies in
Köln, Krefeld-Gellep oder Moers-Asberg nachweisbar ist[660].

Häufiger wohl – als bisher aufgrund von Funden angenommen – ließ man sich auch
in Niedergermanien Grabdenkmäler errichten, die bereits zur *Grabarchitektur* zu rech-
353 nen sind. Dies konnte ein Grabtempel sein, zu dem etwa ein in Köln im Gräberfeld an
der Luxemburger Straße gefundener Giebel gehörte, ein steinerner Rundbau in der
Form eines TVMVLVS wie in Nickenich (Krs. Mayen), neben dem ein dreiteiliges Ni-
65 schengrabmal mit den Figuren zweier Männer und einer Frau mit Kind gefunden wur-
de, oder aber turmartige Pfeilergrabmale, wie sie in jüngster Zeit in Köln oder Maas-
tricht (NL) entdeckt und z. T. zeichnerisch oder architektonisch rekonstruiert worden
sind[661]. Am bekanntesten ist das Grabmal, das sich der Kölner Legionsveteran Lucius
54f. Poblicius um das Jahr 40 oder etwas später vor dem Südtor errichten ließ und das –
nach einer aufsehenerregenden Grabungsaktion im Keller eines Hauses am Chlodwig-
platz und dem Ankauf durch die Stadt Köln – heute als Rekonstruktion den Eingangs-
bereich des Römisch-Germanischen Museums beherrscht. Der Grabpfeiler war 15 m
hoch und in zwei Geschosse gegliedert, die auf einem niedrigen Sockel standen, be-
krönt von einem pyramidenähnlichen Dach und einem korinthischen Kapitell als Ab-
schluß, auf dem eine Figurengruppe stand, die Aeneas, den legendären Gründer Roms
zeigte, im Begriff stehend, zusammen mit seinem Sohn Ascanius und seinem Vater An-
chises aus dem brennenden Troja zu fliehen[662]. Auf dem Sockelgeschoß war die Grab-
inschrift angebracht, die unvollständig ist und in der neben Lucius Poblicius und dessen
Tochter Paulla, die offenbar in jungen Jahren starb, sicher auch Frau und Sohn genannt
waren. Entsprechend stehen heute wieder vier Statuen bzw. Statuenfragmente zwi-
schen den Säulen des Obergeschosses – in der Mitte der Poblicius-Sohn, der ursprüng-
lich wohl rechts gestanden hat und in der Rekonstruktion deshalb in die Mitte genom-

353. AGRIPPINA/Köln. Rekonstruktion eines Grabtempels von der Luxemburger Straße (nach A. Kisa). Der Giebel befindet sich heute im Römisch-Germanischen Museum Köln.

354. 355. Familiengrabmal des Lucius Poblicius aus Köln. Errichtet um das Jahr 40. Römisch-Germanisches Museum Köln. Die Inschrift lautet übersetzt: »Für Lucius Poblicius, Sohn des Lucius, aus dem Stimmbezirk Terentina, den Veteranen der 5. Legion Alauda, (ist) gemäß Testament sowie für Paulla, (seine) Tochter und die Lebenden . . . . . . seine Frau und für Lucius Poblicius Modestus (und) Lucius Poblicius . . . (dieses Grabmal errichtet worden). Dieses Monument darf nicht auf den Erben übergehen«.

L POBLICIO L F TERE
D MODESTO L
M H

men wurde, weil diese Figur vollständig erhalten ist; Vater Poblicius ist demnach in dem Torso zu erkennen, der größere Proportionen aufweist und heute rechts steht (vom Besucher aus gesehen). Links der beiden Männergestalten stand die Gattin des Poblicius, deren Namen wir nicht kennen, weil die entsprechende Inschriftzeile fehlt; auch diese Statue ist nur als Torso erhalten. Fast intakt ist dagegen die Figur der Poblicia Paulla, die an der rechten Schmalseite stand. Die Statue ist wesentlich kleiner als die der Eltern und des Bruders, außerdem trägt Paulla die TOGA PRAETEXTA, ein purpurverbrämtes Gewand, das Mädchen, deren Vater römischer Bürger war, am Tage vor der Hochzeit ablegten, die damals schon mit 12 Jahren möglich war (S. 129), d. h. Paul-
34, la ist sehr früh gestorben[663]. Überraschende Neufunde aus Köln im Winter 1980/81, bei
156, denen zahlreiche Fragmente von Grabpfeilern und anderen repräsentativen Grabbau-
230, 258, ten zum Vorschein gekommen sind, geben neuerdings eine Vorstellung davon, daß der
320 Grabturm des Poblicius nicht isoliert zu sehen ist, sondern daß es in damaliger Zeit auch in der Grenzprovinz Niedergermanien eine reiche Schicht gegeben hat, die es sich leisten konnte, viel Geld für ihre DOMVS AETERNA (ewiges Haus) auszugeben.

Am sinnfälligsten drückte sich die römische Vorstellung von »Haus der Ewigkeit« in unterirdischen Grabkammern aus, die man – nach dem griechischen Wort für »unterirdisch« – als HYPOGAEVM bezeichnete. Allein neun solcher Grabgewölbe hat man an den Straßen, die AGRIPPINA/Köln verließen, bis heute nachweisen können, davon allein fünf im südlichen Gräberfeld bei St. Severin. Die bekannteste römische Grabkam-
356 mer auf niedergermanischem Boden liegt heute im Kölner Stadtteil Weiden, sie ist erst

356. Köln-Weiden. Römische Grabkammer. 2. Jahrhundert.

vor kurzer Zeit grundlegend restauriert worden und bietet mit ihrem reichhaltigen Inventar ein eindrucksvolles Bild römischer Jenseitsvorstellung[664]. Der Grabbau, der oberirdisch wahrscheinlich durch ein Tempelchen gekennzeichnet war, lag an der Straße, die nach IVLIACVM/Jülich und bis an die Maas führte, und gehörte wohl zu einem Landgut, das etwa sechs römische Meilen (= 9 km) vom Westtor der Stadt entfernt lag.

Die 3,6 × 4,5 m große Grabkammer, deren Sohle in 6 m Tiefe liegt, besaß ein Tonnengewölbe und war in ihrem Innern einem römischen Speisezimmer (TRICLINIVM) nachgebildet, verdeutlicht durch drei große Nischen, die in ihrem unteren marmorverkleideten Teil als Ruhebetten (CLINAE) gestaltet waren, sowie durch zwei steinerne Sessel, die bis ins Detail römerzeitlichen Korbstühlen nachgebildet sind und in denen – folgt man bildlichen Darstellungen auf Grabsteinen – die Frauen Platz nahmen. In die Wände sind insgesamt 29 Nischen – sog. COLVMBARIA (Taubenschläge) – eingetieft, in denen Urnen, mit Leichenasche gefüllt, abgestellt waren, die allerdings schon bei der ersten unsachgemäßen Ausräumung der Grabkammer im Jahre 1843 abhandengekommen sein müssen. Die bedeutendsten Fundgegenstände sind drei Portraitbüsten aus Carrara-Marmor, zwei davon in hervorragender Qualität, die dritte – ein Frauenportrait – durch spätere Überarbeitung entstellt, sowie ein reliefverzierter Marmorsarkophag, der – seinen Abmessungen nach zu schließen – ursprünglich wohl oberhalb der Grabkammer aufgestellt war und beim Einsturz des Gewölbes – irgendwann vor dem Jahre 1843 – in zahlreiche Stücke zerbrach. Er stammt nachweisbar nicht aus Köln, sondern aus einer Bildhauerwerkstatt in Rom, und zeigt Szenen, die damals Sinnbild der Hoffnung auf ein ewiges Leben waren.

Die Grabkammer in Köln-Weiden ist lange in Benutzung gewesen. Die ältesten Funde stammen aus der Zeit um die Mitte des 2. Jahrhunderts, als es üblich war, die Toten zu verbrennen und ihre sterblichen Überreste in Urnen zu bestatten. Aber noch in den ersten Jahrzehnten des 4. Jahrhunderts sind Tote an dieser Stelle beigesetzt worden, wie eine Münze des Constantinus II. aus dem Jahre 337 zeigt. Auch in dieser späten Zeit, in der sich das Christentum seit Verkündung des Toleranzediktes im Jahre 313 offen äußern konnte und seinen Siegeszug begann, scheinen die Angehörigen der Gutsbesitzerfamilie, die ihre Toten an diesem Platz beisetzten, noch dem alten Glauben angehangen zu haben. Sicher hätte sich sonst aus den Grabbeigaben konstantinischer Zeit
ein Hinweis hierfür gefunden – eine Taube etwa oder ein Christogramm, wie es sich seit 290,
dem 4. Jahrhundert auf zahlreichen Grabsteinen zwischen Köln und Maastricht (NL) 332
findet.

Ausblick: Zeit der Spätantike

Darüber haben wir nunmehr zu reden, und von einem Kaisertum aus Gold sinkt nun meine Erzählung und die Geschichte des Römervolkes hinab zu einem Kaisertum aus Eisen und Rost.
Dio Cassius Cocceianus über die Zeit nach dem Tode M. Aurels († 180)

Macht nur immer die Soldaten reich, das andere ergibt sich dann von selbst.
Lucius Septimius Severus (145/146–211)

Man spielt nicht mehr in Köln, die Stadt ist voller Feinde ... man kann nicht mehr vor lauter Armseligkeit und Elend dieser Zeit!
Salvianus (ca. 400–468/470)

Das hellste Licht des Erdkreises ist erloschen, das Haupt des Römischen Reiches vom Rumpf getrennt, und mit der einen Stadt ist der ganze Erdkreis untergegangen.
Hieronymus (ca. 345–420) nach der Plünderung Roms durch die Westgoten (410)

Die Epoche, die in Niedergermanien um die Mitte des 3. Jahrhunderts mit den ersten Übergriffen germanischer Scharen auf das Grenzland am Rhein begann und mit der endgültigen Landnahme der Franken und der Eroberung Kölns um das Jahr 459 ihren Abschluß fand, stellt ein eigenes Thema dar, das in diesem Zusammenhang nur angedeutet werden kann[665]. Soweit wir heute wissen, haben die Menschen in Niedergermanien zum erstenmal im Jahre 256 oder 257 zu spüren bekommen, wie unsicher das Leben an der Grenze geworden war. Kaiser Valerianus (253–259) war gezwungen gewesen, einen Teil der römischen Truppen von der niedergermanischen Grenze abzuziehen, um sie im Osten gegen das Heer des Sassanidenherrschers Sapor einzusetzen. Die Gunst der Stunde nutzend, überschritten die Franken den Rhein, überwanden oder umgingen die schwach besetzten Grenzkastelle und fielen mordend und plündernd in

357. GELDVBA/Krefeld-Gellep. »Massengrab« des Jahres 256/257, aufgedeckt 1981. Museumszentrum Burg Linn, Krefeld.

358. OCCISSVS A FRANCO (»erschlagen von einem Franken«). Grabinschrift aus Köln. 4. Jahrhundert. Römisch-Germanisches Museum Köln. Die Inschrift lautet übersetzt: »Der Leibgardist Viatorinus diente 30 Jahre (und) wurde im Barbarenland nahe Deutz von einem Franken erschlagen. Der stellvertretende Kommandant der Deutzer Einheit (hat den Grabstein gesetzt).

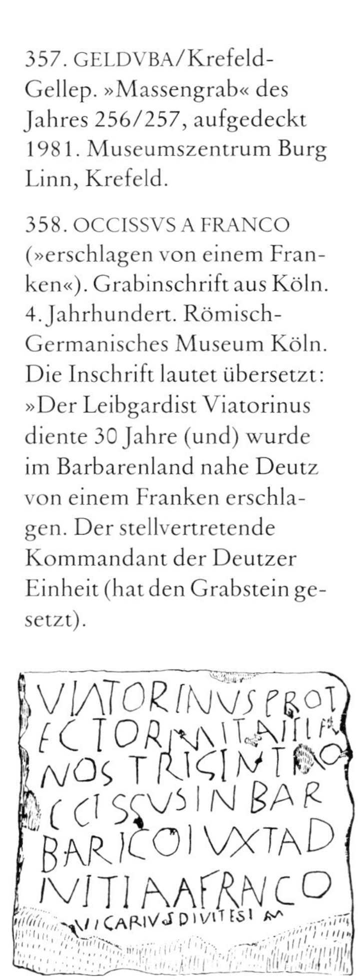

359. Bonn, Jakobstraße. Grabbeigaben eines germanischen Offiziers, der in römischen Diensten stand. Zum Grabinventar gehörten zwei Glasgefäße, eine vergoldete Fibel, versilberte Metallteile von Gürtel und Schwertriemen, ein silbertauschiertes Eisenmesser und ein Langschwert (Spatha). 2. Hälfte 4. Jahrhundert. Rheinisches Landesmuseum Bonn.

Niedergermanien ein. Erst unlängst sind in Krefeld-Gellep Massengräber von Män- 357
nern, Frauen und Kindern aufgedeckt worden, die auf makabre Weise das Unglück festhalten, das damals über die Menschen der Provinz hereinbrach[666]. Dreizehn Skelette fand man allein in dem Grab, das heute schlicht die Fundnummer 4281 trägt. Wohl um das Ausbrechen einer Seuche zu verhindern, waren die Toten nicht, wie es Brauch war, bestattet, sondern dort, wo man sie gefunden hatte, verscharrt und mit Kalk überstreut worden. Eine der erschlagenen Frauen trug wohl eine Geldbörse bei sich, die vier Münzen enthielt, sog. Antoniniane, die unter Valerianus geprägt worden waren. Es gibt auch andere archäologische Befunde, die indirekt die Ereignisse jener Jahre widerspiegeln, wie etwa ein damals vergrabener Tempelschatz aus TRAIANA/Xanten, der 1964 wiedergefunden wurde und außer Silbergefäßen und -gerät fast 350 Münzen enthielt, doch nirgends ist das damalige Geschehen so drastisch und eindringlich dokumentiert wie in den Gräbern von Gellep[667].

Natürlich hatte der Druck auf die Grenze auch hier schon früher begonnen, doch war es Kaisern und Statthaltern offenbar immer wieder gelungen, fränkische Scharen, die auf der Suche nach Land oder Beute waren, zurückzudrängen, sie gar nicht erst römisches Reichsgebiet betreten zu lassen und ihnen notfalls mit Gold den Sieg abzukaufen – eine unselige Praxis, die den Staat immer ärmer, Germanen oder Perser jedoch nur noch begehrlicher machte. Bis zum Jahre 256/257 durften sich die Menschen in Niedergermanien in Sicherheit wiegen, zumal die meisten kaum etwas von dem wußten, was im Vorfeld der Grenze geschah, es sei denn, der eigene Sohn befand sich dort
und kehrte nicht zurück – OCCISSVS IN BARBARICO A FRANCO (»erschlagen in der 358
Fremde von einem Franken«), wie es auf einem Kölner Grabstein des 4. Jahrhunderts heißt[668]. Es gelang zwar in der Folgezeit, zumindest zeitweise wieder friedliche Verhältnisse herzustellen, doch die Kräfteverhältnisse hatten sich verschoben, der Frieden war unsicher und brüchig geworden. Ruhe herrschte immer dann, wenn sich der römische Kaiser persönlich mit einem starken Heer an den niedergermanischen Grenzabschnitt begab und man die Franken mit dem Mittel der Abschreckung, d.h. der Verwüstung ganzer Landstriche, verbunden mit Massakern und Zwangsumsiedlungen, oder aber durch Geldzahlungen oder Verträge mit einzelnen Stammesfürsten für einige Zeit eingeschüchtert oder zum Stillhalten bewegt hatte.

Nicht weniger verheerend waren die Auswirkungen der rapide wachsenden *wirtschaftlichen Rezession* und der Verfall des Geldes[669]. Hier befand sich der römische Staat in einem Teufelskreis. Bereits gegen Ende des 2. Jahrhunderts setzt in manchen Provinzen eine umfassende Landflucht ein, die zum Rückgang der Agrarproduktion führt – der Grund sind erhöhte Steuern, die von der Landbevölkerung nicht mehr aufgebracht werden können. Die Steuern steigen, weil das Reich, das gezwungen ist, sich an mehreren Fronten gleichzeitig zu verteidigen, immer mehr Soldaten besolden muß, ein stetig wachsendes Heer von Beamten unterhält, das verwaltet, kontrolliert und Steuern eintreibt, gleichzeitig aber die Zahl der Steuerzahler abnimmt, weil Kriege, Landflucht und verheerende Seuchen zu einem Rückgang der Bevölkerung führen. Durch die Einfälle der Franken, die sich seit 257 immer häufiger ereignen, wird die Agrarstruktur Niedergermaniens empfindlich getroffen. Man sucht dieser Entwicklung zu begegnen, indem man fränkische Kriegsgefangene, die man mit einem wohl germanischen Wort als LAETI bezeichnet, zwangsweise in der Provinz ansiedelt. Trotzdem läßt sich nicht verhindern, daß immer mehr Siedlungen und Gehöfte geplündert, abgebrannt und verlassen werden. Die Unsicherheit auf Straßen und Wasserwegen führt zu einem starken Rückgang des Handels, Luxuswaren verschwinden fast völlig vom Markt, weil die Kaufkraft sinkt, selbst die Städte verarmen, entvölkern sich und schrumpfen zu Kernfestungen, die sich leichter verteidigen lassen (S. 261).

Am deutlichsten läßt sich der wirtschaftliche Niedergang am *Zerfall der römischen Währung* ablesen[670]. Seit Septimius Severus (193–211) werden Unmengen an Silbergeld geprägt, um Soldaten und Beamte bezahlen zu können. Um aus einem Pfund Silber mehr Denare prägen zu können, wird der Silbergehalt zunächst – zugunsten von Kupfer – um ein Drittel verringert. Kaiser Caracalla führt 214 den ANTONINIANVS ein, einen Doppeldenar, der nur noch zu 50% aus Silber besteht, bis der Denar unter Vale-
235 rianus (253–259) nur noch ganze 5% Silber enthält; trotzdem wird nach wie vor seitens des Staates an der alten Parität festgehalten, wonach 25 Denare dem AVREVS, einer Goldmünze von ca. 7,8 g, entsprechen (S. 186). Da das Warenangebot immer geringer wird, steigen die Preise, die man z. B. unter Diocletianus (284–305) vergeblich versucht, durch einen Preisindex zu stabilisieren. Zum Wertverfall des Geldes trägt außerdem bei, daß Provinzen wie DACIA, das heutige Rumänien, wo Gold und Silber gefördert wurden, verlorengehen und generell seit dem 3. Jahrhundert Klage darüber geführt wird, daß sich die Bodenschätze – die natürlichen Ressourcen des Reiches –, darunter die Gold- und Silberbergwerke, erschöpft haben[671]. Mitentscheidend ist aber auch das Defizit, das daraus entsteht, daß in kurzen zeitlichen Abständen unvorstellbare Summen in Gold und anderen Metallen dem Wirtschaftskreislauf des Reiches entzogen werden und als Tribute und Stillhaltegelder ins Ausland abfließen. Wenn man vernimmt, daß Kaiser Macrinus im Jahre 218 gezwungen war, an die Perser 200 Millionen Sesterzen abzuführen, und davon ausgeht, daß die Empfänger sehr wahrscheinlich darauf bestanden haben, daß diese ungeheure Summe nicht in Kupfer, Messing oder schlechtem Silbergeld geleistet wurde, sondern in Gold, so hätte die reichsrömische Volkswirtschaft allein in diesem Jahr mehr als 15 000 kg Gold eingebüßt[672]!

Gemessen an der dramatischen Zuspitzung des politischen und wirtschaftlichen Geschehens jener Zeit, sind die archäologischen Zeugnisse und Überreste aus GERMANIA INFERIOR bzw. GERMANIA SECVNDA, wie die Provinz seit 294 amtlich hieß, nur als kärglich zu bezeichnen. Deutlich ist abzulesen, daß der allgemeine Wohlstand ge-
344 schwunden ist, daß es zwar auch weiterhin eine dünne Oberschicht gab, bestehend aus Großgrundbesitzern und hohen Staatsbeamten, die sich Luxuswaren leisten konnten, zurückgezogen auf ihren ausgedehnten Landgütern wohnten und einen Lebensstil pflegten, der bester römischer Tradition entsprach, andererseits aber so einflußreich waren, daß sie die vom Staat auferlegten Steuern bezahlen oder sich ihnen entziehen

360. Ladenburg (Neckar). Rekonstruktion eines spätrömischen Burgus mit gesichertem Schiffsanlegeplatz (nach B. Heukemes).

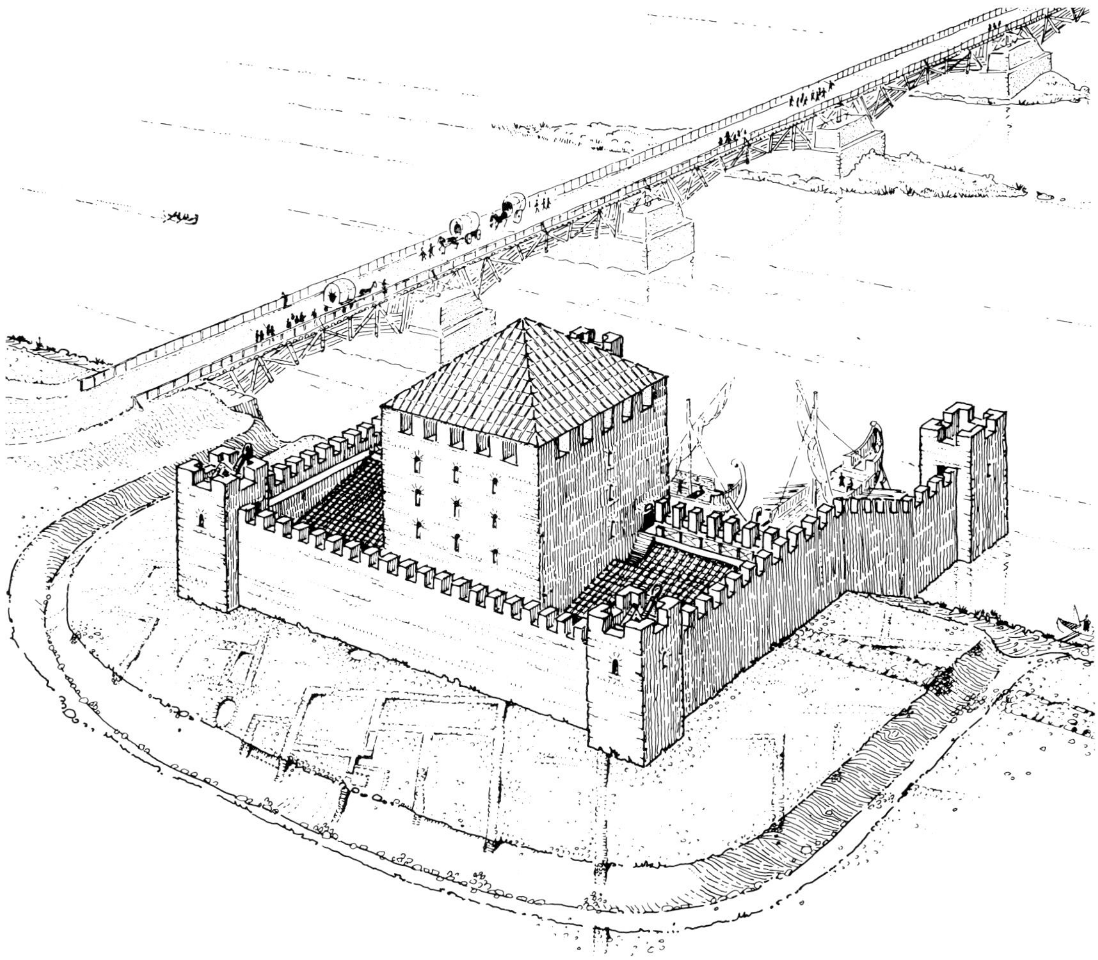

konnten, doch für die meisten Menschen in der Provinz wird es ein Kampf ums Überleben gewesen sein, ein Dasein in Not, Leid, Armut und Verzweiflung, das keine Spuren hinterlassen hat.

Zur Gruppe der Privilegierten gehörte Masclinius Maternus, dessen Grabinschrift aus dem Jahre 352 sich in Zülpich-Hoven gefunden hat und aus der hervorgeht, daß dieser Mann Ratsherr in Köln war, dann Polizeichef (AEDILIS), Bürgermeister (DVVMVIR), dann CVRATOR, d.h. Staatskommissar, der als kaiserlicher Abgesandter etwa das Finanzgebaren der Städte zu überwachen hatte, außerdem auch Priester (SACERDOS)[673]. Offenbar war er vermögend und einflußreich, denn er gehörte nicht zu jenen seines Standes, von denen es in Quellen jener Zeit heißt, sie hätten sich vor öffentlichen Aufgaben gedrückt und dem staatlichen Zugriff durch die Flucht entzogen. Dieses Delikt war offenbar so sehr an der Tagesordnung, daß kaiserliche Gesetze erlassen wurden, in denen es u.a. hieß, der Provinzstatthalter habe dafür zu sorgen, daß Ratsherren der Städte, die nachweislich den Sitz ihrer Stadt, der sie angehören, verlassen hätten und in andere Gegenden übergesiedelt seien, auf den Boden ihrer Vaterstadt zurückzurufen seien, um die ihnen zukommenden Verpflichtungen zu übernehmen[674]. Der Grund für diese Handlungsweise war eine Art von Steuerflucht, denn seit Beginn des 2. Jahrhunderts hafteten die Stadträte mit ihrem Vermögen nicht nur für die Steuerleistungen ihrer Gemeinden, sondern hatten darüberhinaus Leistungen zu erbringen, die der Staat auf sie abwälzte. Kein Wunder, wenn festgestellt werden muß, daß freiwillige private Stiftungen seit dieser Zeit immer seltener werden und schließlich ganz aufhören.

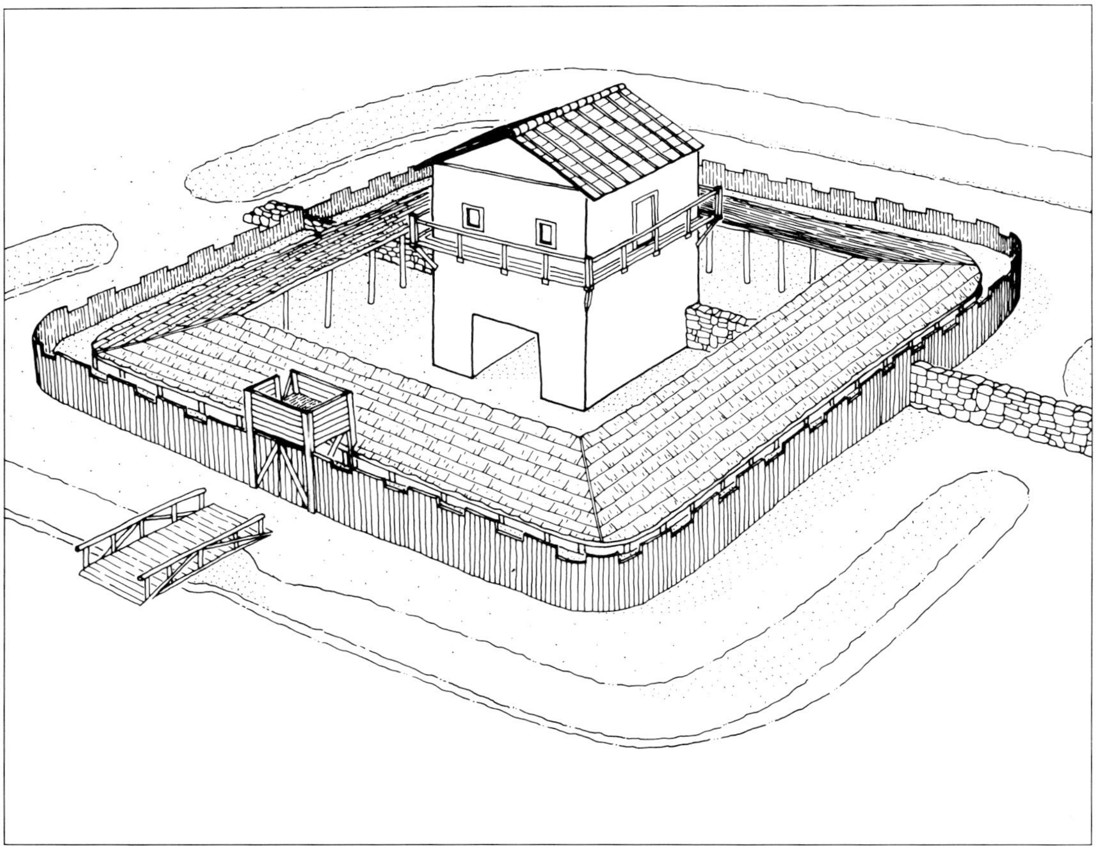

361. Froitzheim (Krs. Düren). Rekonstruktionsskizze eines spätrömischen Burgus (nach U. Heimberg).

Natürlich sind römische Kaiser wie Konstantin d. Gr. (306–337), Iulianus (361–363) oder Valentinianus I. (364–375) nicht nur mit mehr oder weniger Erfolg gegen die Franken zu Felde gezogen, sondern sie haben auch Anstrengungen unternommen, der Zivilbevölkerung der Provinz ein Mindestmaß an Schutz zu gewährleisten. Einige Siedlungen, vor allem solche, die nicht an den großen Verkehrsachsen lagen, wurden aufgelassen, die meisten jedoch umgab man mit Mauern und breiten Gräben, wie sie u. a. für
169 ICORIGIVM/Jünkerath, TOLBIACVM/Zülpich, IVLIACVM/Jülich, AQVAE GRANNI/Aachen, TRAIECTVM AD MOSAM/Maastricht (NL) oder CEVCLVM/Cuijk (NL) archäologisch nachgewiesen worden sind[675]. Die Kastelle am Niedergermanischen Limes, von denen die Lager zwischen CARVIVM/Bijlandse Waard (NL) und LVGDVNVM/Katwijk-Brittenburg (NL) um 260/270 aufgegeben werden mußten, wurden z. T. neu

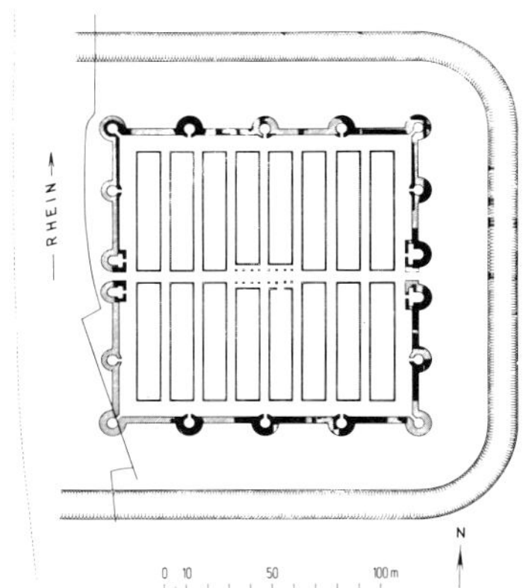

362. DIVITIA/Köln-Deutz. Plan des konstantinischen Kastells (nach G. Precht).

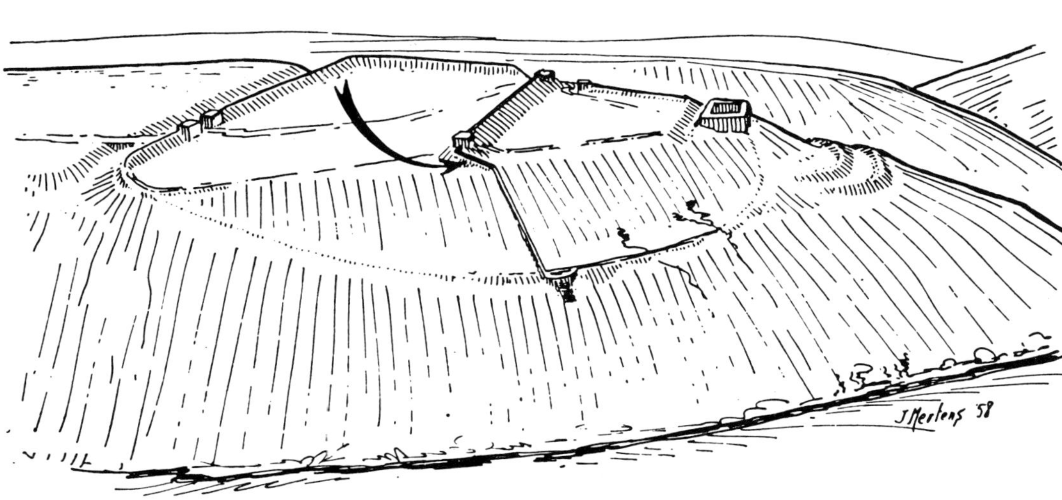

363. Buzenol b. Arlon (B). Gesamtansicht der spätrömischen Fluchtburg. Der Pfeil bezeichnet die Fundstelle, an der u. a. der Reliefblock Abb. 207 sekundär verbaut war (nach J. Mertens).

364. AGRIPPINA/Köln. Rekonstruktion des Statthalterpalastes. Ende 4. Jahrhundert (Periode IV, 2 nach G. Precht). Vgl. Abb. 30.

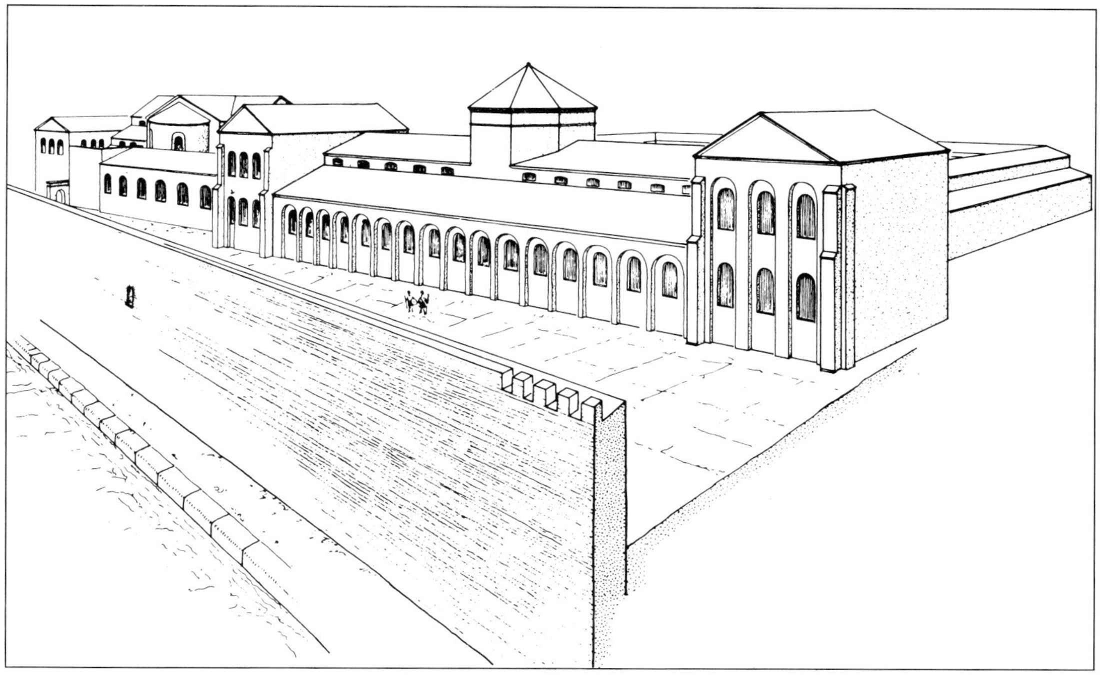

befestigt und ebenfalls – wie etwa BONNA/Bonn oder GELDVBA/Krefeld-Gellep – mit Gräben umgeben, die Breiten bis zu 10 m haben konnten[676]. Auch neue Militäranlagen
wurden gebaut, die sich – wie die unter Konstantin d. Gr. errichteten Kastelle DIVITIA/ 362
Köln-Deutz oder in Monheim-Haus Bürgel – allein schon durch ihre abgerundeten, weit vor die Mauer vorspringenden Türme in charakteristischer Weise von den Kastellbauten des 1. und 2. Jahrhunderts unterscheiden[677].

Dem besonderen Schutz der Bevölkerung dienten Fluchtburgen, die man an entlege-
nen Plätzen anlegte; die Anlage in Buzenol bei Arlon (B) mag hier als Beispiel dienen, 363
da Vergleichbares aus der Provinz GERMANIA SECVNDA bisher nicht bekannt ist[678]. Für
Soldaten und Zivilbevölkerung werden im Ernstfall die Kleinfestungen bestimmt gewe- 64
sen sein, die vor allem Valentinianus I. an der Rheinlinie und im Binnenland hat bauen
lassen[679]. Es waren massiv gebaute Türme, ursprünglich wohl Kornspeicher, die man 360f.
unter den Erfordernissen einer unruhigen Zeit mit Mauern und breiten Gräben umgab und zu Wehranlagen umfunktionierte[680]. Bauten dieser Art sind damals an der Donau, am Ober- wie am Niederrhein errichtet worden, wo sie – nach gleichem Baumuster – in Goch-Asperden (Krs. Kleve) und in Moers-Asberg in Grundrissen freigelegt worden sind[681]. Nach damaligem Sprachgebrauch bezeichnete man sie als BVRGI, die von kleinen Truppeneinheiten besetzt waren, die man in ihrer Gesamtheit RIPENSES (die am Ufer liegenden) nannte, und die im Gefahrenfall sicher auch der ansässigen Zivilbevölkerung Schutz vor feindlichen Überfällen boten. Manches spricht dafür, daß diese Wehranlagen als Vorläufer frühmittelalterlicher Burgen anzusehen sind.

Die einzige Stadt, die ihren alten Umfang behielt, war die Provinzmetropole AGRIP-
PINA/Köln, in der noch während der 2. Hälfte des 4. Jahrhunderts der weitläufige Pa- 364
last des Statthalters völlig neu errichtet wurde[682]. Andere Städte wie ADVATVCA TVNGRORVM/Tongeren (B) oder TRAIANA/Xanten bauten sich auf geschrumpftem Terrain mitten in der Stadt neue Mauern und umgaben sie mit breiten Gräben[683]. In
TRAIANA verringerte sich das Stadtareal von 83 auf 16 ha, man zog um die neun inneren 7,
Viertel (INSVLAE) der Stadt zwischen Kapitol und Thermen eine Mauer – 3,5 m stark 365
und mit zahlreichen halbrunden Türmen besetzt, davor im Abstand von 6 m zwei Gräben, die jeweils eine Breite von 12 m hatten. Dieses Stadtbollwerk ist wie DIVITIA/ Köln-Deutz und Monheim-Haus Bürgel sehr wahrscheinlich im Zuge eines Festungs-

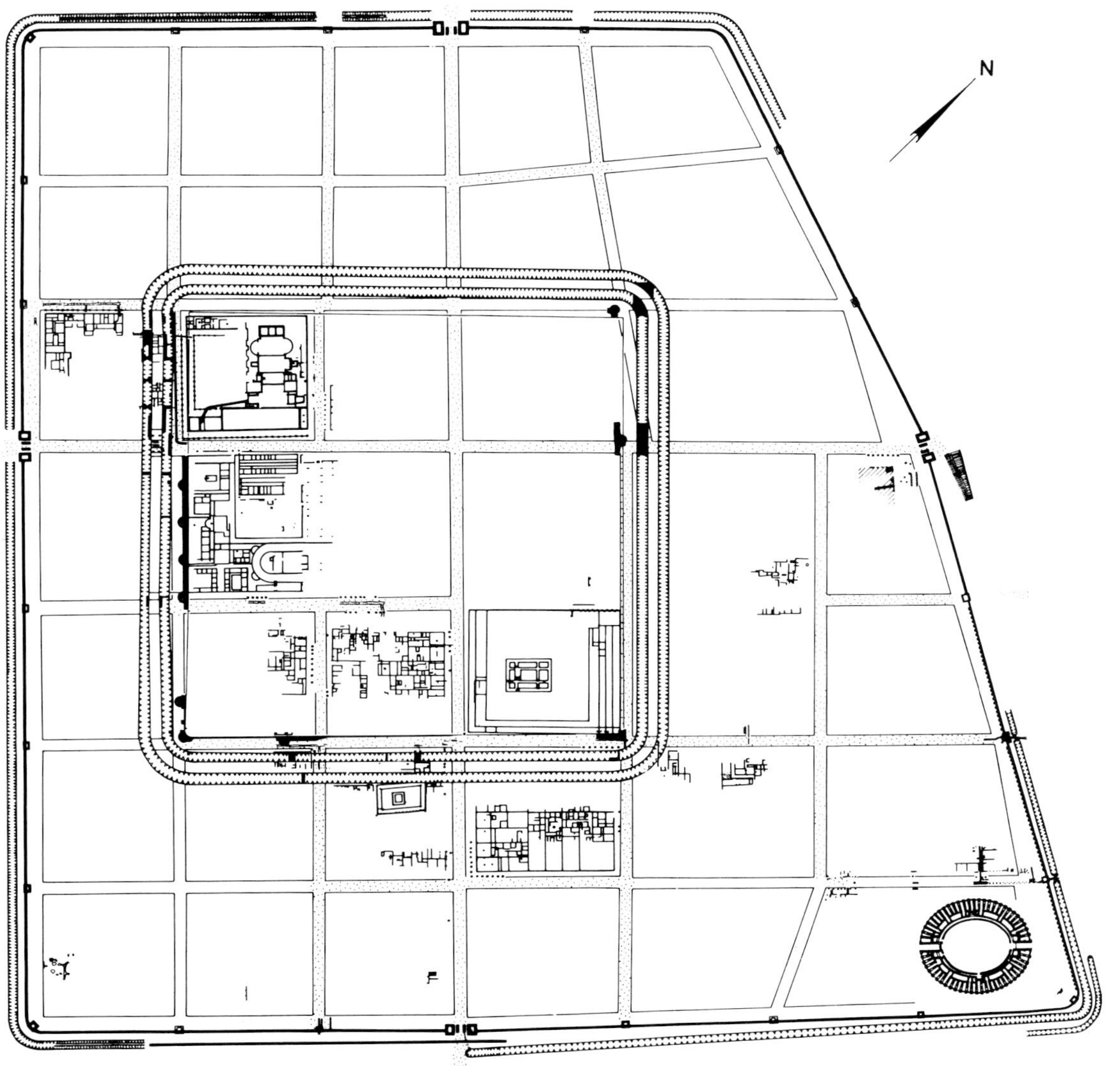

365. TRAIANA/Xanten. Gesamtplan der spätrömischen Ummauerung, die das Zentrum der römischen Stadt umschloß (nach C. B. Rüger). Maßstab ca. 1:6250. Vgl. Abb. 7.

bauprogramms in konstantinischer Zeit gebaut worden. Sein Ende fällt in die Jahre 351/352, als Flavius Magnus Magnentius, ein hoher römischer Militär von gallisch-fränkischer Abstammung und Haupt einer Militärjunta, die sich gegen Kaiser Constantius II. erhoben hatte, Truppen vom Rheinlimes abzog, um gegen den Kaiser zu ziehen und seinen Anspruch auf die Krone durchzusetzen. Es ist überliefert, daß Constantius die Germanen brieflich aufgefordert haben soll, einzufallen und zu plündern, um Magnentius militärisch an die Rheingrenze zu binden. Es hat nicht den Anschein, als hätten sie dieses Angebot ausgeschlagen.

Die meisten städtischen Ansiedlungen zwischen Rhein und Maas bewahren – trotz fränkischer Eroberung – ihre Kontinuität bis in das frühe Mittelalter. Köln, das frühestens auf Münzen des 6. Jahrhunderts nicht mehr AGRIPPINA, sondern COLONIA heißt, ist ein solcher Platz, ebenso Tongeren (B), Maastricht (NL), Bonn, Aachen, wo Karl der Große (768–814) seine Pfalz errichten läßt und sich samt Hofstaat in den römischen Thermalbädern zu erholen pflegt, oder Xanten, wo AD SANCTOS – »an den Gräbern der Heiligen« – südlich der römischen Stadt TRAIANA eine neue Siedlung entsteht. Die Franken – ihrem Wesen nach keine Stadtmenschen – tun nicht viel, die römische Stadtkultur zu erhalten, aber eine andere Kraft sorgt für Kontinuität – das Christentum, das erst zögernd in diesem Gebiet Fuß faßt, weil viele seiner Bewohner germanischer Herkunft sind, die noch lange ihren alten Göttern anhängen. Doch schon im 4. Jahrhundert existieren an mehreren Orten kirchliche Gemeinden, geführt von Bischöfen. Sie übernehmen in vielen Fällen soziale Funktionen, die früher einmal Aufgaben des Staates waren, und es erweist sich in der Folgezeit, daß städtische Kultur – wenn auch mitunter sehr bescheiden – überall dort weiterlebt, wo sich christliches Leben entfaltet.

Oft genug – vor allem in Laienkreisen – stößt man immer noch auf die stark vereinfachende und damit irrige Vorstellung, die Römer seien einst als Eroberer gekommen, hätten die Völker des Nordens unterjocht und seien dafür eines Tages von den Germanen davongejagt worden. Sicher ist dies mit der Oberschicht geschehen, deren Angehörige sich entweder in Sicherheit brachten oder aber geknechtet wurden. »Köln ist voll von Feinden«, schrieb um 440 der Kleriker Salvianus, und er berichtete auch von einer Frau aus angesehener Familie, die er versuchte, aus Köln herauszubringen, wo sie gezwungen sei, sich bei fränkischer Herrschaft als Dienstmagd zu verdingen, um überhaupt leben zu können[684]. Es heißt aber auch in einem anderen Text, die Franken hätten die Stadt eingenommen und darin »gewohnt«[685]. Im Grunde war die Einnahme Kölns nur der Schlußpunkt einer 200jährigen Entwicklung, in deren Verlauf Romanen germanisiert, Germanen romanisiert wurden und sich ein Verschmelzungsprozeß beider Völkerschaften vollzogen hatte. Zwar gingen die alten Herren und neue traten an ihre Stelle, doch die Bevölkerung – ohnehin längst ein römisch-germanisches Gemisch – blieb die gleiche. Römisches Erbe verschmolz mit germanischem, zusammengehalten von dem gemeinsamen Bekenntnis zum Christentum. Das Reich als politische Macht hörte auf zu bestehen, aber Rom ging nicht unter oder wurde hinweggefegt, sein Erbe lebte weiter und hat sich in vielfältiger Form bis in unsere Tage bewahrt.

»Hebe den Lorbeer empor . . .
zeige von Locken umwallt,
Roma, das heilige Haupt . . .
Römischen Zeiten verleih du Gesetze,
die nimmer veralten . . .
Was die Reiche zerstört, die andren,
dich hebt es von neuem:
Wachsen im Unglück
ist herrliches Wiedererstehen!«

Rutilius Claudius Namatianus im Jahre 417

Anmerkungen

Abgekürzt zitierte Literatur

AE	Année Epigraphique in der Revue Archéologique
Auswahlkatalog Bonn	»Aus Rheinischer Kunst und Kultur. Auswahlkatalog des Rheinischen Landesmuseums Bonn 1963«, Führer des Rheinischen Landesmuseums in Bonn Nr. 9 (o. J.)
Bloemers, Rijswijk	J. H. F. Bloemers, »Rijswijk (Z. H.), ›De Bult‹. Eine Siedlung der Cananefaten«, Nederlandse Oudheden 8 (1978) I–III.
Bogaers, Civitates	J. E. Bogaers, »Civitates und Civitas-Hauptorte in der nördlichen Germania inferior«, Bonner Jahrbücher 172, 1972, 312 ff.
Bogaers-Rüger, Der Niedergermanische Limes	J. E. Bogaers-C. B. Rüger (Hrsg.), »Der Niedergermanische Limes. Materialien zu seiner Geschichte«, Führer des Rheinischen Landesmuseums Bonn Nr. 50 (1974).
CIL	Corpus Inscriptionum Latinarum (1863 ff.)
v. Domaszewski, Rangordnung	A. v. Domaszewski, »Die Rangordnung des römischen Heeres« (2. Aufl. v. B. Dobson), Beihefte der Bonner Jahrbücher 14 (1967).
Doppelfeld, Kölner Wirtschaft	O. Doppelfeld, »Kölner Wirtschaft von den Anfängen bis zur Karolingerzeit«, in: Zwei Jahrtausende Kölner Wirtschaft 1 (1975) 15 ff.
v. Es, De Romeinen in Nederland	W. A. van Es, De Romeinen in Nederland, 2. Aufl. (1981).
Finke	H. Finke, »Neue Inschriften«, 17. Bericht der Römisch-Germanischen Kommission 1927, 1929, 1 ff.
Galsterer, Steininschriften	B. u. H. Galsterer, »Die römischen Steininschriften aus Köln«, Wissenschaftliche Kataloge des Römisch-Germanischen Museums Köln II (1975).
Hinz, Colonia Ulpia Traiana	H. Hinz, »Colonia Ulpia Traiana. Die Entwicklung eines römischen Zentralortes am Niederrhein I.«, in: Aufstieg und Niedergang der römischen Welt II 4 (1975) 825 ff.
ILS	H. Dessau, Inscriptiones Latinae Selectae (1892–1916).
Kat. Deae Nehalenniae	J. E. Bogaers - L. P. Louwe Kooijmans - P. Stuart-J. A. Trimpe-Burger, Kat. Deae Nehalenniae. Gidsbij de tentoonstelling (1971).
Kat. Noviomagus	Ausstellungskatalog »Noviomagus. Auf den Spuren der Römer in Nijmegen«, hrsg. v. Rijksmuseum G. M. Kam, Nijmegen (1979).
Lehner, Steindenkmäler	H. Lehner, Die antiken Steindenkmäler des Provinzialmuseums in Bonn (1918).
Nesselhauf	H. Nesselhauf, »Neue Inschriften aus dem römischen Germanien und den angrenzenden Gebieten«, 27. Bericht der Römisch-Germanischen Kommission 1937, 1938, 51 ff.
Nesselhauf-Lieb	H. Nesselhauf-H. Lieb, »Dritter Nachtrag zu CIL XIII. Inschriften aus den germanischen Provinzen und dem Treverergebiet«, 40. Bericht der Römisch-Germanischen Kommission 1959, 1960, 120 ff.
v. Petrikovits, Das römische Rheinland	H. v. Petrikovits, Das römische Rheinland. Archäologische Forschungen seit 1945 (1960).
v. Petrikovits, Die Rheinlande in römischer Zeit	H. v. Petrikovits, Die Rheinlande in römischer Zeit mit einem Überblick über die rheinische Urgeschichte (1980) Text- und Tafelteil.
v. Petrikovits, Innenbauten	H. v. Petrikovits, Die Innenbauten römischer Legionslager während der Prinzipatszeit (1975).
RIB	R. G. Collingwood-R. P. Wright, The Roman Inscriptions of Britain I: Inscriptions on Stone (1965).
Rüger, Germania inferior	C. B. Rüger, »Germania inferior. Untersuchungen zur Territorial- und Verwaltungsgeschichte Niedergermaniens in der Prinzipatszeit«, Beihefte der Bonner Jahrbücher 30 (1968).

1 E. Meyer, Einführung in die lateinische Epigraphik (1973) bes. 46 ff.

2 Aulus Gellius, Noctes Atticae VII 17,3.

3 F. G. Maier, Neue Wege in die alte Welt. Moderne Methoden der Archäologie (1977) 56.

4 Diese Situation ist an anderer Stelle eindringlicher beschrieben worden. Vgl. z. B. E. Klessmann, Unter unseren Füßen. Neue Funde in Deutschland (1978) 9 ff.

5 Bogaers, Civitates 318 ff.

6 W. Glasbergen, »De Romeinse Castella te Valkenburg Z. H. De opgravingen in de dorpsheuvel in 1962«, Cingula I (1972). – Eine Kurzinformation bietet: J. E. Bogaers, in: Bogaers-Rüger, Der Niedergermanische Limes 40 ff.

7 J. H. F. Bloemers-J. E. Bogaers- J. K. Haalebos-S. L. Wynia, in: Kat. Noviomagus.

8 O. G. S. Crawford, Archaeology in the Field (1953) 51.

9 W. J. H. Willems, »Arnhem-Meinerswijk: een nieuw castellum aan den Rijn«, Westerheem 29, 1980, 334 ff.

10 Diese Information verdanke ich J. Brandt, der Bearbeiterin der »Landesaufnahme« im ehemaligen Kreis Grevenbroich.

11 Vgl. hierzu ausführlich: I. Scollar, »Neue Methoden der archäologischen Prospektion«, Führer des Rheinischen Landesmuseums 22

(1970) 3 ff. – Ders., Archäologie aus der Luft. Arbeitsergebnisse der Flugjahre 1960 und 1961 im Rheinland (1965). – F. G. Maier (Anm. 3) 67 ff. – W. Sölter (Hrsg.), Das römische Germanien aus der Luft (1981).

12 Hierzu: I. Scollar, »Neue Methoden . . .« (Anm. 11) 19 ff. – Ders., »Wissenschaftliche Methoden bei der Prospektion archäologischer Fundstätten«, in: Ausgrabungen in Deutschland, Monographien des Römisch-Germanischen Zentralmuseums Mainz Bd. 1, 3, 2. Aufl. (1975) 158 ff. – F. G. Maier (Anm. 3) 98 ff.

13 C. B. Rüger, »Die spätrömische Großfestung in der Colonia Ulpia Traiana«, Bonner Jahrbücher 179, 1979, 499 ff.

14 W. Sölter, »Römische Kalkbrenner im Rheinland«, Führer des Rheinischen Landesmuseums 31 (1970).

15 W. Schwellnuss u. a., »Fundplatz Hambach 500«, in: Ausgrabungen im Rheinland '79, 1980, 215 ff.

16 J. H. F. Bloemers, in: Kat. Noviomagus 51 ff.

17 W. A. van Es, »Das niederländische Flußgebiet von der Römerzeit bis ins Mittelalter«, in: Beiheft zum Bericht der Römisch-Germanischen Kommission 58, 1977, 105 ff.

18 K.-H. Knörzer, »Untersuchungen subfossiler pflanzlicher Großreste im Rheinland«, Archaeo-Physika 2 (1967). – Ders., »Römerzeitliche Pflanzenfunde aus Neuss (Novaesium 4)«, Limesforschungen Bd. 10 (1970). – Ders., »Römerzeitliche Pflanzenfunde aus Xanten«, Archaeo-Physika 11 (1981).

19 E. Hollstein, »Jahrringchronologien aus vorrömischer und römischer Zeit«, Germania 47, 1967, 60 ff. – Ders., »Mitteleuropäische Eichenchronologie«, Trierer Forschungen Bd. 11 (1980).

20 Berechtigte Einwände erhoben: D. Baatz, »Bemerkungen zur Jahrringchronologie der römischen Zeit«, Germania 55, 1977, 173 ff. – D. Baatz-R. Fellmann, »Bemerkungen zur Jahrringchronologie der römischen Zeit II«, Germania 56, 1978, 547.

21 E. Hollstein, in: Trierer Forschungen (Anm. 19) 102 f. – Ders., in: Neujahrsgruß 1978. Westfälisches Landesmuseum für Vor- und Frühgeschichte und Altertumskommission für Westfalen (o. J.) 27. – J.-S. Kühlborn, ebd. 1979, 33 ff. – Ders., ebd. 1980, 33 f. – Ders., ebd. 1981, 37 ff. – Ders., ebd. 1982, 35 ff.

22 Untersuchungen 1974–76: G. Precht u. a., Colonia Ulpia Traiana – 1. und 2. Arbeitsbericht zu den Grabungen und Rekonstruktionen 1977. – Untersuchungen 1977: Ders., Colonia Ulpia Traiana – 3. Arbeitsbericht zu den Grabungen und Rekonstruktionen 1978. – C. B. Rüger, »Stammbuchblatt zum Archäologischen Park Xanten«, in: Ausgrabungen im Rheinland '78, 1979, 127 ff. – G. Precht, »Der Archäologische Park Xanten, Kreis Wesel«, ebd. 132 ff. – Ders., »Der Archäologische Park Xanten«, in: Ausgrabungen im Rheinland '79, 1980, 100 ff. – G. Precht u. Mitarbeiter, »Der Archäologische Park Xanten, Kr. Wesel«, in: Ausgrabungen im Rheinland '79/80, 1981, 90 ff. – Kurzführer: H. R. Hartung-G. Precht, Archäologischer Park Xanten (1979).

23 Plinius, Naturalis historia XVI 2 f.

24 Zum Folgenden: W. A. van Es, De Romeinen in Nederland 18 ff. u. J. H. F. Bloemers, Rijswijk 75 f.

25 C. A. Weisse, in: Wöchentliche Duisburgische, auf das Interesse der Commercien der Clevischen, Geldrischen, Meurs und Märckischen auch umliegenden Landes Orten eingerichtete Addresse- und Intelligentz-Zettel, 1765.

26 Plinius, Naturalis historia IV 101.

27 Tacitus, Annales II 6.

28 Plinius, ebd. (Anm. 26).

29 Tacitus, ebd. (Anm. 27).

30 Caesar, De bello gallico VI 33,3.

31 Tacitus (vgl. Anm. 27).

32 Tacitus, Annales XI 19 f.

33 Zum Folgenden: Rüger, Germania inferior, bes. 32 ff.

34 Tacitus, Germania 29.

35 J. E. Bogaers, »Civitas en stad van de Bataven en Canninefaten«, Berichten van de Rijksdienst voor het Oudheidkundig Bodemonderzoek 10–11, 1960, 268 ff.

36 Rüger, Germania inferior 38 ff. – H. v. Petrikovits, »Bemerkungen zur Westgrenze der römischen Provinz Niedergermanien«, in: Studien zur europäischen Vor- und Frühgeschichte (Festschrift H. Jankuhn), 1968, 115 ff. – Bogaers, Civitates 326 ff.

37 Rüger, Germania inferior 44 ff.

38 CIL XIII 9136 (der genaue Fundort ist nicht mehr zu bestimmen).

39 CIL XIII 12090.

40 Ptolemaios, Geographica II 9,8.

41 CIL XIII 7731. 7732.

42 CIL XIII 7713. 7724. 7731.

43 R. Saxer, »Untersuchungen zu den Vexillationen des römischen Kaiserheeres von Augustus bis Diokletian«, Epigraphische Studien 1 (1967) 74 ff.

44 Vgl. Anm. 32.

45 Tacitus, Annales XIII 54 f.

46 H. v. Petrikovits, »Militärisches Nutzland in den Grenzprovinzen des römischen Reiches«, in: Actes du VIIe Congrès international d'épigraphie grecque et latine 1977 (1979) 229 ff.

47 Ders. »Beiträge zur Geschichte des Niedergermanischen Limes«, in: Bogaers-Rüger, Der Niedergermanische Limes 26 ff. mit Abb. 1.

48 Caesar, De bello gallico IV 16 ff., bes. 19,4 (zum Jahre 55 v. Chr.) und ebd. VI 9 f. (zum Jahre 53 v. Chr.).

49 Vgl. U. Maier, »Caesars Feldzüge in Gallien (58–51 v. Chr.) in ihrem Zusammenhang mit der stadtrömischen Politik«, Saarbrücker Beiträge zur Altertumskunde 29 (1978) 60 ff. u. 71 ff.

50 Caesar, De bello gallico I 39.

51 Ebd. I 40 f.

52 Vgl. Ch.-M. Ternes, »Die Provincia Germania Superior im Bild der jüngeren Forschung«, in: Aufstieg und Niedergang der Römischen Welt II 5,2 (1976) 763 f.

53 Tacitus, Germania 2.

54 H. Cüppers, in: Der Kleine Pauly 2 (1967) 762 (GERMANI).

55 Vgl. den Exkurs in: De bello gallico VI 11–28 (gleichzeitig ein lehrreiches Beispiel, wie Caesar geschickt von der Beantwortung der Frage ablenkt, warum der Feldzug gegen die Sueben im Jahre 53 v. Chr. abgebrochen wurde).

56 Caesar, De bello gallico II 3 (GERMANI CIS RHENVM); VI 2 (GERMANI CISRHENANI); VI 32 (GERMANI CITRA RHENVM).

57 Ebd. IV 19.

58 Plutarchos, Caesar 22.

59 Caesar, De bello gallico IV 16.

60 Vertreter dieser Richtung sind z. B. C. Jullian (Histoire de la Gaule III, ^{3}1923, 321), T. Frank (Roman Imperialism, 1941, 343) oder E. Meyer (Caesars Monarchie und der Principat des Pompeius, 1922, 473). Vgl. auch: H. Gesche, Caesar (1976) 97 f. u. U. Maier (Anm. 49) 72.

61 Vgl. A. Heuss, Römische Geschichte, 3. verb. Aufl. (1971) 259 ff.

62 Vgl. Ch.-M. Ternes (Anm. 52) 733 ff.

63 O. Doppelfeld, »Römer am Rhein«, in: Ausst. Kat. Köln 1967, 13.

64 Sehr gut herausgearbeitet von: R. Chevallier, »Rome et la Germanie au premier siècle de notre ère«, Collection Latomus Bd. 53 (1961). Dazu: Ch.-M. Ternes (Anm. 52) 736 ff.

65 Velleius Paterculus II 97,4: MOLES EIVS (=GERMANICI) BELLI (hier allerdings auf Tiberius bezogen).

66 Florus, Epitome de Tito Livio II 30.

67 Cassius Dio LVI 18,2.

68 Suetonius, Tiberius 9. Vgl. auch: Suetonius, Augustus 21.

69 Der Feldherr war L. Domitius Ahenobarbus, der Großvater Neros. Vgl. Cassius Dio LV 10 a, 2.

70 Velleius Paterculus II 97,4.
71 Vgl. Anm. 70.
72 Cassius Dio LVI 18,2.
73 Res gestae Divi Augusti 26 (ed. E. Weber, 1970).
74 Tacitus, Annales I 3.
75 Vgl. Anm. 74.
76 Tacitus, Annales I 62.
77 Zum Folgenden: v. Petrikovits, Die Rheinlande in römischer Zeit 63 f.
78 Tacitus, Annales II 26.
79 J. H. F. Bloemers (in: Verleden Land. Archeologische Opgravingen in Nederland (1981) 86 f.), der das Monument allgemein in die Regierungszeit des Tiberius (14–37) setzt.
80 Tacitus, Annales XI 18–20.
81 Ausführlich dargestellt von: Tacitus, Historiae IV 12 ff.
82 Tacitus, Historiae II 79–81.
83 Das »Schlachtfeld von Gellep« (vgl. R. Pirling, »Ein Bestattungsplatz gefallener Römer in Krefeld-Gellep«, Archäologisches Korrespondenzblatt 1, 1971, 45 f.) kann auf Grund neuester Untersuchungen im Sommer 1981 nicht mehr auf die »Bataverschlacht« des Jahres 69 bezogen werden, sondern gehört nach Ausweis von Münzfunden wahrscheinlich in die Zeit der Frankeneinfälle um 257 (Mitt. R. Pirling).
84 Tacitus, Historiae IV 54.
85 Ebd. IV 55 f.
86 Ebd. IV 64 f.
87 Ebd. IV 57 ff.
88 Ebd. V 14–18.
89 Ebd. V 26.
90 Bloemers, Rijswijk 78 f.
91 Man vergleiche die amüsanten Begebenheiten, die Caius Suetonius Tranquillus überliefert: Suetonius, Vespasianus 23.
92 C. B. Rüger, »Ein Siegesdenkmal der Legio VI victrix«, Bonner Jahrbücher 179, 1979, 187 ff. (mit Beiträgen von H.-H. Wegner u. G. Precht).
93 Scriptores Historiae Augustae, Didius Iulianus 1, 7. Dazu: G. Alföldy, Die Legionslegaten der römischen Rheinarmeen (1967) 38 f., bes. Anm. 211; Bogaers, Civitates 330 Anm. 83.
94 v. Petrikovits, Die Rheinlande in römischer Zeit 55.
95 Tacitus, Annales I 31.
96 Rüger, Germania inferior 16.
97 v. Petrikovits, Die Rheinlande in römischer Zeit 93.
98 Tacitus, Annales I 39.
99 U. Kahrstedt, Kulturgeschichte der römischen Kaiserzeit (1958) 117.
100 Vgl. das Militärdiplom CIL XVI 28 (ausgegeben am 20. 9. 83).
101 G. Alföldy, Die Legionslegaten der römischen Rheinarmeen (1967) 102 Anm. 376.
102 O. Doppelfeld, »Römische Großbauten unter dem Kölner Rathaus«, Germania 34, 1956, 83 ff. – Ders., »Das Praetorium unter dem Kölner Rathaus«, in: Neue Ausgrabungen in Deutschland (1958) 313 ff. – G. Precht, Baugeschichtliche Untersuchungen zum römischen Praetorium in Köln (1973). – P. La Baume – W. Meier-Arendt, »Das Praetorium«, in: Führer zu vor- und frühgeschichtlichen Denkmälern Bd. 38 (1980) 92 ff.
103 CIL XIII 8170; Galsterer, Steininschriften Nr. 11 und Taf. 3.
104 Tacitus, Annales I 39 ff. – Ph. Filtzinger, »Zur Lokalisierung der Zweilegionenfestung »apud aram Ubiorum««, Kölner Jahrbuch 6, 1962/63, 23 ff.
105 Suetonius, Vitellius 8. – Tacitus, Historiae I 56 f. – Vgl. die launige Darstellung von U. Kaltwasser, Die Kölner in der Römerzeit (1977) 28 f.
106 Scriptores Historiae Augustae, Hadrianus 1,5 f.
107 Zusammenfassend: Ch.-M. Ternes, Die Römer an Rhein und Mosel (1975) 86 ff. – v. Petrikovits, Die Rheinlande in römischer Zeit 94 f.
108 Zur römischen Rechtsprechung vgl. den lesenswerten Abschnitt bei: R. H. Barrow, Die Römer (1960) 151 ff.
109 v. Domaszewski, Rangordnung 29 ff.
110 CIL XIII 6803.
111 CIL III 433.
112 VICTIMARIVS: Galsterer, Steininschriften Nr. 230. – INTERPRES: CIL XIII 8773.
113 St. Neu, »Römische Reliefs vom Kölner Rheinufer«, Antike Welt 3, 1981, 31 ff. – Ich danke dem Ausgräber und Autor für sein Entgegenkommen, einige der neugefundenen und größtenteils noch nicht veröffentlichten Inschrift- und Reliefblöcke abbilden zu dürfen.
114 O. Doppelfeld, »Römer am Rhein«, in: Ausstellungskatalog Köln 1967, 34.
115 Galsterer, Steininschriften Nr. 63 u. 161 mit Taf. 14 u. 35.
116 Zum Folgenden: D. Baatz, »Rechtsstand und Verwaltung des flachen Landes in römischer Zeit«, in: Germania Romana III (1970) bes. 12 ff. – Th. Pékary, in: Der Kleine Pauly Bd. 5 (1975) 952 ff. (TRIBVTVM).
117 Tertullianus, Apologeticum 13,6.
118 Suetonius, Caesar 25.
119 E. Künzl, Römische Steindenkmäler 1, 2. Aufl. (o. J.) 10 ff.
120 H. Hausmaninger, in: Der Kleine Pauly Bd. 1 (1964) 1107 f. (CENSVS).
121 Rüger, Germania inferior 14 f. – Ch.-M. Ternes, Die Römer an Rhein und Mosel (1975) 88 f.
122 AE 1962, 183. Vgl. Anm. 36.
123 R. Etienne, Pompeji. Das Leben in einer antiken Stadt, 2. Aufl. (1976) 118.
124 D. Medicus, in: Der Kleine Pauly Bd. 1 (1964) 1248 ff. (COLONIAE). – H. Volkmann, ebd. Bd. 3 (1969) 1465 ff. (MVNICIPIVM).
125 Aulus Gellius, Noctes Atticae XVI 13,9.
126 Tacitus, Annales XII 27. – Einen ausgezeichneten Überblick zum römischen Köln bieten: Führer zu vor- und frühgeschichtlichen Denkmälern Bd. 37–39 (1980) mit weiterführender Literatur (bes. Bd. 37/1). – Vgl. auch Rüger, Germania inferior 76 ff.
127 Die beste Zusammenfassung bietet: H. Hinz, »Colonia Ulpia Traiana. Die Entwicklung eines römischen Zentralortes am Niederrhein I.«, in: Aufstieg und Niedergang der römischen Welt II 4 (1975) 825 ff. – Vgl. Rüger, ebd. 85 ff.
128 Bogaers, Civitates 312 ff. – Ders., »(Ulpia) Noviomagus«, in: Kat. Noviomagus 57 ff. – Rüger, ebd. 88 ff.
129 Bogaers, ebd. 318 ff. – Rüger, ebd. 92 f.
130 Bogaers, ebd. 323 mit Abb. 9.
131 CIL XIII 9165.
132 J. E. Bogaers, in: Kat. Noviomagus 58 mit Abb. 61.
133 Galsterer, Steininschriften Nr. 295 u. Taf. 64.
134 Nesselhauf-Lieb 209 f. Nr. 247.
135 A. E. Remouchamps, »Opgraving van een Romeinsche Villa in het Ravensbosch (Limbourg)«, Oudheidkundige Mededeelingen uit het Rijksmuseum van Oudheden te Leiden 6, 1925, 41 ff. – Finke 101 ff. Nr. 306–308.
136 CIL XIII 8742 (Nijmegen/NL). – Galsterer, Steininschriften Nr. 298 (Köln)
137 Isis: H. Lehner, »Orientalische Mysterienkulte im römischen Rheinland«, Bonner Jahrbücher 129, 1924, 48 f. mit Abb. 1. – Dolichenus: CIL XIII 7786 (Remagen).
138 Galsterer, Steininschriften Nr. 300 (Köln).
139 Rüger, Germania inferior 83 f.
140 W. Haberey-E. Neuffer, »Jülich«, Bonner Jahrbücher 151, 1951,

307 ff. – P. Noelke, »Eine Weihung der Bewohner von Jülich«, in: Kölner Römerillustrierte 2 (1975) 149.

141 D. Medicus, in: Der Kleine Pauly 1 (1964) 1198 (CIVITAS).

142 Tacitus, Historiae IV 17. V 25 u. Germania 29. – Rüger, Germania inferior 26 ff.

143 CIL XIII 8771.

144 Rüger, Germania inferior 30.

145 Vgl. Anm. 101.

146 CIL III 14 340,10 (aus Regensburg). – Rüger, Germania inferior 51 ff.

147 CIVES AGRIPPINENSES: CIL III 10 548 (aus Budapest). – CIVITAS TRAIANENSIS: CIL VII 924 = RIB 946 (aus Carlisle).

148 Rüger, Germania inferior 93 ff.

149 CIL VI 31 140.

150 Caesar, De bello gallico I 1.

151 Vgl. Anm. 56.

152 Caesar, De bello gallico II 29 ff.

153 Ebd. II 28

154 H. Cüppers, in: Der Kleine Pauly 1 (1964) 79 (ADVATVCI).

155 Caesar, De bello gallico IV 1 ff.

156 Ebd. III 29. IV 38. VI 5 f.

157 Ebd. V 26 ff. VI 29 ff.

158 Ebd. VIII 24 f.

159 Weeze-Baal (Krs. Kleve): M. Müller-Wille, »Eine niederrheinische Siedlung der vorrömischen Eisenzeit bei Weeze-Baal«, Bonner Jahrbücher 166, 1966, 379 ff. – Albersloh b. Münster (Westf.): K. Wilhelmi, »Ein Bleiringbarren aus der Kaiserzeitsiedlung Albersloh«, Germania 52, 1974, 473 ff.; ders., »Albersloh/Münster, germanische Siedlung um Christi Geburt«, in: Kölner Römerillustrierte 2 (1975) 199 f.

160 W.A. van Es, »Een versterkte nederzetting te Vries. Voorlopig verslag«, Nieuwe Drentsche Volksalmanak 76, 1958, 50 ff.

161 Rüger, Germania inferior 22 f.

162 Plinius, Naturalis historia IV 101 u. 106.

163 Rüger, ebd. 3 ff.

164 Ch.-M. Ternes, Die Römer an Rhein und Mosel (1975) 21 f.

165 Tacitus, Annales I 39 u. 57.

166 Ders., Historiae IV 12. Dazu: Rüger, Germania inferior 34 f.

167 Tacitus, Germania 29.

168 Ders., Annales II 8. Historiae IV 12. Germania 29.

169 Suetonius, Caligula 43.

170 Martialis, Epigramme VIII 33,20 u. XIV 176.

171 Tacitus, Historiae IV 15. Der Stammesname ist in verschiedenen Schreibweisen belegt: CANNINEFATES (Tacitus, Annales IV 73. Historiae IV 15), CANNENEFATES (Plinius, Naturalis historia IV 101) und CANNANEFATES (z.B. Galsterer, Steininschriften Nr. 267).

172 Plinius, ebd. IV 101. Dazu: Bloemers, Rijswijk 79 ff.

173 Bloemers, ebd. 102 f.

174 Tacitus, Annales IV 73.

175 Hierzu: Bloemers, Rijswijk 83 f.

176 Cassius Dio LIV 20, 4 ff.

177 Plinius, Naturalis historia IV 100.

178 Tacitus, Annales XII 39.

179 Suetonius, Tiberius 9.

180 Rüger, Germania inferior 9 u. 25.

181 Kurze Anzeige dieses Fundes von J. H. F. Bloemers in: Spiegel Historiael 15 Nr. 6, 1980, 376 f. (dort allgemein auf die Regierungszeit des Tiberius bezogen). Vgl. auch: Ders., in: Verleden Land. Archeologische Opgravingen in Nederland (1981) 86 f.

182 Plinius, Naturalis historia IV 106. – Tacitus, Historiae IV 26. V 16 u. 18. – Hinz, Colonia Ulpia Traiana 828. – v. Petrikovits, Die Rheinlande in römischer Zeit 59. – Rüger, Germania inferior 96 f. – Ders., »Einige archäologische Aspekte des römischen Rheinlands«, in: Renania Romana. Atti dei convegni Lincei 23, 1976, 10.

183 Plinius, ebd. – Dazu: Rüger, Germania inferior 96 ff.

184 CIL VI 31 140.

185 CIL XIII 7025.

186 Tacitus, Historiae IV 66. – Rüger, Germania inferior 99 f. – v. Petrikovits, Die Rheinlande in römischer Zeit 112 ff.

187 Plinius, Naturalis historia IV 101 u. 106. – Bogaers, Civitates 310 ff.

188 Plinius, ebd.

189 AE 1962, 183. – Bogaers, Civitates 327.

190 Rüger, Germania inferior 32 u. 35 f.

191 Plinius, Naturalis historia IV 106.

192 Ebd.

193 Tacitus, Historiae V 19. – J. H. Holwerda, »Een Bataafsch dorpje bij het Oppidum Batavorum uit de jaren voor Chr. geb.«, Oudheidkundige Mededelingen 24, 1943, 35 ff.

194 J. E. Bogaers-J. K. Haalebos, »Die Siedlung auf dem Kops Plateau«, in: Kat. Noviomagus 18 ff.

195 J. E. Bogaers, »Die Siedlung auf dem Valkhof und seine Umgebung«, ebd. 30 ff.

196 G. Binding, »Holzbauperioden des 1. Jahrhunderts unter der Colonia Ulpia Traiana in Xanten«, Rheinische Ausgrabungen 12 (1972) 1 ff. – H. Hinz, Xanten zur Römerzeit, 4. Aufl. (1971) 20 ff. – Ders., Colonia Ulpia Traiana 829 ff. – Ders., »Xanten, Dorf der Cugerner«, in: Kölner Römerillustrierte 2 (1975) 148 f. – H. v. Petrikovits, »Die Ausgrabungen in der Colonia Ulpia Traiana bei Xanten«, Bonner Jahrbücher 152, 1952, 41 ff. – C. B. Rüger, in: Renania Romana (Anm. 182) 10 f. u. 22 mit Abb. 16.

197 Zur Kaimauer: H. v. Petrikovits (Anm. 196) 138 ff.; C. B. Rüger, »Der römische Rheinhafen der Colonia Ulpia Traiana«, Beiträge zur Rheinkunde 25, 1973, 42 ff. – Zur Mole: G. Precht, »Der Archäologische Park in Xanten«, in: Rheinische Ausgrabungen ’75, 1976, 61 f. mit Abb. 43 u. 50.

198 Tacitus, Germania 11.

199 G. Mildenberger, Sozial- und Kulturgeschichte der Germanen (1972) bes. 64 ff.

200 v. Petrikovits, Die Rheinlande in römischer Zeit 51 f. 61 f. 67 ff. 76 ff. 81 ff.

201 TREVERVS: Galsterer, Steininschriften Nr. 311. – NERVIVS: ebd. Nr. 309 (nicht mehr vorhanden). – REMA: ebd. Nr. 310. – REMVS: ebd. Nr. 253. – VIROMANDVI: ebd. Nr. 312 u. 313.

202 Für TREVERI, MARSACI, CANNANEFATES u. a. s. Galsterer, Steininschriften (Index IX S. 129). – ANNO: ebd. Nr. 302. – EVHODIANVS: ebd. Nr. 200. – LONGINVS BIARTA: ebd. Nr. 256. – DIONYSIVS: ebd. Nr. 278. – HORVS: ebd. Nr. 277.

203 G. Precht, Das Grabmal des L. Poblicius (1975).

204 Seneca, Epistulae morales 47.

205 G. Alföldy, Rivista Storica del l’Antichita 2, 1972, 97 ff.

206 ANICETVS: Galsterer, Steininschriften Nr. 345. – VERNAC(u)LVS: ebd. Nr. 373.

207 Hierzu: Doppelfeld, Kölner Wirtschaft 25.

208 CIL XIII 8648.

209 Petronius, Saturae 28 ff.

210 D. Medicus, in: Der Kleine Pauly 1 (1964) 1246 f. (COLONATVS)

211 CIL XIII 8808.

212 v. Petrikovits, Die Rheinlande in römischer Zeit 84 f.

213 H. Hinz, »Zur römischen Besiedlung in der Kölner Bucht«, in: Germania Romana III (1970) 62 ff.

214 H. v. Petrikovits, »Neue Forschungen zur römerzeitlichen Besiedlung der Nordeifel«, Germania 34, 1956, 99 ff.

215 Berg vor Nideggen (Krs. Düren). CIL XIII 7825. – Stommeln (Erftkreis): CIL XIII 8514.

216 E. Neuffer, »Ein römisches Familiengrab von Nickenich bei Ander-

nach«, Germania 16, 1932, 22 ff. u. 286 ff. (»Zum Nickenicher Grabmal«) – H. v. Petrikovits, in: Auswahlkatalog Bonn 38 ff. Nr. 4.

217 Zur Zahl der römischen Bürger unter Augustus: Res gestae Divi Augusti 8. – Über Pergamon, seine Heimatstadt, berichtet der Arzt Galenos (V 49).

218 S. S. Frere, Britannia. A history of Roman Britain (1967) 309 ff.

219 Plutarchos, Caesar 15 f.

220 v. Petrikovits, Innenbauten 118 ff.

221 Ebd. 101 f.

222 Tacitus, Annales I 31.

223 Ebd. – Der VRBIQVS aus Köln: Galsterer, Steininschriften Nr. 206.

224 Tacitus, Historiae V 20.

225 J. E. Bogaers-J. K. Haalebos, in: Kat. Noviomagus 38.

226 G. Alföldy, »Die Hilfstruppen der römischen Provinz Germania inferior«, Epigraphische Studien 6 (1968) 10 ff.

227 Ebd. 148 ff.

228 Ebd. 79 ff. u. 95.

229 CIL XIII 8208. 8492. 8495(?).

230 Bogaers-Rüger, Der Niedergermanische Limes 36 ff. (Katwijk-Brittenburg). 44 ff. (Leiden-Roomburg). 62 ff. (Bunnik-Vechten). 166 ff. (Köln-Alteburg).

231 CIL XIII 8036.

232 Galsterer, Steininschriften Nr. 277–279.

233 G. Ulbert, »Römische Waffen des 1. Jahrhunderts n. Chr.« Limes-Museum Aalen 4 (1968). – H. v. Petrikovits, »Die römischen Streitkräfte am Niederrhein«, Führer des Rheinischen Landesmuseums in Bonn 12 (1967) 22 ff. – Hervorragend illustriert: P. Connolly, Die römische Armee (1976).

234 Caesar, De bello gallico I 25.

235 R. Birley, Vindolanda. Eine römische Grenzfestung am Hadrianswall (1978) 183 f.

236 H. G. Horn, »Die Wiederherstellung archäologischer Denkmäler in den Werkstätten des Rheinischen Landesmuseums Bonn am Beispiel römischer Sattelbeschläge«, in: Rheinische Ausgrabungen '76, 1977, 81 ff.

237 H. Lehner, »Die Standarte der Ala Longiniana«, Bonner Jahrbücher 117, 1908, 279 ff.

238 H. v. Petrikovits, Die römischen Streitkräfte (Anm. 233) 32 f.

239 P. Steiner, »Die dona militaria« Bonner Jahrbücher 114/115, 1905/1906, 1 ff. – A. Büttner, »Untersuchungen über Ursprung und Entwicklung von Auszeichnungen im römischen Heer«, ebd. 157, 1957, 127 ff. – V. A. Maxfield, The Military Decorations of the Roman army (1981).

240 Plinius-Phalera: CIL XIII 10026, 22; H. Lehner, Das Römerlager Vetera (1926) 41 f. – Lauersforter Phalerae: H. Matz, 92. Winckelmannsprogramm der Archäologischen Gesellschaft zu Berlin (1932).

241 Flavius Iosephus, De bello Iudaico III 5,5. – Allgemein: W. Gaitzsch, »Römische Werkzeuge«, Limesmuseum Aalen 19 (1978); ders., »Eiserne römische Werkzeuge. Studien zur römischen Werkzeugkunde in Italien und den nördlichen Provinzen des Imperium Romanum«, British Archaeological Reports International Series 78 (1980).

242 H. v. Petrikovits, »Römisches Militärhandwerk«, Anzeiger der Österreichischen Akademie der Wissenschaften 111, 1974, 1 ff.

243 Flavius Iosephus, ebd.

244 H. v. Petrikovits (Anm. 242) 2.

245 Dieses klassische Zitat findet sich bei: E. Middeldorf, Handbuch der Taktik (1957) 455.

246 Bleibarren aus Niedergermanien: CIL XIII 2612. 3491; v. Petrikovits, Das römische Rheinland 68 mit Abb. 22; S. v. Schnurbein, »Ein Bleibarren der 19. Legion aus dem Hauptlager von Haltern«, Germania 49, 1971, 132 ff. – Brohltal: R. Saxer, »Untersuchungen zu den Vexillationen des römischen Kaiserheeres«, Epigraphische Studien 1 (1967) 74 ff. – Siebengebirge: J. Röder, »Römische Steinbruchtätigkeit am Drachenfels«, Bonner Jahrbücher 174, 1974, 509 ff. – Iversheim: vgl. Anm. 14. – Holdeurn: J. H. Holwerda-W. C. Braat, »De Holdeurn bij Berg en Dal«, Oudheidkundige Mededelingen 26, 1946 (Supplement). – Xanten: H. H. Wegner, »Neue archäologische Befunde aus der römischen Legionsziegelei bei Xanten«, in: Ausgrabungen im Rheinland '77, 1978, 207 ff.; ders., »Eine Brennofenanlage aus der Legionsziegelei bei Xanten«, ebd. '78, 1979, 165 ff. – Dormagen: G. Müller, »Durnomagus. Das römische Dormagen«, Führer des Rheinischen Landesmuseums Bonn 90 (1979) 17 ff.; ders., »Ausgrabungen in Dormagen 1963–1977«, Rheinische Ausgrabungen 20 (1979) 5 ff. – Die TEGVLARIA TRANSRHENANA sind bislang nicht lokalisiert.

247 O. Mauch, »Der lateinische Begriff disciplina«, Diss. Basel 1943.

248 Vgl. die Zusammenstellung bei: G. Müller, Durnomagus (Anm. 246) 53; O. Doppelfeld, Kölner Wirtschaft 66 f.; U. Kahrstedt, Kulturgeschichte der römischen Kaiserzeit (1958) 210 ff. – Zum Sold speziell: J. Gorecki, »Münzen aus Asberg«, Funde aus Asciburgium 8 (1981) 17. – Zu den Gehältern der Offiziere: v. Domaszewski, Rangordnung 139 ff.

249 R. W. Davies, »The military diet«, Britannia 2, 1971, 122 ff.

250 Plinius, Naturalis historia XVIII 8,19.

251 R. Birley, Vindolanda (Anm. 235) 184 ff.

252 J. H. F. Bloemers, in: Kat. Noviomagus 51 ff.

253 Bogaers-Rüger, Der Niedergermanische Limes 49 ff. (Alphen-Zwammerdam). 93 ff. (Kleve-Rindern). 135 ff. (Krefeld-Gellep). 139 ff. (Neuss).

254 CIL XVI 23. – Allgemein: G. Alföldy, »Zur Beurteilung der Militärdiplome der Auxiliarsoldaten«, Historia 17, 1968, 215 ff.

255 CIL XIII 8806; G. Alföldy, Hilfstruppen (Anm. 226) 173 Nr. 23.

256 CIL XIII 8213 (Köln). 7963 (Euskirchen-Billig).

257 Panegyrici Latini XII (IX) 21,5. – Zusammenfassend: J. E. Bogaers.-C. B. Rüger (Hrsg.), »Der Niedergermanische Limes. Materialien zu seiner Geschichte«, Führer des Rheinischen Landesmuseums Bonn 50 (1974).

258 v. Petrikovits, Die Rheinlande in römischer Zeit 54.

259 Hierzu: M. Gechter, »Die Anfänge des Niedergermanischen Limes«, Bonner Jahrbücher 179, 1979, 114 ff. – Zu den genannten Militäranlagen: Bogaers-Rüger, Der Niedergermanische Limes 76 ff. (BATAVODVRVM/Nijmegen). 106 ff. (VETERA/Xanten-Birten). 128 ff. (ASCIBVRGIVM/Moers-Asberg). 139 ff. (NOVAESIVM/Neuss). 62 ff. (FECTIO/Bunnik-Vechten). 196 ff. (BONNA/Bonn). 160 ff. (APVD ARAM VBIORVM/Köln). 114 f. (Dorsten-Holsterhausen). 116 ff. (Haltern). 119 f. (Bergkamen-Oberaden). 121 f. (Anreppen). Zu den Lippe-Lagern jetzt zusammenfassend: S. v. Schnurbein, »Untersuchungen zur Geschichte der römischen Militärlager an der Lippe«, Bericht der Römisch-Germanischen Kommission 62, 1981, 5 ff.

260 Ebd. 90 ff. (CARVIVM/Bijlandse Waard b. Herwen). 101 ff. (BVRGINATIVM/Alt-Kalkar). 166 ff. (Köln-Alteburg). – Zu CASTRA HERCVLIS neuerdings: W. J. H. Willems, »Castra Herculis, een Romeins castellum bij Arnhem«, Spiegel Historiael 1980, 665 ff.; ders., »Arnhem-Meinerswijk: een nieuw castellum aan den Rijn«, Westerheem 29, 1980, 334 ff.

261 Ebd. 44 ff. (MATILO/Leiden-Roomburg). 47 f. (ALBANIANA/Alphen a. d. Rijn). 49 ff. (NIGRVM PVLLVM/Alphen-Zwammerdam). 53 f. (LAVRVM/Woerden). 55 ff. (Vleuten-De Meern). 58 ff. (TRAIECTVM/Utrecht). 67 (LEVEFANVM/Wijk bij Duurstede). 84 ff. (CEVCLVM/Cuijk). 208 ff. (RIGOMAGVS/Remagen).

262 Ebd. 40 ff.

263 Tacitus, Annales XI 19.

264 Ders., Historiae IV 61.
265 Bogaers-Rüger, Der Niedergermanische Limes 36ff. (LVGDVNVM/Katwijk). 68f. (MANNARICIVM/Maurik). 70f. (CARVO/Kesteren). 74ff. (GRINNES/Rossum). 93ff. (HARENATIVM/Kleve-Rindern). 135ff. (GELDVBA/Krefeld-Gellep). 151f. (DVRNOMAGVS/Dormagen).
266 Ebd. 132ff. (Duisburg-Rheinhausen). 145f. (Neuss-Reckberg).
267 Itinerarium Antonini 254. Zu Wesseling: Bogaers-Rüger, ebd. 183ff.; M. Gechter (Anm. 259) 93f.
268 G. Müller, »Durnomagus. Das römische Dormagen«, Führer des Rheinischen Landesmuseums Bonn 90 (1979) 1.
269 Itinerarium Antonini 368,3f. – Zum Folgenden vgl. auch: M. Gechter (Anm. 259) 87ff.
270 Tacitus, Annales XI 20; Cassius Dio LX 30.
271 J. K. Haalebos, »Zwammerdam-Nigrum Pullum. Ein Auxiliarkastell am Niedergermanischen Limes«, Cingula 3 (1977).
272 Tacitus, Annales I 60 u. II 8. Vgl. auch Suetonius, Claudius 1.
273 Diese Angaben gehen auf eine mündliche Mitteilung von J. E. Bogaers zurück, der darüber einen eigenen Beitrag vorbereitet. Zu Huissen: Bogaers-Rüger, Der Niedergermanische Limes 73.
274 Kat. Noviomagus 18ff. (Lager(?) auf dem Kops Plateau). 28f. (Lager am Trajanusplein). 25ff. (Hunerberg: großes Lager). 38ff. (Hunerberg: Legionslager).
275 Tacitus, Annales XIII 53 u. Historiae V 19. – Die Inschrift: AE 1939, 107; J. H. Holwerda, »Zwei neue Inschriftsteine aus Holland«, Germania 23, 1939, 31ff.
276 Tacitus, Historiae V 20; Itinerarium Antonini 256,3.
277 C. B. Rüger, »Research on the limes of Germania inferior 1974–79«, in: Roman Frontier Studies 1979 (1980) 495. Kurze Notiz: ders., »Einige archäologische Aspekte des römischen Rheinlands, in: Renania Romana. Atti dei convegni lincei 23 (1976) 10 u. Abb. 2.
278 I. Paar, »Zur Datierung der Holzbauperioden des niedergermanischen Auxiliarkastells Gelduba (Krefeld-Gellep). Ausgrabungen 1970–76«, in: Roman Frontier Studies 1979 (1980) 515ff.
279 G. Müller, »Novaesium. Die Ausgrabungen in Neuss von 1955 bis 1972«, in: Ausgrabungen in Deutschland (1975) 384ff.; ders. – U. Heimberg-J. Wentscher, »Grabungen im Legionslager Novaesium«, in: Ausgrabungen im Rheinland '78, 1979, 65ff.
280 G. Müller, »Ausgrabungen in Dormagen 1963–1977«, Rheinische Ausgrabungen 20 (1979); ders., »Durnomagus. Das römische Dormagen«, Führer des Rheinischen Landesmuseums Bonn 90 (1979).
281 M. Gechter, »Das spätantike Bonner Legionslager«, in: Roman Frontier Studies 1979 (1980) 531ff.
282 Bogaers-Rüger, Der Niedergermanische Limes 114f. (Dorsten-Holsterhausen). 116ff. (Haltern). 119f. (Bergkamen-Oberaden). 121f. (Anreppen). Zu Oberaden vgl. J.-S. Kühlborn (Anm. 21).
283 Tacitus, Historiae V 19.
284 S. von Schnurbein, »Die Römer in Haltern«, Einführung in die Vor- und Frühgeschichte Westfalens 2 (1979). – Zum Folgenden auch: v. Petrikovits, Innenbauten 35ff. u. 138ff.
285 Hyginus, De munitionibus castrorum 56. Zu dieser Quelle: v. Petrikovits, Innenbauten 124ff.
286 Ebd. 74 u. 142.
287 Ebd. 30 u. 128.
288 W. Glasbergen, De Romeinse Castella te Valkenburg Z. H. De opgravingen in den dorpsheuvel in 1962 (1972); v. Es, De Romeinen in Nederland 60ff.
289 Hyginus, De munitionibus castrorum 56 (»das prätorische Tor soll immer den Feind ansehen«). – Vegetius I 23 (»das Tor aber, das als das prätorische bezeichnet wird, soll entweder nach Osten schauen oder auf den Platz, der zu den Feinden blickt«).
290 v. Es, De Romeinen in Nederland 65f.
291 G. Müller, »Durnomagus. Das römische Dormagen«, Führer des Rheinischen Landesmuseums Bonn 90 (1979) 47ff.
292 Vgl. Anm. 274.
293 GELDVBA: I. Paar-C. B. Rüger, »Kastell Gelduba. Forschungs- und Grabungsberichte bis 1969«, Rheinische Ausgrabungen 10 (1971) 242ff. u. Anm. 277. – DVRNOMAGVS: s. Anm. 280.
294 Remagen: M. Gechter (Anm. 259) 87. – Neuss: ebd. 100; Bogaers-Rüger, Der Niedergermanische Limes 145f.
295 Ebd. 33ff. (Ermelo). 193ff. (Bonn-Beuel). 200ff. (Bonn-Lengsdorff). – Die 1978 durch Luftaufnahmen entdeckte Anlage bei Swisttal-Morenhoven/Rhein-Sieg-Kreis gehört zum Typ der Übungslager (M. Gechter-K. Grewe, in: Ausgrabungen im Rheinland '78, 1979, 80ff.).
296 Bogaers-Rüger, ebd. 112f. mit Beilage (nach S. 252). Noch übersichtlicher bei: W. Sölter (Hrsg.), Das römische Germanien aus der Luft (1981) 256.
297 Vitruvius, De architectura libri decem I 3, 1f.
298 Tacitus, Annales XII 27. – Neuere Literatur zum römischen Köln: H. Borger, »Zur Geschichte des römischen Köln«, in: Das Römisch-Germanische Museum Köln (1977) 11ff. – O. Doppelfeld, »Das römische Köln«, in: Aufstieg und Niedergang der römischen Welt II 4 (1975) 715ff. – Ders., Vom unterirdischen Köln (1979, hrsg. v. G. Biegel). – H. Hellenkemper, »Oppidum und Legionslager in Köln«, Kölner Jahrbuch 13, 1972/73, 59ff. – Ders., »Architektur als Beitrag zur Geschichte der Colonia Claudia Ara Agrippinensium«, in: Aufstieg und Niedergang der römischen Welt II 4 (1975) 783ff. – P. La Baume, »Das römische Köln«, Bonner Jahrbücher 172, 1972, 271ff. – Ders., »Oppidum Ubiorum und Zweilegionenlager in Köln«, Gymnasium 80, 1973, 333ff. – G. Precht, »Die Ausgrabungen um den Kölner Dom. Vorbericht über die Untersuchungen 1969/70«, Kölner Jahrbuch 12, 1971, 52ff. – Zusammenfassend (und sehr empfehlenswert): »Köln«, in: Führer zu vor- und frühgeschichtlichen Denkmälern Bd. 37–39 (1980), enthält »Einführende Aufsätze« (Bd. 37/1), »Museen in Köln« (Bd. 37/2), »Exkursionen: Nördliche Innenstadt« (Bd. 38) und »Exkursionen: Südliche Innenstadt und Vororte« (Bd. 39). – Kölner Römerillustrierte 1 (1975). – An populären Darstellungen sind zu nennen: H. Signon, Die Römer in Köln (1970), jedoch mit zu vielen sachlichen Fehlern; besser ist: U. Kaltwasser, Die Kölner in der Römerzeit (1977).
299 Zur römischen Vermessungspraxis allgemein: U. Heimberg, »Römische Landvermessung – Limitatio«, Limesmuseum Aalen 17 (1977).
300 W. Haberey, Die römischen Wasserleitungen nach Köln (1971) 118ff.
301 H. Hellenkemper, »Theater und Amphitheater«, in: Führer zu vor- und frühgeschichtlichen Denkmälern Bd. 37/1, 76f.
302 Salvianus, De gubernatione dei 6, 39. – O. Doppelfeld, »Der Zirkus-Kontorniat vom Kölner Dom«, Kölner Jahrbuch 12, 1971, 65ff.
303 Galsterer, Steininschriften Nr. 14 u. 15.
304 Vgl. H. G. Horn, Mysteriensymbolik auf dem Kölner Dionysosmosaik (1972).
305 Das X im Namen der Stadt wird auch heute noch von den Einheimischen als stimmhaftes S gesprochen. – Neuere Literatur zum römischen Xanten: H. Borger-F. W. Oediger, »Beiträge zur Frühgeschichte des Xantener Viktorstiftes«, Rheinische Ausgrabungen 6 (1969). – H. Hinz, Xanten zur Römerzeit, 4. verb. Aufl. (1971). – Ders., Colonia Ulpia Traiana 825ff. – C. B. Rüger, »Neues zum Plan der Colonia Ulpia Traiana«, Bonner Jahrbücher 172, 1972, 293ff. – Ders., »Einige archäologische Aspekte des römischen Rheinlands«, in: Renania Romana. Atti dei convegni Lincei 23, 1976, 10ff. – Gut lesbare Zusammenfassung: W. Böcking, Die Rö-

mer am Niederrhein und in Norddeutschland (1974). – Fortlaufende Berichte von G. Precht und Mitarbeitern in den Sonderheften »Das Rheinische Landesmuseum Bonn«: Rheinische Ausgrabungen '75, 1976, 55ff.; ebd. '76, 1977, 59ff.; Ausgrabungen im Rheinland '77, 1978, 156ff.; ebd. '78, 1979, 127ff.; ebd. '79, 1980, 100ff. u. ebd. '79/80, 1981, 90ff. – Kurzführer: Archäologischer Park Xanten (1979).

306 G. Alföldy, Legionslegaten (Anm. 101) 16ff. Nr. 26.

307 H. Hinz, »4. Bericht über Ausgrabungen in der Colonia Ulpia Traiana bei Xanten«, Rheinische Ausgrabungen 10 (1971) 190ff.

308 H. H. Wegener, »Bezirksstelle Niederrhein und neue Grabungen in Xanten«, Das Rheinische Landesmuseum Bonn 3, 1974, 36ff.

309 G. Precht, »Der Archäologische Park Xanten, Kreis Wesel« Ausgrabungen im Rheinland '78, 1979, 132ff. – Ders., »Der Archäologische Park Xanten«, Ausgrabungen im Rheinland '79, 1980, 100ff. – Ders. u. Mitarbeiter, »Der Archäologische Park Xanten, Kr. Wesel«, Ausgrabungen im Rheinland '79/80, 1981, 98f.

310 H. Hinz, Xanten zur Römerzeit (1971) 37ff.

311 H. Hinz-J. Kramer-H. Kühn, »Architekturglieder aus einem Bau in der Insula V (11/18) der Colonia Ulpia Traiana-Xanten«, Rheinische Ausgrabungen 12 (1972) 119ff.

312 H. Hinz, Xanten zur Römerzeit (1971) 33ff. – Ders., Colonia Ulpia Traiana 847ff.

313 K. Heidenreich, »Das Amphitheater der Colonia Traiana bei Xanten, ein Versuch seiner Wiederherstellung«, Bonner Jahrbücher 145, 1940, 33ff. – H. Hinz, Xanten zur Römerzeit (1971) 31ff. – Ders., Colonia Ulpia Traiana 849f. – G. Precht, »Der Archäologische Park Xanten, Kreis Wesel«, Ausgrabungen im Rheinland '77, 1978, 167ff. – O. Schwab, »Das Amphitheater der Colonia Ulpia Traiana«, ebd. 182ff. – G. Precht, »Der Archäologische Park Xanten, Kreis Wesel«, Ausgrabungen im Rheinland '78, 1979, 140ff.

314 CIL XIII 8639.

315 C. B. Rüger, »Zur Rekonstruktion der Handwerker-Viertel in der Colonia Ulpia Traiana bei Xanten«, Das Rheinische Landesmuseum Bonn 3, 1969, 36ff. – Dazu: E. Künzl, »Wichtige neue römische Wandmalereien aus der Colonia Ulpia Traiana«, ebd. 38f.

316 Vitruvius, De architectura libri decem VI 1ff. – U. Heimberg, »Neue Ausgrabungen in der Colonia Ulpia Traiana«, Das Rheinische Landesmuseum Bonn 3, 1972, 32ff. – W. Böcking, Die Römer am Niederrhein und in Norddeutschland (1974) 234ff.

317 Bogaers, Civitates 312ff. – Ders., »(Ulpia) Noviomagus«, in: Kat. Noviomagus 57ff.

318 Ebd. 58.

319 Ders., Civitates 318ff. – Die Inschrift des Meilensteins: CIL XIII 9165.

320 C. J. C. Reuvens, Korte beschrijving en plan der Romeinsche bouwvallen, gevonden bij de opdelvingen der jaren 1827–29, ter waarschijnlijke plaatse van het Forum Hadriani, op de hofstede Arentsburg, onder Voorburg, bij 's Gravenhage (1829). – J. H. Holwerda, Een Romeinsch militair vlootstation bij Voorburg (1923).

321 Vgl. Anm. 317.

322 Grundsätzlich: H. v. Petrikovits, »Kleinstädte und nichtstädtische Siedlungen im Nordwesten des römischen Reiches«, in: Das Dorf der Eisenzeit und des frühen Mittelalters (1977) 87ff.

323 AEDIL(is) C(ivitatis) T(ungrorum): CIL XIII 3599. – BVLEVTA CIVITATIS TVNGRORVM: CIL III 14 416 (aus OESCVS, heute Gigen/Bulgarien). – CIVITAS TRAIANENSIS: CIL VII 924 = RIB 946.

324 Bogaers-Rüger, Der Niedergermanische Limes 214ff. – W. Vanvinckenroye, Tongeren. Romeinse stad (1975).

325 CIL XIII 9158.

326 J. Mertens, »Een Romeins Tempelcomplex te Tongeren«, Kölner Jahrbuch 9, 1967–68, 101ff. – W. Vanvinckenroye (Anm. 324) 69ff.

327 v. Petrikovits, Die Rheinlande in römischer Zeit 112ff. – Zum römischen Aachen: Bogaers-Rüger, Der Niedergermanische Limes 190ff. – H. v. Petrikovits, »Bemerkungen zur Westgrenze der römischen Provinz Niedergermanien«, in: Studien zur europäischen Vor- und Frühgeschichte (1968) 118f. – L. Hugot, »Ein römischer Kultbezirk mit gallo-römischen Tempeln in Aachen«, Das Rheinische Landesmuseum Bonn 5, 1969, 72f. – Der 1982 erschienene Band »Aquae Granni. Beiträge zur Archäologie von Aachen« von H. Cüppers, W. Sage u.a. konnte nicht mehr eingesehen und berücksichtigt werden.

328 H. v. Petrikovits, Aquae Iasae, Arheološki Vestnik 19, 1968, 89ff.

329 Bogaers-Rüger, Der Niedergermanische Limes 190ff.

330 H. Christ, »Das karolingische Thermalbad der Aachener Pfalz«, Germania 36, 1958, 119ff. – L. Hugot, »Die römischen Büchelthermen in Aachen«, Bonner Jahrbücher 163, 1963, 188ff.

331 H. Christ, ebd. 120.

332 M. Wheeler, Moderne Archäologie. Methoden und Technik der Ausgrabung (1960) 226.

333 So W. W. Taylor, »A Study of Archaeology«, American Anthropologist 1, 1948, 43.

334 Aus dem reichhaltigen Schrifttum sind hervorzuheben: E. Kusch, Herculaneum (1960). – Th. Kraus-L. v. Matt, Lebendiges Pompeji (1973). – R. Etienne, Pompeji. Das Leben in einer antiken Stadt, 2. Aufl. (1976). – P. Connolly, Pompeji (1979).

335 Z. B. L. Bakker-B. Galsterer-Kröll, »Graffiti auf römischer Keramik im Rheinischen Landesmuseum Bonn«, Epigraphische Studien 10 (1975) 82ff. – T. Bechert, »Steindenkmäler und Gefäßinschriften«, Funde aus Asciburgium 4 (1976) 33ff.

336 Zum Folgenden vgl. I. Linfert-Reich, Römisches Alltagsleben in Köln (1975).

337 Iuvenalis, Satirae 7. – Augustinus, De civitate dei 21, 14 (»Wer würde denn nicht mit Entsetzen zurückweichen und lieber den Tod wählen, wenn man ihm die Wahl ließe zwischen Sterben und wieder Kind sein«).

338 AGRIPPINA/Köln: Tacitus, Annales XIII 57 (im Jahre 58). – TRAIANA/Xanten: CIL XIII 8643 (aus den Jahren 161–169).

339 Galsterer, Steininschriften Nr. 30 (FOCARII). 155 (PISTRICI). 314 (FABRI TIGNARII). 315 (TECTORES?).

340 NOVIOMAGVS/Nijmegen (NL): Kat. Noviomagus 63 Abb. 69 (FABRI TIGNARII). – FORVM HADRIANI/Voorburg-Arentsburg (NL): CIL XIII 8808.

341 E. Bund, in: Der Kleine Pauly 3 (1969) 1081ff. (MATRIMONIVM).

342 Vgl. Galsterer, Steininschriften (Indices) 129f.

343 Vgl. Anm. 216.

344 O. Doppelfeld u.a., Rom am Dom. Ausgrabungen des Römisch-Germanischen Museums (1970) 13.

345 P. Connolly, Pompeji (1979) 61 (rechts oben).

346 St. Martin-Kilcher, »Das römische Gräberfeld von Courroux im Berner Jura«, Basler Beiträge zur Ur- und Frühgeschichte 2 (1976)

347 Alle Kölner Inschriften des Kataloges von B. u. H. Galsterer, soweit sie Namen von Ehepartnern enthalten, folgen einheitlich diesem Prinzip der Namensgebung.

348 Galsterer, Steininschriften Nr. 344.

349 E. Künzl, »Der augusteische Silbercalathus im Rheinischen Landesmuseum Bonn«, Bonner Jahrbücher 169, 1969, 321ff.

350 I. Linfert-Reich, Römisches Alltagsleben in Köln (1975) 34.

351 Simpelveld (NL): J. H. Holwerda, »Romeinsche Sarcophag uit Simpelveld«, Oudheidkundige Mededelingen 12, 1931, 27ff. (Suppl.). – Köln-Weiden: J. Deckers-P. Noelke, »Die römische Grabkammer in Köln-Weiden«, Rheinische Kunststätten Heft 238 (1980).

352 E. Kusch, Herculaneum (1960) 20 u. Abb. 30.

353 A. Linfert, Römische Wandmalerei der nordwestlichen Provinzen (1975) bes. 49ff.

354 Abgebildet bei: C.B.Rüger, »Einige archäologische Aspekte des römischen Rheinlands«, in: Renania Romana. Atti dei convegni Lincei 23, 1976, 12 Abb.3.

355 M.Grünewald-E.Pernicka-S.L.Wynia, »Pompejanisch-rote Platten-Patinae«, Archäologisches Korrespondenzblatt 10, 1980, 259ff. – E.Alföldi-Rosenbaum, Das Kochbuch der Römer, 3.Aufl. (1973). – Allgemein: W.Hilgers, »Lateinische Gefäßnamen«, Beihefte der Bonner Jahrbücher 31 (1969).

356 Plinius, Naturalis historia XVIII 8,19.

357 Die Begebenheit ist überliefert bei: Suetonius, Vespasianus 23 u. Cassius Dio LXVI 14,5.

358 E.Alföldi-Rosenbaum (Anm.355). – M. u. G.Faltner, An der Tafel des Trimalchio (1959).

359 Plinius, Naturalis historia XXXI 94.

360 Kat. Deae Nehalenniae Nr.1.4 u. 25 (SALARIVS). Nr.6 u. 22 (ALLECARIVS).

361 Überliefert von Plinius in seiner »Naturgeschichte«. Vgl. M. u. G.Faltner (Anm.358).

362 H.U.Nuber, »Kanne und Griffschale. Ihr Gebrauch im täglichen Leben und die Beigabe in Gräbern der römischen Kaiserzeit«, 53.Bericht der Römisch-Germanischen Kommission 1972, 1973, bes. 117ff.

363 B.Pferdehirt, »Die römischen Terra-Sigillata-Töpfereien in Südgallien«, Limes-Museum Aalen 18 (1978) bes. 9f.

364 M.Bieber, »Charakter und Unterschiede der griechischen und römischen Kleidung«, Archäologischer Anzeiger 1973, 425ff.

365 Poblicius: G.Precht, Das Grabmal des L.Poblicius (1975). – Clodius: CIL XIII 8056. – Grabmal von Nickenich: s. Anm.216.

366 Scriptores Historiae Augustae, Antoninus Caracalla 9,7f.

367 Suetonius, Augustus 73.

368 Ausführlich: R.Etienne, Pompeji (1976) 152ff. – MAGISTER ARTIS FVLLONIAE: Galsterer, Steininschriften Nr.319f. – NEGOTIATOR VESTIARIVS: CIL XIII 8568.

369 O.Doppelfeld, »Hafenfunde vom Altermarkt in Köln«, Bonner Jahrbücher 153, 1953, 102ff.

370 Vgl. u.a. G.Behrens, »Fibeldarstellungen auf römischen Grabsteinen«, Mainzer Zeitschrift 22, 1927, 51ff. – T.Bechert, »Römische Fibeln des 1. und 2.Jahrhunderts n.Chr.«, Funde aus Asciburgium 1 (1973) bes. 11ff. – M.Gechter, »Ähnlich unseren Sicherheitsnadeln. Zur Tragweise römischer Fibeln im ersten Jahrhundert n.Chr.«, Das Rheinische Landesmuseum Bonn 2, 1980, 17ff.

371 Suetonius, Caesar 45.

372 W.Hagen, »Kaiserzeitliche Gagatarbeiten aus dem rheinischen Germanien« Bonner Jahrbücher 142, 1937, 77ff. – A.Böhme, »Schmuck der römischen Frau«, Limes-Museum Aalen 11 (1974).

373 Galsterer, Steininschriften Nr.332.

374 Doppelfeld, Kölner Wirtschaft 38. – A.Oxé, »Eine römische gestempelte Augensalbe aus Köln«, Germania 25, 1941, 25ff. – Allgemein: L.Düppers, Die römischen Augensalbenstempel, Diss. Aachen 1972.

375 Vitruvius, De architectura libri decem IX 8, 1ff.

376 P.Goessler, »Ein gallo-römischer Steckkalender aus Rottweil«, Germania 12, 1928, 1ff. mit Abb.3.

377 Der Ausdruck PANEM ET CIRCENSES bei: Iuvenalis, Satirae 10, 77ff.

378 Tacitus, Annales I 31.

379 Galsterer, Steininschriften Nr.317 u. 354.

380 Seneca, Epistulae morales 7,3ff.

381 VRSARII: Galsterer, Steininschriften Nr.14 (Köln) u. CIL XIII 8639 (Xanten). – VIVARIVM: Galsterer, Steininschriften Nr.15.

382 CIL XIII 12063. Zum Mosaik: Kölner Römerillustrierte 1 (1974) 137. Zu den Arenabechern: W.Binsfeld, »Kölner Jagdbecher«, Kölner Jahrbuch 9, 1967/68, 76ff.

383 Martialis, Epigramme XIV 176. – W.Binsfeld, »Schauspiele im römischen Trier«, Landeskundliche Vierteljahresblätter 12 Nr.2, 1966, 47ff.

384 O.Doppelfeld (hrsg. v. G.Biegel), Vom unterirdischen Köln (1979) 65ff.

385 Seneca, Epistulae morales 56.

386 CIL XIII 8159 (gefunden 1832 in der Nähe der Kirche im heutigen Köln-Wesseling).

387 In einer Inschrift aus AVENTICVM/Avenches (CH): E.Howald-E.Meyer, Die römische Schweiz (1940) Nr.206.

388 Vgl. A.Rieche, So spielten die alten Römer. Römische Spiele im Archäologischen Park Xanten (1981).

389 Martialis, Epigramme XIV 1,9. – Horatius, Satiren II 3,5.

390 Suetonius, Augustus 71 u. Claudius 33. – Um zu den 20000 Sesterzen, die Augustus in fünf Tagen verspielte, eine Relation zu bieten, sei darauf hingewiesen, daß 400 Sesterzen damals das jährliche Existenzminimum einer Familie der Unterschicht darstellten.

391 R.Etienne, Pompeji (1976) 207 u. Anm.38. Zu den Preisen für Keramik u.a.: ebd. 215ff.

392 Zum Folgenden zusammenfassend: H.v.Petrikovits, »Kleinstädte und städtische Siedlungen im Nordwesten des römischen Reiches«, in: Das Dorf der Eisenzeit und des frühen Mittelalters, hrsg. v. H.Jankuhn, R.Schützeichel u. F.Schwind (1977) 86ff.

393 Köln: Galsterer, Steininschriften Nr.158. – Xanten: Hinz, Colonia Ulpia Traiana 846. – Jülich: vgl. Anm.140. – Zülpich: CIL XIII 7920. – Jünkerath: CIL XIII 8518 (VICANI SEGORIGIENSES = <S>EGORIGIENSES = ICORIGIENSES??). – Nettersheim: CIL XIII 11983.

394 Zusammenfassend: H.Bender, »Römischer Reiseverkehr. Cursus publicus und Privatreisen«, Limes-Museum Aalen 20 (1978).

395 C.B.Rüger, »Einige archäologische Aspekte des römischen Rheinlands«, in: Renania Romana. Atti dei convegni Lincei 23 (1976) 20.

396 H.Koethe, »Straßendorf und Kastell bei Jünkerath«, Trierer Zeitschrift 11, 1936, Beiheft 50ff. – W.Binsfeld, »Jünkerath«, in: Führer zu vor- und frühgeschichtlichen Denkmälern Bd.33 (1977) 300ff.

397 H.v.Petrikovits, »Belgica«, in: Führer zu vor- und frühgeschichtlichen Denkmälern 26 (1974) 142ff. (mit ausführlichen Literaturangaben 148f.).

398 H.G.Horn, »Zülpich«, in: Führer zu vor- und frühgeschichtlichen Denkmälern 26 (1974) 25ff. (mit ausführlichen Literaturangaben 29f.). – M.Gechter, U.Heimberg u. P.Pahlen, »Ausgrabungen in Zülpich«, in: Ausgrabungen im Rheinland '78, 1979, 85ff.

399 H.G.Horn, ebd. 30ff.

400 P.J.Tholen, »Iuliacum-Jülich. Eine topographische Studie«, Bonner Jahrbücher 175, 1975, 231ff. – Ders., in: Bogaers-Rüger, Der Niedergermanische Limes 170ff.

401 H.Löhr u. V.Zedelius, »Der Schlangenberg. Ein Platz der frührömischen Okkupation bei Stolberg-Breinigerberg, Kreis Aachen«, in: Ausgrabungen im Rheinland '79, 1980, 93ff. – A.Jürgens u. Th.Vogt, »Reste römischer Gewerbebetriebe in Stolberg-Gressenich, Kr. Aachen«, in: Ausgrabungen im Rheinland '79/80, 1981, 129ff. – H.v.Petrikovits (Anm.392) 104f.

402 Kurz zusammenfassend: v.Es, De Romeinen in Nederland 157 u. 199. – Zu den älteren deutschen Grabungen: O.E.Mayer, Germania 11, 1928, 151f.; 12, 1928, 190ff.; 13, 1929, 79 u. 14, 1930, 101. – Zu den niederländischen Grabungen: J.H.F.Bloemers, »Twenty-five years ROB research in Roman Limburg«, Berichten van de Rijksdienst voor het Oudheidkundig Bodemonderzoek 23, 1973, 250ff.

403 Nesselhauf 116ff. Nr.245–255.

404 A.E.van Giffen, »Thermen en Castella te Heerlen (L.)«, L'Antiquité Classique 17, 1948, 199ff. – J.J.M.Timmers, Spiegel van de Ro-

meinse beschaving in Limburg (1966). – v. Es, De Romeinen in Nederland 147 ff. m. Anm. 381. – J. E. Bogaers, in: Bogaers-Rüger, Der Niedergermanische Limes 173 ff.

405 Nesselhauf-Lieb 209 f. Nr. 247.

406 v. Es, De Romeinen in Nederland 146. – J. E. Bogaers, in: Bogaers-Rüger, Der Niedergermanische Limes 186 ff. (mit ausführlichen Literaturangaben).

407 v. Es, ebd. 157 f. mit Anm. 409 f. (Literaturhinweise). – J. E. Bogaers, in: Bogaers-Rüger, ebd. 84 ff.

408 J. E. Bogaers, »Praetorium Agrippinae«, Bulletin van de Koninklijke Nederlandse Oudheidkundige Bond 6, Ser. 17, 1964, 209 ff. – J. H. F. Bloemers u. H. Sarfatij, Nieuwsbulletin van de Koninklijke Nederlandse Oudheidkundige Bond 1973, 130 ff. – H. Sarfatij, »Opgravingen op de Woerd in Valkenburg (Z. H.)«, Spiegel historiael 10, 1975, 242 ff. – J. H. F. Bloemers u. H. Sarfatij, »A Roman Settlement at De Woerd, Valkenburg (South Holland). Report I: The Potters' Stamps«, Berichten van de Rijksdienst voor het Oudheidkundig Bodemonderzoek 26, 1976, 133 ff. – H. Sarfatij, »Valkenburg (Z. H.) – Excavations at De Woerd (Praetorium Agrippinae?) in 1972. A preliminary Report«, in: Studien zu den Militärgrenzen Roms II, Beihefte der Bonner Jahrbücher 38 (1977) 159 ff.

409 J. H. F. Bloemers, »Das Gebiet rund um die Lager auf dem Hunerberg«, in: Kat. Noviomagus 51 ff. (Literaturübersicht 69 ff.). – Zur Namensgebung des Platzes: J. E. Bogaers, ebd. 57.

410 T. Bechert, »Asciburgium – Ausgrabungen in einem römischen Kastell am Niederrhein«, Duisburger Forschungen 20 (1974) 183 ff. mit Beilagen II u. III.

411 H. Hinz, »Zur Bauweise der Villa rustica«, in: Germania Romana III (1970) 15 ff. – K. M. Swoboda, Römische und romanische Paläste (1924).

412 Dazu allgemein: U. Heimberg, »Römische Landvermessung – Limitatio«, Limes-Museum Aalen 17 (1977). – Zum Folgenden: M. Müller-Wille, »Die landwirtschaftliche Grundlage der Villae rusticae«, in: Germania Romana III (1970) 26 ff.

413 J. Mertens, »Sporen van Romeins kadaster in Limburg?«, Limburg 37, 1958, 253 ff. – F. Ulrix, »Centuriatio in de omstreken van Tongeren«, Limburg 38, 1959, 34 ff. – C. H. Edelman u. B. E. P. Eeuwens, »Sporen van een Romeinse landindeling in Zuid-Limburg«, Berichten van de Rijksdienst voor het Oudheidkundig Bodemonderzoek 9, 1959, 49 ff.

414 K. A. Seel, »Römerzeitliche Fluren im Mayener Stadtwald«, Bonner Jahrbücher 163, 1963, 317 ff.

415 H. Hinz, »Zur römischen Besiedlung in der Kölner Bucht«, in: Germania Romana III (1970) 62 ff.

416 Villa »Hambach 23«: S. K. Arora, »Ausgrabungen in der römischen Villa Hambach 23«, in: Ausgrabungen im Rheinland '79, 1980, 194 ff. – Villa »Hambach 47«: H. Jung u. J. Hermanns, »Der römische Fundplatz Hambach 47 bei Jülich-Stetternich, Kreis Düren«, in: Ausgrabungen im Rheinland '79, 1980, 184 ff. – Villa »Ha 56«: M. Gechter, J. Göbel u. J. Hermanns, »Die römische Villa rustica Ha 56 bei Niederzier«, in: Ausgrabungen im Rheinland '78, 1979, 108 ff. – Villa »Ha 78/66«: M. Rech, »Ausschnitte aus der römischen Villa Ha 78/66«, in: Ausgrabungen im Rheinland '78, 1979, 116 ff.; H. Jung u. J. Hermanns, »Ergänzendes zur römischen Villa Hambach 66«, in: Ausgrabungen im Rheinland '79, 1980, 188 ff. – Villa »78/74«: M. Rech, »Römische Bauten vom Fundplatz Ha 78/74«, in: Ausgrabungen im Rheinland '78, 1979, 119 f. – Villa »77/132«: W. Czysz, »Ein römischer Gutshof am Fundplatz 77/132 im Hambacher Forst«, in: Ausgrabungen im Rheinland '77, 1978, 118 ff. – Villa »Ha 77/264«: M. Rech, »Ausschnitte aus einer römischen Villa in Niederzier-Steinstraß, Kreis Düren«, in: Ausgrabungen im Rheinland '77, 1978, 129 ff.; ders., »Ergänzende Ausgrabungen in der römischen Villa Ha 77/264«, in: Ausgrabungen im Rheinland '78, 1979, 115 f. – Zu den römischen Landgütern im niederländischen Limburg: v. Es, De Romeinen in Nederland 181 ff. – W. C. Braat, »Die Besiedlung des römischen Reichsgebietes in den heutigen nördlichen Niederlanden«, in: Germania Romana III (1970) 51 ff.

417 Mayen: F. Oelmann, »Ein gallo-römischer Bauernhof bei Mayen«, Bonner Jahrbücher 133, 1928, 51 ff. – Köln-Müngersdorf: F. Fremersdorf, Der römische Gutshof Köln-Müngersdorf (1933) 9 ff. – Morken: H. Hinz, »Die Ausgrabungen auf dem Kirchberg in Morken, Kr. Bergheim«, Rheinische Ausgrabungen 7 (1969) 21 ff. – Kaalheide-Krichelberg: v. Es (Anm. 416) 193 u. Abb. 154.

418 W. Piepers, »Römischer Gutshof und späteisenzeitliche Siedlungsspuren bei Garsdorf«, Germania 37, 1959, 296 ff.

419 Zu den römischen Agrarschriftstellern gehören vor allem Marcus Porcius Cato (234–149 v. Chr.), Marcus Terentius Varro (116–27 v. Chr.) und Lucius Iunius Moderatus Columella (1. Jahrhundert).

420 Vgl. die Karte bei v. Es, De Romeinen in Nederland 180 Abb. 143. – Bocholtz-Vlengendaal: W. Goossens, »Die römische Villa bei Vlengendaal«, Bijblad der Nederlandsche Anthropologische Vereeniging 1916, 19 ff.; v. Es, ebd. 181 ff.

421 Vitruvius, De architectura libri decem VI 6.

422 W. Piepers, »Die römische Villa von Kreuzweingarten«, in: Führer zu vor- und frühgeschichtlichen Denkmälern 26 (1974) 152 ff. (mit Literaturangaben 158).

423 Zur Situation der Archäologie im Rheinischen Braunkohlerevier grundsätzlich: W. Janssen, in: Rheinische Ausgrabungen '76, 1977, 7 f.; Ausgrabungen im Rheinland '77, 1978, 10 ff.; ebd. '78, 1979, 18 ff. u. ebd. '79, 1980, 7 ff.

424 W. Czysz, »Ein römischer Gutshof am Fundplatz 77/132 im Hambacher Forst«, in: Ausgrabungen im Rheinland '77, 1978, 118 ff. – Ders., »Römische Gutshöfe 3: Das Wohnhaus«, Faltblatt Oberriexingen 9, 1979.

425 M. Rech, »Ein römischer Werkplatz mit Glasöfen im Hambacher Forst, Gemeinde Niederzier, Kreis Düren«, in: Rheinische Ausgrabungen '75, 1976, 65 ff.

426 F. Fremersdorf, Der römische Gutshof Köln-Müngersdorf (1933). – W. Meier-Arendt, »Römischer Gutshof Müngersdorf«, in: Führer zu vor- und frühgeschichtlichen Denkmälern 39 (1980) 151 ff.

427 M. Müller-Wille, »Die landwirtschaftliche Grundlage der Villae rusticae«, in: Germania Romana III (1970) 32 ff. – K. H. Knörzer (vgl. Anm. 18). – U. Körber-Grohne, »Nutzpflanzen und Umwelt im römischen Germanien«, Limes-Museum Aalen 21 (1979).

428 Plinius, Naturalis historia XIX 90. Dazu: K. H. Knörzer, »Über die Gelleper Rüben«, Niederrheinisches Jahrbuch 10, 1967, 48 ff.

429 W. Haberey, »Gravierte Glasschale und sogenannte Mithrassymbole aus einem spätrömischen Grabe von Rodenkirchen bei Köln«, Bonner Jahrbücher 149, 1949, 94 ff.

430 D. Haupt, »Ein römisches Wetzsteindepot aus Xanten«, in: Ausgrabungen im Rheinland '78, 1979, 155 ff. (mit Literatur 158).

431 Palladius VII 2. Vgl. auch Plinius, Naturalis historia XVIII 296. Hierzu außerdem: J. Mertens, »Römische Skulpturen von Buzenol, Provinz Luxemburg«, Germania 36, 1958, 386 ff. – H. Cüppers, »Gallo-römische Mähmaschine auf einem Relief in Trier«, Trierer Zeitschrift 27, 1964, 151 ff. – P. Noelke, »Quader mitErnteszene von der Koblenzer Moselbrücke«, in: Kölner Römerillustrierte 2 (1975) 182.

432 Z. B. in TRAIANA/Xanten: C. B. Rüger, »Einige archäologische Aspekte des römischen Rheinlands«, in: Renania Romana. Atti dei convegni Lincei 23, 1976, 15 ff. mit Abb. 8 u. 9. Vgl.: R. Laur-Belart, »Gallische Schinken und Würste«, Ur-Schweiz 17, 1953, 33 ff.

433 K. Waldmann, »Die Knochenfunde aus der Colonia Ulpia Traiana, einer römischen Stadt bei Xanten am Niederrhein«, Archaeo-Physika 3 (1967).

434 Bloemers, Rijswijk 60.
435 Hierzu zusammenfassend: v. Es, De Romeinen in Nederland 158 ff.
436 Ebd. 158 ff. – H. Hinz, »Zur Bauweise der Villa rustica«, in: Germania Romana III (1970) 19 ff.
437 Vgl. v. Es, ebd. 166 ff.; P. J. R. Modderman, »A Native Farmstead from the Roman period near Kethel, Municipality of Schiedam, Province of South Holland«, Berichten van de Rijksdienst voor het Oudheidkundig Bodemonderzoek 23, 1973, 149 ff.
438 Bloemers, Rijswijk 51 f.
439 R. S. Hulst, »Druten-Klepperhei, Vorbericht der Ausgrabungen einer römischen Villa«, Berichten van de Rijksdienst voor het Oudheidkundig Bodemonderzoek 28, 1978, 133 ff. – Zu den Wandmalereien: W. J. Th. Peters, L. J. F. Swinkels u. E. M. Moormann, »Die Wandmalereien der römischen Villa von Druten und die Frage der Felderdekoration in den europäischen römischen Provinzen«, ebd. 153 ff.
440 Doppelfeld, Kölner Wirtschaft 62 ff.
441 Allgemein: Th. Pékary, Untersuchungen zu den römischen Reichsstraßen (1968). – H. Bender, »Römische Straßen und Straßenstationen«, Limes-Museum Aalen 13 (1975). – Ders., »Römischer Reiseverkehr. Cursus publicus und Privatreisen«, ebd. 20 (1978). – Zu den Straßen Niedergermaniens: J. Hagen, Römerstraßen der Rheinprovinz (1931).
442 CIL XIII 9145 (gefunden in CONFLVENTES/Koblenz, datiert 44/45).
443 W. Piepers, »Ein Profil durch die römische Staatsstraße Köln-Jülich-Tongern, aufgemessen im Staatsforst Ville, Kr. Bergheim/E.«, Rheinische Ausgrabungen 3 (1968) 317 ff. – M. Dohrn-Ihmig, »Ein Schnitt durch die römische Straße Köln-Jülich-Tongern im Tagebau Hambach I (Hambach 399)«, Ausgrabungen im Rheinland '79, 1980, 191 ff. – v. Es, De Romeinen in Nederland 105 ff. mit Abb. 78 (Rimburg). – T. Bechert, »The Roman Military Settlement of Asciburgium – Topography and Chronology«, in: Roman Frontier Studies 1979 (1980) 505; ders., »Neue Ausgrabungen im römischen Kastell Asciburgium«, Antike Welt 3, 1972, 41 Farbtafel B (links oben).
444 W. Piepers, ebd. 321.
445 G. Alföldy, »Zwei neue Meilensteine aus Niedergermanien«, Epigraphische Studien 4 (1967) 33 ff., bes. 42 f. Nr. 7.9.11.12.14.15.18 u. 19.
446 Köln, Luxemburger Straße: CIL XIII 9154. – Villenhaus: Nesselhauf 122 Nr. 266. – Marienholz b. Zülpich: CIL XIII 9137 (als Leugenzahl ist sehr wahrscheinlich XIII zu ergänzen, da die Entfernung bis Zülpich-Hoven mit L(eugae) XVI angegeben wird und die Entfernung von Hoven bis zum Marienholz exakt 6,6 km beträgt). – Zülpich-Hoven: G. Alföldy, ebd. 35 ff. Inschrift 2b (Nr. 15).
447 CIL XIII 9136.
448 A. Jürgens, »Zur Eröffnung restaurierter archäologischer Denkmäler in Nettersheim, Krs. Euskirchen«, Ausgrabungen im Rheinland '77, 1978, 152 ff.
449 CIL XIII 9152 (datiert 140/144). 9153 (datiert 162).
450 CIL XIII 9165 (aus Naaldwijk/NL). AE 1965, 118 (aus Rijswijk/NL).
451 CIL XIII 9158.
452 Neueste Ausgabe: Tabula Peutingeriana. Codex Vindobonensis 324 mit Kommentar v. E. Weber (1976).
453 Suetonius, Augustus 49. – Zum CVRSVS PVBLICVS: H. Bender (Anm. 441).
454 Grundlegend: D. van Berchem, L'annone militaire dans l'empire romain au troisième siècle (1937).
455 W. Vanvinckenroye, Tongeren. Romeinse stad (1975) 57 ff. mit Abb. 26 u. 27.
456 Monreal (Krs. Mayen): H. v. Petrikovits, »Jahresbericht 1937«, Bonner Jahrbücher 143/144, 1939, 408. – Bergheim-Kenten: U. Heimberg, »Eine Straßenstation bei Bergheim (Erftkreis)«, Bonner Jahrbücher 177, 1977, 569 ff. – Moers-Asberg: Inschriftlich nachgewiesen durch Benefiziarierweihungen CIL XIII 8588 u. 8589; Platz bisher nicht systematisch untersucht, aber Lage des Bades bekannt (Mosaikfußboden!). – Duisburg-Baerl: T. Bechert, »Wachtturm oder Kornspeicher. Zur Bauweise spätrömischer Burgi im Rheinland«, Antike Welt 3, 1979, 17 ff. – Allgemein: v. Petrikovits, Das römische Rheinland (1960) 72 ff. mit Abb. 23.
457 E. Zahn, »Die Igeler Säule«, in: Führer zu vor- und frühgeschichtlichen Denkmälern 33 (1977) 168 ff. (mit Lit. 176).
458 Galsterer, Steininschriften Nr. 133.
459 Sechtem: CIL XIII 8153. – Köln: Weihung eines IIIIIIVIR AVGVSTALIS namens C. HEDIVS SILVANVS (Publikation durch H. u. B. Galsterer in Vorbereitung). – Haltern: S. von Schnurbein, »Die römischen Militäranlagen bei Haltern«, Bodenaltertümer Westfalens 14 (1974) 75 f. mit Taf. 21 (römische Zeitstellung fraglich). – Rimburg: Vgl. Anm. 402 (O. E. Mayer).
460 Zuletzt: St. Neu, »Die römische Rheinbrücke«, in: Führer zu vor- und frühgeschichtlichen Denkmälern 38 (1980) 147 ff. (mit Lit. 152).
461 D. Baatz, »Bemerkungen zur Jahrringchronologie der römischen Zeit«, Germania 55, 1977, 173 ff. – E. Hollstein, »Mitteleuropäische Eichenchronologie«, Trierer Forschungen Bd. 11 (1980) 74.
462 Cato, De re rustica XXII 3.
463 Krefeld-Gellep: R. Pirling, »Die Ausgrabungen in Krefeld-Gellep 1975«, Rheinische Ausgrabungen '75, 1976, 63 ff. – Moers-Asberg: T. Bechert, »Neue Untersuchungen im römischen Kastell Asciburgium in Moers-Asberg«, Rheinische Ausgrabungen '75, 1976, 47; ders., »The Roman Military Settlement of Asciburgium – Topography and Chronology«, in: Roman Frontier Studies 1979 (1980) 508. – Bunnik-Vechten: W. J. van Tent, »Excavations along the Limes«, Berichten van de Rijksdienst voor het Oudheidkundig Bodemonderzoek 23, 1973, 123 ff. – Alphen-Zwammerdam: J. K. Haalebos, »Zwammerdam-Nigrum Pullum. Ein Auxiliarkastell am Niedergermanischen Limes«, Cingula 3 (1977) 41 ff. – Velsen: J. Morel-M. D. de Weerd, »Early Roman Harbours in Velsen«, in: Roman Frontier Studies 1979 (1980) 475 ff. – Allgemein: D. Ellmers, »Shipping on the Rhine during the Roman period: The pictorial evidence«, The Council for British Archaeology, Research Report 24, 1978, 1 ff.
464 H. Hellenkemper, »Der römische Hafen und die ehemalige Rheininsel«, in: Führer zu vor- und frühgeschichtlichen Denkmälern 38 (1980) 126 ff.
465 Köln-Alteburg: P. La Baume, »Römisches Flottenkastell Alteburg«, ebd. 39 (1980) 119 f. – Rüdenet/Drachenfels: J. Röder, »Römische Steinbruchtätigkeit am Drachenfels«, Bonner Jahrbücher 174, 1974, 509 ff.; ders., »Der Drachenfels«, in: Kölner Römerillustrierte 2 (1975) 138 f.
466 H. v. Petrikovits, »Die Ausgrabungen in der Colonia Traiana bei Xanten«, Bonner Jahrbücher 152, 1952, 138 ff.
467 CIL XIII 8815.
468 Allgemein: D. Ellmers, »Rheinschiffe der Römerzeit«, Beiträge zur Rheinkunde 25, 1973, 25 ff. – Alphen-Zwammerdam: M. D. de Weerd-J. K. Haalebos, »Schepen voor het opschepen. Het scheepsarcheologisch onderzoek te Zwammerdam: inheemse en Romeinse vaartuigen in het hafenterrein van het castellum Nigrum Pullum«, Spiegel Historiael 8, 1973, 386 ff.; M. D. de Weerd, »Römerzeitliche Transportschiffe und Einbäume aus Nigrum Pullum/Zwammerdam (Z. H.)«, in: Studien zu den Militärgrenzen Roms II (1977) 187 ff.; ders., »Ships of the Roman period at Zwammerdam/Nigrum Pullum, Germania Inferior«, in: The Council for British

Archeology Research Report 24, 1978, 15ff. – Druten: R.S. Hulst-L.Th. Lehmann, »The Roman Barge of Druten«, Berichten van de Rijksdienst voor het Oudheidkundig Bodemonderzoek 24, 1974, 7ff. – Kapel-Avezaath: L.P. Louwe Kooijmans, »Een onderzoek en een opgraving«, Studium Generale 14, Lieferung 11, 1968, 6f.

469 E. Hollstein, »Mitteleuropäische Eichenchronologie«, Trierer Forschungen Bd. 11 (1980) 181f. (Schiff 4 ist dendrochronologisch auf das Jahr 97 datiert).

470 D. Ellmers, »Shipping on the Rhine« (Anm. 463) 10ff.

471 M.D. de Weerd, »Römerzeitliche Transportschiffe« (Anm. 468) 195. – Die Veröffentlichung des Kölner Reliefs wird von St. Neu vorbereitet.

472 W. Piepers, »Teile römischer Schiffsanker vom Niederrhein«, Bonner Jahrbücher 174, 1974, 561ff. – G. Krause, »Römische Anker aus Xanten und Duisburg«, in: Ausgrabungen im Rheinland '78, 1979, 172f.

473 Xanten: H. Hinz, Xanten zur Römerzeit, 4. Aufl. (1971) 46ff.; H.H. Wegner-U. Heimberg, »Wasser für die CUT. Reste römischer Wasserleitungen der Colonia Ulpia Traiana bei Xanten«, in: Colonia Ulpia Traiana – 1. und 2. Arbeitsbericht zu den Grabungen und Rekonstruktionen (o.J.) 36ff. – Köln: W. Haberey, »Die römischen Wasserleitungen nach Köln«, Führer des Rheinischen Landesmuseums in Bonn 37 (1971); ders., »Die römische Wasserleitung nach Köln«, in: Führer zu vor- und frühgeschichtlichen Denkmälern 25 (1974) 69ff.

473a Zum Folgenden: Th. Pékary, Die Wirtschaft der griechisch-römischen Antike (1975) 101ff. – Moderne Umrechnungen beruhen auf dem jeweils gültigen Goldpreis, der jedoch zu keiner Zeit eine statische Größe gewesen ist – weder heute noch in römischer Zeit (vgl. Th. Pékary, ebd. 132f.).

474 Zu den gallischen Prägungen allgemein: M.R. Alföldi, Antike Numismatik I (1978) 127ff. – Speziell: H. Chantraine, »Die antiken Fundmünzen der Ausgrabungen in Neuss (NOVAESIUM III)«, Limesforschungen 8 (1968) 11; A. Furger-Gunti, »Frühe Auxilia am Rhein – Keltische Münzen in römischen Militärstationen«, Archäologisches Korrespondenzblatt 11, 1981, 231ff.

475 Diesem Zweck dient das FMRD, die systematische Sammlung und wissenschaftliche Veröffentlichung der Fundmünzen der römischen Zeit in Deutschland Bd. I 1ff. (1960ff.).

476 Galsterer, Steininschriften Nr. 327 u. 330. Dazu: Doppelfeld, Kölner Wirtschaft 60ff.

477 Petronius, Saturae 56,1.

478 H. Hinz, Xanten zur Römerzeit, 4. Aufl. (1971) 54ff.

479 Plinius, Naturalis historia X 53 (Gänsedaunen) u. XVII 47 (Ackerbau). – Zum Folgenden: Doppelfeld, Kölner Wirtschaft 33ff.; v. Petrikovits, Die Rheinlande in römischer Zeit 126ff.; ders., Das römische Rheinland (1960) 112ff.

480 Stempel LEG XVI: v. Petrikovits, Das römische Rheinland (1960) 68 mit Abb. 22. – Stempel LEG XIX (mit Gewichtsangabe CCIII = 203 römische Pfund): S.v. Schnurbein, Die Römer in Haltern (1979) 47 mit Abb. 32a.

481 H.v. Petrikovits, »Neue Forschungen zur römerzeitlichen Besiedlung der Nordeifel«, Germania 34, 1956, 99ff. (bes. 117ff.).

482 W. Sölter, »Steinkohle in einer römischen Grube von Neuss«, Rheinische Ausgrabungen 10 (1971) 370ff.

483 H. Löhr-V. Zedelius, »Der Schlangenberg. Ein Platz der frührömischen Okkupation bei Stolberg-Breinigerberg, Kreis Aachen«, in: Ausgrabungen im Rheinland '79, 1980, 93ff.

484 H. Willers, Die römischen Bronzeeimer von Hemmoor (1901). – J. Werner, »Zur Verbreitung der Messingeimer vom Hemmoorer Typus« Bonner Jahrbücher 153, 1953, 126f. – Doppelfeld, Kölner Wirtschaft 36.

485 Die Veröffentlichung des Xantener Fundes wird von H.G. Horn (Bonn) vorbereitet. – Vettweiß b. Zülpich: CIL XIII 7851.

486 Liedberg: K. Grewe, »Auf Sand gebaut. Die Geschichte des Liedberger Stein- und Sandabbaues«, in: Rheinische Ausgrabungen '76, 1977, 154ff. – Katzensteine: W. Sölter, »Die roten Katzenköpfe, ein römischer Steinbruch an den Katzensteinen bei Mechernich-Katzvey, Kreis Euskirchen«, ebd. 114ff.; ders. (Hrsg.), Das römische Germanien aus der Luft (1981) 234f.

487 J. Röder, »Römische Steinbruchtätigkeit am Drachenfels«, Bonner Jahrbücher 174, 1974, 509ff.; ders., »Der Drachenfels«, in: Kölner Römerillustrierte 2 (1975) 138f. – Die Inschrift der Rheinflotte: CIL XIII 8036; E. Künzl, Römische Steindenkmäler 1, 2. Auflage (o.J.) 30f.

488 J. Röder, »Die antiken Tuffsteinbrüche der Pellenz«, Bonner Jahrbücher 157, 1957, 213ff.; ders., »Zur Steinbruchgeschichte des Pellenz- und des Brohltales«, ebd. 159, 1959, 47ff.

489 J. Bracker, »Porphyrrotae am Decumanus der CCAA und in den Kölner Bischofskirchen des 4. und 9. Jahrhunderts«, Kölner Domblatt 40, 1975, bes. 121ff. – Im Römisch-Germanischen Museum Köln ist von J. Röder eine Marmorinkrustation rekonstruiert worden, die sämtliche Materialien enthält, die im römischen Köln gefunden worden sind.

490 W. Sölter, »Der Himmel brach nicht. Ein Brennversuch in einem römischen Kalkofen«, Das Rheinische Landesmuseum Bonn 4, 1969, 53ff.; ders., »Römische Kalkbrenner im Rheinland«, Führer des Rheinischen Landesmuseums in Bonn 31 (1970); ders., »Iversheim. Die römische Kalkbrennerei«, in: Führer zu vor- und frühgeschichtlichen Denkmälern 26 (1974) 169ff.; P. Noelke, »Baukalk für eine ganze Provinz«, in: Kölner Römerillustrierte 2 (1975) 137; W. Sölter, »Antike und moderne Technologie. Der neueste Kalkofen und der Iversheimer Ofentyp«, Das Rheinische Landesmuseum Bonn 2, 1977, 17ff.

491 G. Alföldy, »Inschriften aus den Kalkbrennereien der niedergermanischen Legionen in Iversheim (Kr. Euskirchen)«, Epigraphische Studien 5, 1968, 17ff. – M. Clauss, »Neue Inschriften im Rheinischen Landesmuseum Bonn«, ebd. 11, 1975, 15ff. Nr. 21–23. – H.G. Horn, »Weihestein des Kalkbrennermeisters T. Aurelius Exoratus für Minerva«, in: Kölner Römerillustrierte 2 (1975) 139.

492 Dormagen: G. Müller, »Ausgrabungen in Dormagen 1963–77«, Rheinische Ausgrabungen 20 (1979) 5ff.; ders., »Durnomagus. Das römische Dormagen«, Führer des Rheinischen Landesmuseums Bonn 90 (1979) 17ff. – Xanten: P. Steiner, »Ein römischer Legionsziegelofen bei Xanten«, Bonner Jahrbücher 110, 1903, 70ff.; H.H. Wegner, »Neue archäologische Befunde aus der römischen Legionsziegelei bei Xanten«, Ausgrabungen im Rheinland '77, 1978, 207ff.; ders., »Eine Brennofenanlage aus der Legionsziegelei bei Xanten, Kreis Wesel«, ebd. '78, 1979, 165ff. – Der Platz der TEGVLARIA TRANSRHENANA ist archäologisch bisher nicht nachgewiesen worden.

493 J.H. Holwerda, »Het in de pottenbakkerij van de Holdeurn gefabriceerde aardewerk uit de Nijmeegsche gravfelden«, Oudheidkundige Mededelingen uit het Rijksmuseum van Oudheden te Leiden 24 (1944) Suppl. – Ders. u. W.C. Braat, »De Holdeurn bij Berg en Dal, centrum van pannenbakkerij en aardewerkindustrie in den Romeinschen tijd«, ebd. 26 (1946) Suppl. – H.J.H. van Buchem, Ulpia Noviomagus (1955) 15f. – W.C. Braat, »De Holdeurn te Berg en Dal (Gem. Groesbeek)«, Numaga 3, 1956, 6ff. – v. Es, De Romeinen in Nederland 242ff. – J.H.F. Bloemers, in: Verleden Land. Archeologische Opgravingen in Nederland (1981) 109.

494 MAG(ister) FIG(ulorum): CIL XIII 8729. – DVCTOR: C.B. Rüger, »Einige archäologische Aspekte des römischen Rheinlands«, in: Renania Romana. Atti dei convegni Lincei 23, 1976, 23f. mit Abb. 18.

495 Die nichtmilitärischen Ziegelstempel aus Niedergermanien sind bisher nicht systematisch zusammengestellt und untersucht worden. – Die Ziegelei, die mit MLB stempelte, ist kürzlich in Köln-Feldkassel gefunden worden. Vgl. E. M. Spiegel, »Die römische Besiedlung im Stadtkreis Köln«, in: Führer zu vor- und frühgeschichtlichen Denkmälern 37/1 (1980) 179.

496 W. Piepers, »Römische Ziegel- und Töpferöfen bei Bedburg-Garsdorf«, Rheinische Ausgrabungen 10 (1971) 340 ff.

497 Sinzig: Ch. Fischer, »Die Terra-Sigillata-Manufaktur von Sinzig am Rhein«, Rheinische Ausgrabungen 5 (1969). – Soller: D. Haupt, »Ein Töpferbezirk bei Soller (Krs. Düren)«, Rheinische Ausgrabungen (i. Vorb.). – Xanten: Dies., »Neue Funde aus der Colonia Ulpia Traiana. Töpfereiabfall aus dem ersten Jahrh. n. Chr.«, Ausgrabungen im Rheinland '77, 1978, 199 ff. – Heerlen: J. H. F. Bloemers-J. K. Haalebos, »Roman Pottery Finds in Heerlen, Province of Limburg«, Berichten van de Rijksdienst voor het Oudheidkundig Bodemonderzoek 23, 1973, 259 ff. (mit Lit. 272). – Weitere Töpfereien in Niedergermanien vgl.: Ph. Filtzinger, »Die römische Keramik aus dem Militärbereich von Novaesium (etwa 25–50 n. Chr.)«, Limesforschungen 11 (1972) 102 ff.

498 U. Heimberg-C. B. Rüger, »Ein Töpfereibetrieb bei der Colonia Ulpia Traiana«, Das Rheinische Landesmuseum Bonn 1, 1972, 1 ff. – Dies., »Eine Töpferei im Vicus vor der Colonia Ulpia Traiana«, Rheinische Ausgrabungen 12 (1973) 84 ff.

499 J. H. F. Bloemers, in: Verleden Land. Archeologische Opgravingen in Nederland (1981) 107.

500 Zusammenfassend: P. La Baume, »Die Töpfereibezirke und ihre Erzeugnisse«, in: Führer zu vor- und frühgeschichtlichen Denkmälern 37/1 (1980) 89 ff. – Töpferei Richmodstraße/Neumarkt: M. Riedel, ebd. 38 (1980) 167 f. – Töpferei Lungengasse: Ders., ebd. 39 (1980) 8 ff. – Töpferei An der Rechtschule: W. Meier-Arendt, ebd. 38 (1980) 63 f. – Töpferei Waidmarkt: M. Riedel, ebd. 39 (1980) 44 ff. – Allgemein: M. Riedel, Köln – ein römisches Wirtschaftszentrum (1982).

501 M. Riedel, »Der Römische Töpfereibezirk am Rudolfplatz«, Führer zu vor- und frühgeschichtlichen Denkmälern 39 (1980) 3 ff. – W. Binsfeld, »Zu den römischen Töpfereien am Rudolfplatz in Köln«, Kölner Jahrbuch 7, 1964, 19 ff. – Töpferei Marsilstein/Mauritiussteinweg: P. La Baume (Anm. 500) 97.

502 P. La Baume, ebd. 95 ff.

503 Ders., »Götter zum Mitnehmen. Römische Terrakotten aus Köln«, in: Kölner Römerillustrierte 2 (1975) 159 f.

504 Hierzu: W. Binsfeld, »Schauspiele im römischen Trier«, Landeskundliche Vierteljahresblätter 12 Nr. 2, 1966, 47 ff.

505 Zusammenfassend: O. Doppelfeld, Römisches und fränkisches Glas in Köln (1966); ders., »Die Blütezeit der Kölner Glasmacherkunst«, Limes-Museum Aalen 2 (1966); ders., Kölner Wirtschaft 46 ff.; P. La Baume, »Die Glasmanufakturen«, in: Führer zu vor- und frühgeschichtlichen Denkmälern 37/1 (1980) 79 ff. (mit Lit. 89). – Manufaktur Helenenstraße: St. Neu, ebd. 38 (1980) 179 ff. – Manufaktur Gereonstraße: P. La Baume, ebd. 186 f. – Manufaktur Eigelstein: St. Neu, ebd. 224 ff.

506 Kugelflasche von Hs. Dürffenthal b. Ülpenich (Krs. Euskirchen): H. v. Petrikovits, in: Auswahlkatalog Bonn 99 Nr. 52. – Zum Export: Doppelfeld, Kölner Wirtschaft 52 f.

507 Hambacher Forst: M. Rech, »Ein römischer Werkplatz mit Glasöfen im Hambacher Forst, Gemeinde Niederzier, Kreis Düren«, Rheinische Ausgrabungen '75, 1976, 65 f.; W. Schwellnus-M. Gechter-W. Göbel-W. Janssen, »Fundplatz Hambach 500 – Fortführung und Abschluß der Grabungen«, Ausgrabungen im Rheinland '79, 1980, bes. 220 ff. – Goch-Asperden (Krs. Kleve): H. Hinz-D. Hömberg, »Ein Burgus bei Asperden, Kreis Moers«, Rheinische Ausgrabungen 3 (1968) bes. 186 f. – Nijmegen: J. H. F. Bloemers, »Das Gebiet um die Lager auf dem Hunerberg«, in Kat. Noviomagus 53; ders., in: Verleden Land. Archeologische Opgravingen in Nederland (1981) 108 (mit Abb.).

508 v. Petrikovits, Die Rheinlande in römischer Zeit 135 ff.

509 Ebd. 85 f.

510 TIGNARIVS: Galsterer, Steininschriften Nr. 314 u. 333 (Köln); Nesselhauf-Lieb 211 Nr. 252 (Nijmegen/NL). – TECTOR: Galsterer, ebd. Nr. 315 (Köln). – PICTOR: C. B. Rüger (Anm. 494) 12 Abb. 3; M. Clauss (Anm. 491) 35 f. Nr. 56 (Xanten). – NEGOTIATOR ARTIS LAPIDARIAE: Galsterer, ebd. Nr. 325 (Köln). – NEGOTIATOR LIGNARIVS: ebd. Nr. 326 (Köln). – Fliesenleger: vgl. Anm. 489.

511 FOCARII: Galsterer, ebd. Nr. 30 (Köln). – PISTRICII: ebd. Nr. 155 (Köln). – NEGOTIATOR PISTORICIVS: ebd. Nr. 307 (Köln). – NEGOTIATOR FRVMENTARIVS: CIL XIII 7836 (Aachen). 8725 (Nijmegen/NL). – NEGOTIATOR LANIO: Galsterer, ebd. Nr. 324 (Köln).

512 NEGOTIATOR [V]INARI[VS(?)]: CIL XIII 8105 (Bonn). – NEGOTIATOR ALLECARIVS: P. Stuart-J. E. Bogaers, Kat. Deae Nehalenniae Nr. 5 u. 22. – NEGOTIATOR SALARIVS: ebd. Nr. 1. 4 u. 25. Die Inschrift eines weiteren SALARIVS C. C. A. A. ist 1981 in Köln gefunden worden (Publikation durch St. Neu in Vorbereitung).

513 Galsterer, Steininschriften Nr. 328 (Köln).

514 MAGISTER ARTIS FVLLONIAE: ebd. Nr. 319 f. (Köln). – NEGOTIATOR VESTIARIVS IMPORTATOR: CIL XIII 8568 (wahrscheinlich aus Neuss) – Zu den Kölner Hafenfunden: O. Doppelfeld, »Hafenfunde vom Altermarkt in Köln«, Bonner Jahrbücher 153, 1953, 102 ff.

515 Cicero, De officiis I 150 f.

516 GLADIATORES C(lassis) G(ermanicae): CIL XIII 8831 (unsicherer Fundort in den Niederlanden). – DOCT(or) GL(adiatorum): Galsterer, Steininschriften Nr. 317 (Köln). – T(h)R(ax): ebd. Nr. 17 (Köln). – Gladiatorenschule der Brüder Versulatius: ebd. Nr. 354 (Köln). – ESSEDARIVS: ebd. Nr. 318 (Köln).

517 MEDICI: ebd. Nr. 322 (Köln); CIL XIII 8606 (Xanten). Allgemein: R. A. Watermann, Medizinisches und Hygienisches aus Germania inferior. Ein Beitrag zur Geschichte der Medizin und Hygiene der römischen Provinzen (1974). – Ein Heilkräuterfund: K.-H. Knörzer, »Der römerzeitliche Heilkräuterfund aus Neuss/Rhein«, Archaeo-Physika 2 (1967) 65 ff. – Zu den OCVLISTI zuletzt: M. Clauss, »Ein Augenarztstempel aus Aachen«, Epigraphische Studien 11 (1976) 41 f. (mit älterer Literatur). Vgl. Anm. 374.

518 M. Ulpius Heracles: J. E. Bogaers, »(Ulpia) Noviomagus«, in: Kat. Noviomagus 63 Abb. 70. – C. Cassius Doryphoros: vgl. Anm. 374.

519 SC(h)OLASTICVS: Galsterer, Steininschriften Nr. 332 (Köln). – PHILOSOPHVS: CIL XIII 8159 (Köln-Wesseling).

520 CHORAVLES: Galsterer, ebd. Nr. 303 (Köln).

521 Zum Weinanbau: H. Cüppers, »Wein und Weinbau zur Römerzeit im Rheinland«, in: Germania Romana III (1970) 138 ff.

522 NEGOTIATOR CRETARIVS bzw. REI CRETARIAE: Galsterer, ebd. Nr. 323 (Köln); CIL XIII 8793 (Domburg/NL); Kat. Deae Nehalenniae Nr. 11 (Colijnsplaat/NL); Nesselhauf 104 Nr. 188 (Bonn).

523 Tacitus, Germania 5.

524 C. W. Vollgraff, »Eene Romeinsche koopacte uit Tolsum«, De Vrije Fries 25, 1917, 71 ff. – P. C. J. A. Boeles, »Eene Romeinsche koopacte uit de terp te Tolsum«, Bulletin van de Nederlandse Oudheidkundige Bond 10, 1917, 275 ff. – v. Es, De Romeinen in Nederland 266 f. mit Abb. 206.

525 Galsterer, Steininschriften Nr. 4 (Köln); CIL XIII 8793 (Domburg/NL); Kat. Deae Nehalenniae Nr. 11 u. 45 (Colijnsplaat/NL).

526 Domburg: A. Hondius-Crone, The Temple of Nehalennia at Domburg (1955). – Colijnsplaat: J. E. Bogaers-L. P. Louwe Kooijmans-

P. Stuart-J. A. Trimpe Burger, Kat. Deae Nehalenniae. Gids bij de tentoonstelling (1971); J. E. Bogaers-M. Gysseling, »Over de naam van de godin Nehalennia«, Oudheidkundige Mededelingen 52, 1971, 79 ff.; dies., »Nehalennia, Gimio en Ganuenta«, ebd. 86 ff.; P. Stuart, »130 römische Steindenkmäler aus dem Meer«, Archäologisches Korrespondenzblatt 4, 1972, 299 ff.; J. E. Bogaers, »Van Nijmegen naar Nehal(a)en(n)ia«, Numaga 19, 1972, 7 ff.

527 J. E. Bogaers, Kat. Deae Nehalenniae 41 f.; Doppelfeld, Kölner Wirtschaft 59.

528 Vgl. Anm. 525. Zu den SECVNDINII aus Köln: J. E. Bogaers, ebd. 40 f. u. 65 f. Nr. 11.

529 Galsterer, Steininschriften Nr. 4.

530 J. E. Bogaers, Kat. Deae Nehalenniae 42 u. 77 Nr. 44.

531 Zwei DECVRIONES aus NOVIOMAGVS/Nijmegen: J. E. Bogaers, »Van Nijmegen naar Nehal(a)en(n)ia«, Numaga 19, 1972, 7 ff. – Ein SEVIR AVGVSTALIS aus AVGVSTA RAVRICA/Augst (CH): P. Stuart-J. E. Bogaers, »Augusta Raurica und die Dea Nehalennia«, Jahresberichte aus Augst und Kaiseraugst 1, 1980, 49 ff. – Auch der SEVIR AVGVSTALIS, der in Köln einen Weihestein für NEHALENNIA setzte, wird zu diesem Kreis gehören (Galsterer, Steininschriften Nr. 127).

532 Cicero, De officiis I 150 f.

533 M. Clauss, »Neue Inschriften im Rheinischen Landesmuseum Bonn«, Epigraphische Studien 11, 1976, 35 f. Nr. 56.

534 Zum Folgenden: v. Petrikovits, Die Rheinlande in römischer Zeit 159 ff. – Ders., »Die Originalität der römischen Kunst am Rhein«, in: Beiträge zur Römischen Geschichte und Archäologie (1976) 410 ff.

535 Vgl. H. Jankuhn, Nydam und Thorsberg. Moorfunde der Eisenzeit (1950) 10 f. – K. W. Struve, »Die Götterfiguren von Braak-Eutin«, in: Kölner Römerillustrierte 2 (1975) 88 f.

536 Tacitus, Germania 9.

537 Caesarkopf: J. Bracker, in: Kat. Römer am Rhein (1967) 134 f. (mit Lit.). – Augustusrelief: O. Doppelfeld, »Ein spätrömisches Oktogon aus Köln«, in: Antidoron M. Abramić I (1954–57) 222 f. – Agrippakopf: J. Bracker, ebd. 137 f.

538 Der Platz des Ubieraltars ist bisher nicht lokalisiert worden, die Vermutungen konzentrieren sich auf das Gebiet westlich des Forums. Hierzu zuletzt: H. Hellenkemper, »Zur Lokalisierung der Ara Ubiorum«, Führer zu vor- und frühgeschichtlichen Denkmälern 38 (1980) 163 ff. – Zum Ubiermonument: S. Seiler, ebd. 39 (1980) 40 ff. – Zur Kölner Stadtmauer: P. La Baume, ebd. 37/1 (1980) 61 ff. u. S. Seiler, ebd. 38 (1980) 38 ff. (Nordtor); U. Süßenbach, Die Stadtmauer des römischen Köln (1979). – Neuss: G. Müller-U. Heimberg-J. Wentscher, »Grabungen im Legionslager Novaesium«, in: Ausgrabungen im Rheinland '78, 1979, 65 ff.; U. Heimberg, »Ein Rankenfries aus Neuss«, Das Rheinische Landesmuseum Bonn 1979, 52 ff.

539 Nickenich: H. v. Petrikovits, in: Auswahlkatalog Bonn 38 ff. (mit Lit.) – Poblicius: G. Precht, Das Grabmal des Lucius Poblicius (1975).

540 H. v. Petrikovits (Anm. 534) 412.

541 H. G. Niemeyer, »Zur römischen Architektur der Rheinlande«, in: Kat. Römer am Rhein (1967) 35 ff. – Grundsätzlich: G. Kaschnitz v. Weinberg, Das Schöpferische in der römischen Kunst (1961).

542 H. v. Petrikovits, »Römische Kunst im Rheinland« in: Auswahlkatalog Bonn 25 ff. – J. Bracker, »Zu den Grundlagen römischer Kunst in den Rheinlanden«, in: Kat. Römer am Rhein (1967) 44 ff.

543 Lüttinger Knabe: H. v. Petrikovits, in: Kat. Römer am Rhein (1967) 200. – Zum sog. Trajanskopf: Ders., ebd. 196 f.

544 Ders., in: Auswahlkatalog Bonn 41 f. (Petilius Secundus). 44 f. (Durises). – Die beiden Kölner Grabsteine: Galsterer, Steininschriften Nr. 196 a (Maternus) u. 219 (Celerinus).

545 H. Lehner, »Römische Steindenkmäler von der Bonner Münsterkirche«, Bonner Jahrbücher 135, 1930, 1 ff.

546 Vgl. Auswahlkatalog Bonn 46 f. (aus Köln) oder Kölner Römerillustrierte 2 (1975) 236.

547 F. Hettner, Die römischen Steindenkmäler des Provinzialmuseums zu Trier (1893); V. v. Massow, Die Grabdenkmäler von Neumagen (1932).

548 A. Linfert, Römische Wandmalerei der nordwestlichen Provinzen (1975). – K. Parlasca, Die römischen Mosaiken in Deutschland (1959).

549 Rijswijk: Bloemers, Rijswijk 334 ff. – Druten-Klepperhei: W. J. T. Peters-L. J. F. Swinkels-E. M. Moormann, »Die Wandmalereien der römischen Villa von Druten«, Berichten van de Rijksdienst voor het Oudheidkundig Bodemonderzoek 28, 1978, 153 ff. – Die neuen Ausgrabungen in Bad Neuenahr-Ahrweiler, durchgeführt von H. Fehr vom Rheinland-Pfälzischen Landesamt für Denkmalpflege in Koblenz, sind bisher nur aus Pressenachrichten bekannt. – Die im Sommer 1982 entdeckte Villa in Maasbracht-Steenakker (NL) ist von W. Willems untersucht worden (Rijksdienst voor het Oudheidkundig Bodemonderzoek Amersfoort/NL).

550 Köln-Müngersdorf: F. Fremersdorf, Der römische Gutshof Köln-Müngersdorf (1933) 53 ff. mit Taf. A (im Krieg verlorengegangen). – Haus am Dom: vgl. Anm. 551. – Bonn: H. G. Horn, »Römische Wandmalereien aus Bonn«, Das Rheinische Landesmuseum 6, 1971, 85 ff.; ders., »Neue römische Wandmalereien aus Bonn«, ebd. 2, 1973, 19 ff.; ders., »Malereifragmente aus dem Bonner Legionslager«, in: Kölner Römerillustrierte 2 (1975) 141. – Xanten: E. Künzl, »Wichtige neue römische Wandmalereien aus der Colonia Ulpia Traiana«, Das Rheinische Landesmuseum Bonn 3, 1969, 38 f.; H. G. Horn, »Wandmalereien aus Xanten«, ebd. 5, 1971, 68 ff. – Elst: J. E. Bogaers, De gallo-romeinse Tempels te Elst in de Over Betuve (1955) 104 ff.

551 A. Linfert, »Römische Wandmalereien aus der Grabung am Kölner Dom«, Kölner Jahrbuch 13, 1972/73, 65 ff.

552 Rijswijk: vgl. Anm. 549. – Nijmegen: W. J. T. Peters, »Mural Painting Fragments found in the Roman Castra at Nijmegen«, Berichten van de Rijksdienst voor het Oudheidkundig Bodemonderzoek 15–16, 1965–66, 113 ff.; ders., »Mural Painting Fragments in the Roman Legionary Fortress at Nijmegen II«, ebd. 19, 1969, 51 ff.

553 W. Noll-L. Born-R. Holm, »Chemie, Phasenbestand und Fertigungstechnik von Wandmalereien des römischen Köln«, Kölner Jahrbuch 13, 1972/73, 77 ff.; dies., »Die römischen Wandmalereien der Kölner Domgrabung in naturwissenschaftlicher Sicht«, in: A. Linfert, Römische Wandmalerei (Anm. 548) 49 ff.

554 Vitruvius, De architectura libri decem VII 7,1.

555 Ebd. VII 3,5.

556 K. Parlasca, Die römischen Mosaiken in Deutschland (1959) 69 ff. u. 106 ff.

557 Ebd. 86 mit Taf. 84,1.

558 U. Bracker-Wester, »Die römischen Mosaiken von Köln«, Archäologisches Korrespondenzblatt 4, 1974, 237 ff. mit Abb. 1.

559 Ebd. 240.

560 Zuletzt: St. Neu, »Das Haus mit dem Dionysosmosaik«, in: Führer zu vor- und frühgeschichtlichen Denkmälern 38 (1980) 68 ff. (mit Lit.) – Zum Mosaik: O. Doppelfeld, Das Dionysos-Mosaik am Dom zu Köln, 2. Aufl. (1964).

561 P. La Baume, Römisches Kunstgewerbe zwischen Christi Geburt und 400 (1964); ders., »Römisches Kunsthandwerk in den Rheinlanden«, in: Kat. Römer am Rhein (1967) 49 ff.; H. v. Petrikovits u. a., in: Auswahlkatalog Bonn 79 ff.

562 H. v. Petrikovits, ebd.

563 Ebd. 89 f.

564 W. Hagen (Anm. 372).

565 P. La Baume, »Das Achatgefäß von Köln«, Kölner Jahrbuch 12, 1971, 80 ff.

566 v. Petrikovits, Das römische Rheinland 133 f.

567 Cicero, De legibus II 8,19. – Die Vielfalt religiöser Kulte in römischer Zeit kann in diesem Zusammenhang nur angedeutet werden und würde eine eigene Darstellung erforderlich machen. Vgl. hierzu: H. Schoppa, Römische Götterdenkmäler in Köln (1959). – v. Petrikovits, Das römische Rheinland 125 ff. – Ders., Die Rheinlande in römischer Zeit 147 ff. – G. Ristow, Religionen und ihre Denkmäler in Köln (1975). – Ders., Römischer Götterhimmel und frühes Christentum (1980).

568 Kat. Deae Nehalenniae Nr. 11.

569 B. Cunliffe, Rom und sein Weltreich (1979) 113.

570 Cicero, In Catilinam III 19 ff. u. De divinatione I 19 ff. – G. Bauchhenß, »Jupitergigantensäulen«, Limesmuseum Aalen 14 (1976). – Ders. u. P. Noelke, Die Jupitersäulen in den germanischen Provinzen (1981).

571 H. v. Petrikovits, in: Auswahlkatalog Bonn 49 ff. Nr. 12.

572 Maximus, Dialexeis VIII 8.

573 Tacitus, Germania 43.

574 Lucanus, Pharsalia I 144.

575 Galsterer, Steininschriften Nr. 118.

576 CISSONIVS: Galsterer, ebd. Nr. 122 (Köln). – ARVERNVS: ebd. Nr. 1 u. 120 (Köln). CIL XIII 7845 (Wenau, südlich Langerwehe, Krs. Düren). Ebd. 8579 f. (Gripswald bei Krefeld). Ebd. 8709 (Roermond/NL). – FRIAVSIVS: CIL XIII 8726 (Ubbergen bei Nijmegen/NL). – LEVDANVS: CIL XIII 7859 (Eschweiler-Weisweiler, Krs. Aachen). – SVSVRRIO: CIL XIII 12005 (Aachen).

577 H. Lehner, »Römische Steindenkmäler von der Bonner Münsterkirche«, Bonner Jahrbücher 135, 1930, 19 ff. Nr. 44–52.

578 AESCVLAPIVS/Asklepios: Galsterer, Steininschriften Nr. 7 (Köln). – AESCVLAPIVS u. HYGIA: CIL XIII 7994 (Bonn-Bad Godesberg). – VESTA: CIL XIII 8642 (Xanten). Ebd. 8729 (Holdeurn bei Nijmegen/NL). – PLVTO u. PROSERPINA: Nesselhauf Nr. 198 (Bonn). – PROSERPINA: Galsterer, Steininschriften Nr. 19 (Köln). – NEPTVNVS: Finke Nr. 252 (Brohltal). Galsterer, Steininschriften Nr. 128 (Köln). CIL XIII 8803 (Domburg/NL). Ebd. 8811 (Utrecht/NL). – Für CERES ist keine Inschrift bekannt.

579 H. Hellenkemper, »Der Marstempel«, in: Führer zu vor- und frühgeschichtlichen Denkmälern 38 (1980) 124. Vgl. Suetonius, Vitellius 8.

580 HALAMARDVS: CIL XIII 8707 (Roermond/NL). – CAMVLVS: ebd. 8701; J. Fink, Der Mars-Camulus-Stein in der Pfarrkirche zu Rindern (1970). Dazu die Rezension von C. B. Rüger, Bonner Jahrbücher 172, 1972, 643 ff.

581 SAXANVS: Finke Nr. 251. CIL XIII 7695–7704. 7715–7718. 7720. 7727; R. Saxer, »Untersuchungen zu den Vexillationen des römischen Kaiserheeres«, Epigraphische Studien 1 (1967) 74 ff. – MAGVSANVS: Galsterer, Steininschriften Nr. 39 (Köln). CIL XIII 8610 (Xanten). Ebd. 8705 (unbekannter Fundort an der deutsch-niederländischen Grenze bei Elten). Ebd. 8771 (Ruimel/NL). Ebd. 8777 (Domburg/NL). Ebd. 8830 (Beetgum bei Leeuwarden/NL). – Zum COMES AVGVSTI: G. Biegel, »Münzstätte Köln«, in: Führer zu vor- und frühgeschichtlichen Denkmälern 37/1 (1980) bes. 109 ff.

582 GRANNVS: CIL XIII 7975 (Erp, Erftkreis). Ebd. 8712 (aus dem Rheinbett bei Arnhem/NL).

583 Galsterer, Steininschriften Nr. 17 (Köln). Nesselhauf-Lieb Nr. 201 (Bonn).

584 Cicero, De legibus II 11, 28.

585 Vgl. etwa: P. R. Franke-I. Paar, Die antiken Münzen der Sammlung Heynen (1976) Index II (225 ff.).

586 R(h)ENVS: CIL XIII 8810 (Bunnik-Vechten/NL). Ebd. 8811 (Utrecht/NL). – RVRA: J. J. Timmers, Spiegel der römischen Kultur in Limburg (1966) 44 Abb. 33. – ABNOBA: Vgl. W. Heinz, »Der Altar der Diana Abnoba in Badenweiler«, Archäologische Nachrichten aus Baden 27, 1981, 13 ff.

587 FAMA: Galsterer, Steininschriften Nr. 21. – FATAE: ebd. Nr. 22 – HONOS u. FAVOR: ebd. Nr. 40 – SORS CLASSICANA: ebd. Nr. 137. – DEA VIRTVS: ebd. Nr. 148 f. (alle Inschriften aus Köln).

588 Galsterer, ebd. Nr. 121.

589 G. Precht, »Der Archäologische Park Xanten, Kreis Wesel«, in: Ausgrabungen im Rheinland '78, 1979, 132 ff.; ders., »Der Archäologische Park Xanten«, ebd. '79, 1980, 100 ff. – Zu den Kapitolstempeln in Köln und Xanten: H. Hellenkemper, »Staatsheiligtümer«, in: Kölner Römerillustrierte 2 (1975) 187. – Allgemein: H. Kähler, Der römische Tempel (1970).

590 J. E. Bogaers, De Gallo-Romeinse tempels te Elst in de Over-Betuwe (1955). Vgl. J. H. F. Bloemers, in: Verleden Land (1981) 106.

591 H. G. Horn, in: Führer zu vor- und frühgeschichtlichen Denkmälern 26 (1974) 76 ff. (»Das Matronenheiligtum bei Pesch«). 86 ff. (»Das Matronenheiligtum bei Zingsheim«). 88 ff. (»Das Matronenheiligtum bei Nettersheim«). – A. Jürgens, »Grabungen und Restaurierungen archäologischer Denkmäler in Nettersheim, Kreis Euskirchen«, in: Rheinische Ausgrabungen '76, 1977, 84 ff.; ders., »Zur Eröffnung restaurierter archäologischer Denkmäler in Nettersheim, Krs. Euskirchen«, in: Ausgrabungen im Rheinland '77, 1978, 148 ff.

592 H. Lehner (Anm. 577) 1 ff.

593 W. Gaitzsch-J. Hermanns, »Das Matronenheiligtum von Eschweiler-Weisweiler, Kr. Aachen«, in: Ausgrabungen im Rheinland '79/80, 1981, 122 ff.

594 LEVDANVS: CIL XIII 7859 (Eschweiler-Weisweiler). – GEBRINIVS: H. Lehner (Anm. 577) Nr. 44–52.

595 REQVALIVAHANVS: CIL XIII 8512 (Blatzheim, Erftkreis). – VARNENO: Finke Nr. 260 u. 262 (Aachen-Kornelimünster). – HLVDANA: CIL XIII 7944 (Iversheim). 8611 (Xanten-Birten). 8723 (Holdeurn bei Berg en Dal/NL). 8830 (Beetgum bei Leeuwarden/NL). – HVRSTRGA: Nesselhauf-Lieb Nr. 261 (Kapel-Avezaath/NL). – ISENEVCAEGA: Nesselhauf Nr. 256 (Zennewijnen bei Tiel/NL). – VIRADEGDIS: CIL XIII 8815 (Bunnik-Vechten/NL). – APADEVA: Galsterer, Steininschriften Nr. 3 (Köln). – SANDRAVDIGA: CIL XIII 8774 (Zundert/NL).

596 Galsterer, Steininschriften Nr. 146. Weitere Zeugnisse für VAGDAVERCVSTIS: CIL XIII 8662 (Alt-Kalkar). 8702 f. (Kleve–Rindern). 8805 (Hemmen/NL). – Zu SVNVX(s)AL: E. Gose, »Der Tempelbezirk von Cornelimünster«, Bonner Jahrbücher 155/156, 1955/56, 169 ff.; Galsterer, Steininschriften Nr. 141 (Köln); Finke Nr. 261 (Aachen-Kornelimünster); CIL XIII 7795 (Remagen). 12004 (zwischen Heimbach und Vlatten, Krs. Düren). 12011 (Eschweiler-Weisweiler, Krs. Aachen).; Nesselhauf Nr. 199 (Bonn).

597 NEHALENNIA: Galsterer, Steininschriften Nr. 126 f. (Köln). CIL XIII 8779–8802 (Domburg/NL). Kat. Deae Nehalenniae 61 ff. (Colijnsplaat/NL). – Von EPONA sind aus Niedergermanien keine Inschriften bekannt, lediglich Abformungen in Ton.

598 P. Stuart, »130 römische Steindenkmäler aus dem Meer«, Archäologisches Korrespondenzblatt 4, 1972, 299 ff. – Kat. Deae Nehalenniae (1971). – J. E. Bogaers-M. Gysseling, »Over de naam van de godin Nehalennia«, Oudheidkundige Mededelingen 52, 1971, 79 ff.; dies., »Nehalennia, Gimio en Ganuenta«, ebd. 86 ff. – P. Stuart-J. E. Bogaers, »Augusta Raurica und die Dea Nehalennia«, Jahresberichte aus Augst und Kaiseraugst 1, 1980, 49 ff. – Zum Heiligtum bei Domburg: A. Hondius-Crone, The Temple of Nehalennia at Domburg (1955).

599 F. Cumont, Die orientalischen Religionen im römischen Heidentum (1959); H. Lehner, »Orientalische Mysterienkulte im römischen Rheinland«, Bonner Jahrbücher 129, 1924, 36ff. – Zu Dionysos: H. G. Horn, Mysteriensymbolik auf dem Kölner Dionysosmosaik (1972).
600 M. J. Vermaseren, »Der Kult der Kybele und des Attis im römischen Germanien«, Limesmuseum Aalen 23 (1979) mit Lit. 48f. – Eine Inschrift für MAGNA MATER: Nesselhauf-Lieb Nr. 238 (Hoeningen, Krs. Neuss).
601 Prudentius, Peristephanon 10, 1011ff. – Zur Blutsgrube in Neuss: v. Petrikovits, Das römische Rheinland 129ff.
602 ISIS MYRIÓNYMA: Galsterer, Steininschriften Nr. 44. Weitere Zeugnisse: ebd. Nr. 41–43. – Inschrift eines Isispriesters: Finke Nr. 289 (Köln).
603 M. P. Speidel, »Jupiter Dolichenus. Der Himmelsgott auf dem Stier«, Limesmuseum Aalen 24 (1980).
604 CIL XIII 7786 (Remagen). Ebd. 8620 (Xanten). Galsterer, Steininschriften Nr. 60.
605 G. Ristow, Religionen und ihre Denkmäler in Köln (1975) 55ff.; ders., Römischer Götterhimmel und frühes Christentum (1980) 49f.
606 M. J. Vermaseren, Mithras. Geschichte eines Kultes (1965). – Ders., »Der Kult des Mithras im römischen Germanien«, Limes-Museum Aalen 10 (1974). – G. Ristow, Mithras im römischen Köln (1974). – E. Schwertheim, »Mithras, seine Denkmäler und sein Kult«, Sondernummer Antike Welt (1979).
607 CIL XIII 7958f. (BELGICA). 8523f. (Dormagen). 8640 (Xanten).
608 Zum Folgenden: R. H. Barrow, Die Römer (1960) 130ff.
609 Plinius, Epistulae 10, 96.
610 Irenaeus, Adversus haereses I 10,2.
611 O. Doppelfeld-W. Weyres, Die Ausgrabungen im Dom zu Köln (1980). – Zusammenfassend: G. Ristow, Römischer Götterhimmel und frühes Christentum (1980) 55ff.
612 Kat. Kirche und Burg in der Archäologie des Rheinlandes (1962) 74ff. (St. Gereon). 78ff. (St. Severin). 82ff. (St. Ursula). – Führer zu vor- und frühgeschichtlichen Denkmälern 38 (1980) 191ff. (St. Gereon). 227ff. (St. Ursula); ebd. 39 (1980) 93ff. (St. Severin).
613 Ebd. 45ff. (Bonn). 98ff. (Neuss). 115ff. (Xanten).
614 Eine zusammenfassende Darstellung römischer Grabsitten gibt es für Niedergermanien bisher nicht. Grundlegend immer noch: R. Nierhaus, Das römische Brand- und Körpergräberfeld ›Auf der Steig‹ in Stuttgart-Bad Cannstadt (1959); A. v. Doorselaer, Les nécropoles d'époque romaine en Gaule septentrionale (1967). Dazu kritisch: R. Nierhaus, »Römerzeitliche Bestattungssitten im nördlichen Gallien: Autochthones und Mittelmeerländisches«, Helinium 9, 1969, 245ff. – Eine gute Übersicht bieten, wenn auch auf den Schweizer Raum beschränkt: L. Berger-S. Martin-Kilcher, »Gräber und Bestattungssitten«, in: Ur- und frühgeschichtliche Archäologie der Schweiz 5 (1976) 147ff.
615 Petronius, Saturae 71.
616 Ovidius, Fasti II 570f.
617 Ebd. II 533f.
618 Vgl. Anm. 615.
619 Galsterer, Steininschriften Nr. 216; dies., »Zur Inschrift des Poblicius-Grabmals in Köln«, Bonner Jahrbücher 179, 1979, 201ff.
620 CIL III 10548.
621 Vgl. den Text der Inschrift CIL XIII 8699 (Bedburg), in der es heißt: ». . . den die Erde Mauretaniens hervorbrachte und den jetzt fremde Erde deckt«.
622 CIL XIII 5708; J. J. Hatt, La tombe gallo-romaine (1951) 65ff.
623 E. Gose (Hrsg.), »Die Porta Nigra in Trier« (bearb. v. E. Gose, B. Meyer-Plath, J. Steinhausen u. E. Zahn), Trierer Grabungen und Forschungen 4 (1969) 27f.
624 Eine zusammenfassende Aufarbeitung der Kölner Gräberfelder wird von M. Riedel vorbereitet. Zu den einzelnen Friedhöfen vgl.: Führer zu vor- und frühgeschichtlichen Denkmälern 38 (1980) 187ff. (Gräberfeld Gereonsdriesch). 222ff. (Gräberfeld Eigelstein) u. ebd. 39 (1980) 75ff. (Gräberfeld Severinstraße). 129ff. (Gräberfeld Aachener Straße). 135ff. (Gräberfeld Luxemburger Straße).
625 Zu Xanten: H. Hinz, Xanten zur Römerzeit, 4. Aufl. (1971) 52f.; U. Heimberg, »Jahresbericht 1972«, Bonner Jahrbücher 174, 1974, 643ff.; H. H. Wegner, »Neues vom römischen Gräberfeld von Xanten, Viktorstraße, Kreis Wesel«, in: Rheinische Ausgrabungen '76, 1977, 119ff.; ders., »Neue Grabungen im römischen Gräberfeld von Xanten, Viktorstraße«, in: Ausgrabungen im Rheinland '77, 1978, 209ff.; ders., »Neue Grabungen im römischen Gräberfeld von Xanten», ebd. '79, 1980, 140ff. – Ein Übersichtsplan bei: U. Heimberg-C. B. Rüger, »Eine Töpferei im Vicus vor der Colonia Ulpia Traiana«, in: Rheinische Ausgrabungen 12 (1973) 85 Abb. 1.
626 T. Bechert, »Asciburgium 1977 – Ausgrabungen im Gräberfeld«, in: Ausgrabungen im Rheinland '77, 1978, 141ff.; H. H. Wegner-T. Bechert, »Die Ausgrabungen 1978 im römischen Gräberfeld von Moers-Schwafheim, Kreis Wesel«, ebd. '78, 1979, 122ff.; T. Bechert, »Ausgrabungen in Asciburgium. Vorbericht über die Grabungen 1975–1977«, Bonner Jahrbücher 179, 1979, 487ff. – Zu älteren Grabfunden: ders., Asciburgium – Ausgrabungen in einem römischen Kastell am Niederrhein (1974) 192ff.
627 F. Fremersdorf, »Der römische Gutshof Köln-Müngersdorf«, Römisch-Germanische Forschungen 6 (1933) 93ff.; W. Meier-Arendt, »Römischer Gutshof Müngersdorf«, in: Führer zu vor- und frühgeschichtlichen Denkmälern 39 (1980) 151ff.
628 H. v. Petrikovits, »Neue Forschungen zur römerzeitlichen Besiedlung der Nordeifel«, Germania 34, 1956, 108ff.
629 Festus 32, 7–11. Vgl. T. Bechert, »Zur Terminologie provinzialrömischer Brandgräber«, Archäologisches Korrespondenzblatt 10, 1980, 253ff.
630 Tongeren: W. Vanvinckenroye, Gallo-Romeinse Grafvondsten uit Tongeren (1963) 19ff. mit Abb. 3 (Beilage). – Krefeld-Gellep: I. Paar-C. B. Rüger, »Kastell Gelduba. Forschungs- und Grabungsberichte bis 1969«, in: Rheinische Ausgrabungen 10 (1971) 300ff. Es ist geplant, den Gelleper Befund an anderer Stelle ausführlich zu diskutieren.
631 Cicero, De legibus II 22, 57. Dazu: H. Bürgin-Kreis, »Auf den Spuren des römischen Grabrechts in Augst und in der übrigen Schweiz«, in: Provincialia. Festschrift für R. Laur-Belart (1968) 29.
632 Die Beobachtungen in Neuss (vgl. G. Müller, »Die römischen Gräberfelder von Novaesium«, Limesforschungen 17, 1977, 14f.), wonach lediglich die Grubenränder, nicht aber die Böden angeziegelt waren, ließ sich durch die Ausgrabungsbefunde in Moers-Asberg nicht bestätigen.
633 Vgl. R. Nierhaus, »Römerzeitliche Bestattungssitten im nördlichen Gallien: Autochthones und Mittelmeerländisches«, Helinium 9, 1969, 251f. u. T. Bechert, »Ausgrabungen in Asciburgium. Vorbericht über die Grabungen 1975–1977«, Bonner Jahrbücher 179, 1979, 490f. Anm. 35.
634 Köln: M. Riedel, »Gräberfeld Gereonsdriesch«, in: Führer zu vor- u. frühgeschichtlichen Denkmälern 38 (1980) 187ff.; F. Fremersdorf, »Gräber der einheimischen Bevölkerung römischer Zeit in Köln«, Prähistorische Zeitschrift 18, 1927, 259ff.; P. La Baume, »Außergewöhnliche römische Bestattungen am Gereonsdriesch in Köln«, Germania 36, 1958, 460ff. – Tongeren: W. Vanvinckenroye (Anm. 630).
635 P. La Baume, »Das Gräberfeld an der Severinstraße«, in: Führer zu vor- und frühgeschichtlichen Denkmälern 39 (1980) 75ff.
636 Köln: Ders., »Gräberfeld an der Luxemburger Straße«, ebd. 39

(1980) 135ff. – Zülpich-Enzen: U. Heimberg, »Ein spätrömischer Sarkophag aus Zülpich-Enzen«, in: Ausgrabungen im Rheinland '78, 1979, 90ff. – Hambach 500: W. Schwellnus-M. Gechter-W. Göbel-W. Janssen, »Fundplatz Hambach 500 – Fortführung und Abschluß der Grabungen«, ebd. '79, 1980, 219ff.

637 v. Petrikovits, Das römische Rheinland 137.

638 S. L. Wynia, »Die spätrömische Zeit«, in: Kat. Noviomagus 66.

639 Grundlegend: F. Cumont, After Life in Roman Paganism, 2. Aufl. (1959). Zusammenfassend: H. U. Nuber, »Kanne und Griffschale. Ihr Gebrauch im täglichen Leben und die Beigabe in Gräbern der römischen Kaiserzeit«, 53. Bericht der Römisch-Germanischen Kommission 1972, 182ff.

640 J. H. Holwerda, »Romeinsche Sarcophag uit Simpelveld«, Oudheidkundige Mededelingen 12, 1931, 27ff. (Suppl.). Dazu: Ch.-M. Ternes, Die Römer an Rhein und Mosel (1975) 135ff.

641 Vgl. Anm. 429

642 Hierzu grundsätzlich: R. Nierhaus (Anm. 633) 253f. – Zu den Begriffen Primär- bzw. Sekundärbeigaben: G. Müller, »Die römischen Gräberfelder in Novaesium« (NOVAESIUM VII), Limesforschungen 17 (1977) 12ff.; ders., »Ein römisches Gräberfeld aus Rheydt-Mülfort«, Rheinische Ausgrabungen 10 (1971) 219. Dazu kurz: T. Bechert (Anm. 629) 257.

643 Xanten: Hinz, Colonia Ulpia Traiana 834. – Köln: W. Haberey, »Ein römisches Barbierbesteck aus Köln«, Germania 16, 1932, 129ff.

644 S. L. Wynia (Anm. 638) 67 Abb. 79.

645 S. Martin-Kilcher (Anm. 614) 161f.

646 H. Menzel, »Lampen im römischen Totenkult«, Festschrift des Römisch-Germanischen Zentralmuseums Mainz 3 (1953) 131ff.

647 Ovidius, Fasti III 561f. u. Tristes III 3, 69.

648 Die Publikation dieses Fundes durch R. Pirling (Krefeld) befindet sich in Vorbereitung.

649 Zu diesem Vorgang: H. U. Nuber, »Ein römischer Grabfund aus Ludwigshafen-Maudach«, Mitteilungen des Historischen Vereins der Pfalz 70, 1972, 125ff.

650 Ähnlich argumentiert H. Roosens, »Bestattungsritual und Grabinhalt einiger Tumuli im Limburger Haspengouw«, Helinium 16, 1976, 148 (= Archaeologia Belgica 191).

651 Ausführlich behandelt von J. Gorecki, »Studien zur Sitte der Münzbeigabe in römerzeitlichen Körpergräbern zwischen Rhein, Mosel und Somme«, 56. Bericht der Römisch-Germanischen Kommission 1975, 179ff.

652 Ebd. 276ff.

653 Ebd. 200ff.

654 L. J. H. M. van den Hurk, »The Tumuli from the Roman period of Esch, Province of North Brabant I«, Berichten van de Rijksdienst voor het Oudheidkundig Bodemonderzoek 23, 1973, 189ff.; ders., ebd. 25, 1975, 69ff.; ders., ebd. 27, 1977, 91ff. – Zusammenfassend: J. H. F. Bloemers, in: Verleden Land (1981) 110f.

655 Vgl. Kat. Römer am Rhein (1967) 318 u. Titelbild.

656 Zusammenfassend: H. Roosens (Anm. 650). – Eben-Emael-Kanne: H. Roosens-G. V. Lux, »Een Gallo-Romeinse tumulus te Eben-Emael-Kanne«, Archaeologia Belgica 121 (1970). – Gors-Opleeuw: Dies., »Een Gallo-Romeins grafveld te Gors-Opleeuw«, ebd. 128 (1971). – Berlingen: Dies., »Grafveld met Gallo-Romeinse tumulus te Berlingen«, ebd. 147 (1973). – Helshoven: Dies., »Gallo-Romeinse tumulus te Helshoven onder Hoepertingen«, ebd. 164 (1974). – Rosmeer: H. Roosens-M. Vanderhoeven, »Een verdwenen tumulus te Rosmeer«, ebd. 24, (1955). – Riemst: M. Vanderhoeven, »De Gallo-Romeinse tumulus van Riemst«, Limburg 55, 1976, 3ff.

657 L. Berger (Anm. 614) 153.

658 E. Meyer, Einführung in die Lateinische Epigraphik (1973) 69ff.

659 P. Noelke, »Zur Grabplastik im römischen Köln«, in: Führer zu vor- und frühgeschichtlichen Denkmälern 37/1 (1980) 124ff. – H. Gabelmann, »Die Typen der römischen Grabstelen am Rhein«, Bonner Jahrbücher 172, 1972, 65ff.

660 Köln: P. La Baume (Anm. 634) 460ff. mit Taf. 62,2. – Krefeld-Gellep: R. Pirling, »Die Ausgrabungen in Krefeld-Gellep 1975«, in: Rheinische Ausgrabungen '75, 1976, 65. – Moers-Asberg: T. Bechert, »Ausgrabungen in Asciburgium. Vorbericht über die Grabungen 1975–1977«, Bonner Jahrbücher 179, 1979, 492 mit Abb. 13.

661 Grabtempel in Köln: P. La Baume, »Gräberfeld an der Luxemburger Straße«, in: Führer zu vor- und frühgeschichtlichen Denkmälern 39 (1980) 136 mit Abb. 1. – Grabmal von Nickenich: H. v. Petrikovits, in: Auswahlkatalog Bonn 38ff. Nr. 4. – Köln: G. Precht, Das Grabmal des L. Poblicius (1975); P. Noelke, »Das Grabmal des Lucius Poblicius«, in: Führer zu vor- und frühgeschichtlichen Denkmälern 39 (1980) 104ff. mit Lit. 116. Zu den neuesten Grabmalfunden aus Köln: St. Neu, »Römische Reliefs vom Kölner Rheinufer«, Antike Welt 3, 1981, 31ff. – Die Grabmalfragmente aus Maastricht (NL) sind 1963/64 aus der Maas gebaggert worden, wo sie in spätrömischer Zeit in den Fundamenten einer Brücke verbaut worden sind; sie werden gegenwärtig von T. Panhuysen bearbeitet (De gebeeldhouwde stenen van Romeins Maastricht). Vgl. vorerst: J. H. F. Bloemers, in: Verleden Land (1981) 112. – Vgl. allgemein: H. Gabelmann, »Römische Grabbauten der frühen Kaiserzeit«, Limesmuseum Aalen 22 (1979).

662 P. Noelke, »Aeneasdarstellungen in der römischen Plastik der Rheinzone«, Germania 54, 1976, 409ff.

663 H. Gabelmann (Anm. 661) 20.

664 F. Fremersdorf, Das Römergrab in Weiden bei Köln (1957); J. Deckers-P. Noelke, »Die römische Grabkammer in Köln-Weiden«, Rheinische Kunststätten 238 (1980); dies., in: Führer zu vor- und frühgeschichtlichen Denkmälern 39 (1980) 156ff.

665 Vgl. die ausführliche historische Darstellung von H. v. Petrikovits (Die Rheinlande in römischer Zeit 167–300), der dieser Epoche mehr als die Hälfte seiner Ausführungen widmet.

666 Vgl. Anm. 83.

667 Zur Fundgeschichte: H. Hinz, »Der Xantener Römerschatz aus den Frankenkriegen«, Heimatkalender Kreis Moers 1965; W. Böcking, Die Römer am Niederrhein und in Norddeutschland (1974) 222f. – Zur Interpretation als Tempelschatz: C. B. Rüger, »Einige archäologische Aspekte des römischen Rheinlands«, in: Renania Romana. Atti dei convegni Lincei 23, 1976, 28.

668 Galsterer, Steininschriften Nr. 205.

669 Zusammenfassend: Th. Pékary, Die Wirtschaft der griechisch-römischen Antike (1975) 117ff.

670 Ebd. 118ff.

671 Cyprianus, Ad Demetrianum 3.

672 Cassius Dio LXXVIII 27,1.

673 CIL XIII 7918.

674 Vgl. z. B. Iustinianus, Digesten L 2,1 u. L 4,3,15. Andere Textstellen: Codex Theodosianus XII 1,1. 1,7. 1,63. 1,80 u. 19,1.

675 Jünkerath: vgl. Anm. 396. – Zülpich: vgl. Anm. 398. – Jülich: vgl. Anm. 400. – Aachen: vgl. Anm. 327. – Maastricht: vgl. Anm. 406. – Cuijk: vgl. Anm. 407.

676 Bonn: M. Gechter, »Das spätantike Bonner Legionslager«, in: Roman Frontier Studies 1979 (1980) 531ff. – Krefeld-Gellep: I. Paar, ebd. 515ff.

677 Köln-Deutz: G. Precht, »Die Ausgrabungen im Bereich des Castellum Divitia«, Kölner Jahrbuch 13, 1972/73, 120ff.; ders., in: Bogaers-Rüger, Der Niedergermanische Limes 163ff. – Monheim-Haus Bürgel: W. Haberey, »Kastell Haus Bürgel«, Bonner Jahrbücher 157, 1957, 294ff.; H. G. Horn, in: Bogaers-Rüger, ebd. 147ff.

678 J. Mertens, »Römische Skulpturen von Buzenol, Provinz Luxemburg«, Germania 36, 1958, 386 ff.

679 Ammianus Marcellinus XXVIII 2,1.

680 T. Bechert, »Wachtturm oder Kornspeicher. Zur Bauweise spätrömischer Burgi im Rheinland«, Antike Welt 3, 1979, 17 ff. (= Archäologisches Korrespondenzblatt 8, 1978, 127 ff.).

681 Goch-Asperden: H. Hinz-I. Hömberg, »Ein Burgus bei Asperden, Kreis Moers«, Rheinische Ausgrabungen 3 (1968) 167 ff.; C. B. Rüger, in: Bogaers-Rüger, Der Niedergermanische Limes 100. – Moers-Asberg: G. Krause, »Ein spätrömischer Burgus von Moers-Asberg am Niederrhein«, Quellenschriften zur westdeutschen Vor- und Frühgeschichte 9 (1974) 115 ff.; T. Bechert, »Asciburgium – Ausgrabungen in einem römischen Kastell am Niederrhein«, Duisburger Forschungen 20 (1974) 174 ff.

682 P. La Baume-W. Meier-Arendt, »Das Praetorium«, in: Führer zu vor- und frühgeschichtlichen Denkmälern 38 (1980) 92 ff., bes. 106 ff.

683 Tongeren: W. Vanvinckenroye, Tongeren. Romeinse stad (1975) bes. 44 ff.; J. Smeesters, De Romeinse monumenten van Tongeren (1975); ders., in: Bogaers-Rüger, Der Niedergermanische Limes 214 ff. – Xanten: C. B. Rüger, »Die spätrömische Großfestung in der Colonia Ulpia Traiana«, Bonner Jahrbücher 179, 1979, 499 ff.

684 Salvianus, De gubernatione dei 6,39 u. Epistulae 1,5 f.

685 Liber historiae Francorum 8.

Abbildungsnachweis

Photos

Archeologische Werkgemeenschap voor Nederland Velsen (P. Vons) 103
Archäologisches Institut der Universität Köln 295
W. Böcking, Xanten 124, 150
Centrale Fotodienst van de Rijksuniversiteit Groningen (NL) 322
Fries Museum Leeuwarden (NL) 262
Gemeindearchiv Arnhem (NL) 92
G. Gröger, Wuppertal 16, 17, 20, 21, 23, 235, 289
Hirmer Fotoarchiv, München 111
Historisches Museum der Pfalz Speyer 204
Historisches Museum der Stadt Budapest 334
Institut voor Prae-en Protohistorie Amsterdam (NL) 3, 97, 98, 104, 225, 226, 325
Katholieke Universiteit Nijmegen (NL), Instituut voor Oude Geschiedenis en Archeologie 139, 335, 340 (J. K. Haalebos)
U. Körber-Grohne, Stuttgart-Hohenheim 205
Landesamt für Denkmalpflege Rheinland-Pfalz Koblenz 269 (H. Fehr)
Landschaftsverband Rheinland Köln 11 (L. Ströter)
Gustav Lübbe Verlag Bergisch Gladbach (W. Sölter) 25, 26, 118, 134, 175
Museumszentrum Burg Linn, Krefeld 357
NDO/Nationale Dienst voor Opgravingen Brussel (B) 138, 350
Niederrheinisches Museum der Stadt Duisburg Frontispiz (W. Quurck), 1 (W. Quurck), 46 (Verf.), 102 (Verf.), 152, 157, 163, 164, 167, 186f., 220 (W. Pöhling), 339 (Verf.)
Niederrheinisches Museum für Volkskunde und Kulturgeschichte Kevelaer 68, 82
T. Panhuysen, Maastricht (NL) 62, 304, 305
Presse- und Informationsamt der Stadt Duisburg (G. Görg) 154
Reiss-Museum Mannheim 321
Rheinische Braunkohlenwerke AG Köln 2
Rheinisches Bildarchiv Köln 29, 30, 34, 39, 56, 58, 59, 112, 114, 115, 140, 141, 147, 155, 156, 165, 230, 248, 252, 258, 278, 279, 280, 306, 316, 320, 331, 337, 355, 356
Rheinisches Landesmuseum Bonn Umschlag (A. Jürgens), 13 (I. Scollar), 19, 24, 33, 36, 41, 45, 57, 61, 63.64 (I. Scollar), 65, 66, 67, 71, 72, 73, 74, 77, 78, 79, 108, 122, 142, 143, 145, 146, 159, 161, 193 (I. Scollar), 197, 215 (A. Jürgens), 223, 228, 232.233 (A. Jürgens) 237, 239, 246, 251, 254, 255, 260, 261, 270, 271, 272, 274, 275 (H. G. Horn), 284, 287, 288, 290, 291, 293, 296, 297, 298, 299, 300, 301, 307, 308, 312, 313, 317, 323, 324, 326, 329, 331, 336, 338, 344, 352, 359
Rheinisches Landesmuseum Trier 35, 60, 144, 153, 166, 171, 214, 268, 292, 330
Rijksdienst voor het Oudheidkundig Bodemonderzoek Amersfoort (NL) 27, 40, 47, 69, 130, 184, 208, 209, 212, 217, 219, 267 (W. Willems), 302
Rijksmuseum G. M. Kam Nijmegen (NL) 6, 38, 44, 70, 75, 151, 236, 256, 282, 283, 285, 303, 342
Rijksmuseum van Oudheden Leiden (NL) 18, 42, 43, 120, 148, 242, 243, 245, 259, 264, 265, 266, 281, 314, 315, 319, 347
Rijksuniversiteit Utrecht (NL), Archeologisch Instituut 218 (C. A. Kalee)
Römisch-Germanisches Zentralmuseum Mainz 84, 87.88.89.90 (P. Connolly), 135.136.137 (P. Connolly), 162
W. Sölter, Essen 238, 240, 241
Stadtbildstelle Krefeld 105
Stadtgeschichtliches Museum Düsseldorf 257, 286
Thermenmuseum Heerlen (NL) 12, 37, 180, 253
UCL/Institut Royal du Patrimoine Artistique Bruxelles (B) 207, 216, 294
Vrije Universiteit Amsterdam (NL), Audio-Visueel Centrum 348, 349
Westfälisches Museum für Archäologie Münster 9, 81, 93, 94

Zeichnungen

4 F. G. Maier, Neue Wege in die alte Welt (1977) 101 – 5 Ebd. 80 – 7 C. B. Rüger, Bonner Jahrbücher 179, 1979, 501 Abb. 2 – 8 Kölner Römerillustrierte 2 (1975) 299 Abb. 425 – 10 W. v. Lom, Ausgrabungen im Rheinland '77, 1978, 189 Abb. 180 – 14 M. Gechter, Bonner Jahrbücher 179, 1979, 115 Abb. 52 – 15 Bogaers-Rüger, Der Niedergermanische Limes 27 Abb. 1 – 22 M. Siebourg, Bonner Jahrbücher 135, 1930, 104 Abb. 15 – 27 C. B. Rüger, ebd. 179, 1979, 199 Abb. 7 – 31 Zeichnung Niederrheinisches Museum der Stadt Duisburg – 32 P. La Baume/W. Meier-Arendt, Führer zu vor- und frühgeschichtlichen Denkmälern 38 (1980) 99 Abb. 5 – 48 Lehner, Steindenkmäler 24 Nr. 44 – 49 W. Haberey-E. Neuffer, Bonner Jahrbücher 151, 1951, 307 Abb. 46 – 50 v. Petrikovits, Die Rheinlande in römischer Zeit 49 Abb. 9 – 51 Ebd. 113 Abb. 21 – 52 P. Steiner, Bonner Jahrbücher 114/115, 1906, 17 Fig. 12 – 53 RIB 1545 – 54 Ebd. 2092 – 55 H. Hinz, Xanten zur Römerzeit, [4]1971, 19 Abb. 9 – 76 Bonner Jahrbücher 66, 1879 Taf. 5 – 80 P. S. Bartoli-E. A. P. Dzur, Die Trajanssäule (1941) 27 Abb. 4 – 83 Ebd. 97 Abb. 39 – 85 J. J. M. Timmers, Atlas van de Nederlandse beschaving (1964) 30 Taf. 7 – 86 W. Willems, Spiegel Historiael 1980, 669 Abb. 8 – 91 Vorlage J. E. Bogaers (Nijmegen) – 95 S. v. Schnurbein, Die Römer in Haltern (1979) 24 Abb. 13 – 96 Ebd. 22 Abb. 12 – 99 W. Glasbergen u. a., Cingula II (1974) 9 Abb. 3 – 100 Kat. Noviomagus 40 Abb. 37 – 101 v. Es, De Romeinen in Nederland 72 Abb. 51 (unten) – 106 I. Paar, Rheinische Ausgrabungen '76, 1977, 102 Abb. 93 – 107 D. Baatz, Kastell Hesselbach (1973) 41 Abb. 22 – 109 W. Sölter (Hrsg.), Das römische Germanien aus der Luft (1981) 256 – 110 Kölner Römerillustrierte 2 (1975) 293 Abb. 416 – 113 Deutscher Städteatlas, Lieferung II,6 Köln (hrsg.

H. Stoob, 1979) – 116 H. Hellenkemper, Führer zu vor- und frühgeschichtlichen Denkmälern 37/1 (1980) 74 Abb. 4 – 117 St. Neu, ebd. 38 (1980) 69 Abb. 1 – 123 W. Sölter (Hrsg.), Das römische Germanien aus der Luft (1981) 265. – 125 H. Hinz, Xanten zur Römerzeit, [4]1971, 34 Abb. 21 – 126 C. B. Rüger, Das Rheinische Landesmuseum Bonn 3/1969, 36 – 127 U. Heimberg, ebd. 3/1972, 41 – 128 Kat. Noviomagus 61 Abb. 65 – 131 W. Vanvinckenroye, Tongeren. Romeinse stad (1975) Beilage – 132 Ebd. 70 Abb. 35 – 133 C. B. Rüger, Renania Romana. Atti dei convegni lincei 23 (1976) Abb. 11/H. Signon, Die Römer zwischen Köln, Bonn und Trier (1977) 179 Abb. 49 – 149 L. Hugot, Bonner Jahrbücher 159, 1959, 378 Abb. 24 – 158 M. Gechter, Das Rheinische Landesmuseum Bonn 2/1980, 20 Abb. 6 u. 8 – 160 E. Guhl-W. Koner, Das Leben der Griechen und Römer, [5]1882 Abb. 489 – 168 M. Bös, Kölner Jahrbuch 4, 1959, 32 Abb. 9 – 169 W. Binsfeld, Führer zu vor- und frühgeschichtlichen Denkmälern 33 (1977) 301 Abb. 1 – 172 H. v. Petrikovits, ebd. 26 (1974) 147 – 173 Ebd. 144 – 174 H. G. Horn, ebd. 31 – 177 P. J. Tholen, Bonner Jahrbücher 175, 1975, 232 Abb. 1 – 178 Ebd. 239 Abb. 3 – 179 v. Petrikovits, Die Rheinlande in römischer Zeit 123 Abb. 26 – 182 Vorlage Thermenmuseum Heerlen (NL) – 183 Kat. Noviomagus 50 f. Abb. 50 – 185 T. Bechert, Duisburger Forschungen 20 (1974) Beilage III – 188 M. Müller-Wille, Germania Romana III (1970) 27 Abb. 8 – 189 H. Hinz, ebd. 67 Abb. 31 – 190 C. H. Edelman-B. E. P. Eeuwens, Berichten van de Rijksdienst voor het Oudheidkundig Bodemonderzoek 9, 1959, 50 Abb. 1 – 191 J. Liversidge, Everyday Life in the Roman Empire (1976) 154 Abb. 63 (oben) – 192 Ebd. Abb. 63 (Mitte) – 194 D. Baatz, Germania Romana III (1970) 101 Abb. 39 – 195 v. Es, De Romeinen in Nederland 188 f. Abb. 150 – 196 W. Piepers, Führer zu vor- und frühgeschichtlichen Denkmälern 26 (1974) 153 – 198 W. Czysz, Ausgrabungen im Rheinland '77, 1978, 126 Abb. 106 – 199 Ebd. 123 Abb. 104 – 200 Ebd. 120 f. Abb. 101 – 201 W. Meier-Arendt, Führer zu vor- und frühgeschichtlichen Denkmälern 39 (1980) 152 Abb. 1 – 202 F. Fremersdorf, Der römische Gutshof Köln-Müngersdorf (1933) Taf. 16,1 – 203 W. Haberey, Bonner Jahrbücher 149, 1949, 98 Abb. 2 – 206 J. Mertens, Germania 36, 1958, 391 Abb. 3 – 210 Bloemers, Rijswijk Beilage 6 – 211 v. Es, De Romeinen in Nederland 174 Abb. 132 – 213 R. S. Hulst, Berichten van de Rijksdienst voor het Oudheidkundig Bodemonderzoek 28, 1978 Abb. 4 (als Beilage) – 221 W. Vanvinckenroye, Tongeren. Romeinse stad (1975) 60 Abb. 27 – 222 St. Neu, Führer zu vor- und frühgeschichtlichen Denkmälern 38 (1980) 150 Abb. 3 – 224 Vorlage M. D. de Weerd (Amsterdam) – 227 W. Piepers, Bonner Jahrbücher 174, 1974, Abb. 1 bei S. 562 – 229 H. H. Wegner-U. Heimberg, Colonia Ulpia Traiana. 1. u. 2. Arbeitsbericht (o. J.) 38 Abb. 37 – 231 W. Haberey, Führer zu vor- und frühgeschichtlichen Denkmälern 25 (1974) Abb. bei S. 78 – 234 K. Schlabow, Nieuwe Drentse Volksalmanak 74, 1956 Abb. 10 – 244 W. Piepers, Rheinische Ausgrabungen 10 (1971) Abb. 6 bei S. 346 – 247 M. Riedel, Führer zu vor- und frühgeschichtlichen Denkmälern 38 (1980) 168 Abb. 1 – 249 Ders., ebd. 39 (1980) 45 Abb. 1 – 250 J. Liversidge, Everyday Life in the Roman Empire (1976) 180 Abb. 80 e – 263 H. Schmitz, in: Das erste Jahrtausend Bd. 1 (1962) 71 Abb. 10 – Titel-Vignette S. 206 W. Binsfeld, Kölner Jahrbuch 7, 1964, 27 Abb. 5,1 – 273 H. Schwabedissen, Offa 8, 1949, 64 Abb. 4 – 276 Bloemers, Rijswijk 338 Abb. 151 – 277 A. Linfert, Kölner Jahrbuch 13, 1972/73, 67 Abb. 1 – 309 G. Precht, Ausgrabungen im Rheinland '79, 1980, 101 Abb. 78 – 310 Faltblatt »De Romeinen in Nederland« Abb. 44, hrsg. vom Rijksmuseum van Oudheden Leiden (NL) – 311 J. H. F. Bloemers, in: Verleden Land (1981) 106 – 318 L. P. Louwe Kooijmans, Kat. Deae Nehalenniae 20 Abb. 4 – 327 M. P. Speidel, Limes-Museum Aalen 24 (1980) 19 Abb. 7 – 328 D. Baatz, Römer und Germanen am Limes [2](1967) 58 – 332 A. Wolff, Führer zu vor- und frühgeschichtlichen Denkmälern 38 (1980) 8 Abb. 4 – 333 v. Petrikovits, Die Rheinlande in römischer Zeit, Bild- und Dokumentarteil 102 Abb. 223 – 341 H. v. Petrikovits, Germania 34, 1956, 101 Abb. 1 – 343 W. Vanvinckenroye, Gallo-Romeinse Grafvondsten uit Tongeren (1963) Abb. 3 (als Beilage) – 345 Ebd. 74 Abb. 39 – 346 J. Giesler, Ausgrabungen im Rheinland '78, 1979, 79 Abb. 66 – 351 P. Noelke, Führer zu vor- und frühgeschichtlichen Denkmälern 37/1 (1980) 128 Abb. 2 – 353 H. Borger, Das Römisch-Germanische Museum Köln (1977) 43 Abb. 16 – 354 Kölner Römerillustrierte 1 (1974) 241 (mit Korrektur nach H. u. B. Galsterer) – 358 CIL XIII 8274 – 360 B. Heukemes, Fundberichte aus Baden-Württemberg 6, 1981, 442 Abb. 4 – 361 W. Sölter (Hrsg.), Das römische Germanien aus der Luft (1981) Abb. S. 248 – 362 G. Precht, Führer zu vor- und frühgeschichtlichen Denkmälern 39 (1980) 186 Abb. 2 – 363 J. Mertens, Germania 36, 1958, 387 Abb. 1 – 364 P. La Baume/W. Meier-Arendt, Führer zu vor- und frühgeschichtlichen Denkmälern 38 (1980) 108 Abb. 11 – 365 C. B. Rüger, Bonner Jahrbücher 179, 1979, Abb. 16 bei S. 514.

Register